汪培庄文集

模糊数学与优化

李仲来 / 主编

2013 · 北京

图书在版编目(CIP)数据

模糊数学与优化：汪培庄文集/汪培庄著，李仲来主编.—北京：北京师范大学出版社，2013.12
（北京师范大学数学家文库）
ISBN 978-7-303-15849-2

Ⅰ. ①模… Ⅱ. ①汪…②李… Ⅲ. ①模糊数学—文集②最优化—数学理论—文集 Ⅳ. ①O159-53②O224-53

中国版本图书馆CIP数据核字（2012）第313263号

营销中心电话　010-58802181 58805532
北师大出版社高等教育分社网　http://gaojiao.bnup.com
电子信箱　gaojiao@bnupg.com

出版发行：北京师范大学出版社 www.bnup.com
北京新街口外大街19号
邮政编码：100875
印　　刷：北京京师印务有限公司
经　　销：全国新华书店
开　　本：155 mm × 235 mm
印　　张：25
插　　页：4
字　　数：385千字
版　　次：2013年12月第1版
印　　次：2013年12月第1次印刷
定　　价：65.00元

策划编辑：岳昌庆　　责任编辑：岳昌庆
美术编辑：王齐云　　装帧设计：王齐云
责任校对：李　菡　　责任印制：孙文凯

▲ 1988年9月9日，学校在北京师范大学科学文化厅举行庆祝教师节暨建校86周年大会，汪培庄与全国人民代表大会常务委员会委员长万里握手。正前部伸手待握者是教育系黄济。

▶ 1986年5月8日，模糊数学原理探索讨论班第1次讨论会在学校主楼会议室举行。国防科学技术委员会副主任、著名科学家钱学森，学校校长王梓坤、党委书记方福康及部分校内外专家、教师、研究生参加讨论会。中坐者为钱学森，中立者为汪培庄。

◀ 1992年汪培庄在模糊数学创始人 L. A. Zadeh 家的合影。左起（下同）：汪培庄、L. A. Zadeh，L. A. Zadeh 夫人）。

◀ 1992年7月16日，汪培庄在中国台北中国生产力中心讲学。

▶ 1994年在L. A. Zadeh办公室合影：L. A. Zadeh、汪培庄、陈四庆（新加坡国立大学）。

◀ 2011年，石勇（中国科学院研究生院副院长，虚拟经济与数据科学研究中心常务副主任）、姜奕璞（汪培庄夫人）、汪培庄、郭桂蓉院士（国防科学技术工业委员会前主任）、何清（中国科学院计算技术研究所）。

▶ 1985年7月28日至8月12日，辽宁省大连市召开的全国模糊集与随机集落影学术讨论会代表合影，汪培庄主讲模糊集与随机集落影。

第1排：王　淳、吴　桐、许小兵、薛永山、钱小平、田启文、彭先图、胡宗发、杨建利、李小兰、张连文、徐志坚、巫世权、姜华彪、陈青杰、魏胜民、胡宝清、时根宝、韩立岩、李华贵、肖辞源、张星虎、贾　高；

第2排：黎潮信、刘夫郁、余秉本、陈世权、陈寿康、查健禄、王雪生、李必祥、王子孝、靳正大、郭桂蓉、梁泰基、汪培庄、汪育才、王柏钧、欧阳绵、刘少民、何家儒、邓必鑫、吕　玮、李缚修、陈永年、李相镐、孙韫玉、余怀民、苏秀雯、陈图云；

第3排：邹开其、冯嘉礼、吴中春、刘文斌、武　汉、谢中才、吴　达、庄钊文、宋建社、阎建平、王文泉、于慈海、张纯清、黄礼贤、张　乔、李素云、张淑芳、薛秀云、田雅杰、朱玉仙、迟凤起、卫淑兰、田钦谟、潘汝芳、张志鹏；

第4排：朱清时、朱明奎、刘士业、谢子江、周民都、蔡跃先、蔡庆华、张敏燮、郭嗣琮、黄启德、李安贵、侯贵彬、李　茂、欧阳道坤、李葆文、李仁俊、应明生、张永清、胡传孝、顾凤岐、李洪银、李仲来、李庆德、袁学海、朱计生、鲁光球、陆春雪、陈彦超。

未照相：李维鸣、罗崇澍、石行让、宋明娟、宋振明、夏幼安、张恩海、张振良、赵德齐。

◀ 1981年9月25日，模糊数学方向首届硕士研究生毕业合影。前排：汪培庄、罗承忠、刘来福；后排：张长青(1980级)、邹开其(1979级)、王晓波(1980级)、陈图云(1979级)、陈永义(1979级)。

▶ 1987年在法国里昂大学讲学与夫人姜奕璞郊游合影。

◀ 2010年全家福(海南省海口市)。郭珉(大儿媳)、姜玉弘(长子之女)、姜大顶(长子)、汪培庄、姜奕璞(夫人)、姜玉衡(长子之子)、汪大立(次子)、沈英鹰(次儿媳)。汪大立和沈英鹰目前也育有两子(汪瑞阳、汪瑞加)。

序

在中国,谈到模糊数学,汪培庄的名字几乎被国内每一位从20世纪90年代之前开始学习和研究模糊数学的科技工作者所熟悉.20世纪70年代末至80年代初,我国的许多数学工作者,尤其是从事工程技术和社会科学研究的学者们几乎都是从读汪先生的文章和著作开始了解到模糊数学的.汪先生在《数学的实践与认识》中的"模糊数学简介"一文中所提出的模糊模式识别的最大隶属度原则和贴近度原则,一直被视为模糊模式识别最基本的判据.尤其是他在文中所提出的模糊多属性决策的最初模型(模糊综合评价),至今仍被广大应用科技工作者所采用.回首中国模糊数学发展的三十几年历程,从模糊集理论的引入,到模糊数学的普及和推广,直至使模糊数学理论与应用研究在国际上产生重大影响并取得重要地位的过程,汪培庄先生功不可没,称誉先生为中国模糊数学与应用的播种者和开拓者,言不为过.

作为一位辛勤耕耘的学者,先生发表和出版了大量的学术论文与专著,涉及集合论、随机过程、智能控制、系统与优化等多个方面.在模糊数学方面先后提出了模糊落影、真值流网络推理及因素空间三项理论,提出了模糊计算的核心变换及模糊计算机的实际构想.文集的出版,能够让读者们系统地了解先生在模糊数学基础理论与应用技术研究中的贡献,能让读者从中学习和领悟出先生对中国模糊数学发展的哲理性思考.

1965年,著名控制论专家、美国加州大学伯克利分校计算机系主任L. A. Zadeh教授创立了模糊集合理论,它是应信息革命需要而创建并旨在解决信息处理中普遍存在的模糊性问题的一种结构化数学基础理论.它对经典集合理论的二值逻辑基础的撼动,已经在信息科学领域内产生了巨大的影响,至今陆续提出并被列为信息科学软计算范畴的L—模糊集、Flou集、随机集、概率集、粗糙集和直觉模糊集等非经典集合理论,已经印证了这一点.从1975年关肇直第一次将模糊集合论介绍到中国起,汪培庄先生就带领北京师范大学数学系的一些教师开始了模糊集合论的研究与教学工作,成立了我国第一个以模糊数学教学、科研与人才培养为主要任务的模糊数学教研室;1985年,先生在北京师范大学建立了我国第一个以模糊数学方向命名的博士点,先后培养了一大批模糊数学理论与应用研究方向的硕士与博士研究生,使得北京师范大学数学系成为我国最早研究模糊集合理论的重要基地之一.先生在模糊集范畴、模糊含度、格拓扑、模糊逻辑与近似推理等模糊集合理论的研究上成果颇丰,其中我体会最深的是模糊集与随机集落影理论.按照先生的话说,建立理论的目的是为模糊集合论奠定一个坚实合理的理论基础.在模糊集合论中,人们对隶属函数本质的质疑如同100年前人们对随机事件的概率本质的质疑一样,因此,对模糊集合隶属函数的本质刻画成了模糊集合理论立足的核心问题.为此,先生开始深入思考模糊性产生的背景及其哲理基础.从1982年与西安交通大学张文修教授合写“随机集及其模糊落影分布简化定义与性质”一文,到1985年学术专著《模糊集与随机集落影》在北京师范大学出版社出版,一个旨在揭示模糊性的特殊背景,将序结构、拓扑结构和可测结构同时向幂集上提升的严密数学理论被建立起来.所用工具之深刻,研究难度之大,足以使那些认为模糊数学理论肤浅的人瞠目.

模糊落影理论构建的背景是浅显而深刻的,在以人的语言为交流载体的信息处理中存在大量的模糊名词和概念，模糊集合是表现模糊概念的工具，它是概念的模糊外延. 无论是人的思维、推理、判断，还是信息传递都离不开“概念”这一基本元素. 而“概念”产生于人对所描述事物的划分，例如，“年轻人”“中年人”“老年人”就是对年龄论域进行划分得到的三个概念. 我们说这些概念是模糊的，其模糊性乃是指划分的不确定性. 集值统计原理和随机集落影理论将概念的模糊性转化为划分的随机性. 于是，“年轻人”概念成为年龄论域 X 上的一个具有随机性的集合，它覆盖年龄 x 的概率被定义为年龄 x 对“年轻人”的隶属度. 模糊集与随机集落影理论不仅深化了模糊集合论的基础，同时也深化了对随机集、拓扑学、格论和测度论的研究. 把著名的测度扩张定理的扩张起点，从半环放宽到交系，乃是一件了不起的数学成就.

判断一个数学理论是否具有生命力有两个要点，一个是看它对已有理论是否有支持、延伸、扩展和提升作用；另一个是看它能否揭示现实规律并解决实际问题. 先生极力倡导要把我国模糊数学发展的重点从纯数学研究转向应用从一般性应用，集中锋芒到信息革命的国际前沿领域中来. 他不仅仅是这一思想的倡导者，也是一个践行者. 为了达到理论与实践的结合，先生在招收博士生时，不仅招收有数学背景的理学硕士，还在国内率先招收有工学背景的工学硕士，并在 1987 年带领博士研究生成功研制出了我国首台、也是国际上第二台模糊推理机. 相比日本 1987 年研制的首台模糊推理机，推理速度从每秒一千万次提高到每秒一千五百万次，机身体积缩小了 90%. 这是我国在早期国际信息革命争夺战中的一次大捷，使中国模糊信息处理在理论与实践上一度位居世界前列.

写到这里，不能不提到钱学森先生. 从钱老在 20 世纪 80 年代中期给汪先生的多次书信中，可以看到他老人家对先生学术思想形成所起的指导作用. 钱老在听取模糊推理机研制汇报中说：“看了你们的倒摆控制试验，我脑子里想的是通过它对人的思维得到什么启示？人们研究问题，开始总是模糊的，在其过程中，会逐渐地甚至突然地变得清晰起来. 人们思考问题是模糊的，多线的，从模糊中求得清晰. 希望你们探索出这个理论”“智能计算机是 21 世纪最重要的科技问题”“20 世纪 50 年代搞‘两弹’，是有了理论而去干的问题. 现在搞智能计算机，最伤脑筋的问题是还没有真正的理论. 现有的电子计算机只有单线思维，没有选择的余地，这不行，人们的思维是多线的，有多种选择性，你们把这个理论研究出来，创造性思维可能有路子”. 钱老明确指出了智能工程是21世纪最重要的科技问题并特别强调了发展智能科学理论的重要性与迫切性.

能够在短短的一年时间里，将模糊推理机研制成功并且能超过日本，这从一个侧面验证了先生及其所带领的团队在模糊推理与控制理论上所取得的成就. 1985年2月至5月钱老在信中说:“我近来以为如把非单调逻辑结成网，形成一个逻辑的巨系统，就会出现‘协同作用’，就是人工智能. 这也就是形象(直感)思维”“逻辑网络巨系统可不可以出现‘协同’作用，出现‘有序化’现象？我想这个‘有序化’就是‘智慧’，就是形象思维或直感”. 按照钱老所指引的方向，先生提出了真值流网络推理理论，于1985年10月写出了“网状推理过程的动态描述及其稳定性”的论文初稿，钱老审阅文稿后回信说，此文“把模糊推理向前推进了一大步，从树到网，可能更接近于人的思维过程”“赞成你照这条思路搞下去，会对思维科学、人工智能作出贡献”，并提出了进一步的要求. 在1986年2月18日的信中又说:“你写的是一篇开拓性的文章，是一个新的方向.”正是由于这一理论上的准备，才有1988年超过日本模糊推理机的成果. 为了实现钱老关于21世纪在智能计算机方面争夺国际制高点的宏伟意向以及他对发展相关理论的殷切期望，先生从1988年以后集中探索能描写概念、判断、推理及智能活动的数学理论，提出了因素空间这一摹写反映论的广义坐标框架，在此基础上提出了模糊计算机的实际构想，这些研究成果都被写入先生与李洪兴教授合著的《知识表示的数学理论》以及《模糊系统理论与模糊计算机》两部专著中，这是先生按钱老的要求为信息革命所作的一项数学理论准备，它是我国独有的、不失为一项有时代意义的重要成果.

先生在模糊集的基础理论及信息科学应用研究上成就斐然，在国内外均有较大的影响，曾任国际模糊系统学会副主席、中国系统工程学会模糊数学与模糊系统委员会副理事长，并担任《模糊系统与数学》副主编，《应用数学》《数学研究与评论》《工程数学学报》《高校应用数学学报》和《系统工程学报》等多个国内学术期刊的编委，担任 Soft Computing，Information Technology & Decision Making，Fuzzy Systems & Artificial Intelligence 等多个国际学术期刊的编委. 先生在模糊集基础理论、模糊逻辑等方面的研究，先后获得了国家自然科学奖、国家科技进步奖和教育部科技进步奖.1988年,先生被国家科学技术委员会和人事部授予国家级有突出贡献的中青年专家称号.先生曾担任第8届全国政协委员和第7,8届北京市政协委员.

我对先生的敬佩不仅仅是他洞察的睿智与创造的活力,也不仅仅是他在模糊数学理论及应用上的卓越贡献,最让我敬佩的是先生博学而谦恭的品德,尤其是他对年轻人的关怀与尊重,使得每一位与他接触过的年轻人都会对他肃然起敬.我初次与先生会面是1983年在广州召开的模糊数学学术会议上,那时我只是一个刚刚涉足模糊数学领域的微不足道的年轻人,在此之前曾有几篇拙文由学报呈先生审阅过.记得先生是晚于我们到开会住所的,当先生到达会议住所时,许多人都过去和先生握手致意,我也随着大家一起过去.当我和先生握手时,刚刚介绍自己是哪个学校的,不料先生竟直呼出我的名字,这让我非常意外,对先生的敬仰之心油然而生.每当会议休息的时候,总会有许多人围拢在他的身边.我发现先生无论与何人对话,总是展现一种谦恭的态度,尽管对方是非常年轻的学生,也是一直注视着对方,其语气可用“和风细雨”来形容.对于年轻人的一点点微不足道的研究成果,也总是以探寻和鼓励的方式给予关注和支持,那种“声名显赫者仰望而不可即”的传统观念在先生身上荡然无存.也正是这次邂逅,使我产生了要随先生学习的愿望,并于1984年至1985年参加了先生举办的模糊数学研讨班,共同学习讨论先生创建的模糊集与随机集落影理论.在这一年的时间里,让我更进一步了解了先生的为人.在和先生接触的经历中我深深体会到,声名显赫的前辈对渴求知识的青年人的尊重,将会影响后者的一生.

1988年,先生主持的《模糊信息处理与模糊计算系统》国家自然科学基金重大项目,将国内35所高校和研究机构组织起来联合攻坚,成为中国模糊数学发展进程中的一件大事.在研讨项目的执行计划中,先生的弟子们也来到北京师范大学参与讨论.一天,先生将他们召集在一起非常认真地说:“要更好地完成项目,就要发挥国内各方面的力量和智慧,一定要搞五湖四海.由于经费有限,要照顾的方面太多,所以,要求我的学生们都退出经费的申请,对此事造成的歉疚,我会以其他方式来补报”.事实上,我们没有人对先生产生抱怨,反而更加深了对先生在开创中国应用模糊数学事业上志向深远、胸怀博大的敬仰.

先生以睿智教我学问，以品德教我做人. 借先生文集出版之机，源于对先生学识与人品的敬重，写下这些话，寄情寓志，勉人励己.

纵观我国模糊数学的发展，其理论研究之深、应用研究之广，在国际上已经产生了较大的影响. 但是，欲将这一源于信息革命需求的理论运用于解决信息革命前沿问题的最本质性研究并最终实现钱学森先生的遗愿，还有很长的一段路要走. 北京师范大学数学科学院为先生出版论文集，这是一件非常有意义的事情. 在此，非常感谢北京师范大学出版社，特别感谢数学科学学院的李仲来教授为编辑出版该文集所作出的贡献. 这部文集的出版，对于启发我们继续深入探索与信息革命相关的一系列数学基础与逻辑方法具有重要的参考价值.

郭嗣琮

2012 年 3 月

于辽宁工程技术大学数学与系统科学研究所

目　录

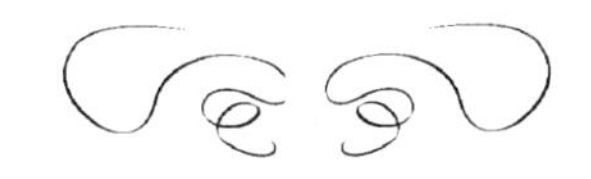

Contents

光明日报,1979-10-13

介绍一门新的数学——模糊数学[①]

An Introduction of a New Branch of Mathematics — the Fuzzy Mathematics

1965年,美国加州大学伯克利分校计算机系教授扎德(L. A. Zadeh)第一次提出了“模糊集合”(Fuzzy sets)的概念.13年来,模糊数学作为一个新的数学分支得到了迅速的发展.其内容囊括了模糊聚类分析、模糊图像识别、模糊综合评判;模糊博弈、模糊规划、模糊系统;模糊逻辑、模糊语言、模糊拓扑等众多方面.它的触角,已经伸进了科学技术和国民经济的多种应用领域.

§ 1.

模糊数学的产生,与计算机科学的发展及应用有密切的关系.电子计算机的神通,全部依赖于人的指令——程序.程序是人让机器表现“活性”的纽带.虽然计算机只是人的“活性”的表现者,但是,不同发展阶段的机器对“活性”的表现能力不一样.我们发展计算技术,就是要不断提高计算机表现“活性”的能力,使简易的程序(脑力劳动的低耗费)获取高工作效能.要提高机器的“活性”,需要有“活性”的数学.这就牵涉数学的根基.

例如,考虑让机器调节电视的图像.人调电视,是大脑指挥的一个操作过程,其指令为:稍许调一点点,看图像是否比原来更清晰;或者往前调一点点,或者往回调一点点,直到图像最清晰为止.照此给机器编程序,会遇到语言上的困难.何谓“清晰”与“不清晰”?“清晰”,并不是一个确定的概念,它没有明确的判据,没有明确的外延(全体讨论对象中符合概念的

① 本文与钱敏平、刘来福合作.

那一部分对象所成的集合),它不能用普通集合论来刻画,从而也不能被普通的程序语言所接纳,在计算机执行条件语句的时候,要问现在的图像是否比原来更清晰,由于难置可否,机器便无法运行.

没有明确外延的概念叫模糊概念,含有模糊概念的语言叫模糊语言,由模糊语言所描述的现象叫模糊现象.人脑对客观事物所形成的概念,多数是模糊概念,人类生活所使用的自然语言,多数是模糊语言,复杂系统中所呈现的现象,差不多都是模糊现象.

人对机器的要求越来越高,要求它代替人自动驱车穿过闹市,代替民警控制交通枢纽的红绿信号,自动指挥大型建筑物的组织吊装,自动为人烹调可口的菜肴,自动识别人的手迹或语音腔调,自动识别癌细胞增殖的恶兆,自动诊断病人症状开写药方……哪一桩事情的处理能够避开模糊现象?哪一件活动的描述能不使用模糊语言?

能不能让生活中的自然语言为计算机接受呢?能不能把这些模糊语句直接写进程序语言中去呢?应该让计算机吸取人在识别判决方面的特长和优点.

人脑对客观事物进行识别与判决,是很灵活的,一点也不迂腐.要你到会场中去找一个素不相识的人,只告诉你几个典型特征:高个子、大胡子……你并不需要问他确切的高度空间是一米几点几几,如果那样,显然太迂腐了.你脑子里所使用的"高个子"是一个模糊概念,身高一米九的,一定是高个子,一米五的男子,一定不是高个子,身高一米七,究竟算不算高个子?这在你脑子里含糊不清的.这时,你不会绝对肯定,也不会绝对否定,你认为每个人对"高个子"这个概念(或者集合)有一定的符合(或隶属)程度.你就按照这种隶属程度对会场中人进行筛选,择优选出几个最像"高个子"的人来,再利用第二个特征进一步判别.同样,你绝不会打听被寻人究竟有多少根胡须以及这些胡须平均有多粗多长.你所使用的"大胡子"也是一个模糊概念.但就凭着这几个模糊特征,你可以很快地从大庭广众之中找到你想要找的人.这个例子说明,与其说复杂的现象使你不能逃避事物的模糊性,倒不如说你是有意识地去利用这种模糊性,精确的调查和统计未必是办不到的,但那样做未免太迂.从某种意义上说,模糊一点,倒可以提高效率.

吸取人类识别与判决的上述优点,通过一定的数学方法,将它移植到机器上，使其高效率地处理模糊系统，这正是模糊数学产生的直接背景.

扎德首先修改了数学的基础——集合论，在普通集合论中，元素对集合的关系，或是“属于”，或是“不属于”，二者必居其一，绝不模棱两可. 扎德提出模糊集合的概念，就是在给定范围内，对于一个模糊子集合，并不需要确定哪些元素一定属于它，哪些元素一定不属于它，只需确定每个元素对它的隶属程度(可以是介于 0，1 之间的实数). 按照他所下的定义，“高个子”就是某一特定人群中的一个模糊子集合. 利用模糊集合，可以描写模糊概念. 建立模糊集合的运算、变换和有关理论，就可以为描述模糊现象找到一套适当的数学方法.

§ 2.

模糊数学的内容很广，大致说来，可以分为识别判决与控制规划两个方面. 进行识别、判决的模糊数学方法，目前主要有：

模糊聚类分析. 这是对客观事物进行分类的一种数学方法. 科学上的分类，是发现和总结规律的一种前提和手段. 研究生物，要对动植物进行分类，研究农业，要对土壤进行分类，预报震情，要对各种观测图像进行分类……分类问题，比比皆是，甚至服装公司，也要搞人的体型分类，以便合理地制定服装号码和规格. 这些分类问题，不像划分年龄、性别那样简单，往往涉及较多因素，按此因素相近者，按彼因素未必相近. 要想作出合理的分类，有一定的数学方法，叫作“聚类分析”. 它原属数理统计学，是“多元分析”的一支. 模糊数学产生以后，用模糊集合论的语言和方法来描述和处理分类问题，显得更为自然. 现已用在环境保护(对环境单元按污染程度进行分类)和良种培育(亲本作物分类)等多方面.

模糊模型识别. 包括机器识别文字、辨认卫星照片的地物地貌、分辨染色体的形状等，也包括语音识别. 用模糊集合论的理论和方法研究和处理模型识别问题，是更相宜的. 若把手书文字看成纸面上格子点的集合，它不是普通集合，而是模糊集合. 现在，用模糊数学识别手书英文字母，识别癌细胞……已经取得初步效果.

模糊综合评判. 单因素的评价总比较好办，考虑的因素一多就难办了. 比如评价一件服装，单从花色式样上去考察，容易打分，单从耐穿程度上考察，或者单从价格费用上考察，都容易打分，如果这三个方面同时都要考虑,分数就不好打了.显然,三个因素被权衡的轻重地位是不一样的,因而不能对上述三种得分采取简单的算术平均,必须按照被考虑因素的权重地位,对三种得分分别乘以不同的权重系数而后加权平均.综合评价是否合理,关键在于权系数的确定.一位灵验的老大夫、一位高明的厨师、一位能掌握开炉火候的老炼钢工人,他们在“综合评判”的时候,在被考虑的因素之间,都有他们自己的一种特殊的权系数分配,难以言传.需要有一种数学方法,帮助总结宝贵的经验.模糊数学,把综合评判看作是考虑因素集合到评判结果集合的一个变换.自然,是模糊集合和模糊变换,利用后验的结果,校正先验的假设,借以确定每个因素对“被考虑集合”的隶属程度——被考虑的权系数.这种方法已用在环境综合评价等方面.

进行控制、规划的模糊数学方法,目前已经发展起来的有:模糊博弈.模糊规划、模糊系统、模糊控制、模糊语言程序等方面.结果尚不成熟,但进展很快.

说到数学本身,把集合的概念一改,几乎每一个数学分支,都可以重新冠以“模糊”字样,它们的意义,迟早会得到显示.目前已经开展研究的有:模糊逻辑、模糊拓扑、模糊图论……模糊数学刺激着格论、软代数(除去互余律的布尔代数)的发展.还要用到抽象的模型论和范畴理论.

模糊数学不仅用之于电子计算机,也武装人类自身,回答复杂现象对人的认识能力提出的挑战.对模糊数学感兴趣的人们,请注意其未来!

数学研究与评论
1983,3(1):163－178

落影空间——模糊集合的概率描述①

Falling Space — The Probabilistic Description of Fuzzy Subsets

§1. 引　言

模糊集合论与概率论都是在描述客观现实中的不确定现象.二者之间既有联系又有区别,它们的相互关系一直被人们探讨着,近年来,国外有些学者从二者的同一性方面着眼,作了一些工作.I. R. Goodman[7~8]指出:对于任一模糊子集,都可以构造一个随机集合以该模糊子集为其落影(“落影”一词是笔者后取的),H. T. Nguyen从信任函数的角度出发,也论证了随机集合与模糊集合的关系;K. Hirota[10],H. Kwakernaak[11],E. P. Klementt[12]等人从另外一些角度试图建立模糊集合论与概率论之间的联系.

I. R. Goodman等人把模糊子集与随机集合联系在一起的思想是十分重要的.只是,他们的工作还待进一步地展开.

促使我们对于这一问题发生兴趣和重视的原因是:张南纶[1~2]在认真进行的多次模糊统计试验中发现,模糊统计试验中也会呈现出一种频率稳定性.马谋超、曹志强[3]运用二级模糊统计方法于心理过程的研究,取得了初步的可喜的成就.他们的工作,一方面说明L. A. Zadeh所提出的隶属度在本质上看也是具有客观意义的,另一方面也启发我们,可以从随机集合的角度来描述模糊集合.

① 收稿日期:1981-11-30.本文与张南纶合作.

比 I. R. Goodman 等作者走得要略远一些，我们提出了落影空间的结构，它是一个新的框架. 提出这个框架，不是想用概率论取代模糊数学，而只是想用它作为模糊集合论的一种补充描述，而这种描述本身，也不再是经典概率论的简单搬用，从某种意义上说，它可以丰富概率论的研究内容.

§2.　模糊统计试验

一个模糊集合 $\underset{\sim}{A}$，可以被看作是一个可变的普通集合 A^*，其变化受着某一模糊概念的制约. 所谓(一级)模糊统计试验，是指这样一种试验：在每次试验下，能够获得一个确定的 A^*（在不同次试验中，A^* 可以不同). 对于某固定元素 $u_0\in U$，考察 A^* 是否覆盖 u_0，设在 n 次试验中，恰有 m 次 A^* 覆盖了 u_0，则称 m/n 为在这 n 次试验中 A^* 对 u_0 的覆盖频率，或称 m/n 为在这 n 次试验中 u_0 对 A^* 的隶属频率. 张南纶的试验表明，随着试验次数 n 的增加，u_0 对 A^* 的隶属频率也会呈现出一种稳定性. 相对于概率统计试验中事件发生频率的稳定性而言，我们称之为隶属频率的稳定性. 隶属频率稳定所在的数 μ_0，可以作为隶属度的客观量度，由此可确定模糊子集 $\underset{\sim}{A}$ 的隶属函数：

$$\mu_{\underset{\sim}{A}}(\mu_0)=\mu_0. \tag{2.1}$$

隶属频率的稳定性提示我们，可以把 A^* 看成是一个随机集合，它依赖于一个隐蔽的变元 ω. ω 的确定，意味着全部有关因素(包括心理活动的因素)的一种固定化. 归根结底，心理过程也是一种物质活动过程，也有概率规律可循.

本文将遵循这一思想介绍落影空间的一些初步理论. 它也是笔者工作的一个小结，

§3.　预备知识

§3.1　集值映射(Multivalued mapping)

定义 3.1　映射

$$\Gamma:\Omega\longrightarrow\mathscr{P}(U) \tag{3.1}$$

叫作从 Ω 到 U 的集值映射. 这里 $\mathscr{P}(U)$ 是 U 的幂，即 U 的一切普通子集

所成的集合.

从 Ω 到 U 的集值映射,乃是从 Ω 到 $\mathscr{P}(U)$ 的一个普通映射.

设 $\mathscr{A}$ 是 Ω 上的一个 σ-域,$\hat{\mathscr{B}}$ 是 $\mathscr{P}(U)$ 上的一个 σ-域.

定义 3.2 从 Ω 到 U 的一个集值映射 Γ 叫作是 $\mathscr{A}$-$\hat{\mathscr{B}}$ 可测的,如果对任意 $\varepsilon\in\hat{\mathscr{B}}$,都有

$$\Gamma^{-1}(\mathscr{E})\triangleq\{\omega\mid\Gamma((\omega)\in\mathscr{E})\}\in\mathscr{A}. \tag{3.2}$$

设 $\mathscr{B}$ 是 U 上的一个 σ-域,采用记号:

$$\breve{E}\triangleq\breve{E}_{\mathscr{B}}=\{B\mid B\in\mathscr{B},B\cap E\neq\varnothing\}(E\in\mathscr{B}(U)); \tag{3.3}$$

$$\underset{\smile}{E}\triangleq\underset{\smile}{E}_{\mathscr{B}}=\{B\mid B\in\mathscr{B},B\subset E\}(E\in\mathscr{B}(U)). \tag{3.4}$$

定义 3.3 设 Γ 是从 Ω 到 U 的集值映射,所谓 Γ 的上(下)逆,是指映射

$$\begin{aligned}&\Gamma^{*}:\mathscr{P}(U)\longrightarrow\mathscr{P}(\Omega),\\&E\longmapsto E^{*}\triangleq\Gamma^{-1}(\breve{E})\end{aligned} \tag{3.5}$$

$$\begin{aligned}&(\Gamma_{*}:\mathscr{P}(U)\longrightarrow\mathscr{P}(\Omega),\\&E\longmapsto E_{*}\triangleq\Gamma^{-1}(\underset{\smile}{E}))\end{aligned} \tag{3.6}$$

性质

$$(\breve{E})^{c}=(\underset{\smile}{E^{c}}),(E^{*})^{c}=(E^{c})_{*}; \tag{3.7}$$

$$(\underset{\smile}{E})^{c}=(\breve{E^{c}}),(E_{*})^{c}=(E^{c})^{*}; \tag{3.8}$$

$$(\breve{\bigcup_{t\in T}E_{t}})=\bigcup_{t\in T}\breve{E}_{t},(\bigcup_{t\in T}E_{t})^{*}=\bigcup_{t\in T}E_{t}^{*}; \tag{3.9}$$

$$(\underset{\smile}{\bigcap_{t\in T}E_{t}})=\bigcap_{t\in T}(\underset{\smile}{E_{t}}),(\bigcap_{t\in T}E_{t})_{*}=\bigcap_{t\in T}(E_{t})_{*}; \tag{3.10}$$

$$E_{1}\subset E_{2}\Rightarrow\breve{E}_{1}\subset\breve{E}_{2},\underset{\smile}{E_{1}}\subset\underset{\smile}{E_{2}},E_{1}^{*}\subset E_{2}^{*},(E_{1})_{*}\subset(E_{2})_{*}. \tag{3.11}$$

在(3.7)(3.8)二式中,c 表示定义在 $\mathscr{B}$ 中的余运算:

$$\mathscr{E}^{c}=\mathscr{P}\setminus\mathscr{E}\triangleq\{B\mid B\in\mathscr{P},B\notin\mathscr{E}\}. \tag{3.12}$$

定义 3.4 映射

$$s:\Omega\longrightarrow\mathscr{B} \tag{3.13}$$

叫作 $\mathscr{A}$—$\mathscr{B}$ 强可测,如果对任意 $B\in\mathscr{B}$,都有

$$B^{*}\in\mathscr{A}, \tag{3.14}$$

或等价地有

$$B_* \in \mathscr{A}. \tag{3.15}$$

设$(\Omega,\mathscr{A},\mu)$是一个概率场,$(U,\mathscr{B})$及$(\mathscr{B},\hat{\mathscr{B}})$是两个可测空间.

定义 3.5　映射(3.13)叫作定义在$(\Omega,\mathscr{A},\mu)$上的$(U,\mathscr{B},\hat{\mathscr{B}})$随机集,如果它是$\mathscr{A}$-$\hat{\mathscr{B}}$可测的. 设$s$是随机集,称映射

$$\begin{aligned}\mu_s:\hat{\mathscr{B}} &\longrightarrow [0,1]\\ \mathscr{E} &\longmapsto \mu(s^{-1}(\mathscr{E}))\end{aligned} \tag{3.16}$$

为随机集s在$\hat{\mathscr{B}}$上的分布.

定义 3.6　设映射(3.13)是$\mathscr{A}$-$\mathscr{B}$强可测的. 所谓$\mathscr{B}$上的上(下)概率测度指的是映射

$$\begin{aligned}\mu^*:\mathscr{B} &\longrightarrow [0,1]\\ B &\longmapsto \mu^*(B)\triangleq\mu(B^*).\end{aligned}$$

$$\begin{aligned}(\mu_*:\mathscr{B} &\longrightarrow [0,1]\\ B &\longmapsto \mu_*(B)\triangleq\mu(B_*))\end{aligned} \tag{3.17}$$

在$\mathscr{A}$-$\hat{\mathscr{B}}$可测性与$\mathscr{A}$-$\hat{\mathscr{B}}$强可测性之间究竟存在着何种关系;在上、下概率测度与随机集的分布之间究竟存在着何种关系,这些将在后面作出一些回答.

§3.2　不确定性测度

定义 3.7　设$(U,\mathscr{B})$是一个可测空间,映射

$$\nu:\mathscr{B}\longrightarrow[0,1] \tag{3.18}$$

叫作定义在$\mathscr{B}$上的一个不确定性测度.

$\mathscr{B}$上的概率P就是$\mathscr{B}$上的一个不确定性测度. 还有一些重要的不确定性测度,它们是从对概率不等式的修改而产生出来的. 下面介绍一下概率不等式.

先有概率恒等式

$$P(A_1\cup A_2)=P(A_1)+P(A_2)-P(A_1\cap A_2); \tag{3.19}$$

$$P(A_1\cap A_2)=P(A_1)+P(A_2)-P(A_1\cup A_2). \tag{3.20}$$

一般地,对任意$n\geqslant 1$有

$$P(A_1\cup\cdots\cup A_n)=\sum_{\varnothing\neq I\subset I_n}(-1)^{|I|+1}P(\bigcap_{i\in I}A_i); \tag{3.21}$$

$$P(A_1\cap\cdots\cap A_n)=\sum_{\varnothing\neq I\subset I_n}(-1)^{|I|+1}P(\bigcup_{i\in I}A_i). \tag{3.22}$$

在(3.21)中将 A_i 换作 $A\cap A_i$,便有概率不等式:

$$P(A)\geqslant\sum_{\phi\neq I\subset I_n}(-1)^{|I|+1}P(A\cap(\bigcap_{i\in I}A_i));\tag{3.23}$$

同样地,在(3.22)中将 A_i 换作 $A\cup A_i$,便有概率不等式:

$$P(A)\leqslant\sum_{\phi\neq I\subset I_n}(-1)^{|I|+1}P(A\cup(\bigcup_{i\in I}A_i)).\tag{3.24}$$

此处 $I_n=\{1,2,\cdots,n\}$,$|I|$表示 I 中元素个数. 约定

$$\bigcap_{i\in\varnothing}A_i=U;\ \bigcup_{i\in\varnothing}A_i=\varnothing,\tag{3.25}$$

上面两个不等式便可写为:

$$\sum_{I\subset I_n}(-1)^{|I|}P(A\cap(\bigcap_{i\in I}A_i))\geqslant 0\quad(n\geqslant 1);\tag{3.26}$$

$$\sum_{I\subset I_n}(-1)^{|I|}P(A\cup(\bigcup_{i\in I}A_i))\leqslant 0\quad(n\geqslant 1).\tag{3.27}$$

设 ν 为任一定义在$(U,\mathscr{B})$上的不确定性测度,给定 $\mathscr{B}$ 中集合序列 $\{A_n\}$及 A,迭代的定义差分形式如下:

$$\Delta_{A_1}^1\nu(A)\triangleq\nu(A)-\nu(A\cup A_1);\tag{3.28}$$

$$\Delta_{A_1A_2}^2\nu(A)\triangleq\Delta_{A_2}^1(\Delta_{A_2}^1\nu(A));\tag{3.29}$$

$$\cdots$$

$$\Delta_{A_1\cdots A_n}^n\nu(A)\triangleq\Delta_{A_n}^1(\Delta_{A_1\cdots A_{n-1}}^{n-1}\nu(A)).\tag{3.30}$$

$$\nabla_{A_1}^1\nu(A)\triangleq\nu(A)-\nu(A\cup A_1);\tag{3.31}$$

$$\nabla_{A_1A_2}^2\nu(A)\triangleq\nabla_{A_2}^1(\nabla_{A_2}^1\nu(A));\tag{3.32}$$

$$\cdots$$

$$\nabla_{A_1\cdots A_2}^n\nu(A)\triangleq\nabla_{A_n}^1(\nabla_{A_1\cdots A_{n-1}}^{n-1}\nu(A)).\tag{3.33}$$

(3.26)(3.27)两式用差分形式写出来便是

$$\triangle_{A_1\cdots A_n}^n P(A)\geqslant 0\quad(n\geqslant 1),\tag{3.34}$$

$$\nabla_{A_1\cdots A_n}^n P(A)\leqslant 0\quad(n\geqslant 1).\tag{3.35}$$

定义 3.8 设 ν 是定义在$(U,\mathscr{B})$上的不确定性测度,若对任意 A 及 $A_i(i\in I_n)\in\mathscr{B}$,都有

$$\triangle_{A_1\cdots A_n}^n\nu(A)\geqslant 0,\tag{3.36}$$

且 $\nu(U)=1$,则称 ν 是 $\mathscr{B}$ 上的信任测度(Belief measure);若恒有

$$\nabla_{A_1\cdots A_n}^n\nu(A)\leqslant 0\tag{3.37}$$

且 $\nu(\varnothing)=0$,则称 ν 是 $\mathscr{B}$ 上的似然测度(Plausibility measure);若恒有

$$\triangle^n_{A_1\cdots A_n}\nu(A)\leqslant 0, \tag{3.38}$$

且 $\nu(U)=0$，则称 ν 是 $\mathscr{B}$ 上的反信任测度(Disbelief measure)；若恒有

$$\nabla^n_{A_1\cdots A_n}\nu(A)\geqslant 0 \tag{3.39}$$

且 $\nu(\varnothing)=1$，则称 ν 是 $\mathscr{B}$ 上的反似然测度(Displausibility measure)；若 ν 是单调测度($A_1\subset A_2\Rightarrow 0=\nu(\varnothing)\leqslant\nu(A_1)\leqslant\nu(A_2)\leqslant\nu(U)=1$)，且对任意 $A_1,A_2\in\mathscr{B}$，恒有

$$\nu(A_1\cup A_2)=\nu(A_1)+\nu(A_2)-t(\nu(A_1),\nu(A_2)), \tag{3.40}$$

此处 t 是三角范数(简称 t-范数，它是一个映射 $t:[0,1]\times[0,1]\to[0,1)$，满足

$$(T,1)\qquad t(x,1)=x; \tag{3.41}$$

$$(T,2)\qquad t(x,y)\leqslant t(u,v)\qquad (x\leqslant u,y\leqslant v); \tag{3.42}$$

$$(T,3)\qquad t(x,y)=(y,x); \tag{3.43}$$

$$(T,4)\qquad t(t(x,y),z)=t(x,t(y,z)), \tag{3.44}$$

则称 ν 是一个 t-可能性测度(t-possibility measure)，特别地，当

$$t(x,y)\triangleq\min(x,y) \tag{3.45}$$

时，t-可能性测度叫作扎德可能性测度(Zadeh's possibility measure)，记作 $\mathrm{poss}_{\underset{\sim}{A}}$，有

$$\mathrm{poss}_{\underset{\sim}{A}}(B)=\sup_{u\in B}\mu_{\underset{\sim}{A}}(\mu)\qquad(\underset{\sim}{A}\in\mathscr{F}(U),B\in\mathscr{B}), \tag{3.46}$$

此处 $\mathscr{F}(U)$ 是 U 上全体模糊子集的集合，若令

$$t(x,y)\triangleq\max(x,y), \tag{3.47}$$

则由(3.40)式所定义的测度 ν 叫作确实性测度(Certainty measure)，记作 $\mathrm{Cert}_{\underset{\sim}{A}}$，有

$$\mathrm{Cert}_{\underset{\sim}{A}}(B)=\mathrm{Inf}_{u\in B}\mu_{\underset{\sim}{A}}(\mu)\qquad(\underset{\sim}{A}\in\mathscr{F}(U),B\in\mathscr{B}). \tag{3.48}$$

由此定义不难推得：既是信任测度，又是似然测度，便是有限可加的概率测度.

信任测度又叫 ∞ 阶的 $\cap$-单调 Choquet 容度($\cap$-monotone Choquet capacity of ∞-order)；

似然测度又叫 ∞ 阶的 $\cup$-交错 Choquet 容度($\cup$-alternating Choquet capacity of ∞-order)；

反信任测度又叫 ∞ 阶的 $\cap$-交错 Choquet 容度($\cap$-alternating Choquet capacity of ∞-order)；

反似然测度又叫∞阶的$\cup$-单调 Choquet 容度($\cup$-monotone Choquet capacity of ∞-order).

命题 3.1 设映射(3.13)是$\mathscr{A}$-$\mathscr{B}$强可测的,则上概率测度μ^*是$\mathscr{B}$上的似然测度,下概率测度μ_*是$\mathscr{B}$上的信任测度.

证 $\mu_*(u)=1$;

$$\Delta^n_{A_1\cdots A_n}\mu_*(A)=\sum_{I\subset I_n}(-1)^{|I|}\mu_*(A\cap(\bigcap_{i\in I}A_i))=\sum_{I\subset I_n}(-1)^{|I|}\mu(A\cap(\bigcap_{i\in I}A_i))_*$$

$$\overset{3.10}{=}\sum_{I\subset I_n}(-1)^{|I|}\mu(A_*\cap(\bigcap_{i\in I}(A_i)_*))=\Delta^n_{(A_1)_*\cdots(A_n)_*}\mu(A_*)\geqslant 0, \tag{3.49}$$

故μ_*是信任测度.类似可证μ_*是似然测度. ■

设U为一有限集.

定义 3.9 $(U,\mathscr{P}(U))$上的一个不确定性测度m叫作$\mathscr{P}(U)$上的基础概率(Basic probability),如果

$$\sum_{E\in\mathscr{P}(U)}m(E)=1. \tag{3.50}$$

若m是$\mathscr{P}(U)$上的基础概率,取

$$\Omega=\mathscr{P}(U). \tag{3.51}$$

对任意$\mathscr{E}\in\mathscr{P}(\Omega)$,令

$$\mu(\mathscr{E})=\sum_{E\in\Omega}m(E), \tag{3.52}$$

易知$(\Omega,\mathscr{P}(\Omega),\mu)$为一概率场.

命题 3.2 设m是$\mathscr{P}(U)$上的基础概率,对任意$E\in\mathscr{P}(U)$,令

$$\nu(E)=\sum_{F\subset E}m(F), \tag{3.53}$$

则v是一信任测度.m可以被v所唯一确定,有逆转公式

$$m(E)=\sum_{F\subset E}(-1)^{|E|-|F|}\nu(F). \tag{3.54}$$

证 按(3.51)及(3.52)取概率场$(\Omega,\mathscr{P}(\Omega),P)$,令

$$\Gamma:\Omega\longrightarrow\mathscr{P}(U). \tag{3.55}$$

$$\omega\longmapsto B_\phi \tag{3.56}$$

此处

$$B_\phi\triangleq\omega,$$

显见Γ是$\mathscr{A}-\mathscr{P}(U)$强可测的.而(3.53)正好表明

$$\nu(E)=\Gamma_*(E)=\mu(E_*) \tag{3.57}$$

根据命题 3.1,知 ν 是 $\mathscr{P}(U)$上的信任测度.

往证逆转公式,令

$$\chi_F(B)=\begin{cases}1, & B\subset F;\\ 0, & B\not\subset F.\end{cases} \tag{3.58}$$

有

$$\nu(F)=\sum_{B\in\mathscr{P}(U)}\chi_F(B)m(B), \tag{3.59}$$

于是

$$\begin{aligned}\sum_{F\subset E}(-1)^{|E|-|F|}\nu(F) &= \sum_{F\subset E}(-1)^{|E|-|F|}\sum_{B\subset\mathscr{P}(U)}\chi_F(B)m(B)\\ =\sum_{B\subset\mathscr{P}(U)}\sum_{F\subset E}(-1)^{|E|-|F|}&\chi_F(B)m(B)=\sum_{B\subset E}\sum_{F\subset E}(-1)^{|E|-|F|}\chi_F(B)m(B)\\ =\sum_{B=E}\sum_{F\subset E}(-1)^{|E|-|F|}&\chi_F(B)m(B)+\sum_{B\subsetneq E}\sum_{F\subset E}(-1)^{|E|-|F|}\chi_F(B)m(B).\end{aligned} \tag{3.60}$$

当 $B=E,F\subset E$ 时，要使 $\chi_F(B)\neq 0$，只有 $B=F=E$，故有

$$\sum_{B=E}\sum_{F\subset E}(-1)^{|E|-|F|}\chi_F(B)m(B)=m(E). \tag{3.61}$$

而

$$\begin{aligned}&\sum_{B\subsetneq E}\ \sum_{F\subset E}(-1)^{|E|-|F|}\chi_F(B)m(B)\\ &=\sum_{B\subsetneq E}\Big(\sum_{K=0}^{|E|-|B|}(-1)^K\sum_{\substack{|E|-|F|=K\\ F\subset E}}\chi_F(B)\Big)m(B)\triangleq a,\end{aligned}$$

注意,对于固定的 $B\subsetneq E$,

$$\sum_{\substack{|E|-|F|=K\\ F\subset E}}\chi_F(B)=C^K_{|E|-|B|},$$

故

$$a=\sum_{B\subsetneq E}m(B)\cdot\sum_{K=0}^{|E|-|B|}(-1)^K C^K_{|E|-|B|},$$

由于 $B\subsetneq E$,故$|E|-|B|\geqslant 1$,故可利用公式(3.52),知有

$$a=0. \tag{3.62}$$

联合(3.60)～(3.62),(3.54)得证. ■

以上预备知识,在这篇文章中不一定全部用到.为了完整,故罗列出来.

§ 4. 落影空间

定义 4.1 $(U,\mathscr{B},\widehat{\mathscr{B}})$叫作一个可落可测空间，如果存在 $\mathscr{C}\subset\mathscr{P}(U)$ 使得

(1) $$\mathscr{C}\supset\mathscr{C}_0\triangleq\{\{u\}\mid u\in U\};\tag{4.1}$$

(2) $$\mathscr{B}=[\mathscr{C}]\tag{4.2}$$

这里$[\mathscr{C}]$表示由 $\mathscr{C}$ 生成的 σ-域；

(3) $$\widehat{\mathscr{B}}=[\check{\mathscr{C}}]_{\mathscr{B}}\tag{4.3}$$

这里

$$\check{\mathscr{C}}=\{\check{C}_{\mathscr{B}}\mid C\in\mathscr{C}\}\tag{4.4}$$

($\check{C}$ 的定义见(3.3)),$[\check{\mathscr{C}}]_{\mathscr{B}}$ 是由 $\check{\mathscr{C}}$ 在 $\mathscr{B}$ 中生成的 α-域.

一个 U 上的 $\mathscr{B}$-划分指的是 U 的一个子类

$$d=\{D_i\mid i\in I\}\quad(I\text{ 至多可数})\tag{4.5}$$

满足

$$D_i\in\mathscr{B}\quad(i\in I);\tag{4.6}$$

$$\bigcup_{i\in I}D_i=U;\tag{4.7}$$

$$D_i\cap D_i=\varnothing\quad(i\neq j).\tag{4.8}$$

U 上全体 $\mathscr{B}$-划分记作 $\mathscr{D}=\mathscr{D}(U,\mathscr{B})$.

设 $d_1,d_2\in\mathscr{D}$,若对任意 $D_i^1\in d_1$,总有 $D_1^2\in d_2$,使 $D_i^1\subset D_i^2$,则称 d_1 细于 d_2,记作 $d_1\succ d_2$.

$(\mathscr{D},\succ)$是一个偏序集.

定义 4.2 设$(U,\mathscr{B})$是一个可测空间，称 $\mathscr{B}$ 是薄的，如果存在$\{d^{(n)}\}\subset\mathscr{D}(U,\mathscr{B})$,满足

(1) $$d^{(1)}\prec d^{(2)}\prec\cdots\prec d^{(n)}\prec\cdots\tag{4.9}$$

(2)对任意 $d\in\mathscr{D}(U,\mathscr{B})$,都有 n_0,使

$$d\succ d^{(n_0)}.\tag{4.10}$$

定义 4.3 设$(\Omega,\mathscr{A},\mu)$是一个概率场，所谓一个正规网 $\mathscr{D}^*=\{d^{(n)}\}\subset\mathscr{D}(\Omega,\mathscr{A})$是指这样一个划分序列：

$$d^{(1)}=\{D_1,D_2\},$$
$$\mu(D_1)=\mu(D_2)=1/2; \tag{4.11}$$
$$d^{(2)}=\{D_{11},D_{12},D_{21},D_{22}\},$$
$$\mu(D_{11})=\mu(D_{12})=\mu(D_{21})=\mu(D_{22})=1/2^2,$$
$$D_{11}\cup D_{12}=D_1,D_{21}\cup D_{22}=D_2; \tag{4.12}$$
$$\cdots$$
$$d^{(n)}=\{D_{i_1 i_2\cdots i_n}\mid i_k=1,2;k=1,2,\cdots,n\};$$
$$D_{i_1 i_2\cdots i_n}\in\mathscr{A}(i_k=1,2;k=1,2,\cdots,n)$$
$$\mu(D_{i_1 i_2\cdots i_n})=1/2^n,$$
$$D_{i_1 i_2\cdots i_{n-1}1}\cup D_{i_1 i_2\cdots i_{n-1}2}=D_{i_1 i_2\cdots i_{n-1}}; \tag{4.13}$$
$$\cdots$$

定义 4.4 设$(U,\mathscr{B},\hat{\mathscr{B}})$是一个可落可测空间,称$\hat{\mathscr{B}}$是可余的,如果

$$\check{E}\in\hat{\mathscr{B}}\Rightarrow(\check{E^c})\in\check{\mathscr{B}}. \tag{4.14}$$

定义 4.5 设$(\Omega,\mathscr{A})$与$(U,\mathscr{B})$是两个可测空间,称$\mathscr{A}$对$\mathscr{B}$是充足的,如果

$$pro_\Omega(\mathscr{A}\times\mathscr{B})\triangleq\{pro_\Omega D\mid D\in\mathscr{A}\times\mathscr{B}\}=\mathscr{A}, \tag{4.15}$$

此处$pro_\Omega D$是D对U的投影:

$$pro_\Omega D\triangleq\{\omega\mid\exists u\in U:(\omega,u)\in D\}. \tag{4.16}$$

定义 4.6 概率场$(\Omega,\mathscr{A},\mu)$与可落可测空间$(U,\mathscr{B},\hat{\mathscr{B}})$的组合$\mathscr{R}=(\Omega,\mathscr{A},\mu;U,\mathscr{B},\hat{\mathscr{B}})$叫作一个落影空间,如果$\mathscr{B}$是薄的,$\hat{\mathscr{B}}$是可余的;$\mathscr{A}$有正规网;$\mathscr{A}$对$\mathscr{B}$是充足的.

定义 4.7 设$\mathscr{R}=(\Omega,\mathscr{A},\mu;U,\mathscr{B},\hat{\mathscr{B}})$是一个落影空间,称映射

$$s:\Omega\longrightarrow\mathscr{B} \tag{4.17}$$

为一可落随机集或称随机云,如果s是$\mathscr{A}$-$\hat{\mathscr{B}}$可测的.全体可落随机集构成的集合记作

$$\mathscr{S}=\mathscr{S}(\mathscr{R})=s(\Omega,\mathscr{A},\mu;U,\mathscr{B},\check{\mathscr{B}})=\mathscr{S}(\mathscr{A},\check{\mathscr{B}}).$$

定义 4.8 设s是$\mathscr{R}$上的可落随机集,称$\underset{\sim}{A}\in\mathscr{F}(U)$为$s$的落影(或称为$s$的雨),如果

$$\mu_{\mathscr{A}}(\mu)=\mu(s^{-1}\{\check{u}\})=\mu(\omega\mid u\in s(\omega)). \tag{4.18}$$

定理 4.1 $s\in\mathscr{S}(\mathscr{R})$的充分必要条件是：$s$ 是 $\mathscr{A}$-$\mathscr{B}$ 强可测的.

证 令

$$\mathscr{B}'\triangleq\{E\mid\check{E}\in\mathscr{B}\}. \tag{4.19}$$

由于 $\hat{\mathscr{B}}$ 的可余性，知

$$\mathscr{B}'=\{E\mid\underset{\smile}{E}\in\mathscr{B}\}. \tag{4.20}$$

由(3.9)(3.10)知

$$E_n\in\mathscr{B}'(n\geqslant1)\Rightarrow\check{E}_n\in\hat{\mathscr{B}}\Rightarrow(\bigcup_{n=1}^{\infty}\check{E}_n)=\bigcup_{n=1}^{m}\check{E}_n\in\hat{\mathscr{B}}\Rightarrow\bigcup_{n=1}^{\infty}E_n\in\mathscr{B}'.$$

$$E_n\in\mathscr{B}'(n\geqslant1)\Rightarrow\underset{\smile}{E}_n\in\hat{\mathscr{B}}\Rightarrow(\bigcap_{n=1}^{\infty}\underset{\smile}{E}_n)=\bigcap_{n=1}^{m}\underset{\smile}{E}_n\in\hat{\mathscr{B}}\Rightarrow\bigcap_{n=1}^{\infty}E_n\in\mathscr{B}'.$$

显然有 $$E\in\mathscr{B}'\Rightarrow\check{E}\in\check{\mathscr{B}}\Rightarrow(\check{E^c})\in\hat{\mathscr{B}}\Rightarrow E^c\in\mathscr{B}'; \tag{4.21}$$

又有

$$\check{U}=\mathscr{B}\in[\check{\mathscr{C}}]_{\mathscr{B}}=\hat{\mathscr{B}},$$

从而 $U\in\mathscr{B}'$，故 $\mathscr{B}'$ 是 σ-域.

由于 $\check{\mathscr{C}}\subset\hat{\mathscr{B}}$，故有 $\mathscr{C}\subset\mathscr{B}'$，而 $\mathscr{B}=[\mathscr{C}]$，故有

$$\mathscr{B}'\supset\mathscr{B}. \tag{4.22}$$

设 s 是 $\mathscr{A}$-$\hat{\mathscr{B}}$ 可测的. 由(4.22)便有

$$B\in\mathscr{B}\Rightarrow B\in\mathscr{B}'\Rightarrow\check{B}\in\hat{\mathscr{B}}\Rightarrow B^*\in s^{-1}(\hat{\mathscr{B}})\subset\mathscr{A}, \tag{4.23}$$

故 s^* 是 $\mathscr{A}$-$\mathscr{B}$ 可测的，亦即，s 是 $\mathscr{A}$-$\mathscr{B}$ 强可测的.

反之，设 s 是 $\mathscr{A}$-$\mathscr{B}$ 强可测的，则

$$\varepsilon\in\check{\mathscr{C}}\Rightarrow\varepsilon=\check{E}(E\in\mathscr{C})\Rightarrow E^*\in\mathscr{A}(E\in\mathscr{C}), \tag{4.24}$$

故有

$$s^{-1}(\check{\mathscr{C}})\subset\mathscr{A}, \tag{4.25}$$

从而有

$$s^{-1}(\hat{\mathscr{B}})\subset\mathscr{A}, \tag{4.26}$$

故 s 是 $\mathscr{A}$-$\mathscr{B}$ 可测的. ■

§5. 可落随机集的图

设 Γ 是从 Ω 到 U 的集值映射，

定义 5.1 称

$$G_{\Gamma} \triangleq \{(\omega,u) \mid \Gamma(\omega) \ni u\} = \{(\omega,u) \mid \Gamma(\omega) \in \{\check{u}\}\}$$

$$= \{(\omega,u) \mid \omega \in \Gamma^{-1}(\{\check{u}\})\} = \{(\omega,u) \mid \omega \in \Gamma^{*}(\{u\})\} \tag{5.1}$$

为 I 的图.

设 $\Gamma_t (t \in T)$ 及 Γ 都是从 Ω 到 U 的集值映射，定义它们的并、交、余如下，

$$\bigcup_{t\in T}\Gamma_t : \Omega \longrightarrow \mathscr{P}(U),$$

$$\omega \longmapsto (\bigcup_{t\in T}\Gamma_t)(\omega) \triangleq \bigcup_{t\in T}(\Gamma_t(\omega)); \tag{5.2}$$

$$\bigcap_{t\in T}\Gamma_t : \Omega \longrightarrow \mathscr{P}(U),$$

$$\omega \longmapsto (\bigcap_{t\in T}\Gamma_t)(\omega) \triangleq \bigcap_{t\in T}(\Gamma_t(\omega)); \tag{5.3}$$

$$\Gamma^{c} : \Omega \longrightarrow \mathscr{P}(U)$$

$$\omega \longmapsto (\Gamma^{c})(\omega) \triangleq (\Gamma(\omega))^{c}. \tag{5.4}$$

命题 5.1

$$G_{(\bigcup_{t\in T}\Gamma_t)} = \bigcup_{t\in T} G_{\Gamma_t}; \tag{5.5}$$

$$G_{(\bigcap_{t\in T}\Gamma_t)} = \bigcap_{t\in T} G_{\Gamma_t}; \tag{5.6}$$

$$G_{(\Gamma^{c})} = (G_{\Gamma})^{c}. \tag{5.7}$$

设 $\mathscr{R} = (\Omega, \mathscr{A}, \mu; U, \mathscr{B}, \hat{\mathscr{B}})$ 是一个落影空间，定义映射

$$\varphi : \mathscr{S}(\mathscr{A}, \hat{\mathscr{B}}) \longrightarrow \mathscr{P}(\Omega \times U)$$

$$s \longmapsto G. \tag{5.8}$$

定理 5.1 φ 是从 $\mathscr{S}(\mathscr{A}, \hat{\mathscr{B}})$ 到 $\mathscr{A} \times \mathscr{B}$ 的单满映射. 此处 $\mathscr{A} \times \mathscr{B}$ 是乘积 σ-域.

证 设 $s \in \mathscr{S}$，往证 $G_s \in \mathscr{A} \times \mathscr{B}$.

考虑任一划分 $d \in \mathscr{D}(U, \mathscr{B})$：

$$d = \{D_i\} \qquad (i \in I) \qquad (D_i \in \mathscr{B}), \tag{5.9}$$

令

$$G_s^d \triangleq \bigcup_{i\in I}(D_i^{*} \times D_i). \tag{5.10}$$

此处

$$D_i^* = S^{-1}(\check{D_I}) = S^*(D_i). \tag{5.11}$$

由于 $S\in\mathscr{S}(\mathscr{R})$,从定理4.1知 S 是 $\mathscr{A}$-$\mathscr{B}$ 强可测的,故 $D_i^*\in\mathscr{A}$,于是

$$D_i^* \times D_i \in \mathscr{A}\times\mathscr{B}, \tag{5.12}$$

故有

$$G_s^d \in \mathscr{A}\times\mathscr{B}. \tag{5.13}$$

易见,对任意 $d\in\mathscr{D}(U,\mathscr{B})$,有

$$G_s \subset G_s^d, \tag{5.14}$$

故

$$G_s \subset \bigcap_{d\in\mathscr{D}} G_s^d. \tag{5.15}$$

另一方面,有

$$G_s \supset \bigcap_{d\in\mathscr{D}} G_s^d. \tag{5.16}$$

事实上,设$(\omega_0,u_0)\notin G_s$,取划分

$$d_0 = \{\{u_0\},\{u_0\}^c\}\in\mathscr{D}, \tag{5.17}$$

$(\omega_0,u_0)\notin G_s$ 意味着 $s(\omega_0)\notin\check{\{u_0\}}$,亦即 $\omega_0\notin\{u_0\}^*$,故

$$(\omega_0,u_0)\notin(\{u_0\}^*\times\{u_0\})\bigcup((\{u_0\}^c)^*\times(\{u_0\}^c)) = G_s^{d_0}, \tag{5.18}$$

从而$(\omega_0,u_0)\notin\bigcap_{d\in\mathscr{D}}G_s^d$. 于是(5.16)式得证.

由于 $\mathscr{B}$ 是薄的,存在 $d^{(n)}\in\mathscr{D}(\bigcup,\mathscr{B})$满足(4,9)与(4,10),注意到

$$d_1 \prec d_2 \Rightarrow G_s^{d_1}\bigcap G_s^{d_2}, \tag{5.19}$$

故有

$$\bigcap_{d\in\mathscr{D}} G_s^d = \bigcap_{n=1}^{\infty} G_s^{d^{(n)}}, \tag{5.20}$$

从而

$$G_s = \bigcap_{n=1}^{\infty} G^{d_s^{(n)}} \in \mathscr{A}\times\mathscr{B}. \tag{5.21}$$

反之,设 $G\in\mathscr{A}\times\mathscr{B}$,令

$$s:\Omega \longrightarrow \mathscr{B}$$

$$\omega \longmapsto G\Big|_{\phi_0} \triangleq \{u\mid(\omega,u)\in G\} \tag{5.22}$$

对任意 $B\in\mathscr{B}$,令

$$B_G \triangleq (\Omega\times B)\bigcap G, \tag{5.23}$$

有

$$B_G \in \mathscr{A}\times\mathscr{B}. \tag{5.24}$$

由于 $\mathscr{A}$ 对 $\mathscr{B}$ 是充足的,故

$$pro_{\Omega}(B_G) \in \mathscr{A}, \tag{5.25}$$

但

$$pro_{\Omega}(B_G) = s^{-1}(\check{B}) = s^*(B) = B_s^*, \tag{5.26}$$

故 s 是 $\mathscr{A}$-$\mathscr{B}$ 强可测的. 由定理 4.1 知 $s \in \mathscr{S}(\mathscr{R})$. 这说明 φ 是满的.

显然 φ 是单的. 定理得证. ■

于是,可将 φ 记为

$$\varphi: \mathscr{S} \longrightarrow \mathscr{A} \times \mathscr{B}. \tag{5.27}$$

定理 5.2　$\mathscr{S}(\mathscr{R})$ 对于集值映射的集运算(见(5.2)～(5.4))是封闭的,$(\mathscr{S}, \cup, \cap, c)$ 是 σ-完全的布尔代数,且与 $(\mathscr{A} \times \mathscr{B}, \cup, \cap, c)$ 同构:

$$\mathscr{S} \cong \mathscr{A} \times \mathscr{B}. \tag{5.28}$$

证明是显然的.

定理 5.3　设 $\underset{\sim}{A}_s \in \mathscr{F}(U)$ 是可落随机集 s 的落影,则有

$$\mu_{\underset{\sim}{A}_s}(u) = \mu(G_s|_{\cdot u}), \tag{5.29}$$

此处 $G_s|_u$ 是 G 在 u 处截影

$$G_s|_u \triangleq \{\omega \mid (\omega, u) \in G\}, \tag{5.30}$$

这定理可直接由下式得出

$$\{\omega \mid s(\omega) \ni u\} = \{\omega \mid (\omega, u) \in G\}. \tag{5.31}$$

§ 6.　$\mathscr{S}$ 与 $\mathscr{F}_0$ 的对应

设 $\mathscr{R} = (\Omega, \mathscr{A}, \mu, U, \mathscr{B}, \hat{\mathscr{B}})$ 是一个落影空间,考虑映射

$$\nu: \mathscr{S} \longrightarrow \mathscr{F}(U)$$

$$s \longmapsto \underset{\sim}{A}_s (s \text{ 的落影}), \tag{6.1}$$

由(5.29)知 $\mu_{\underset{\sim}{A}_s}(u)$ 是 $\mathscr{B}$-可测的.

定义 6.1　称 $\underset{\sim}{A} \in \mathscr{F}(U)$ 是 U 上的 $\mathscr{B}$-可测模糊集,如果 $\mu_{\underset{\sim}{A}}(u)$ 是 $\mathscr{B}$-可测函数. U 上全体 $\mathscr{B}$-可测模糊集记作 $\mathscr{F}_0 = \mathscr{F}_0(U, \mathscr{B})$.

映射 ν 可写作

$$\nu: \mathscr{S} \longrightarrow \mathscr{F}_0. \tag{6.2}$$

对任意 $s_1, s_2 \in \mathscr{S}$,记

$$s_1 \sim s_2 \Leftrightarrow (\forall u \in U)(\mu(G_{s_1}|_u) = \mu(G_{s_2}|_u)). \tag{6.3}$$

显然,"～"是 $\mathscr{S}$ 中的等价关系. 记

$$\tilde{\mathscr{S}} = \mathscr{S}/\sim. \tag{6.4}$$

由于

$$s_1 \sim s_2 \Rightarrow \nu(s_1)=\nu(s_2), \tag{6.5}$$

故可从 ν 导出映射

$$\tilde{\nu}: \mathscr{S} \longrightarrow \mathscr{F}_0, \tag{6.6}$$

对任意 $ss \in \tilde{\mathscr{S}}$,定义

$$\tilde{\nu}(ss)=\nu(s) \qquad (\forall s \in ss). \tag{6.7}$$

定理 6.1 $\tilde{\nu}$ 是单且满的映射.

证 显然 $\tilde{\nu}$ 是单的. 往证 $\tilde{\nu}$ 是满的,对任意 $\underset{\sim}{A} \in \mathscr{F}_0(U,\mathscr{B})$,有 $ss \in \tilde{\mathscr{S}}$,使 $\tilde{\nu}(ss)=\underset{\sim}{A}$.

由于 $\underset{\sim}{A} \in \mathscr{F}_0$,故有 $\mathscr{B}$-简单函数列 $f_n(u) \uparrow \mu_{\underset{\sim}{A}}(u)$:

$$f_n(u) \triangleq \sum_{k-1}^{2^n} \frac{k}{2^n} \chi_{[k/2^n < \mu_{\underset{\sim}{A}}(u) < (k+1)/2^n]}. \tag{6.8}$$

由于 $\mathscr{A}$ 有一个给定的正规网 $\mathscr{D}^*$(见定义 4.3),对任意 $n \geqslant 1$,作下列变换

$$\theta_1:(i_1,i_2,\cdots,i_n) \longmapsto (i_1-1,\cdots,i_n-1); \tag{6.9}$$

$$\theta_2:(j_1,j_2,\cdots,j_n) \longmapsto k \triangleq (j_1 \cdot 2^{n-1}+j_2 \cdot 2^{n-2}+\cdots+j_n)+1. \tag{6.10}$$

$\theta_2 \cdot \theta_1$ 是 $\{(i_1,i_2,\cdots,i_n) \mid i_k=1,2;k=1,2,\cdots,n\}$ 与 $\{1,2,\cdots,2^n\}$ 之间的一一对应. 令

$$\rho=\theta_1^{-1} \circ \theta_2^{-1}, \tag{6.11}$$

记

$$B_k^{(n)} \triangleq \bigcup_{i=1}^{k} D_{\rho(k)}, (k=1,2,\cdots,2^n) \tag{6.12}$$

易见 $B_k^{(n)} \in \mathscr{A}$,有

$$\mu(B_k^{(n)})=\frac{k}{2^n}. \tag{6.13}$$

令

$$G^n \triangleq \bigcup_{k=1}^{2^n} ((B_k^{(n)}) \times \chi_{[k/2^n \leqslant \mu_{\underset{\sim}{A}}]}), \tag{6.14}$$

易见 $G^n \in \mathscr{A} \times \mathscr{B}$,且

$$f_n(u)=\mu(G^n |_u). \tag{6.15}$$

易见若 $n_1 < n_2$,则 $G^{n_1} \subset G^{n_2}$. 令

$$G^*=\lim_{n \to \infty} G^n=\bigcup_{n=1}^{\infty} G^n. \tag{6.16}$$

显见 $G^* \in \mathscr{A}\times\mathscr{B}$,且

$$\mu(G^*|_u)=\mu_{\underset{\sim}{A}}(u). \tag{6.17}$$

设 $s_0=\varphi^{-1}(G^*)$,又设 $s_0\in ss$,则

$$\tilde{\nu}(ss)=\underset{\sim}{A}.$$
■

定义 6.2 前证明中所定义的可落随机集 s_0(图 G^*)叫作类 ss 的代表随机集(代表图),也叫作 $\underset{\sim}{A}$ 的代表随机集(代表图).$\mathscr{S}$中全体能作为代表的随机集记作 $\mathscr{S}_0$.

ν 诱导出映射

$$\nu_0:\mathscr{S}_0\longrightarrow\mathscr{F}_0, \tag{6.18}$$

ν_0 是单且满的映射.

§7. 模糊子集的运算

由于随机集及其落影之间是多一对应,因而模糊集运算不能由随机集一意地决定,但是,有几种特殊情形可以加以研究.

情形 1 按代表集来规定运算.

定理 7.1 设 $s_1,s_2\in\mathscr{S}_0$,则 $s_1\cup s_2,s_1\cap s_2\in\mathscr{S}_0$,且

$$\mu_{\underset{\sim}{A}_1\cup\underset{\sim}{A}_2}(u)=\max(\mu_{\underset{\sim}{A}_1}(u),\mu_{\underset{\sim}{A}_2}(u)); \tag{7.1}$$

$$\mu_{\underset{\sim}{A}_1\cap\underset{\sim}{A}_2}(u)=\min(\mu_{\underset{\sim}{A}_1}(u),\mu_{\underset{\sim}{A}_2}(u)). \tag{7.2}$$

证 设 $s_1,s_2\in\mathscr{S}_0,\nu(s_i)=\underset{\sim}{A}_i(i=1,2)$,有

$$G_{s_i}=\lim_{n\to\infty}G_{s_i}^{(n)},(i=1,2) \tag{7.3}$$

此处

$$G_{s_i}^{(n)}=\bigcup_{k=1}^{2^n}(B_k^{(n)}\times\{u|\mu_{\underset{\sim}{A}_i}(u)\geqslant k/2^n\}).(i=1,2) \tag{7.4}$$

设 $\underset{\sim}{A}$ 具有隶属函数

$$\mu_{\underset{\sim}{A}}(u)=\max(\mu_{\underset{\sim}{A}_1}(u),\mu_{\underset{\sim}{A}_2}(u)), \tag{7.5}$$

$\mathscr{A}\in\mathscr{F}_0$,设 s 是 $\underset{\sim}{A}$ 的代表,则有

$$G_s=\lim_{n\to\infty}G_s^{(n)}, \tag{7.6}$$

此处

$$G_s^{(n)}=\bigcup_{k=1}^{2^n}(B_k^{(n)}\times\{u|u_{\underset{\sim}{A}}(u)\geqslant k/2^n\}). \tag{7.7}$$

但

$$G_s^{(n)}=\bigcup_{k=1}^{2^n}(B_k^{(n)}\times\{u|\max(\mu_{\underset{\sim}{A}_1}(u),\mu_{\underset{\sim}{A}_2}(u))\geqslant k/2^n\})$$

$$=\bigcup_{k=1}^{2^n}(B_k^{(n)}\times(\{u|\mu_{\underset{\sim}{A_1}}(u)\geqslant k/2^n\}\cup\{u|u_{\underset{\sim}{A_2}}(u)\geqslant k/2^n\}))$$

$$=(\bigcup_{k=1}^{2^n}(B_k^{(n)}\times\{u|\mu_{\underset{\sim}{A_1}}(u)\geqslant k/2^n\}))\cup(\bigcup_{k=1}^{2^n}(B_k^{(n)}\times\{u|\mu_{\underset{\sim}{A_2}}(u)\geqslant k/2^n\}))$$

$$=G_{s_1}^{(n)}\cup G_{s_2}^{(n)},\tag{7.8}$$

故 $G_s=G_{s_1}\cup G_{s_2}$，但 $G_{s_1}\cup G_{s_2}=G_{(s_1\cup s_2)}$，所以

$$S_1\cup S_2=S.\tag{7.9}$$

由此可得(7.1)式. 类似可得(7.2)式. ■

情形 2 分离情形

定义 7.1 $s_1,s_2\in\mathscr{S}$叫作是分离的，若对任意 $u\in U$，有

$$\mu(G_{s_1}|_u)+\mu(G_{s_2}|_u)\leqslant 1\Leftrightarrow G_{s_1}|_u\cap G_{s_2}|_u=\varnothing;\tag{7.10}$$

$$\mu(G_{s_1}|_u)+\mu(G_{s_2}|_u)>1\Leftrightarrow G_{s_1}|_u\cup G_{s_2}|_u=\Omega.\tag{7.11}$$

定理 7.2 设 s_1,s_2 是分离的，则

$$\mu_{\underset{\sim}{A}(s_1\cup s_2)}(u)=\min(\mu_{\underset{\sim}{A}s_2}(u)+\mu_{\underset{\sim}{A}s_2}(u),1);\tag{7.12}$$

$$\mu_{\underset{\sim}{A}(s_1\cap s_2)}(u)=\max(0,\mu_{\underset{\sim}{A}s_2}(u)+\mu_{\underset{\sim}{A}s_2}(u),-1).\tag{7.13}$$

证 $\mu_{\underset{\sim}{A}(s_1\cup s_2)}(u)=\mu(G_{(s_1\cup s_2)}|_u)=\mu(G_{s_2}\cup\ _{s_2}|_u).$

若 $\mu(G_{s_1}|_u)+\mu(G_{s_2}|_u)\leqslant 1$，则

$$u_{\underset{\sim}{A}(s_1\cup s_2)}(u)=\mu(G_{s_1}|_u)+\mu(G_{s_2}|_u)=\mu_{\underset{\sim}{A}s_1}(u)+\mu_{\underset{\sim}{A}s_2}(u).$$

否则 $\mu_{\underset{\sim}{A}(s_1\cup s_2)}(u)=1$. 故(7.12)式真. 同理可证(7.13)式.

情形 3 独立情形

定义 7.2 s_1,s_2 叫作是独立的，如果 $S_1^*(\mathscr{B})$与 $S_2^*(\mathscr{B})$是独立的. 亦即，对任意 $B_1,B_2\in\mathscr{B}$，

$$\mu(S_1^*(B_1)\cap S_2^*(B_2))=\mu(S_1^*(B_1))\cdot\mu(S_2^*(B_2)).\tag{7.14}$$

定理 7.3 若 s_1,s_2 独立，则

$$\mu_{\underset{\sim}{A}(s_1\cap s_2)}(u)=\mu_{\underset{\sim}{A}s_1}(u)\cdot\mu_{\underset{\sim}{A}s_2}(u),\tag{7.15}$$

$$\mu_{\underset{\sim}{A}(s_1\cup s_2)}(u)=\mu_{\underset{\sim}{A}s_2}(u)+\mu_{\underset{\sim}{A}s_2}(u)-\mu_{\underset{\sim}{A}s_1}(u)\cdot\mu_{\underset{\sim}{A}s_2}(u).\tag{7.16}$$

证 $\mu_{\underset{\sim}{A}(s_1\cap s_2)}(u)=\mu(G_{(s_1\cap s_2)}|_u)=u(G_{s_1}|_u\cap G_{s_2}|_u)$

$$=\mu(S_1^*(\{u\})\cap S_2^*(\{u\})).$$

由于 s_1,s_2 独立，故

$$\mu(S_1^*(\{u\})\cap S_2^*(\{u\}))=\mu(S_1^*(\{u\}))\cdot\mu(S_2^*(\{u\})),$$

由此可证得(7.15)式.(7.16)式类似可以证得. ■

§8. 模糊事件的概率

若把集合(或事件)比作圈圈，把元素比作点子，随机试验被描述为圈

圈固定、点子在变的试验,模糊试验被描述为点子固定,圈圈在变的试验.那么,这里提出的将是一种圈圈在变,点亦在变的试验.

设 $\mathscr{R}=(\Omega,\mathscr{A},\mu;U,\mathscr{B},\hat{\mathscr{B}})$是一个落影空间,假设$(U,\mathscr{B},P)$是一个概率场,于是便有乘积概率场$(\Omega\times U,\mathscr{A}\times\mathscr{B},\mu\times p)$. 对任意 $s\in\mathscr{S}(R)$,有 $G_s\in\mathscr{A}\times\mathscr{B}$.

定义 8.1 称$(\mu\times p)(G_s)$为随机集 s 捕住变元 u 的概率. 或称之为 u 击中 s 的概率.

定理 8.1

$$(\mu\times p)(G_s)=E_p(\mu_{\underset{\sim}{A}}), \tag{8.1}$$

此处 E_p 表示对 u 求数学期望,$\underset{\sim}{A}$ 是 s 的落影.

证 由于$G_s\in\mathscr{A}\times\mathscr{B}$,故(8.1)式左端有意义. 根据富比尼定理,知(8.1)式真. ■

注意(8.1)式右端就是模糊事件 $\underset{\sim}{A}$ 的概率,故有

$$(\mu\times p)G_s=P(\underset{\sim}{A}). \tag{8.2}$$

参考文献

[1] 张南纶. 随机现象的从属特性及概率特性Ⅰ,Ⅱ,Ⅲ. 武汉建材学院学报,1981,(1):11-18;(2):7-14;(3):9-24.

[2] Zhang Nanlun. A preliminary study of the theoretical easis of Fuzzy Set. In: Wang P P ed., Advances in Fuzzy Set Theory and Applications. Pergamon Press,1983.

[3] 马谋超,曹志强. 一类多维决策过程及其 Fuzzy 数学模型.

[4] Wang Peizhuang,Sanchez E. Teaching a fuzzy subset as a projectable random subset. In: Gupta M M, Sanches E eds. Fuzzy Information and Decision Processes. North-Holland,Pergamon Press,1982,212-219.

[5] Wang Peizhuang. From the fuzzy statistics to the falling random subsets. In: Wang P P ed., Advances in Fuzzy Set Theory and Applications. North-Holland,Pergamon Press,1983.

[6] 汪培庄. 随机区间及其落影. 井冈山师院院刊,1981,(1):2-10.

[7] Goodman I R. Identification of fuzzy sets with a class of canonically induced random sets and some applications. Proc. 19th IEEE Confer. on Decision and Control (Albuquerque,NM) and (Longer version) Naval research laboratory report 8145,1980.

[8] Goodman I R. Fuzzy sets as equivalence class of random sets. In: Yager R T ed. ,Recent Developments in Fuzzy Set and Possibility Theory,1981.

[9] Nguyen H T. On random sets and belief functions,J. Math. Anal. & Applic. , 1978,65:531—542.

[10] Hirota K. Extended fuzzy expression of probabilistic sets. In: Gupta M M, Ragade R K, Yager R R eds. , Advance in Fuzzy Set Theory and Applic. North-Holland,Pergamon Press,1979.

[11] Kwakernaak H. Fuzzy random variables—I. Info. Sci. ,1978,15:1—29.

[12] Klement E P. Characterizations of finite fuzzy measures using Markoff—Kernals. J. of Math. Anal. Applic. ,1980,75(2):330—339.

[13] Kendall D G. Fundations of a theory of random sets. Stochastic Geometry, New York, 1974,322—376.

[14] Sharer G. Allocations of probability. Ann. of Prob. ,1979,7 (5):827—839.

[15] Stallings W. Fuzzy sets theory versus Bayesian statistics,IEBE Trans. Sys. Man,Cybernetics,SMC—7,1977,216—219.

[16] Wang P P. Chang S K. Fuzzy Sets' Theory and Applic. to Policy Anal. and Info. Systems. New York,1981.

[17] Zadeh L A. Fuzzy sets as a basis for a possibility. Fuzzy Sets and Systems, 1978,1:3—28.

[18] Matheron G. Random Sets and Integral Geometry. John Wiley & Sons. New York,1914.

Abstract In this paper we discuss some problems concerning fuzzy statistics and random subsets. The falling space, a framework treating the fuzzy subsets as random subsets, has been stated. In this space the measurability of random subsets is equivalent to the strong measurability. Applying the graph of random subsets, we give a correspondence theorem which combines the falling random subsets and the measurable fuzzy subsets. Finally, we discuss some problems on fuzzy probability by means of the concept of random subset, and some interesting results could be found.

科学通报
1983,28(7):385－387

超 σ 域与集值映射的可测性[①]

The Measurable Problem on the Hyper σ-Field and Set-Valued Mapping

集值映射的研究对于模糊集理论有重要意义. Goodman, Nguyen 和笔者从随机集的角度利用集值映射来描述模糊集[1~3],突出了集值映射的可测性问题.

集值映射的可测性,涉及如何在一个给定论域的幂集上去定义可测结构的问题,要求所定义的结构既在幂上具有普通可测结构的性质,又能与基础论域中的可测结构保持纵向的联系,这是一个繁难的问题. Nguyen 等人利用强可测等概念把集值映射的可测性问题局限在低层可测结构中去讨论,总难令人完全满意. 无论如何,二层可测结构总是绕不开的. 它的建立,应是纯测度论式的.

本文的目的,就是要对于集合及其幂建立一种上、下两层相互联系的可测结构. 本文提出了超 σ 域的概念,给出了由普通 σ 域升成超 σ 域的途径. 自然,所要建立的二层可测结构应当显示出,它既有良好的性质,上、下层的许多集运算都能在其中自由施行;又具有简易的结构,便于施用.

§1.　上、下余运算及其合成

设 $\mathscr{B}$ 为 X 上的 σ 域. $\mathscr{P}(\mathscr{B})$ 表 $\mathscr{B}$ 的幂:

$$\mathscr{P}(\mathscr{B})=\{\mathscr{C}\mid\mathscr{C}\subset\mathscr{B}\}.$$

---

① 收稿日期:1982-03-15.

在 $\mathscr{P}(\mathscr{B})$ 中定义类运算：

$$\mathscr{C}\bigcup\mathscr{D}\triangleq\{B\mid B\in\mathscr{C}\text{ 或 }B\in\mathscr{D}\},$$

$$\mathscr{C}\bigcap\mathscr{D}\triangleq\{B\mid B\in\mathscr{C}\text{ 且 }B\in\mathscr{D}\}.$$

由于这里所定义的运算与 $\mathscr{P}(X)$ 中集合的并、交运算在实质上是一样的而又不会互相混淆，故采用相同的记号. $\cup$，$\cap$ 可以推广为任意指标集的多元运算. 又记

$$\mathscr{C}^{\underline{c}}\triangleq\mathscr{C}^{c}_{\mathscr{B}}\triangleq\{B\mid B\in\mathscr{B},B\notin\mathscr{C}\},\mathscr{C}^{c}\triangleq\{B^{c}\mid B\in\mathscr{C}\}.$$

$\mathscr{C}^c$ 叫类 $\mathscr{C}$ 的余(类)，或叫 $\mathscr{C}$ 的上余，c 叫 $\mathscr{P}(\mathscr{B})$ 中的上余运算；$\mathscr{C}^{\underline{c}}$ 叫类 $\mathscr{C}$ 的反(类)，或叫 $\mathscr{C}$ 的下余，$\underline{c}$ 叫 $\mathscr{P}(\mathscr{B})$ 中的下余运算.

两种余运算各自扮演着不同的重要角色. 它们可以合成出哪些新的运算呢？答案是，除能合成出 $\mathscr{P}(\mathscr{B})$ 上的恒同变换 e 以及它们自身而外，还有且仅有另外一种运算. 这有

定理 1.1 $\{c,\underline{c},c\underline{c},e\}$ 对于映射的合成"$\circ$"来说，构成一个 Abel 群. 此处

$$c\underline{c}\triangleq c\circ\underline{c}:\mathscr{P}(\mathscr{B})\to\mathscr{P}(\mathscr{B}):$$

$$(c\circ\underline{c})(\mathscr{C})\triangleq(\mathscr{C}^{\underline{c}})^{c}\ (\forall\,\mathscr{C}\in\mathscr{P}(\mathscr{B})).$$

这个群的运算表是

$\circ$	c	c	$\underline{c}$	$c^{\underline{c}}$
c	c	c	$\underline{c}$	$c^{\underline{c}}$
c	c	c	$c^{\underline{c}}$	$\underline{c}$
$\underline{c}$	$\underline{c}$	$c^{\underline{c}}$	c	c
$c^{\underline{c}}$	$c^{\underline{c}}$	$\underline{c}$	c	c

定理 1.1 所指出的最重要的事实是：

$$(\mathscr{C}^{c})^{\underline{c}}=(\mathscr{C}^{\underline{c}})^{c}\quad(\forall\,\mathscr{C}\in\mathscr{P}(\mathscr{B})).$$

对任意 $\mathfrak{C}\subset\mathscr{P}(\mathscr{B})$，称它具有上可余性，如它对 c 封闭；称它具有(类)可反性，如果它对 $\underline{c}$ 封闭.

§ 2. 异类与底集

对任意 $A\in\mathscr{P}(X)$，定义

$\hat{1}(A)\triangleq I(A)\triangleq\{B\mid B\in\mathscr{B},B\subset A\}$；

$\hat{2}(A)\triangleq C(A)\triangleq\{B\mid B\in\mathscr{B},B\supset A\}$；

$\overset{\wedge}{3}(A) \triangleq J(A) \triangleq \{B \mid B \in \mathscr{B}, B \cap A \neq \varnothing\}$；

$\overset{\wedge}{4}(A) \triangleq D(A) \triangleq \{B \mid B \in \mathscr{B}, B \cap A = \varnothing\}$；

$\overset{\wedge}{5}(A) \triangleq K(A) \triangleq \{B \mid B \in \mathscr{B}, B \cap A, B \cap A^c, B^c \cap A, B^c \cap A^c$ 均非空$\}$.

它们分别表示 $\mathscr{B}$ 中含于 A、包含 A、与 A 交、与 A 分离、与 A 打结的集合类. $i(A) \in \mathscr{P}(\mathscr{B})$ 叫 A 的 i 异类. A 叫 $i(A)$ 的 i 底集. $i=1,2$ 是最基本的，由 $\overset{\wedge}{1}(A)$，$\overset{\wedge}{2}(A)$ 通过 c，$\underline{c}$ 及并、交运算可以得到 A 的其余异类. 异类与底集是使上、下两层相互联系的重要概念.

对任意$\mathfrak{C} \subset \mathscr{P}(\mathscr{B})$，记

$$\mathfrak{C}_{\vee}^{i} = \{B \mid B \in \mathscr{B}, i(B) \in \mathfrak{C}\} \quad (i=1,2,3,4,5)$$

$\mathfrak{C}$叫 i 底可余，如果$\mathfrak{C}_{\vee}^{i}$ 对普通集运算 c 封闭.

定理 2.1 若$\mathfrak{C}$具有上可余性，则$\mathfrak{C}_{\underset{\vee}{1}} = \mathfrak{C}_{\underset{\vee}{3}} = \mathfrak{C}_{\underset{\vee}{4}}$；若$\mathfrak{C}$具有可反性，则$\mathfrak{C}_{\underset{\vee}{1}} = \mathfrak{C}_{\underset{\vee}{2}}$；若$\mathfrak{C}$可余且可反，则$\mathfrak{C}$

$$1 \text{ 底可余} \Leftrightarrow 2 \text{ 底可余} \Leftrightarrow 3 \text{ 底可余} \Leftrightarrow 4 \text{ 底可余}.$$

§3 超 σ 域

定义 3.1 称$\mathfrak{B} \subset \mathscr{P}(\mathscr{B})$为$(X, \mathscr{B})$上的超 σ 域，如果

(1) $\mathfrak{B}$对 $\cup$，$\cap$，c 构成一个 σ 域；

(2) $\mathfrak{B}$具有可反性：$\mathscr{C} \in \mathfrak{B} \Rightarrow \mathscr{C}^{\underline{c}} \in \mathfrak{B}$；

(3) $\mathfrak{B}_{\vee}^{i}$ $(i=1,2,3,4)$都是 σ 域.

超 σ 域$\mathfrak{B}$称为正规的，如果

(4) $\mathfrak{B}_{\vee}^{i} = \mathfrak{B}$ $(i=1,2,3,4,5)$.

定义说明超 σ 域对上、下层运算及 $\underline{c}$ 均封闭.

定理 3.1 $\mathfrak{B}$是超 σ 域只需满足(1)(2)及(3)：$\mathfrak{B}$是 1 底可余及 2 底可余的.

§4. 超可测空间

设$(X, \mathfrak{B})$是一个可测空间. 选定 $\mathscr{C}$ 满足

(1) $\mathscr{C}^{\underline{c}} = \mathscr{C}$；　　(2) 由 $\mathscr{C}$ 可生成 $\mathscr{B}$：$\mathscr{B} = [\mathscr{C}]$. 记 $\overline{\mathscr{B}} \triangleq [\hat{1}(\mathscr{C}) \cup \hat{2}(\mathscr{C})]$.

此处 $t(\mathscr{C}) = \{t(B) \mid B \in \mathscr{C}\}$，$[\mathfrak{C}]$表示包含$\mathfrak{C}$的、对 $\cup$，$\cap$，c 封闭且 1 底可余及 2 底可余的最小集类.

定理 4.1 $\overline{\mathscr{B}}$ 是$(X,\mathscr{B})$上的正规超 σ 域且与 $\mathscr{C}$ 的选择无关.

称$(X,\mathscr{B},\overline{\mathscr{B}})$为超可测空间. 记

$$\check{\mathscr{B}} \triangleq [{}^{\wedge}_{1}(\mathscr{B}) \cup {}^{\wedge}_{2}(\mathscr{B})].$$

称 $\mathscr{B}$ 是优越的,如果 $\overline{\mathscr{B}}=\check{\mathscr{B}}$.

§ 5. 集值映射的可测性

设$(\Omega,\mathscr{F})$及$(X,\mathscr{B})$是两个可测空间. 考虑映射 $\Gamma:\Omega\to\mathscr{B}$.

对任意 $A\in\mathscr{P}(X)$,记

$$A^* \triangleq \{\omega \mid \omega\in\Omega, \Gamma(\omega)\cap A\neq\varnothing\},$$

$$A^* \triangleq \{\omega \mid \omega\in\Omega, \Gamma(\omega)\subset A\},$$

分别叫作 A 的上逆和下逆. 若对任意 $B\in\mathscr{B}$ 都有 B^*,$B_*\in\mathscr{F}$,则称 Γ 是 $\mathscr{F}$-$\mathscr{B}$底可测的. 这也就是所谓的强可测性.

定理 5.1 若 $\mathscr{B}$ 是优越的,则 Γ 是 $\mathscr{F}$-$\mathscr{B}$ 底可测的$\Leftrightarrow\Gamma$ 是 $\mathscr{F}$-$\overline{\mathscr{B}}$ 可测的.

参考文献

[1] Wang Peizhuang & Sachez E. In Gupta M M & Sanchez E eds. ,Fuzzy Informations and Decision Processes. North-Holland,1982,213—220.

[2] Goodman I R. In:Yager R R ed. ,Recent Developments in Fussy Set and Possibility Theory. Pergamon Press,1981.

[3] Nguyen H T. J. Math. Anal. & Applic. ,1978,65:531—542.

北京师范大学学报(自然科学版)
1984,(2):19－34

格拓扑的邻元结构与收敛关系[①]

The Neighborhood Structures and Convergence Relations on the Lattice Topology

利用随机集研究模糊落影时,需要将可测结构从论域向其幂上提升.与此相联系,需要将拓扑结构从论域向幂上提升.各种结构的提升是模糊数学研究中十分基础的理论课题.

已有的超空间理论不能完全满足现在的需要.本文的目的是:以格拓扑为工具对超拓扑结构给予比较系统的处理.本文的主要篇幅,集中研究格拓扑的公理刻画,搞清开元系、邻元结构及收敛关系之间的联系,进一步提出了泛拓扑结构的概念.在此基础上,建立了 8 种最基本的超拓扑结构.它们是由正向,反向的格拓扑与泛格拓扑统一组合出来的.几种主要的经典超拓扑(如 Vietoris 指数拓扑等)均被概括在其中,本文还与 Fuzzy 拓扑进行了适当的联系.指出了远域结构对应于一种反向泛邻域结构.蒲保明、刘应明、王国俊等先生在 Fuzzy 拓扑、分子格方面的深入研究,给本文以深刻的影响.

§1.　序结构的提升

$(P,\rightharpoonup)$叫作一个拟序集,如果$\rightharpoonup$是 P 上的一个反身、传递的二元关系.

定义 1.1　设$(P,\rightharpoonup)$是一个拟序集.对任意 $A,B\in\mathscr{P}(P)$(P 的幂集),记 $A\uparrow B$,若对任意 $x\in A$,总有 $y\in B$ 使 $x\rightharpoonup y$. 约定$\varnothing\uparrow A$ ($\forall A\in\mathscr{P}(P)$).

---

① 收稿日期:1983-09-01.

易知$\uparrow$是$\mathscr{P}(P)$中的一个拟序,称之为$\rightharpoonup$向幂的提升拟序.

记$A\sim B$,如果$A\uparrow B$且$B\uparrow A$.易见"$\sim$"是等价关系,可将$\mathscr{P}(P)$分类,所得诸类的集合记为$\mathscr{P}'(P)=\{(A)\mid A\in\mathscr{P}(P)\}$($(A)$表示$A$所在的类).易见$\uparrow$是类关系,故在$\mathscr{P}'(P)$中可以诱导出一个序关系,仍记作$\uparrow$,$(\mathscr{P}'(P),\uparrow)$是偏序集.

定义 1.2 给定$A\in\mathscr{P}(P)$,记

$$A^{*}=\{y\mid \exists x\in A,\ y\rightharpoonup x\},\tag{1.1}$$

叫作A的满化,若$A^{*}=A$,则称A为满集.

A为满集,当且仅当A具有满性:

$$x\in A, y\rightharpoonup x \Rightarrow y\in A.\tag{1.2}$$

易见

$$A\sim B\Leftrightarrow A^{*}=B^{*}.\tag{1.3}$$

故知满性是一种类性,且容易证得

$$A^{*}=\bigcup_{B\sim A}B,\tag{1.4}$$

故知A^{*}就是A所在类(A)中的最大代表.这样,我们便可以定义映射

$$\begin{aligned} *:\mathscr{P}(P)&\longrightarrow\mathscr{P}(P)\\ A&\longmapsto A^{*}\end{aligned}\tag{1.5}$$

叫作满化映射.同样的记号也可用来表示另一个映射

$$\begin{aligned} *:\mathscr{P}'(P)&\longrightarrow\mathscr{P}(P)\\ (A)&\longmapsto A^{*},\end{aligned}\tag{1.6}$$

叫作满员映射.

记$*$的值域为$\mathscr{P}^{*}(P)$,由于$*$是从$\mathscr{P}'(P)$到$\mathscr{P}^{*}(P)$的单满映射,且

$$A^{*}\uparrow B^{*}\Leftrightarrow A^{*}\subset B^{*}\tag{1.7}$$

故$(\mathscr{P}^{*}(P),\subset)$是一个与$(\mathscr{P}'(P),\uparrow)$同构的偏序集.总括这些,就得到如下简短的结论.

命题 1.1 若$(P,\rightharpoonup)$是拟序集,则$(\mathscr{P}(P),\uparrow)$是拟序集,$(\mathscr{P}'(P),\uparrow)$与$(\mathscr{P}^{*}(P),\subset)$是同构的偏序集.

熟知,$(D,\rightharpoonup)$叫作一个方向,如果它是一个拟序集且具有尾性:

$$x,y\in D\Rightarrow((\exists z\in D)(x\rightharpoonup z\text{ 且 }y\rightharpoonup z)).\tag{1.8}$$

定义 1.3 设$(P,\rightharpoonup)$是一个偏序集,P的非空子集A叫作P的一个尾,如果A具有尾性.$(P,\rightharpoonup)$的全体尾所成之集记为$\tau(P)$.易知,

$$A \in \tau(P), A \sim B \Rightarrow B \in \tau(P). \tag{1.9}$$

故知尾性也是一种类性，全体尾类所成之集记作，$\tau'(P)$，各尾类之最大代表所成之集记作 $\tau^*(P)$，$\tau^*(P)$中的成员叫作满尾.

如果$(L, \rightharpoonup)$是备格，$A \subset L$，那么以$\text{-}(A)$及$(A)\text{-}$分别表示 A 的左、右确界. L 中的最左、最右元，分别记作-(及)-.

易见$A \in \tau^*(L)$，当且仅当 A 既具有满性又对有限右确界的运算封闭：

$$x, y \in A \Rightarrow (x, y)\text{-} \in A. \tag{1.10}$$

当$(L, \rightharpoonup)$是一个备格，则称 $\tau^*(L)$中的每一成员是一个滤，$\tau^*(L) \setminus \{L\}$中的成员叫真滤.

命题 1.2　设$(L, \rightharpoonup)$是备格，则$(\tau'(L), \uparrow)$与$(\tau^*(L), \subset)$是同构的备左半格. 从而，$(\tau^*(L), \supset)$是一个方向.

证　由命题 1.1，知$(\tau'(L), \uparrow)$与$(\tau^*(L), \subset)$是同构的偏序集. 故欲证本命题，只需证明 $\tau^*(L)$对交封闭即可，而这是显然的. 证毕. ■

给定网 $w: D \longrightarrow L$ ($D = (D, \overset{D}{\rightharpoonup})$是方向)，记

$$F(w) = \{\alpha \mid \alpha \in L, \text{终究有 } w \leftharpoondown \alpha\}, \tag{1.11}$$

这里$\leftharpoondown$是$\rightharpoonup$的逆序，"终究有 $w \leftharpoondown \alpha$"的意思是：存在 $d_0 \in D$，当 $\alpha \overset{D}{\leftharpoondown} d_0$，便有 $w(d) \leftharpoondown \alpha$，易证

$$F(w) \in \tau^*(L) \tag{1.12}$$

对任意 $R \in \tau(L)$，$(R, \rightharpoonup)$是方向，记

$$i_R: R \longrightarrow L$$

$$x \longmapsto x, \tag{1.13}$$

则 i_R 是 L 中的一个网，易证

$$F(i_R) = R^*. \tag{1.14}$$

特别地，当 $R \in \tau^*(L)$，有

$$F(i_R) = R. \tag{1.15}$$

设 $\mathscr{W}(L)$是由部分 L 中的网所构成的集合，在 $\mathscr{W}(L)$中定义序关系：

$$w_1 \succ w_2 \Leftrightarrow F(w_1) \supset F(w_2) \tag{1.16}$$

$(\mathscr{W}(L), \succ)$是一个方向. 在 $\mathscr{W}(L)$中再定义等价关系：

$$w_1 \sim w_2 \Leftrightarrow (w_1 \succ w_2 \text{ 且 } w_2 \succ w_1) \tag{1.17}$$

可以将 $\mathscr{W}(L)$分类而成为 $\mathscr{W}'(L)$. 当 $\mathscr{W}(L)$足够大以后，$(\mathscr{W}'(L), \succ)$便恒与$(\tau^*(L), \supset)$同构.

§2. 格拓扑的公理描述

本节始终假定：$(L,\rightharpoonup)$是一个备格，最左、最右元分别记为$\dashv$，$\vdash$集A中的最左、最右元分别记为$\dashv(A)$和$(A)\vdash$. $\mathscr{W}=\mathscr{W}(L)$是指定的一个网集.

定义 2.1 记 $n_L=\{n|n:L\to\tau'(L)$，满足(n·1)～(n·4)$\}$，其中

(n·1) $n^*(\vdash)=L$；

(n·2) $\beta\in n^*(\alpha)\Rightarrow\beta\rightharpoonup\alpha$；

(n·3) $\beta\in n^*(\alpha)\Rightarrow(\exists\gamma)((\beta\rightharpoonup\gamma\rightharpoonup\alpha)((\forall\delta)(\gamma\rightharpoonup\delta\Rightarrow\gamma\in n^*(\delta))))$；

(n·4) $n^*(\dashv(\alpha_t|t\in T))=\bigcap\limits_{t\in T}n^*(\alpha_t)$.

(此处，$n^*(\alpha)\triangleq(n(\alpha))^*$ 称 $n\in n_L$ 为 L 上的邻元结构，称 $n^*(\alpha)$是 α 的邻元系，称 $N=\bigcup\limits_{\alpha\neq\dashv}n^*(\alpha)$为 L 的邻元系.

显然有

$$\alpha\rightharpoonup\beta\Rightarrow n^*(\alpha)\subset n^*(\beta).\tag{2.1}$$

给定 $n\in n_L$，称 $\gamma\in L$ 为 n 下的一致邻元，如果它满足一致邻性：

$$(\forall\delta\in L)(\gamma\rightharpoonup\delta\Rightarrow\gamma\in n^*(\delta)).\tag{2.2}$$

易证，γ 是一致邻元当且仅当

$$n^*(\gamma)=\{\delta|\delta\in L,\delta\rightharpoonup\gamma\}.\tag{2.3}$$

这又当且仅当

$$\gamma\in n^*(\gamma).\tag{2.4}$$

在公理(n·3)中，可以用(2.3)或(2.4)取代(2.2).

记 n 下全体一致邻元所成之集为 G. 不难证明：

命题 2.1 G 具有以下性质：

(g·1) $\dashv,\vdash\in G$；

(g·2) $\gamma_1,\gamma_2\in G\Rightarrow(\gamma_1,\gamma_2)\vdash\in G$；

(g·3) $\gamma_1\in G(t\in T)\Rightarrow\dashv(\gamma_t|t\in T)\in G$.

命题 2.2 记

$$G(\alpha)=\{\gamma|\gamma\in G,\gamma\rightharpoonup\alpha\}.\tag{2.5}$$

则对任意 $\alpha\in L$，均有

$$G(\alpha)\sim n^*(\alpha).\tag{2.6}$$

定义 2.2 记 $g_L\triangleq\{G|G\supset L,G$ 满足(g·1)～(g·3)$\}$，

称 G 为 L 中的一个开元系，$G(\alpha)$叫作 α 的开邻元系.

下面的定理说明了格邻元结构与开元系在刻画格拓扑上的等价性.

定理 2.1　下面写出的是一对互逆的映射:

$$ng: n_L \longrightarrow g_L,$$

$$n \longmapsto G \triangleq \{g \mid g \text{ 是 } n \text{ 下的一致邻元}\},$$

$$gn: g_L \longrightarrow n_L,$$

$$G \longmapsto n,$$

$$n^*(\alpha) \sim G(\alpha) \quad (\forall \alpha \in L).$$

上述内容是普通拓扑的平移,故证明均从略.(n.4)反映了格拓扑的特殊性.

关于内核算子有完全类似的结果.下面转入滤收敛关系.

定义 2.3　记

$$r_L = \{\flat \mid \flat \in \mathscr{P}(\tau^*(L) \times L), \text{满足}(\text{r}.1) \sim (\text{r}.6)\},$$

其中

(r.1) $R \flat)\text{-} \Rightarrow R = L$;

(r.2) $n^*(\alpha) \flat \alpha (\forall \alpha \in L)$;

(r.3) $R \flat \alpha, R' \supset R \Rightarrow R' \flat \alpha$;

(r.4) $R_t \flat \alpha (t \in T) \Rightarrow \bigcap_{t \in T} R_t \flat \alpha$;

记 $\beta \sqsubset \alpha$,如果对任意 $R \in \tau^*(L)$ 都有

$$R \flat \alpha \Rightarrow \beta \in R$$

(r.5) $\beta \sqsubset \alpha \Rightarrow (\exists \gamma)(\beta \rightarrow \gamma \rightarrow \alpha, \gamma \sqsubset \gamma)$;

(r.6) $\beta \sqsubset \alpha_t (t \in T) \Rightarrow \beta \sqsubset \text{-}(\alpha_t \mid t \in T)$.

称每一$\flat \in r_L$ 为 L 上的一个滤敛关系.称 $R \flat \alpha$ 为 R 衔 α.

定理 2.2　下面写出的是一对互逆的映射:

$$nr: n_L \longrightarrow r_L$$

$$n \longmapsto \flat \triangleq \{(R, \alpha) \mid R \in \tau^*(L), R \supset n^*(\alpha)\} \tag{2.7}$$

(亦即,$R \flat \alpha \Leftrightarrow R \supset n^*(\alpha)$),

$$rn: r_L \longrightarrow n_L,$$

$$\flat \longmapsto n^*(\alpha) \triangleq \bigcap \{R \mid R \in \tau^*(L), R \flat \alpha\}. \tag{2.8}$$

证　先将 n_L 扩大为 $A \triangleq \{n \mid n: L \longrightarrow \tau'(L)\}$,将 r_L 扩大为 $B \triangleq \{\flat \mid \flat \in \mathscr{P}(\tau^*(L) \times L)$,满足(r.3)及(r.4)$\}$,对任意 $n \in A$,按(2.7)得到的$\flat$必满足(r.3)及(r.4),故可按(2.7)定义映射 $f: \boldsymbol{A} \rightarrow \boldsymbol{B}$,同样,可按(2.8)定义

$g: \boldsymbol{B} \to \boldsymbol{A}$、显见 f, g 分别是 nr 与 rn 的扩张. 往证 f, g 互为逆映射.

任给 $n_1 \in \boldsymbol{A}$, 记$\flat = f(n_1)$, 又记 $n_2 = g(\flat)$. 则对任意 $\alpha \in L$, 有 $n_2^*(\alpha) = \bigcap\{R \mid R \flat \alpha\} = \bigcap\{R \mid RD \supset n_1^*(\alpha)\} = n_1^*(\alpha)$. (因 $n_1^*(\alpha) \in \tau^*(L)$). 另一方面, 任给$\flat_1 \in \boldsymbol{B}$, 记 $n = g(\flat_1)$, 又记$\flat_2 = f(n)$, 则 $R \flat_2 \alpha \Leftrightarrow R \supset n^*(\alpha) \Leftrightarrow R \supset \bigcap\{S \mid S \in \tau^*(L), S \flat_1 \alpha\}$. 由此不难推知$\flat_2 = \flat_1$.

已经证得 f, g 互逆, 它们在 $\boldsymbol{A}, \boldsymbol{B}$ 间建立了一一对应. 在此前提下很容易看出, (r. 1), (r. 2), (r. 5), (r. 6)分别(n. 1), (n. 2), (n. 3), (n. 4)的等价命题, 故知定理真. 证毕. ■

这个定理说明了滤敛关系也是确定格拓扑的诸种等价定义方式中之一种. 值得注意的是, r_L 中的任一滤敛关系不可避免地具有一种收敛不唯一性, 这有

命题 2.3 设$\flat \in r_L$, 则有

(r. 7) $R \flat \alpha, \alpha' \to \alpha \Rightarrow R \flat \alpha'$.

证 设与$\flat$相对应的邻域结构为 n, 则有

$(R \flat \alpha, \alpha' \to \alpha) \Rightarrow (R \supset n^*(\alpha), \alpha' \to \alpha) \overset{(2.1)}{\Rightarrow} (R \supset n^*(\alpha), n^*(\alpha') \subset n^*(\alpha)) \Rightarrow R \supset n^*(\alpha') \Rightarrow R \flat \alpha'$. 证毕. ■

下面考察网敛关系. 称 $\mathscr{W} = \mathscr{W}(L)$是充足的, 如果它满足

(w. 1) $R \in \tau^*(L) \Rightarrow i_R \in \mathscr{W}$;

(w. 2) $(w: D \to L \in \mathscr{W}, D' \subset D) \Rightarrow w' = w \circ i_D{}' \in \mathscr{W}$(这里 $i_D{}'$是 D' 上的恒等映射);

(w. 3) 设 $w_t: D_t \to L (t \in T)$, T 是方向, 若 $w_t \in \mathscr{W} (t \in T)$, 则穿流网 $w_\Pi \in \mathscr{W}$. (这里穿流网 w_Π 的定义如下: $\Pi \triangleq \prod\limits_{t \in T} D_1 \times T$, Π 中次序为 $D_t (t \in T)$及 T 中次序的卡氏积; $w_\Pi(f(t)) \triangleq w_t(f(t)) \quad (f \in \prod\limits_{t \in T} D_T)$.)

定义 2.4 设 $\mathscr{W}$ 是充足的, $e_L = e_L(\mathscr{W}) = \{\rightarrowtail \mid \rightarrowtail \in \mathscr{W} \times L$, 满足(e. 1)~(e. 7)$\}$, 其中

(e. 1) 若 $w \rightarrowtail \succ$, 则终有 $w(d) = \succ$;

(e. 2) 若终有 $\alpha \to w(d)$, 则 $w \rightarrowtail \alpha$;

(e. 3) $(w_t \rightarrowtail \alpha (t \in T), F(w) \supset \bigcap\limits_{t \in T} F(w_t)) \Rightarrow w \rightarrowtail \alpha$;

称 β 罩住 α, 如果对任意 $w \in \mathscr{W}, w \rightarrowtail \alpha \Rightarrow \beta \in F(w)$.

(e. 4) 若 β 罩住 $\alpha_t (t \in T)$, 则 β 罩住$\vee(\alpha_t \mid t \in T)$;

(e. 5) 若 w 的每一子网 w' 均有(w'的)子网 $w'' \rightarrowtail \alpha$, 则 $w \rightarrowtail \alpha$;

(e.6) 若 $w_t \sqsupset \alpha(t\in T)$，$T$ 是方向，$\alpha_t \sqsupset \alpha$，则 $w_t \sqsupset \alpha$；

(e.7) 若 $w \sqsupset \alpha$，$\alpha' \to \alpha$，则 $w \sqsupset \alpha'$.

称 $\sqsupset \in e_L$ 为 L 上的一个 $(\mathscr{W})$ 网敛关系. 若 $w \sqsupset \alpha$，则称网 w 敛于 α.

由定义可直接推得，若 $\sqsupset \in e_L$，则有

(1) 若 w 常驻于 α（即 $w(d)\equiv\alpha(d\in D)$），则 $w \sqsupset \alpha$. (2.9)

(2) 若 $w \sqsupset \alpha$，$F(w')\supset F(w)$，则 $w' \sqsupset \alpha$. (2.10)

(3) 若 $w_1 \sim w_2$，则对任意 $\alpha\in L$，

$$w \sqsupset \alpha \Leftrightarrow w' \sqsupset \alpha. \tag{2.11}$$

(4) 若 $w \sqsupset \alpha$，w' 是 w 的任一子网，则 $w' \sqsupset \alpha$. (2.12)

定理 2.3 下面写出的是一对互逆的映射：

$$re: r_L \to e_L.$$

$$\llcorner \longmapsto \triangleq \{(w,\alpha)\mid w\in\mathscr{W}, \alpha\in L, F(w)\llcorner\,\alpha\}, \tag{2.13}$$

$$er: e_L \to r_l$$

$$\sqsupset \longmapsto \llcorner \triangleq \{(R,\alpha)\mid R\in\tau^*(L), \alpha\in L; i_R \sqsupset \alpha\}, \tag{2.14}$$

证 先将 r_L 与 e_L 分别扩大成 $\boldsymbol{A}=\{\llcorner \mid \llcorner\in\mathscr{P}(\tau^*(L)\times L)\}$，$\boldsymbol{B}=\{\sqsupset\mid\sqsupset\in\mathscr{P}(\mathscr{W}\times L)\}$，$\sqsupset$ 满足(2.11)}. 对任意 $\llcorner\in\boldsymbol{A}$，借(2.13)所得到的 $\sqsupset$ 显然满足(2.11)，故可按(2.13)定义一个映射 $f:\boldsymbol{A}\to\boldsymbol{B}$，同样可按(2.14)定义一个映射 $g:\boldsymbol{B}\to\boldsymbol{A}$. f，g 分别是 re，er 的扩张.

任给 $\llcorner_1\in\boldsymbol{A}$，记 $\sqsupset=f(\llcorner_1)$，又记 $\llcorner_2=g(\sqsupset)$. $R\llcorner_2\alpha \Leftrightarrow i_R\sqsupset\alpha \Leftrightarrow F(i_R)\llcorner_1\alpha \overset{(1.15)}{\Leftrightarrow} R\llcorner_1\alpha$，故知 $\llcorner_1=\llcorner_2$；任给 $\sqsupset_1\in\boldsymbol{B}$，记 $\llcorner=g(\sqsupset_1)$，又记 $\sqsupset_2=f(\llcorner)$. $w\sqsupset_2\alpha\Leftrightarrow F(w)\llcorner\,\alpha \overset{(1.15)}{\Leftrightarrow} i_{F(w)}\sqsupset_1\alpha$. 由于 $\sqsupset_1$ 满足(2.11)，知 $i_{F(w)}\sqsupset_1\alpha \Leftrightarrow w\sqsupset_1\alpha$，故知 $\sqsupset_1=\sqsupset_2$，这说明 f 与 g 互逆，$\boldsymbol{A}$ 与 $\boldsymbol{B}$ 的元素是一一对应的.

由于 re，er 分别是 f，g 在 r_L，e_L 中的限制，为证得本定理，只需证明 e_L，r_L 分别是 f，g 的值域.

任给 $\llcorner\in r_L$，设 $\sqsupset=f(\llcorner)$，往证它在 e_L 中. (e.1)，(e.2)可分别由(r.1)，(r.2)直接推出；(e.3) 可由(r.4)，(r.5)联合推出：注意在单满映射 f 之下，β 罩住 α，即 $\beta\sqsubset\alpha_t$，故(e.4)即(r.6). (e.7)显然真. 只着重证明(e.5)及(e.6).

设 $w: D\to L$，假定 $w\sqsupset\alpha$ 不成立，即 $F(w)\not\supset n^*(\alpha)$（$n$ 是 $\llcorner$ 所对应的邻域结构），则存在 $\beta_0\in n^*(\alpha)$，对任意 $d\in D$，存在 $d'\overset{D}{\to}d$，使 $w(d')\not\leftarrow\beta_0$，取

$D'=\{d' \mid d'\in D, w(d')\not\leftarrow\beta_0\}$，易证 i_D' 使 D' 成为 D 的子方向. 由于 $\mathscr{W}$ 是充分的，$w\in\mathscr{W}$，故 $w'=w\cdot i_D'\in\mathscr{W}$. 显然对 w' 的任意子网 $w''(\in\mathscr{W})$，均有 $\beta_0 \not\ni F(w'')$，从而 $w''\not\rightharpoonup\alpha$. 这就证明了(e. 5).

设 $w_t: D_t\to L$，$w_t\supset\alpha(t\in T)$，$T=(T,\overset{T}{\rightharpoonup})$ 是方向，$\alpha_t \flat \alpha$. 设 G 是 $\flat$ 所确定的开元系. 对任意 $\gamma\in G\cap n^*(\alpha)$，$\alpha_t\supset\alpha$ 意味着：存在 $t_0\in T$，当 $t\overset{T}{\leftharpoondown}t_0$ 时，便有 $\alpha_t\leftharpoondown\gamma$. 由于 γ 是开元，故知 $\gamma\in n^*(\alpha_t)(t\overset{T}{\leftharpoondown}t_0)$，任意固定这样的一个 $t\overset{T}{\leftharpoondown}t_0$，$w_t\supset\alpha_t$ 又意味着：存在 $d_t^*\in D_t$，当 $d_t\overset{D_t}{\leftharpoondown}d_t^*$ 时，便有 $w_t(d_t)\leftharpoondown\gamma$.

在 Π 中取定元素 (f_0,t_0)，使满足

$$f_0(t)=d_t^*,\text{当 } t\overset{T}{\leftharpoondown}t_0.$$

当 $(f,t)\overset{\Pi}{\leftharpoondown}(f_0,t_0)$ 时，便有 $t\overset{T}{\leftharpoondown}t_0$ 及 $f(t)\overset{D_t}{\leftharpoondown}f_0(t)=d_t^*$，从而 $w_\Pi((f,t))=w_t(f(t))\leftharpoondown\gamma$，故 $w_\Pi\supset\alpha$. 这就证明了(e. 6). 至此知识 re 确是从 r_L 到 e_L 的映射.

任给 $\supset\in e_L$，设 $\flat=g(\supset)$. 往证它属于 r_L，(r. 1)，(r. 2)可直接由(e. 1)，(e. 2)推出；(r. 3)，(r. 4)可直接由(e. 3)推出：(r. 6)可由(e. 4)推出，只需证(r. 5).

设 $\beta\sqsubset\alpha$，它意味着 β 罩住 α，记 $C=\{\delta \mid \beta\rightharpoonup\delta\rightharpoonup\alpha,\beta\text{ 罩住 }\delta\}$，

由(e. 7)知，若 β 罩住 δ，$\delta\rightharpoonup\delta'$，则 β 罩住 δ'. 故知 C 按照 $\rightharpoonup$ 的逆序 $\leftharpoondown$ 来说具有满性. 亦即，若 $\delta\in C$，$\delta\rightharpoonup\delta'$，则 $\delta'\in C$. 取 $\gamma=-(\delta \mid \delta\in C)$，由(e. 4)，知 β 罩住 γ. 易见 $\beta\rightharpoonup\gamma\rightharpoonup\alpha$，故知 $\gamma\in C$.

由于 C 具有反向的满性，故知 $C=\gamma\cdot\triangleq\{\delta \mid \delta\in L,\gamma\rightharpoonup\delta\}$. 要证(e. 5)只需证 γ 罩住 γ 就行了. 假定 γ 不能罩住 γ，则存在网 $w_0\in\mathscr{W}$，$w_0\supset\gamma$ 且 $\gamma\not\supset F(w_0)$，易见，存在 w_0 的子网 w，使 w 恒在 $(\gamma\cdot)^c=\{\delta \mid \delta\in L,\gamma\not\supset\delta\}$ 之中，不妨设 $w: T\to L$，任取 $t\in T$，若 $w(t)\in(\beta\cdot)^c$，则在 $\mathscr{W}$ 中取常驻网 $w_t(d_t)\equiv w(t)(d_t\in D_t)$；若 $w(t)\in(\beta\cdot)\cap(\gamma\cdot)^c$，因 $w(t)\not\supset C$，故知 β 不能罩住 $w(t)$，对于每一个这样的 t 必存在 $w_t\in\mathscr{W}$，使 $w_t\supset w(t)$ 但 $\beta\notin F(w_t)$，从而必有 $w(t)$ 的子网 $w'_t\in\mathscr{W}$，w'_t 恒在 $(\beta\cdot)^c$ 中取值. 以上两种情况均意味着：对任意 $t\in T$，均存在在 $(\beta\cdot)^c$ 中取值的网 w_t，使 $w_t\supset w(t)$.

由(e. 6)知，由 $w_t(t\in T)$ 及 T 所形成的穿流网 $w_\Pi\supset\gamma$. 但 w_Π 恒在 $(\beta\cdot)^c$ 中取值，故 β 不能罩住 γ. 这与前面所述 $\gamma\in C$ 的论断相矛盾，故知 γ 罩住 γ. 它又意味着 $\gamma\sqsubset\gamma$，故(r. 5)真. 故知 $\flat$ 属于 r_L. 定理证毕. ■

至此,我们利用网敛关系可以确定格拓扑结构.

注 1 网敛关系中,对于给定的网 w,其"极限"不一定唯一,这可从(e. 7)看出.(e. 7)意味着:若 α 是 w 的"极限",将 α 任意左移,均仍为 w 的"极限".考察这种"极限"不唯一的原因,是因为格拓扑只是从左向右单向地限制网向"极限"的逼近,我们称(e. 7)为"限制的单向性".

注 2 任一 L 上的网敛关系$\supset$,必是 L 中某一普通拓扑下的收敛关系.事实上,$\supset$满足(2. 9),(2. 12)及(e. 5),(e. 6)这四条性质,它们恰好对应于普通拓扑的收敛关系所要求的 M. Smith 四条公理.

§ 3. 反向格拓扑结构

设$(L,\geqslant)$是一个备格,对于$\geqslant$的逆序$\leqslant$来说,$(L,\leqslant)$也是一个备格.

定义 3. 1 设$(L,\geqslant)$是一个备格,若把"$\geqslant$"记作"$\rightharpoonup$",则称$(L,\rightharpoonup)$上的格拓扑结构为$(L,\geqslant)$上的(正向)格拓扑结构;若把"$\leqslant$"记作"$\rightharpoonup$",则称$(L,\rightharpoonup)$上的格拓扑结构为$(L,\geqslant)$上的反向格拓扑结构.前节相应的概念均可以在前面冠以"反向"二字,其含意不再一一赘述.

设 L 是具有对合逆序的备格.其中的对合运算记为 c.记

$$A^{\backslash c}\triangleq\{\alpha^c\mid\alpha\in A\}\quad(A\subset L).\tag{3.1}$$

容易证明,若 G 是正向开元系,则 $F=G^{\backslash c}$是反向开元系,叫作闭元系;若 $n^*(\alpha)$是 α 的正向邻元系,则

$$m_*(\alpha)\triangleq(n^*(\alpha^c))^{\backslash c}\tag{3.2}$$

是 α 的反向邻元系,叫作 α 的核元系;若 $R\in\tau^*(L,\geqslant)$,则 $R^{\backslash c}\in\tau^*(L,\leqslant)$,$R^{\backslash c}$是反向滤,叫作理想;若$\llcorner$是一个滤敛关系,定义

$$\urcorner=\{(N,\alpha)\mid N\in\tau^*(L,\leqslant),\alpha\in L,满足(i.1)\},\tag{3.3}$$

其中(i. 1)$N\urcorner\alpha\Leftrightarrow N^{\backslash c}\llcorner\alpha^c$.

易证$\urcorner$是一个反向的滤敛关系,叫作理想关系;若$\supset$是一个网敛关系,定义

$$\sqsupset=\{(w,\alpha)\mid w\in\mathscr{W},\alpha\in L,满足(a.1)\}.\tag{3.4}$$

其中(a. 1)$w\sqsupset\alpha\Leftrightarrow w^c\supset\alpha^c$.

(这里,若 $w:D\rightarrow l$,则 $w^c:D\rightarrow L$,$w^c(d)\triangleq(w(d))^c$)易证$\sqsupset$是一个反向的网敛关系,叫作反敛关系.

我们不再赘叙反向拓扑结构的各种等价的公理描述.但需要强调指出一点:任一反敛关系均像网敛关系一样满足普通拓扑收敛关系所要求的 M. Smith 四条公理.

§4. 泛格拓扑

为了以后生成超拓扑的需要，引入泛格拓扑.

定义 4.1 设$(L,\rightharpoonup)$是一个备格，称$A(\neq\varnothing)\subset L$是关于$\alpha(\in L)$的一个相对尾，如果对任意$\beta_1,\beta_2\in A$，都有

$$(\beta_1,\beta_2)\not\ni\alpha^{\bullet}\Rightarrow(\exists\beta\in A)(\beta_1\rightharpoonup\beta,\ \beta_2\rightharpoonup\beta). \tag{4.1}$$

对任一映射$q:L\to\mathscr{P}'(L)$，记$q^*:L\to\mathscr{P}^*(L)$，$q^*(\alpha)=(q(\alpha))^*$. 又记

$$Q(q)=\{\gamma\mid\gamma\in L,\text{满足}(*)\}, \tag{4.2}$$

其中$(*)$表示$(\forall\delta\in L)(\gamma\not\ni\delta^{\bullet}\Rightarrow\gamma\in q^*(\delta))$. 又记

$$Q(q,\alpha)=\{\gamma\mid\gamma\in Q(q),\ \gamma\not\ni\alpha^{\bullet}\}. \tag{4.3}$$

定义 4.2 记$q_L=\{q\mid q:L\to\mathscr{P}'(L),\text{满足(q.1)}\sim\text{(q.4)}\}$，

其中

(q.1) $\beta\in q^*(\alpha)\Rightarrow\beta\not\ni\alpha^{\bullet}$；

(q.2) 对任意$\alpha\in L\backslash\{-(\}$，$Q(q,\alpha)$是关于$\alpha$的相对尾；

(q.3) 对任意$\alpha\in L$，$q^*(\alpha)\sim Q(q,\alpha)$；

(q.4) $q^*((\alpha_t\mid t\in T))=\bigcup\limits_{t\in T}q^*(\alpha_1)$.

$q\in q_L$做L上的一个泛邻元结构，$q^*(\alpha)$叫α的泛邻元系. $\gamma\in Q(q)$叫作q下的一个一致泛邻元.

定理 4.1 下面写出的是一对互逆的映射：

$$\begin{gathered}qg:q_L\longrightarrow g_L.\\ q\longmapsto G\triangleq Q(q).\end{gathered} \tag{4.4}$$

$$\begin{gathered}gq:g_L\longrightarrow q_L.\\ G\longmapsto q:\end{gathered}$$

$$q^*(\alpha)\sim\{\gamma\mid\gamma\in G,\ \gamma\not\ni\alpha^{\bullet}\}(\forall\alpha\in L). \tag{4.5}$$

证 将q_L,g_L分别扩大成为$A=\{q\mid q:L\to\mathscr{P}'(L),\text{满足(q.3)}\}$，$B=\{\Gamma\mid\varnothing\neq\Gamma\subset L,\text{满足(q.3)}\}$. 对任意$q\in A$，若按(4.4)定义$\Gamma=f(q)$，则易证$\Gamma$满足(q.3). 事实上，设$\gamma_t\in\Gamma$，设$\gamma=-(\gamma_t\mid t\in T)$，对任意$\delta\in L$，若$\gamma\not\ni\delta$，则必存在$t$，使$\gamma_t\not\ni\delta$. 因$\gamma_t\in\Gamma$故知$\gamma_t\in q^*(\delta)$，由于$q^*(\delta)$具有满性，便知$\gamma\in q^*(\delta)$，故知$\gamma\in\Gamma$，这样，我们便可按(4.4)定义一个映射$f:\mathbf{A}\to\mathbf{B}$.

对任意 $\Gamma\in\boldsymbol{B}$，若借(4.5)定义 q，则对任意 $\beta\in q^*(\alpha)$，存在 $\gamma\in\Gamma,\gamma\notin\alpha\cdot$. 对任意 $\delta\in L$，若 $\gamma\notin\delta\cdot$，则必有 $\gamma\in q^*(\delta)$，故知 q 满足(q.3). 我们可以按(4.5)定义一个映射 $p:B\to A$.

任给 $q_1\in\boldsymbol{A}$，记 $\Gamma=f(q_1)$，又记 $q_2=p(\Gamma)$，则 $q_2^*(\alpha)\sim\{\gamma\mid\gamma\in\Gamma,\gamma\notin\alpha\cdot\}=Q(q_1,\alpha)$. 由于 q_1 满足(q.3)，故知 $q_1^*(\alpha)\sim Q(q,\alpha)$，从而 $q_2^*(\alpha)\sim q_1^*(\alpha)$. 由(1.3)知 $q_2^*(\alpha)=q_1^*(\alpha)$ $(\forall\alpha\in L)$. 反之，任给 $\Gamma_1\in\boldsymbol{B}$，记 $q=p(\Gamma_1)$，又记 $\Gamma_2=f(q)$，则 $\Gamma_2=Q(q)=\{\gamma\mid\gamma\in L,(\forall\delta)(\gamma\notin\delta\cdot\Rightarrow\gamma\in q^*(\delta))\}=\{\gamma\mid\gamma\in L,(\forall\delta)(\gamma\notin\delta\cdot\Rightarrow(\exists\varphi\in\Gamma_1,\gamma\rightharpoonup\varphi,\varphi\notin\delta\cdot))\}$，(4.6)

由此显然有 $\Gamma_{\angle}\supset\Gamma'_1$. 反之，设 $\rho\in\Gamma'_2$，取

$$\delta=-(\varphi\mid\varphi\in\Gamma_1,\rho\rightharpoonup\varphi),\tag{4.7}$$

由(q.3)知 $\delta\in\Gamma'$. 假定 $\rho\notin\Gamma_1$，则 $\rho\neq\delta$，显然 $\rho\notin\delta$，于是由(4.6)知必有 $\varphi\in\Gamma'_1,\rho\rightharpoonup\varphi,\varphi\notin\delta\cdot$，这与(4.7)矛盾. 故知 $\Gamma_1=\Gamma_2$. 至此已证明 f 与 p 互逆.

任给 $q\in q_L$，设 $G=f(q)$，往证 $G\in g_L$.

1. 显然-(,)-$\in Q(q)$，从而-(,)-$\in G$.

2. 设 $\gamma_1,\gamma_2\in G$，对任意 $\delta\in L$，若 (γ_1,γ_2)-$\notin\delta\cdot$，则 $\gamma_i\notin\delta\cdot$，从而 $\gamma_i\in Q(q,\delta)$. 注意 $\delta\neq$-(，故由(q·2)知 $Q(q,\delta)$ 是关于 δ 的相对尾. 而 (γ_1,γ_2)-$\notin\delta\cdot$，故知存在 $\beta\leftharpoonup(\gamma_1,\gamma_2)$-，$\beta\in Q(q,\delta)$，由(q.3)知 $q^*(\delta)\sim Q(q,\delta)$，由于 $q^*(\delta)$ 具有满性，故知 (γ_1,γ_2)-$\in q^*(\delta)$，这说明 (γ_1,γ_2)-$\in G$.

(q.3)早已证明，故知 $G\in g_L$.

任给 $G\in g_L$，设 $q=p(G)$，往证 $q\in q_L$.

1. 设 $\beta\in q^*(\alpha)$，由(4.5)知有 $\gamma\in G,\beta\rightharpoonup\gamma,\gamma\notin\alpha\cdot$，从而 $\beta\notin\alpha\cdot$.

2. 由于 f 与 p 互逆，故知

$$Q(q,\alpha)=\{\gamma\mid\gamma\in G,\gamma\notin\alpha\cdot\},\tag{4.8}$$

显见 $Q(q,\alpha)$ 是关于 α 的相对尾.

3. (q.3)已证.

4. $q^*((\alpha_t\mid t\in T)$-$)\sim\{\gamma\mid\gamma\in G,\gamma\notin((\alpha_t\mid t\in T)$-$)\cdot\}=\bigcup\limits_{t\in T}\{\gamma\mid\gamma\in G,\gamma\notin\alpha_t\cdot\}$.

因 $q^*(\alpha_t)\sim\{\gamma\mid\gamma\in G,\gamma\notin\alpha_t\cdot\}$，易证 $\bigcup\limits_{t\in T}q^*(\alpha_t)\sim\bigcup\limits_{t\in T}\{\gamma\mid\gamma\in G,\gamma\notin\alpha_t\cdot\}$，从而(q.4)真. 证毕. ■

定义 4.3 设 $q\in q_L$，$w\in\mathscr{W}(L)$，若对任意 $\beta\in q^*(\alpha)$，终究有 $w\notin\cdot\beta$，则称 w 泛敛于 α，记作 $w\rightharpoondown\alpha$. 易见

$$w\rightharpoondown\alpha\Leftrightarrow((\forall\gamma\in G)(\gamma\notin\alpha\cdot\Rightarrow\text{终究有 }w\notin\cdot\gamma)).\qquad(4.9)$$

注 1 泛敛关系$\rightharpoondown$也具有限制的单向性，即满足(e.7)，如果将$\supset$易为$\rightharpoondown$的话.

注 2 泛敛关系的公理刻画尚未给出,但苏秀雯已证明了泛敛关系仍满足普通收敛关系的四条公理.

可以照样定义反向泛格拓扑,特别强调一下对偶的反向泛敛关系$\neg$的定义是

$$w\neg\alpha\Leftrightarrow((\forall\theta\in F)(\theta\notin\cdot\alpha\Rightarrow\text{终究有 }w\notin\theta\cdot)).\qquad(4.10)$$

反向泛敛关系仍满足普通收敛关系的四条公理.

§5. 格拓扑与普通拓扑的关系

与某一 $\mathscr{P}(X)=(\mathscr{P}(X),\supset)$同构的格 $L=(L,\rightharpoondown)$叫作简单原子格. X 叫作 L 的一个原子空间. 设同构映射为

$$\nu:\mathscr{P}(X)\longrightarrow L,\qquad(5.1)$$

记

$$x^{\cdot}=\nu(\{x\})\quad(\forall x\in X),\qquad(5.2)$$

$$X^{\cdot}=\{x^{\cdot}\mid x\in X\},\qquad(5.3)$$

显然有 $X^{\cdot}\subset L$，叫作 L 的原子集，$x^{\cdot}$ 叫作 L 中的原子.

对任意 $\mathscr{E}\subset\mathscr{P}(X)$，记

$$\nu(\mathscr{E})=\{\nu(E)\mid E\in\mathscr{E}\}\triangleq\boldsymbol{E}.\qquad(5.4)$$

$\mathscr{P}(X)$的子集用大草拉丁字母(如 $\mathscr{E}$)表示,对应于它的 L 的子集则用相应的大写黑体字母表示(如 $\mathscr{E}$). 若 $L=\mathscr{P}(X)$,此时 ν 是恒等映射,$\mathscr{E}=\nu(\mathscr{E})=\boldsymbol{E}$,两种符号可以混用.

简单原子格 L 必是具有对合逆序的完全分配格. 对合运算记为

$$\begin{aligned}c:L&\longrightarrow L\\ \alpha&\longmapsto\nu((\nu^{-1}(\alpha))^c).\end{aligned}\qquad(5.5)$$

命题 5.1 设 L 是以 X 为原子空间的简单原子格,则 L 上格(泛格)拓扑结构与 X 上的普通拓扑在下面的意义下可以互相确定,任给 X 上的开集"$\mathscr{T}$",则以 $\nu(\mathscr{T})$及 $\nu(\mathscr{F})$ (此处 $\mathscr{F}=\mathscr{T}^c$)为开元系及闭元系确定了 L 上

一对对偶格(泛格)拓扑结构;反之,任给 L 上一对对偶的格(泛格)拓扑结构,必可以找到 X 上唯一的普通拓扑 $\mathscr{T}$,使 $\nu(\mathscr{T})$ 及 $\nu(\mathscr{T}^{c})$ 为给定格(泛格)拓扑的开元系及闭元系.

证明是显然的.

§6.　格化超拓扑

设 L 是以 X 为原子空间的简单原子格,或者,直接取 $L=\mathscr{P}(X)$. 假定在 X 上赋予拓扑 $\mathscr{G}$. 由命题 5.1 知,它可以在 L 上确定四种格拓扑:

1. 正向格拓扑, 2. 正向泛格拓扑, 3. 反向格拓扑, 4. 反向泛格拓扑.

这 4 种拓扑在格 L 中确定了 4 种不同的收敛关系,设 $\nu(\mathscr{G})=G$, $\nu(\mathscr{F})=F(\mathscr{F}=\mathscr{G}^{\backslash c})$,它们可分别写成:

$$1.\ w \mathrel{-\!\!\supset} \alpha \Leftrightarrow (\forall \gamma \in G)(\alpha \in \gamma\cdot \Rightarrow \text{终究有 } w \in \gamma\cdot); \tag{6.1}$$

$$2.\ w \mathrel{\rightharpoondown} \alpha \Leftrightarrow (\forall \gamma \in G)(\alpha \notin \gamma\cdot \Rightarrow \text{终究有 } w \notin \cdot\gamma); \tag{6.2}$$

$$3.\ w \mathrel{\sqsupset} \alpha \Leftrightarrow (\forall \theta \in F)(\alpha \in \cdot\theta \Rightarrow \text{终究有 } w \in \cdot\theta); \tag{6.3}$$

$$4.\ w \mathrel{\neg} \alpha \Leftrightarrow (\forall \theta \in F)(\alpha \notin \theta\cdot \Rightarrow \text{终究有 } w \notin \theta\cdot). \tag{6.4}$$

$-\!\!\supset$ 与 $\rightharpoondown$ 具有从上往下的限制单向性,$\sqsupset$ 与 $\neg$ 具有从下往上的限制单向性,具有双向限制的收敛关系可以互相搭配出来,这有

$$5.\ w \mathrel{-\!\!\supset\!\!\!\sqsupset} \alpha \Leftrightarrow w \mathrel{-\!\!\supset} \alpha \text{ 且 } w \mathrel{\sqsupset} \alpha; \tag{6.5}$$

$$6.\ w \mathrel{-\!\!\supset\!\!\!\neg} \alpha \Leftrightarrow w \mathrel{-\!\!\supset} \alpha \text{ 且 } w \mathrel{\neg} \alpha; \tag{6.6}$$

$$7.\ w \mathrel{\rightharpoondown\!\!\!\sqsupset} \alpha \Leftrightarrow w \mathrel{\rightharpoondown} \alpha \text{ 且 } w \mathrel{\sqsupset} \alpha; \tag{6.7}$$

$$8.\ w \mathrel{\rightharpoondown\!\!\!\neg} \alpha \Leftrightarrow w \mathrel{\rightharpoondown} \alpha \text{ 且 } w \mathrel{\neg} \alpha. \tag{6.8}$$

由于前 4 种收敛关系都满足普通拓扑的 4 条收敛公理,很容易验证后 4 种收敛关系也满足这 4 条收敛公理,于是,这 8 种收敛关系都在 $\mathscr{P}(X)$ 中确定了相应的普通拓扑.

对任意 $E\in\mathscr{P}(X)$, $\mathscr{E}\subset\mathscr{P}(X)$ 及 $\mathscr{H}\subset\mathscr{P}(X)$,记

$$\underset{\cdot}{E}(\mathscr{H})=\{A \mid A\in\mathscr{H}, A\subset E\},\ \dot{E}(\mathscr{H})=\{A \mid A\in\mathscr{H}, A\supset E\}, \tag{6.9}$$

$$\underset{\cdot}{\mathscr{E}}(\mathscr{H})=\{\underset{\cdot}{E}(\mathscr{H}) \mid E\in\mathscr{E}\},\ \dot{\mathscr{E}}(\mathscr{H})=\{\dot{E}(\mathscr{H}) \mid E\in\mathscr{E}\}, \tag{6.10}$$

$$(\underset{\cdot}{\mathscr{E}})^{\backslash c}(\mathscr{H})=\{(\underset{\cdot}{E}(\mathscr{H}))^{c} \triangleq \mathscr{H}\backslash \underset{\cdot}{E}(\mathscr{H}) \mid E\in\mathscr{E}\}, \tag{6.11}$$

$$(\dot{\mathscr{E}})^{\backslash c}(\mathscr{H})=\{(\dot{E}(\mathscr{H}))^{c} \triangleq \mathscr{H}\backslash \dot{E}(\mathscr{H}) \mid E\in\mathscr{E}\} \tag{6.12}$$

当 $\mathscr{H}=\mathscr{P}(X)$,则 $\mathscr{H}$ 可以省略. 又记

$$\sum_{10}=\underset{\cdot}{\mathscr{G}},\sum_{20}=(\dot{\mathscr{G}}^{\backslash c}), \tag{6.13}$$

$$\sum_{01}=\dot{\mathscr{F}},\sum_{02}=(\underset{\cdot}{\mathscr{F}})^{\backslash c}, \tag{6.14}$$

$$\sum_{11}=\dot{\mathscr{G}}\cup\dot{\mathscr{F}},\sum_{12}=\underset{\cdot}{\mathscr{G}}\cup(\underset{\cdot}{\mathscr{F}})^{\backslash c}, \tag{6.15}$$

$$\sum_{21}=(\dot{\mathscr{G}})^{\backslash c}\cup\dot{\mathscr{F}},\sum_{22}=(\dot{\mathscr{G}})^{\backslash c}\cup(\underset{\cdot}{\mathscr{F}})^{\backslash c}, \tag{6.16}$$

设 T_ω. 是以 $\sum_\omega$ 为基或子基的普通拓扑($\omega=10,20,01,02,11,12,21,22$). 又对任意$\mathscr{H}\subset\mathscr{P}(X)$,记 $T_\omega(\mathscr{H})$为 T_ω 对于$\mathscr{H}$的相对拓扑. 容易证明

命题 6.1 由收敛关系(6.1)~(6.8)在 $\mathscr{P}(x)$中所确定的 8 种普通拓扑,依次为 $T_{10},T_{20},T_{01},T_{02},T_{11},T_{12},T_{21},T_{22}$.

定义 6.1 $T_\omega(w=10,20,01,02,11,12,21,22)$叫作由 $\mathscr{G}$ 升成的格化超拓扑,$(\mathscr{P}(X),T_\omega)$或$(\mathscr{H},T_\omega(\mathscr{H}))(\mathscr{H}\subset\mathscr{P}(X))$叫作$(X,\mathscr{G})$上的格化超空间.

本文所提出的格化超空间,可以把已经成为经典的几种最基本、最常见的超拓扑结构,用一种比较自然的方式统一地叙述出来,并且添加了几种新的超拓扑结构.

“Ponomalev 在 1959 年研究了所谓闭子集的新空间,他赋予的拓扑为以 $\mathscr{T}_1=\{\{E\in\mathscr{H}:E\subset v\}:v\in\mathscr{T}\}$为基的拓扑,这个拓扑称为上半有限拓扑或 κ 拓扑”[5],这里$\mathscr{H}$是 $\mathscr{P}(X)$的给定子集,$\mathscr{T}=\mathscr{G}$. 易见 $\mathscr{T}_1=\mathscr{G}(\mathscr{H})$,故 $T_{10}(\mathscr{H})$便是$\mathscr{H}$上的上半有限拓扑.

“Feichtinger 在 1969 年研究了以 $\mathscr{T}_2=\{\{E\in\mathscr{H}:E\cap v\neq\varnothing\}:v\in\mathscr{T}\}$为子基的拓扑,这个拓扑称为下半有限拓扑或 λ 拓扑”[5]. 这里,设 $\mathscr{F}=\mathscr{T}^c$,则 $\mathscr{T}_2=\{\{E\in\mathscr{H}\mid E\not\supset v^c\}\mid v^c\in\mathscr{F}\}=(\underset{\cdot}{\mathscr{F}})^{\backslash c}(\mathscr{H})$,故 $T_{02}(\mathscr{H})$便是$\mathscr{H}$上的下半有限拓扑.

“最早的而且最常见的是有限拓扑,亦称 Vietoris 拓扑或指数拓扑”[5]. 它以

$$\mathscr{T}_3=\{(v_1,v_2,\cdots,v_n):v_i\in\mathscr{T},n\geqslant1\} \tag{6.17}$$

为基,其中

$$\langle v_1,v_2,\cdots,v_n\rangle=\{E\in\mathscr{H}:E\subset\bigcup_{i=1}^{n}v_i,E\cap v^i\neq\varnothing,i=1,2,\cdots,n\}. \tag{6.18}$$

记$\mathscr{H}_0=\mathscr{H}\backslash\{\varnothing\}$,当$\mathscr{H}=\mathscr{H}_0$(即$\varnothing$不在$\mathscr{H}$中)时,

$$\mathscr{T}_1=\{\langle v\rangle \mid v\in\mathscr{T}\}\subset\mathscr{T}_3, \tag{6.19}$$

$$\mathscr{T}_2=\{\langle X,v\rangle \mid v\in\mathscr{T}\}\subset\mathscr{T}_3, \tag{6.20}$$

而

$$(v_1,v_2,\cdots,v_n)=(\bigcup_{i=1}^{n}v_i)\bigcap((v_1^c))^c\bigcap\cdots\bigcap((v_n^c))^c \tag{6.21}$$

故知当$\mathscr{H}=\mathscr{H}_0$时,有限拓扑以$\mathscr{T}_1\bigcup\mathscr{T}_2$为子基.亦即以$\mathscr{T}(\mathscr{H})\bigcup(\mathscr{F})^{\backslash c}(\mathscr{H})$为子基.故有

命题 6.2　当$\mathscr{H}=\mathscr{H}_0$时,$T_{12}(\mathscr{H})$就是$\mathscr{H}$上的有限拓扑.

设$\mathscr{K}$表示$(X,\mathscr{G})$中的紧集类,在$\mathscr{K}$中以$\mathscr{K}^{\mathscr{F}}\bigcup\mathscr{K}^{\mathscr{G}}$为子基的拓扑,叫作 Myope 拓扑.这里

$$\mathscr{K}^{\mathscr{F}}\triangleq\{k\mid k\in\mathscr{K},k\bigcap W=\varnothing\mid W\in\mathscr{F}\}, \tag{6.22}$$

$$\mathscr{K}^{\mathscr{G}}\triangleq\{k\mid k\in\mathscr{K},k\bigcap G\neq\varnothing\mid G\in\mathscr{G}\}. \tag{6.23}$$

注意

$$\mathscr{K}^{\mathscr{F}}=\{\{k\mid k\in\mathscr{K},k\subset G\}\mid G\in\mathscr{G}\}=\underset{\cdot}{\mathscr{G}}(\mathscr{K}), \tag{6.24}$$

$$\mathscr{K}^{\mathscr{G}}=\{\{k\mid k\in\mathscr{K},k\not\subset W\}\mid W\in\mathscr{F}\}=(\underset{\cdot}{\mathscr{F}})^{\backslash c}(\mathscr{K}). \tag{6.25}$$

故知$T_{12}(\mathscr{K})$就是 Myope 拓扑(即$\mathscr{K}$上的有限拓扑).

由此可见,经典的几种主要的超拓扑,均已被概括在本文所给出的格化超拓扑之中.

下面对 8 种格化超拓扑做一些统一研究.

定义 6.2　设$\boldsymbol{T}$与$\boldsymbol{T}'$是$(X,\mathscr{G})$上的两个超拓扑.称它们是互相对偶的,如果

$$\mathscr{C}\in\boldsymbol{T}\Leftrightarrow\mathscr{C}^{\backslash c}\in\boldsymbol{T}', \tag{6.26}$$

称T是对称的,如果$\boldsymbol{T}$与$\boldsymbol{T}'$是对偶的.

显然$\boldsymbol{T}$与$\boldsymbol{T}'$对偶,当且仅当它们的子基对偶.

显然,若$\boldsymbol{T}$与$\boldsymbol{T}'$对偶,则

$$w\longrightarrow\alpha(\boldsymbol{T})\Leftrightarrow w^c\longrightarrow\alpha^c(\boldsymbol{T}'), \tag{6.27}$$

此处$w\rightarrow\alpha(\boldsymbol{T})$表示网$w$在$\boldsymbol{T}$下收敛于$\alpha$.$w^c$的意义见(3.4).于是,若$\boldsymbol{T}$是对称超拓扑,则在$\boldsymbol{T}$下,

$$w\longrightarrow\alpha\Leftrightarrow w^c\longrightarrow\alpha^c \tag{6.28}$$

命题 6.3　$\boldsymbol{T}_{10}$与$\boldsymbol{T}_{01}$对偶;$\boldsymbol{T}_{20}$与$\boldsymbol{T}_{02}$对偶;$\boldsymbol{T}_{12}$与$\boldsymbol{T}_{21}$对偶;$\boldsymbol{T}_{11}$对称;$\boldsymbol{T}_{22}$对称.

证明是显然的.

对于超拓扑,很自然地要考虑它与X中拓扑的关系.考虑映射

$$i: X \longmapsto X^{\cdot} = \{\{x\} \mid x \in X\},$$
$$x \longmapsto \{x\}. \qquad (6.29)$$

要问 i 对于各种超拓扑具有何种性质,这就是研究超拓扑的所谓容许性.这又联系于对各种超拓扑在 $X^{\cdot}$ 中的限制进行考察.这有

命题 6.4 设 $i(\mathscr{G}) = \{\{i(G)\} = \{\{x\} \mid x \in G\} \mid G \in \mathscr{G}\}$,则

(1) $\boldsymbol{T}_{20}(X^{\cdot}) \overset{*}{=}$ 平庸拓扑 $\prec \boldsymbol{T}_{10}(X^{\cdot}) = \boldsymbol{T}_{02}(X^{\cdot}) = i(\mathscr{G}) = \boldsymbol{T}_{12}(X^{\cdot})$

$= \boldsymbol{T}_{22}(X^{\cdot}) \prec$ 离散拓扑 $= \boldsymbol{T}_{21}(X^{\cdot}) \overset{**}{=} \boldsymbol{T}_{01}(X^{\cdot}) \overset{**}{=} \boldsymbol{T}_{11}(X)$.

这里,* 表示"当 X 的单点集均非开集时等号成立". * * 表示"当 X 是 $\boldsymbol{T}_1$ 型时等号成立". $\boldsymbol{T} \prec \boldsymbol{T}'$ 表示 $\boldsymbol{T}'$ 细于 $\boldsymbol{T}$.

(2) i 关于 $\boldsymbol{T}_{10}, \boldsymbol{T}_{02}, \boldsymbol{T}_{12}, \boldsymbol{T}_{22}$ 是 X 到 $X^{\cdot}$ 的同胚映射,i 关于 $\boldsymbol{T}_{20}$ 连续(*);i 关于 $\boldsymbol{T}_{21}$ 及 $\boldsymbol{T}_{01}$(* *),$\boldsymbol{T}_{11}$(* *)是开映射.这里 * 与 * * 表示与(1)中相应的条件相同.

证 对任意 $\underset{\cdot}{G} \in \sum_{10}$,易见 $\underset{\cdot}{G} \cap X^{\cdot} \in i(G)$.故知 $\sum_{10}(X^{\cdot}) \subset i(\mathscr{G})$,易证 $\boldsymbol{T}_{10}(X^{\cdot}) \subset i(\mathscr{G})$.反之,对任意 $i(G) \in i(\mathscr{G})$,总有 $i(G) = \underset{\cdot}{G} \cap X^{\cdot} \in \boldsymbol{T}_{10}(X^{\cdot})$ 故知 $\boldsymbol{T}_{10}(X^{\cdot}) = i(\mathscr{G})$.

对任意 $G \in \mathscr{G}$,

$$(\dot{G})^{\backslash c} \cap X^{*} = \{\{x\} \mid \{x\} \not\supset G\} = \begin{cases} X^{\cdot}, & G \text{ 至少包含两个点}; \\ \{\{x\}\}^{c}, & G \text{ 是单点集}\{x\}; \\ \varnothing, & G \neq \varnothing. \end{cases}$$

故 $\boldsymbol{T}_{20}(X^{\cdot}) = i(\mathscr{P})$,$\mathscr{P}$ 由 X 中一切有限点集的余集加上空集组成.当 X 的单点集均非开集时,$(G)^{\backslash c} \cap X^{\cdot} = X^{\cdot}$ 或 $\varnothing$,从而,$T_{20}(X^{\cdot})$ 是平庸拓扑.

对任意 $W \in \mathscr{F}$,

$$\dot{W} \cap X^{\cdot} = \begin{cases} \varnothing, & W \text{ 包含两个以上的点}, \\ \{\{x\}\}, & W = \{x\}; \\ X^{\cdot}, & W = \varnothing. \end{cases}$$

故当 X 是 $\boldsymbol{T}_1$ 型时 $\boldsymbol{T}_{01}(X^{\cdot})$ 是离散拓扑.

对任意 $W \in \mathscr{F}$,$(W)^{\backslash c} \cap X^{\cdot} = \{\{x\} \mid \{x\} \not\subset W\} = i(w^{c})$.易知

$$\boldsymbol{T}_{02}(X^{\cdot}) = i(\mathscr{G}).$$

注意 $\boldsymbol{T}_{11}, \boldsymbol{T}_{12}, \boldsymbol{T}_{21}, \boldsymbol{T}_{22}$ 是由 $\boldsymbol{T}_{10}, \boldsymbol{T}_{20}, \boldsymbol{T}_{01}\ \boldsymbol{T}_{02}$ 生成的.故(1)的其余部分

很容易证明.(2)是(1)的自然推论.证毕. ■

下面,我们再讨论一下幂上的收敛与下层收敛之间的关系.也就是说,要通过点来表现一串集合向另一个集合的逼近问题.

$\mathscr{P}(X)$中的网简记为 $w=\{A_d\}(d\in D)$. $w\rightarrow\alpha$ 简记为 $A_d\rightarrow\alpha$($\rightarrow$表示 $\mathscr{P}(X)$中前述各种收敛关系中之任何一种)."终究 $R(A_d,M)$"表示存在 $d_0\in D$,当 $d\overset{D}{\leftarrow}d_0$,便有 $R(A_d,M)$."常有 $R(A_d,M)$"表示对任意 $d_0\in D$,总有 $d\overset{D}{\leftarrow}d_0$,使有 $R(A_d,M)$.($M\in X$ 或 $M\in\mathscr{P}(X)$).$\{x_d\}_{(d\in D)}$ 叫网 $\{A_d\}_{d\in D}$的一种选择,如果对任意 $d\in D$,都有 $x_d\in A_d$.对任意 $x\in X$,$\{x\}$的闭包记为 $\bar{x}$.

命题 6.5 给定$(X,\mathscr{G})$,若 A_d ⊸ A,则有

(m.1) 对$\{A_d\}$的任一选择$\{x_d\}$,若常有 $x_d\in\bar{x}$,则 $\bar{x}\cap A\neq\varnothing$;若 A_d ⇁ A,则有

(m.2) 若 $x\in A$,则存在$\{A_d\}$的选择$\{x_d\}$,使 $x_d\rightarrow x$;若 A_d ⊐ A,则有

(m.3) 对$\{A_d^c\}$的任一选择$\{y_d\}$,若常有 $x_d\in\bar{x}$,则 $\bar{x}\not\subset A$;若 A_d ⇀ A,则有

(m.4) 若 $y\in A^c$,则存在$\{A_d\}$的选择$\{y_d\}$,使 $y_d\rightarrow y$.若 A_d ⇉ A,则(m.1)与(m.3)真;若 A_d ⇸ A,则(m.1)与(m.2)真;若 A_d ⇻ A,则(m.4)与(m.3)真;若 A_d ⇼,则(m.4)与(m.2)真.

证 A_d ⊸ $A\Leftrightarrow(\forall G(开)\supset A\Rightarrow$终究有 $G\supset A_d)$

$\Rightarrow(\forall x)(\bar{x}\cap A=\varnothing\Rightarrow$终究有 $\bar{x}\cap A_d=\varnothing)$

$\Leftrightarrow(\forall x)($常有 $\bar{x}\cap A_d\neq\varnothing\Rightarrow\bar{x}\cap A\neq\varnothing)$

$\Leftrightarrow$(m.1);

A_d ⇁ $A\Leftrightarrow(\forall F(闭)\not\supset A\Rightarrow$终究有 $F\not\supset A_d)$

$\Rightarrow(\forall x\in A)($开 $G\ni x\Rightarrow$终究有 $A_d\cap G\neq\varnothing)$

$\Rightarrow$(m.2);

注意⊐与⊸是对偶的,⇀与⇁是对偶的.故不难推知 A_d ⊐ A 意味着(m.3)真,A_d ⇀ A 意味着(m.4)真.命题的其余部分则是显然的.证毕. ■

要想使上述条件成为各种收敛的充分必要条件,则需要对于网$\{A_d\}$上适当的限制.

命题 6.6 设$(X,\mathscr{G})$是紧的 Hausdorff 空间.则对 $\mathscr{F}$ 中的网$\{F_d\}$ $(d\in D)$及 $F\in\mathscr{F}$,总有:(1) F_d ⊸ F 当且仅当

(k.1) 对$\{F_d\}$的任一选择$\{x_d\}$，若有子网收敛于x，则$x\in F$；(2)$F_d \rightharpoondown F$当且仅当

(k.2) 若$x\in F$，则存在选择$\{x_d\}$，使$x_d\to x$；(3)$F_d \supset F$当且仅当

(k.3) 对$\{F_d^c\}$的任一选择$\{y_d\}$，若有子网收敛于y，则$y\notin F$；(4)$F_d \rightharpoonup F$当且仅当

(k.4) 若$y\notin F$，则存在$\{F_d^c\}$的选择$\{y_d\}$，使$y_d\to y$；(5)$F_d \dashv F$当且仅当(k.1)及(k.3)同时真；(6)$F_d \rightarrowtail F$当且仅当(k.1)及(k.2)同时真；(7)$F_d \leftarrowtail F$当且仅当(k.4)及(k.3)同时真；(8)$F_d \twoheadrightarrow F$当且仅当(k.4)及(k.2)同时真.

证 设$F_d \supset F$，往证(k.1). 假定$x\notin F$，由于X是T_2紧的，故必有$G\ni x$，使G的闭包$\overline{G}\cap F=\varnothing$，亦即$(\overline{G})^c\supset F$. 由于$F_d\supset F$，故终究有$(\overline{G})^c\supset F_d$，亦即$\overline{G}\cap F_d=\varnothing$，此时，对于$\{F_d\}$的任何选择$\{x_d\}$都不可能以$x$为聚点. 这就证明了(k.1).

反之，设(k.1)真，则对每一$x\notin F$，必有$G(x)$及$d(x)\in D$，当$d\overset{D}{\leftarrow}d(x)$，便有$G(x)\cap F_d=\varnothing$. 任给$G\supset F$，$\{G(x)\mid x\in G^2\}$构成$G^c$的一个开覆盖. 由于$G^c$是紧的，故必有有限覆盖，取其中所对应足码$d_i$的公共后续元$d^*$(因$D$是方向，故必存在)，当$d\overset{D}{\leftarrow}d^*$，便有$G\supset F_d$，故$F_d\supset F$.

命题的其余部分不必赘述. 证毕. ■

下面考察一下各种拓扑的紧性.

命题 6.7 设$L=\mathscr{P}(X)$，$L_0=L\setminus\{\varnothing\}$，$L^0=L\setminus\{X\}$，$L_0^0=L\setminus\{\varnothing,X\}$. 则$(L,T_{10})$与$(L,T_{01})$是紧的；$(X,\mathscr{G})$紧当且仅当下列之一紧：$(L_0,T_{02}(L_0))$，$(L^0,T_{20}(L^0))$，$(L_0,T_{12}(L_0))$，$(L^0,T_{21}(L_0))$，$(L_0^0,T_{22}(L_0^0))$.

证 引用 Alexander 引理：$\mathscr{S}$为X的拓扑的一个子基，则X紧当且仅当每一$\mathscr{S}$覆盖都有有限子覆盖.

在L中，任$\sum_{10}$的子系欲盖住L，L必属于该系，故知$(L,\boldsymbol{T}_{10})$紧. $(L,\boldsymbol{T}_{01})$与$(L,\boldsymbol{T}_{10})$互相对偶，易证$(L,\boldsymbol{T}_{01})$亦紧，$\sum_{02}$的任一子系均可表为$\{(\dot{F}_t)^c\mid F_t\in\mathscr{F},t\in T\}$(此处$(\dot{F}_t)^c=L\setminus\dot{F}_t$). 它盖住$L_0$. 当且仅当$\bigcap\limits_{t\in T}F_t=\varnothing$，而这又当且仅当$\bigcap\limits_{t\in T}F_t^c=X$，故知$(L_0,\boldsymbol{T}_{02}(L_0))$紧当且仅当$(X,\mathscr{G})$紧. 对偶地，$(L^0,\boldsymbol{T}_{20},(L_0))$紧当且仅当$(X,\mathscr{G})$紧.

若$(L_0,\boldsymbol{T}_{12},(L_0))$紧，则对任一$\sum_{12}(L_0)$覆盖必有有限子覆盖. 注意$\sum_{12}(L_0)=\sum_{10}(L_0)\cup\sum_{02}(L_0)$，故知对每一$\sum_{02}(L_0)$覆盖必有有限子覆盖，故知$(L_0,\boldsymbol{T}_{02}(L_0))$紧，从而$(X,\mathscr{G})$紧. 反之，设$(X,\mathscr{G})$紧，则$(L,\boldsymbol{T}_{10})$与$(L_0,\boldsymbol{T}_{02}(L_0))$均紧，现考虑$L_0$的任一$\sum_{02}$覆盖，它具有一般形式

$$C=\{\underset{\cdot}{G}_s\mid G_s\in\mathscr{G},s\in S\}\cup\{(\underset{\cdot}{F}_t)^c\mid F_t\in\mathscr{F},t\in F\}.\tag{6.30}$$

若$S=\varnothing$，由于$(L_0,\boldsymbol{T}_{02}(L_0))$紧，$C$自然有有限覆盖，若$T=\varnothing$，$C$盖住$L_0$，亦必盖住$L$，由于$(L,\boldsymbol{T}_{10})$紧，$C$亦必有$L$的(从而是$L_0$的)有限覆盖. 设$S,T$均不空. 容易验证

$$\bigcup_{t\in T}(\underset{\cdot}{F}_t)^c=\left(\left(\bigwedge_{t\in T}F_t\right)\right)^c=(\underset{\cdot}{F})^c.\tag{6.31}$$

(这里同时出现了上、下两个不同层次的集合运算，为了避免混淆，故将$\bigcap\limits_{t\in T}F_t$改记为$\bigwedge\limits_{t\in T}F_t$). 为使$C$盖住$L_0$，必须$\{\underset{\cdot}{G}_t\mid s\in S\}$盖住$L\backslash(\underset{\cdot}{F})^c=F$. 容易证明，这又必须存在

$s_0\in S$，使$G_{s_0}\supset F$. 这又意味着$F^c\supset G_{s_0}^c$，亦即$\bigcup\limits_{t\in T}(F_t^c)\supset G_{s_0}^c$.

$(X,\mathscr{G})$紧意味着存在T的有限子集T'使$\bigcup\limits_{t\in T'}(F_t^c)\supset G_{s_0}^c$，从而$\{(\underset{\cdot}{F}_t)^c\mid t\in T'\}$盖住$(\underset{\cdot}{G}_{s_0})^c$. 于是，$\{\underset{\cdot}{G}_{s_0}\}\cup\{(\underset{\cdot}{F}_t)^c\mid t\in T'\}$便是从$C$中选出的盖住$L_0$的有限子覆盖. 这就证明了$(L_0,\boldsymbol{T}_{12}(L_0))$是紧的. $(L^0,\boldsymbol{T}_{21}(L^0))$可对比着$(L_0,\boldsymbol{T}_{12}(L_0))$对偶地得出结论.

设$(L_0^0,\boldsymbol{T}_{22}(L_0^0))$紧，和前面一样很容易证明$(X,\mathscr{G})$是紧的，反之，设$(X,\mathscr{G})$紧，则$(L_0,\boldsymbol{T}_{02}(L_0))$与$(L^0,\boldsymbol{T}_{20}(L^0))$均紧. 不难验证$(L_0^0,\boldsymbol{T}_{02}(L_0^0))$与$(L_0^0,\boldsymbol{T}_{20}(L_0^0))$亦紧. 现考虑$L_0^0$的任一$\sum_{22}$覆盖，它具有一般形式

$$C=\{(\dot{G}_s)^c\mid G_s\in\mathscr{G},s\in S\}\cup\{(\underset{\cdot}{F}_t)^c\mid F_t\in\mathscr{F},t\in T\}.\tag{6.32}$$

若$S=\varnothing$或$T=\varnothing$自不待言，设S,T均不空. 由(6.31)知，为使C盖住L_0^0，必须$\{(\dot{G}_s)^c\mid s\in S\}$盖住$\underset{\cdot}{F}$. 易证这又必须存在$s_0\in S$，使$G_{s_0}\not\subset F$，从而$(\dot{G}_{s_0})^c\supset\underset{\cdot}{F}$. 这意味$\{(\underset{\cdot}{F}_t)^c\mid t\in T\}$盖住$\dot{G}_{s_0}$. 易证这又必须存在$t_0\in T$，使$F_{t_0}\not\supset G_{s_0}$. 由于$s_0\in S,t_0\in T$，故知$\{(\underset{\cdot}{F}_{t_0})^c,(\dot{G}_{s_0})^c\}$是$C$的一个子覆盖，但$(\underset{\cdot}{F}_{t_0})^c\cup(\dot{G}_{s_0})^c\supset L_0^0$，故知$(L_0^0,\boldsymbol{T}_{22}(L_0^0))$紧. 证毕. ■

注　当X为无限集，$(X,\mathscr{G})$是$\boldsymbol{T}_1$型时，$(L,\boldsymbol{T}_{11})$一定是非紧的. 这只要考虑L的一个下述形式的$\sum_{11}$覆盖：$C=\{\underset{\cdot}{G}\}\cup\{\{\dot{x}\}\mid x\notin G\}(\varnothing\neq G\neq X,G^c$无限)，易知$C$不可能有$L$的有限子覆盖.

§7. 与 Fuzzy 拓扑的联系

记 $\mathscr{F}(X)=[0,1]^X$，在 $\mathscr{F}(X)$ 中按通常实值函数的大小关系定义次序 $\supset$，即对任意 $A,B\in\mathscr{F}(X)$，

$$A\supset B\Leftrightarrow(\forall x\in X)(A(x)\geqslant B(x)), \tag{7.1}$$

则 $(\mathscr{F}(X),\supset)$ 是一个具有逆序对合对应 $A(x)\mapsto 1-A(x)$ 的完全分配格. 与 $(\mathscr{F}(X),\supset)$ 同构的格 $(L,\rightharpoonup)$ 叫作一个简单分子格[2]，X 叫作分子空间.

X 上的一个 Fuzzy 拓扑 G，就是简单分子格 $L=\mathscr{F}(X)$ 中的一个开元系. Fuzzy 拓扑的普通邻域构造，对应于 L 上的正向邻域系. 由它所确定的 L 中的收敛关系具有限制单向性. 将这种收敛关系局限在

$$X^*=\{x_\lambda=\lambda\cdot x_{\{x\}}\mid\lambda\in(0,1],x\in X\} \tag{7.2}$$

之中，必然会出现一些缺陷. 这些缺陷在原子水平上不会显现出来，因而，在普通点集拓扑中没有暴露的问题，在 Fuzzy 拓扑中暴露出来了.

蒲保明，刘应明[1]、王国俊等先生在 Fuzzy 拓扑方面做了一系列的重要工作，其中主要的一点，就是从某些方面克服了“邻域困难”. 刘应明提出了重域概念，王国俊在此基础上又提出了远域概念. 他们思想的重要意义在于：(1)指明了同一个开集系产生不同的邻近构造的可能性；(2)针对正向邻近构造所存在的弱点，提出了反向的邻近构造的思想.

正是在这些先生工作的启发下，笔者领悟到可以从格拓扑的角度来看待 Fuzzy 拓扑中的困难. 对于 Fuzzy 拓扑，笔者的注记如下：

1. 给定 Fuzzy 拓扑 G，与§6. 的过程相类似，可以在 $L=\mathscr{F}(X)$ 中建立正、反向的格邻元与泛邻元结构，由它们可以确定不同形式的收敛关系，远域结构则可以用反向泛邻元结构来描述.

2. 用任何一种单向(正向或反向)邻元系来建立收敛关系，都不可能令人完全满意：用双向的邻元系来建立双向的收敛关系，则会令人比较满意一些.

3. 和§6. 的思路完全一样，可以建立 Fuzzy 拓扑的超空间理论：由 X 上的 Fuzzy 拓扑 G，在简单分子格 $L=\mathscr{F}(X)$ 中可以确定 8 种不同的收敛关系. 它们都是 L 中普通的收敛关系，可以在 L 中确定 8 种普通拓扑 T_r，这样，$(\mathscr{F}(X),T_r)$ 就叫作由 Fuzzy 拓扑空间 (X,G) 升成的超空间. 这种超空间理论将有可能扩大人们对 Fuzzy 拓扑的兴趣. Fuzzy 拓扑 G 的

功能，不应局限于刻画 Fuzzy 点的收敛，而应进一步刻画 Fuzzy 子集序列向一个 Fuzzy 集的收敛；这将有助于研究 Fuzzy 子集间的贴近问题以及 Fuzzy 数的收敛理论.

参考文献

[1] Pu Baoming & Liu Yingming. Fuzzy topology. J. Math. Anal. Appl. ,1980, 76:571－599.

[2] 王国俊. 拓扑分子格(Ⅰ). 陕西师范大学学报,1979,(6):1－15.

[3] Vietoris V. Bereiche Zweiter Ordnung. Monatsheff für Mathematik and Physik,1922,32:258－280.

[4] Nadler Jr S B. Hyperspaces of Sets. New York,1978.

[5] 方嘉琳,杨旭. 四平师范学院学报,1981:2－13.

[6] 汪培庄. 超 σ 域与集值映射的可测性. 科学通报,1983,28(7):385－387.

[7] Matheron G. Random Sets and lntegral Geometry. John Wiley & Sons,1975.

Abstract In this paper, the author gives some axiomatical descriptions on the neighborhood structures and convergence relations of lattice topology, and proves that they are equivalent descriptions about lattice topology. By means of these results, the author gives a systematic treatment on the theory of hyperspaces from the viewpoint of lattice topology, and presents eight kinds of hypertopologies. Most of the main classical hypertopologies, such as Vietoris topology, Myope topology, κ topology, λ topology, are included here in, and some new kinds of hypertopologies are useful for the study of random sets and fuzzy sets. Finally, the author gives some reviews on the fuzzy topology.

工程数学学报
1984,1(1):43－54

集值统计①

Set-Valued Statistics

摘要 本文谨向读者呈献一种新的统计思想，叫作集值统计.在普通的概率统计中,每次试验所得到的是相空间(可能观测值的集合)中的一个确定的点.如果每次试验所得到的是相空间的一个(普通或模糊)子集,这样的试验就叫作集值统计试验.统计方法的这样一种拓广,有着深刻的实际背景，它将大大扩展统计试验的用场,能进一步为社会、经济等人文系统提供一种新的数量化处理的基本手段.

§1. Fuzzy 统计

隶属度概念是模糊数学应用于实际的基石,究竟如何确定隶属函数,人们自然会求助于统计方法.张南纶等[1]就"年轻人"这一概念在年龄轴 U 上的隶属函数进行了统计试验,每次试验是被试者(都是大学低年级学生)按照一定的心理试验要求报出一个年轻人的年龄区间(例如[18,25],[16,30]等).统计这些区间对各个年龄的覆盖频率,发现这种覆盖频率具有很好的稳定性.所得的频率直方图形状雷同;直方图的总面积(不是 1)彼此十分接近.后来,马谋超,曹志强[3][4]又提出了更精细的统计试验模型,在心理学量表理论及商品爱好分析中取得了成功的应用.鉴于这些统计方法不同于普通的概率统计方法,人们称之为 Fuzzy 统计.

Fuzzy 统计的每一次试验结果,是论域 U 的一个子集,因而是一种集

① 收稿日期:1984-01-20.本文与刘锡荟合作.

值统计.现在,这种统计方法已经公开用于隶属函数的确定上.

我们所习惯的概率统计试验,多数是对某物理量进行观测,很少依赖于人的心理反应,Fuzzy 统计却与心理过程密切相连,它是通过心理测量来进行的.这里有一个认识问题.物理心理学的大量实验表明,通过各种感觉(视觉、听觉、味觉、嗅觉、触觉等)器官而获得的心理反应量与外界的各种物理刺激量(亮度、响度、甜度、香度、质量等)的变化之间存在着相当准确的幂函数定律,说明科学的心理测量方法可以客观地反映现实;对于那些没有物理、化学或其他测量手段度量的非量化的对象,心理测量便成了数量化的一种重要手段.在国外,各种心理量表被广泛应用于社会、经济、管理系统.我们在对系统进行实际的分析时,也离不开专家评定法.应当说,纳入心理测量不是 Fuzzy 统计的缺点而是它的优点.

使人感兴趣的是,在概率统计与 Fuzzy 统计之间存在着某种对偶性.在概率统计中,有一个基本空间 Ω,事件 A 是它的一个固定的子集,ω 随机变异着,统计 ω 落入 A 的频率而得到概率 $P(A)$.如果把事件形象地说成是"圈圈",ω 说成是点子,那么,普通统计是一种"圈圈固定、点子在变"的试验.而在 Fuzzy 统计中,u_0 是论域 U 中固定的点,圈圈 A^* 在变异着,统计 A^* 套住 u_0 的频率,得到隶属度 $\mu_{\underset{\sim}{A}}(u_0)$,这是一种"点子固定、圈圈在变"的试验.这种对偶关系可以形象地用图 1 表示出来.

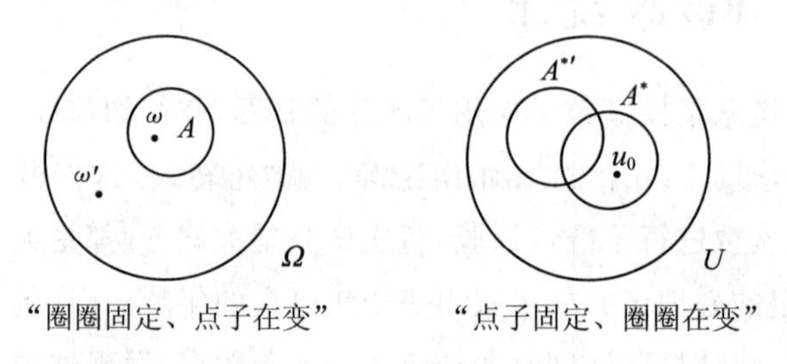

图 1 两种统计试验模型

§2. 随机集的落影

前述的对偶关系促使我们来考虑这样一个问题:能否把一种统计模型转化为另一种统计模型?回答是基本肯定的.

如图 2 所示,U 中的圈圈乃是 $\mathscr{P}(U)$ 中的点,U 中的点 u,对应于 $\mathscr{F}(U)$ 中的圈圈 $\dot{u}$,只要把论域由 U 改成 $\mathscr{F}(U)$,便可以实现点子和圈圈的

互换. 这里,

$$\dot{u} \triangleq \{B \mid B \in \mathscr{P}(U), B \ni u\}, \tag{2.1}$$

它是集合代数 $\mathscr{P}(U)$中的超滤.

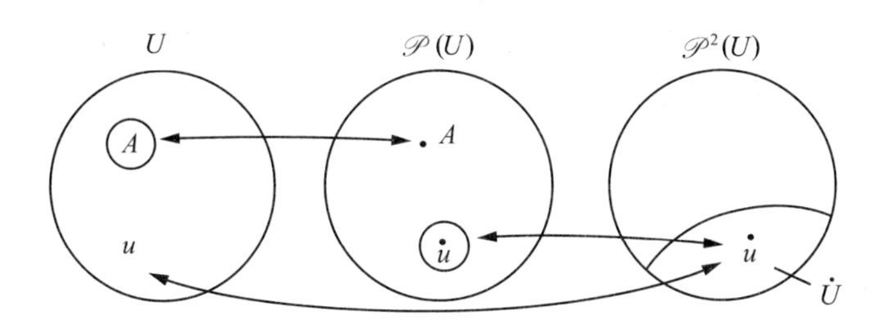

图 2 "圈圈变点子、点子变圈圈"

这样,论域 U 上的一个 Fuzzy 统计模型,就可以转化成论域 $\mathscr{F}(U)$上的一个普通概率统计模型. 按照普通统计的要求,每一次试验都是某个随机变量的一次实现. 于是,就需要在论域 $\mathscr{F}(U)$上来定义可测结构和随机"变量",记

$$\dot{U} = \{\dot{u} \mid u \in U\}. \tag{2.2}$$

给定 $\mathscr{P}(U)$上的一个包含 $\dot{U}$ 的 σ 域 $\breve{\mathscr{B}}$,$(\mathscr{P}(U), \breve{\mathscr{B}})$是一个可测空间,从某一概率场$(\Omega, \mathscr{F}, P)$到$(\mathscr{P}(U), \breve{\mathscr{B}})$的可测映射

$$\xi: \Omega \longrightarrow \mathscr{P}(U) \tag{2.3}$$

$$(\xi^{-1}(\mathscr{C}) = \{\omega \mid \xi(\omega) \in \mathscr{C}\} \in \mathscr{F}, \quad \forall \mathscr{C} \in \breve{\mathscr{B}}) \tag{2.4}$$

便是所要求的随机"变量".

从论域 U 上看问题,上述的$(\mathscr{P}(U), \breve{\mathscr{B}})$叫作 U 上提升的超可测结构,ξ 叫作 U 上的随机集. 从$(\Omega, \mathscr{F})$到$(\mathscr{F}(U), \breve{\mathscr{B}})$的全体随机集记作. $\mathscr{S}(\Omega, \mathscr{F}; \mathscr{P}(U), \breve{\mathscr{B}})$, Fuzzy 统计试验乃是对随机集的实现.

Fuzzy 统计模型虽然可以转化为普通概率统计模型,但却带有自身的特点. 随机集 ξ 的分布律是$\{P_\xi(\mathscr{C})\}(\mathscr{C} \in \breve{\mathscr{B}})$,$\mathscr{C}$ 遍历 $\breve{\mathscr{B}}$. 这一般是很难表现的. 容易表现的是 P_ξ 在 $\dot{U}$ 中的限制.

定义 1 设 $\xi \in \mathscr{S}(\Omega, \mathscr{F}; \mathscr{P}(U), \breve{\mathscr{B}})$,记

$$\mu_\xi(u) \triangleq P(\omega \mid \xi(\omega) \ni u)(u \in U) \tag{2.5}$$

叫作 ξ 的落影.

易见

$$\mu_\xi(u)=P(\omega|\xi(\omega)\in\dot{u})=P_\xi(\dot{u})(\dot{u}\in\dot{U}),\tag{2.6}$$

故知μ_ξ,就是P_ξ在$\dot{U}$中的限制.它是定义在U上的一个实函数,在Fuzzy统计中,随机集的落影就是相应模糊子集的隶属函数.它能在相当大的程度上刻画随机集,它是随机集的一种新的重要数值特征.

给定随机集$\xi:\Omega\to\mathscr{P}(X)$及随机集$\eta:\Omega\to\mathscr{P}(Y)$,记

$$\mu_{(\xi,\eta)}(x,y)=P(\omega|\xi(\omega)\ni x,\eta(\omega)\ni y)\tag{2.7}$$

称之为ξ与η的联合落影.若$\mu_\xi(x)>0$,记

$$\mu_{\eta|\xi}(y|x)=P(\eta\ni y|\xi\ni x)\tag{2.8}$$

称$\mu_{\eta|\xi}(\cdot|x)$为η在$\xi\ni x$处的条件落影.显然有

$$\mu_{\eta|\xi}(y|x)=\mu_{(\xi,\eta)}(x,y)/\mu_\xi(x).\tag{2.9}$$

无需赘述随机集的独立性定义.显然有

命题1 ξ与η独立的必要条件是

$$\mu_{(\xi,\eta)}(x,y)=\mu_\xi(x)\cdot\mu_\eta(y)\quad(\forall x\in X,y\in Y).\tag{2.10}$$

设m是可测空间$(U,\mathscr{B})$上的正值测度,设某随机集ξ在U上的落影μ_ξ关于$\mathscr{B}$可积,则记

$$\overline{m}(\xi)=\int\mu_\xi(u)m(\mathrm{d}u),\tag{2.11}$$

类似地去理解$\overline{m}(\eta\mid\xi\ni x)$一类记号的意义.

命题2 边际落影公式

$$\mu_\eta(y)=\left(\int\mu_{(\xi,\eta)}(x,y)m(\mathrm{d}x)\right)/\overline{m}(\xi|\eta\ni y)\tag{2.12}$$

总是成立的,如果各项记号都有意义的话.

命题3 全落影公式

$$\mu_\eta(y)=\left(\int\mu_\xi(x)\mu_{\eta/\xi}(y|x)m(\mathrm{d}x)\right)/\overline{m}(\xi|\eta\ni y)\tag{2.13}$$

总是成立的,如果各项记号都有意义的话.

命题4 贝叶斯公式

$$\mu_{\xi|\eta}(x\mid y)=\frac{\mu_\xi(x)\cdot\mu_\xi(y\mid x)\cdot\overline{m}(\xi\mid\eta\ni y)}{\int\mu_\xi(u)\mu_\xi(y\mid u)m(\mathrm{d}u)}\tag{2.14}$$

总是成立的,如果各项记号都有意义的话.

随机变量的一些最基本的公式在随机集的理论中都可以通过落影相应地表现出来.如果说,将模糊集看作是随机集的落影,使模糊数学找到一种得力的刻画工具,那么,落影概念的一般化,便是模糊数学反过来给随机集理论提供的一个重要的表现手段.

§3. 集值统计

我们只讨论在每次试验下取普通集合的集值统计.

一项集值统计试验,乃是某个随机集的重复实现.所寻求的落影,可以是某个模糊集合的隶属函数(这是Fuzzy统计试验),但也可以不是.试验过程,可以依赖也可以不依赖于心理测量.因而,集值统计比Fuzzy统计更为广泛.集值统计的任务首先要对随机集的落影进行估计和推断.

给定$\xi \in \mathscr{H}(\Omega,\mathscr{F};\mathscr{P}(U),\breve{\mathscr{B}})$,对它进行$n$次独立观测,得到样本

$$x_1,x_2,\cdots,x_n(x_i \in \mathscr{P}(U),i=1,2,\cdots,n)$$

离开具体观测结果,抽象地看,它们是一组与ξ同分布的独立随机集.对任意$u \in U$,记

$$\bar{x}(u)=\frac{1}{n}\sum_{i=1}^{n}x_{x_i}(u) \tag{3.1}$$

叫作ξ对u的覆盖频率.用它可以估计u处的落影值.而$\bar{x}$便是μ_ξ的估计函数.我们可以用一个大数定理来说明这种估计是满足充分性的.

定理 1(落影大数定理) 设

$$\xi_1 \in \mathscr{H}(\Omega,\mathscr{F};\mathscr{P}(U),\breve{\mathscr{B}})(i=1,2,\cdots,n,\cdots)$$

是独立同分布的,$\mu_{\xi_i}(u)=\mu(u)$.记

$$\xi_n(u,\omega)=\frac{1}{n}\sum_{i=1}^{n}x_{\xi_i(\omega)}(u). \tag{3.2}$$

则对任意$u \in U$,恒有

$$\bar{\xi}_n(u,\cdot) \longrightarrow \mu(u) \quad \alpha.\ \mathrm{e}.\ P.\ (n \to \infty). \tag{3.3}$$

证 对任意$u \in U$,记

$$\xi_i^u(\omega)=x_{\xi_i(\omega)}(u).$$

易知$\xi_1^u,\xi_2^u,\cdots,\xi_n^u,\cdots$,是一组独立同分布的随机变量,且具有数学期望

$$E(\xi_i^u) = \int x_{\xi_i(\omega)}(u)P(\mathrm{d}\omega) = \int_{(\xi_i \ni u)} \mathrm{d}P = P(\omega \mid \xi_i \ni u) = \mu(u), \tag{3.4}$$

由 Kolmogorov 大数定理知道(3.3)式真.(证毕)

对于随机集 ξ 来说,$\overline{m}(\xi)$(见定义(2.11))表示 μ_ξ 曲线下所围成的面积.它是 μ_ξ 的一个 十分重要的数字特征.

定理 2 设$(U,\mathscr{B})$是一个可测空间,m 是 $\mathscr{B}$ 上的一个正值测度,$\xi \in \mathscr{S}(\Omega,\mathscr{F};\mathscr{P}(U),\check{\mathscr{B}})$;如果 $x(u,\omega)\Delta x_{\xi(\infty)}(u)$ 是 $\mathscr{B}\times\mathscr{F}$ 可测的,那么

$$\overline{m}(\xi) = E(m(\xi(\omega))). \tag{3.5}$$

证 利用富比尼定理,

$$\begin{aligned}\overline{m}(\xi) &= \int\mu_\xi(u)m(\mathrm{d}u) = \int P(\xi \ni u)m(\mathrm{d}u)\\ &= \int\left(\int x_{\xi(\infty)}(u)P(\mathrm{d}\omega)\right)m(\mathrm{d}u) = \int\left(\int x(u,\omega)P(\mathrm{d}\omega)\right)m(\mathrm{d}u)\\ &= \int\left(\int x(u,\omega)m(\mathrm{d}u)\right)P(\mathrm{d}\omega) = \int m(\xi(u))P(\mathrm{d}\omega)\\ &= E(m(\xi)).\end{aligned}$$

证毕

集值统计与经典统计之间有何联系与区别?随机集的落影与随机变量的分布之间有何联系与区别?这可以从 $\overline{m}(\xi)$ 上得到重要的反映.称随机集 ξ 是蜕化的,如果对所有 $\omega \in \Omega$,$\xi(\omega)$ 都是 U 中的单点子集.称随机集是本质蜕化的,如果对几乎所有 $\omega \in \Omega$(相对于 P),$\xi(\omega)$ 是 U 中的单点子集.

命题 5 设$U=\{u_1,u_2,\cdots,u_k,\cdots\}$,$\mathscr{B}=\mathscr{P}(U)$,$m(A)$ 表示 A 中元素个数($A\in\mathscr{B}$),$\xi\in\mathscr{S}(\Omega,\mathscr{F};\mathscr{P}(U),\mathscr{B})$,则 ξ 是本质蜕化的当且仅当$\overline{m}(\xi)=1$.此时 ξ 作为随机集看待时的落影 μ_ξ,就是它作为随机变量看待时的分布列

$$\mu_\xi(u_k) = P(\xi = u_k) \tag{3.6}$$

证明从略.

命题 6 设 $U=R$,$\mathscr{B}$ 是 Borel 域.m 是 $\mathscr{B}$ 上的勒贝格测度,

$$\xi\in\mathscr{S}(\Omega,\mathscr{F};\mathscr{P}(U),\check{\mathscr{B}}),\xi(\omega)=[a(\omega),b(\omega)](\forall\,\omega\in\Omega)$$

则 ξ 是本质蜕化的当且仅当 $\overline{m}(\xi)=0$.

证明从略.

上面两个命题表明:随机集的落影研究在蜕化情况下,当 U 为离散论

域时仍然有意义；当U为实数论域时，落影为零.

设$x_1,x_2,\cdots,x_n$是ξ的一个样本，记

$$\overline{m}(x_1,x_2,\cdots,x_n)=\frac{1}{n}\sum_{i=1}^{n}m(x_i),\tag{3.7}$$

则可以用$\overline{m}(x_1,x_2,\cdots,x_n)$作为$\overline{m}(\xi)$的估计值.由Kolmogorov大数定理可推得

命题7 设$\overline{m}(\xi)<\infty$，$\xi_1,\xi_2,\cdots,\xi_n,\cdots$是与$\xi$同分布的独立随机集，则当$n\to\infty$时，有

$$\overline{m}(\xi_1,\xi_2,\cdots,\xi_n)=\frac{1}{n}\sum_{i=1}^{n}m(\xi_i)\to\overline{m}(\xi)\text{a. e. }P.\ (n\to\infty)\tag{3.8}$$

§4. 程度分析与综合决策

集值统计最有希望应用到那些必须依靠心理测量的决策过程中去.在实际生活中，大量存在着这样一类估计——要对某事物从某种角度估计或评价出它对某项目标或要求所满足的程度，人们经常使用“满意程度”“可行性程度”“协调程度”“稳定程度”“可靠程度”“需求程度”“牢固程度”“置信程度”“实用程度”等词儿，人们需要对它们加以度量但又很难寻找到客观而有效的处理方法.集值统计为此而提供的数学方法，叫作程度分析.

程度分析方法的思路大致如下：如果被估计的程度必须依赖心理测量，那么请有经验的、有代表性的专家或人员，按照心理测量的基本要求进行试验.试验方式主要有以下几种：

1.线段法

以满意程度为例.如图3(a)所示，为了考察某项事物令人满意的程度，画上[0，1]区间(或[-1,1)区间)，右端点表示“很满意”，左端点表示“很不满意”，线段中点表示“中常”.让每一参加试验者将自己的满意程度点在线段的适当位置上.点三次或五次，记最左点坐标为x，最右点坐标为y，得区间$[x,y]$，这就是一人试验的结果

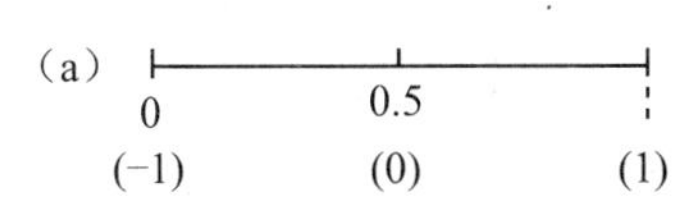

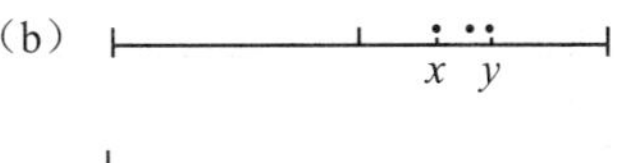

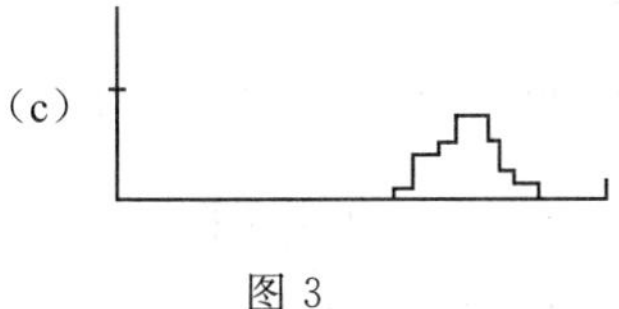

图3

（见图 3(b)），所有参加试验者的答案，形成样本$[x_i, y_i]$（$i = 1,2,\cdots,n$），按(3.1)算得$\bar{x}(u)$（见图 3(c)）. 它是一个模糊的满意程度，贮存着较多的信息. 进一步计算

$$\alpha = \frac{1}{n}\sum_{i=1}^{n}\frac{x_i + y_i}{2}, \tag{3.9}$$

再按(3.7)计算

$$\bar{m} = \frac{1}{n}\sum_{i=1}^{n}(y_i - x_i). \tag{3.10}$$

用α表示对满意程度的点估计值，$\bar{m}$叫作点估计的盲度，$\bar{m}$越小，估计的把握越大. $\bar{m} = 0$意味着绝对有把握.

2. 置信法

在线段法中，每一人次试验，只在线段中打一个点，但在该点要附记一个整数k，$0 \leqslant k \leqslant 10$，表示他对自己所打的点，具有$k$分的自信程度.

置信法所获得的样本是(x_i, α_i)（$i = 1,2,\cdots,n$），计算

$$\alpha = \sum_{i=1}^{n}\alpha_i x_i \Big/ \sum_{i=1}^{n}\alpha_i, \tag{3.11}$$

它就是对所求程度的点估计.

置信法与区间法是可以互相转化的. 打点时的自信程度与点子的集中程度是呈正变的，我们可以在它们之间找到一个函数关系$\delta = f(\theta)$，θ表示自信度，δ表示区间估计的半径. 任给置信法试验之下的一个结果(x_i, θ_i)，可以将它转化成一个线段法试验之下的结果：

$$[x_i - f(\theta), x_i + f(\theta)] \cap [0,1],$$

反之亦然，只需将$[x_i, y_i]$变成$\left(\frac{x_i + y_i}{2}, f^{-1}\left(\frac{y_i - x_i}{2}\right)\right)$即可. 函数$f$的寻求可以针对每一类问题具体统计得出，我们这里只给一个未经大量试验验证的对应关系（见表 1），供读者参考、修正.

表 1　θ与δ的对应关系（线段用[0,1]区间表示）

θ	0	1	2	3	4	5	6	7	8	9	10
δ	0.50	0.45	0.40	0.35	0.30	0.25	0.20	0.15	0.10	0.05	0

置信法与区间法之间的转化关系，具有十分基本的意义. 它指出集值统计有可能转化成另一种统计，在那种统计中，数据资料不是同等重要

的，它们各自具有不同的作为数据的资格程度，在[17]中称之为色彩数据，这有十分现实的意义. 在数理统计中的权函数回归方法[12]以及地质统计[10]中的 Krige 法都已经运用了对数据加权的思想.

3. 表格法

将[0,1]区间离散化，每一人次试验是要在一个表格（见表 2）中打钩. 最后统计各个格子中打钩的频率，得到形如表 3 的结果，它是一个模糊的满意程度. 取最大频率者为确切答案. 例如，按表 3，则结论为"中常".

表 2

很不满意	不满意	中常	满意	很满意
		√	√	

表 3

很不满意	不满意	中常	满意	很满意
0	0.3	1	0.9	0.2

4. 多级表格法

参照马谋超的统计方法[4]. 每一人次试验是填表 4，所填数字表示置信度，例如，表 4 意味着，试验者对于被评价对象，评为"中常"具有 10 分把握，评为"满意"具有 8 分把握，评为"不满意"有 5 分把握，评为"很满意"有 2 分把握，评为"很不满意"毫无把握. 统计结果，逐格求算术平均，得到一模糊的满意程度.

表 4

很不满意	不满意	中常	满意	很满意
0	5	10	8	2

多级表格法是一种模糊集值统计（表中所填数字均除以 10）.

程度分析的任务是要在几种相互矛盾的目标之间进行综合评判与决策.

设有几种方案，要从必要性与可行性这两方面进行综合考察，作出抉择. 程度分析方法如下：

(1) 对每一种方案就其必要程度与可行程度进行统计，采取线段法. 如图 4，让两线段垂直安放，组成正方形，每一人次试验的结果，在横轴上得区间$[x_1, y_1]$，在纵轴上得区间$[x_2, y_2]$，在方格中得矩形$[x_1, x_2; y_1, y_2]$，n 次试验得到

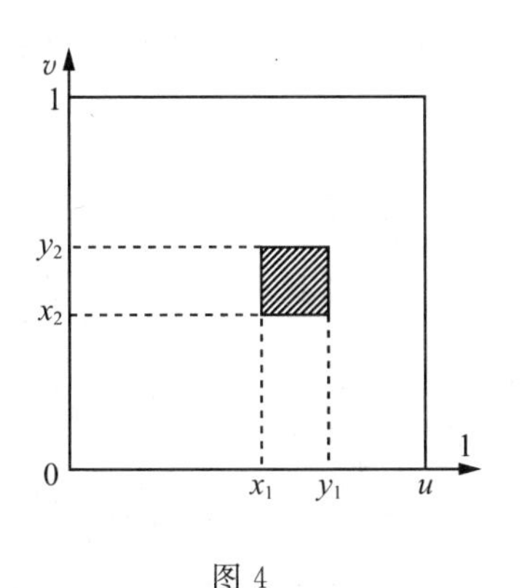

图 4

$$[x_1^{(k)}, x_2^{(k)}; y_1^{(k)}, y_2^{(k)}] (k = 1, 2, \cdots, n).$$

按(3.1)得到

$$\bar{x}(u,v)=\frac{1}{n}\sum_{k=1}^{n}\chi_{[x_1^{(k)},x_2^{(k)};y_1^{(k)},y_2^{(k)}]}(u,v),\tag{4.1}$$

这里,(u,v)是方格中任意一点的坐标.特征函数

$$\chi_{[x_1^{(k)},x_2^{(k)};y_1^{(k)},y_2^{(k)}]}(u,v)=\begin{cases}1,\text{当 } x_1^{(k)}\leqslant u\leqslant y_1^{(k)} \text{ 且 } x_2^{(k)}\leqslant v\leqslant y_2^{(k)};\\0,\text{否则}.\end{cases}\tag{4.2}$$

(2) 根据必要性与可行性二者的权重分配.计算

$$t=\int_0^1\int_0^1(x_1(u,v)\cdot u+x_2(u,v)\cdot v)\bar{x}(u,v)\mathrm{d}u\mathrm{d}v\Big/\int_0^1\int_0^1\bar{x}(u,v)\mathrm{d}u\mathrm{d}v,\tag{4.3}$$

t 称为必要与可行的综合程度.比较不同方案的 t 值,取 t 值最大者为最优方案.

这里采取的是变权.必要性与可行性的权系数 $x_1(u,v)$ 与 $u_2(u,v)$ 要依赖于(u,v),$(w_1(u,v)\geqslant 0,\ w_2(u,v)\geqslant 0,\ w_1(u,v)+w_2(u,v)=1)$,变权函数的确定可以通过心理试验,得到与图5中所绘的相类似的“矢量场”.矢量的斜率表示 w_2 与 w_1 之比.由此再建立 w_1 与 w_2 的表达,图5所对应的表达式可取为

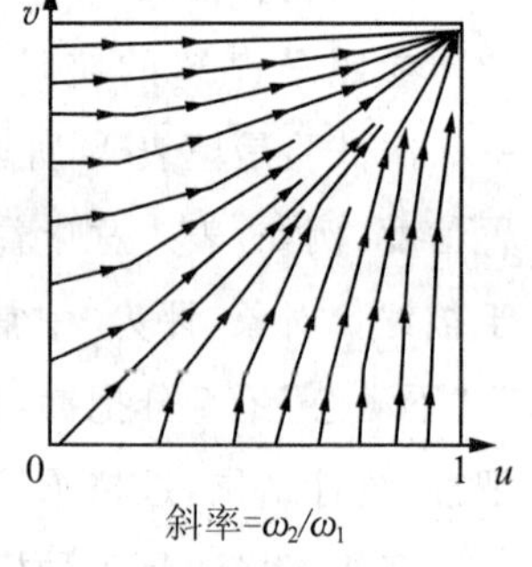

图5 变权图

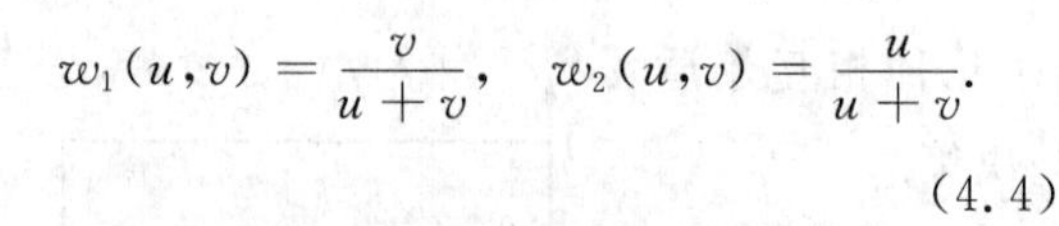

$$w_1(u,v)=\frac{v}{u+v},\quad w_2(u,v)=\frac{u}{u+v}.\tag{4.4}$$

如果采用它的话,便有

$$t=\int_0^1\int_0^1\frac{2uv}{u+v}x(u,v)\mathrm{d}u\mathrm{d}v\Big/\int_0^1\int_0^1 x(u,v)\mathrm{d}u\mathrm{d}v.\tag{4.5}$$

(4.3)或(4.5)中的二重积分的近似求法不在此赘述.

§5. 随机试验的集值化

集值统计的有效性在物理量的测量中同样可以显示出来.任何测量都存在着测不准性问题.测量数据常采取 $x\pm\delta$ 的形式,这就是区间数 $[a-\delta,a+\delta]$,这样的随机试验,就转化为集值统计试验.

设 ξ,δ 是实随机变量,相互独立,且假定 $P(\delta>0)=1$.令 $\xi=[\xi-\delta,$

$\xi+\delta]$,在适当定义的可测结构下,ξ是一个随机集.其落影具有相当简捷的形式.

$$\begin{aligned}\mu_{\xi}(x) &= P(\xi \ni x) = P(|\xi - x| \leqslant \delta) \\ &= 1 - P(x < \xi - \delta) - P(\xi + \delta < x) \\ &= P(\xi - \delta \leqslant x) - P(\xi + \delta < x),\end{aligned}$$

故有

$$\mu_{\xi}(x) = F_{\xi-\delta}(x) - F_{\xi+\delta}(x-0). \tag{5.1}$$

假定$\xi: N(a,\sigma^2)$,$\delta: N(b,r^2)$,$b>0$.假定$r \ll b$,从而$P(\delta>0)=1$.仍记$\xi=[\xi-\delta,\xi+\delta]$,则由(5.1)立即推得

$$\mu_{\xi}(x) = \Phi\left(\frac{x-(a-b)}{\sqrt{\sigma^2+r^2}}\right) - \Phi\left(\frac{x-(a+b)}{\sqrt{\sigma^2+r^2}}\right), \tag{5.2}$$

此处

$$\phi(x) = \frac{1}{\sqrt{2\pi}}\int_{-\infty}^{x} \mathrm{e}^{-\frac{u^2}{2}}\,\mathrm{d}u.$$

我们称$\zeta=[\xi-\delta,\xi+\delta]$为$\xi$与$\delta$形成的随机集,$\xi$叫$\zeta$的中心,$\delta$叫$\zeta$的半径,则容易推出下一命题.

命题 8 设随机集ζ具有落影

$$\mu_{\zeta}(x) = \Phi\left(\frac{x-0}{\rho}\right) - \Phi\left(\frac{x-d}{\rho}\right), (c<d) \tag{5.3}$$

则ζ可由两个随机变量来形成.中心$\xi: N\left(\frac{d+c}{2},\sigma^2\right)(\sigma \leqslant \rho)$,半径$\delta$: $N\left(\frac{d-c}{2},\rho^2-\sigma^2\right)$.且有

$$\overline{m}(\zeta) = d-c. \tag{5.4}$$

在命题8中,ξ与δ的分解是不唯一的,ξ与δ的方差在$\sigma^2+\gamma^2=\rho^2$的限制下还有变动的自由.当$\sigma=\rho$,$\gamma=0$时,δ是一个常量,当$\sigma=0$,$\gamma=\rho$时,ξ是常量.

当论域$U=R$时,对区间数(一个闭区间叫作一个区间数)引进凸线性组合的运算:

$$\begin{aligned}\alpha[a_1,b_1]+\beta[a_2+b_2] &\triangleq \{z \mid z\in R, \exists x\in[a_1,b_1], \exists y\in[a_2,b_2], \\ &\qquad z=\alpha x+\beta y\} \\ &= [\alpha a_1+\beta a_2, \alpha b_1+\beta b_2]. (\alpha,\beta \geqslant 0, \alpha+\beta=1)\end{aligned}$$

使有

容易推得

命题 9　设 $\xi_1, \xi_2, \cdots, \xi_n, \cdots$ 是与 ξ 同分布的独立随机集，$\zeta = [\xi - \eta, \xi + \eta]$，$E\xi = a$，$E\eta = \delta$，则对任意 $x \in R \backslash \{a - \delta, a + \delta\}$ 均有

$$\chi_{(\frac{1}{n}\xi_1(\omega) + \frac{1}{n}\xi_2(\omega) + \cdots + \frac{1}{n}\xi_n(\omega))}(x) \longrightarrow x_{|\alpha-\delta, \alpha+\delta|}(x) \quad (n \to \infty). \tag{5.5}$$

命题 9 又称为横向大数定理. 落影大数定理则可称为纵向大数定理.

命题 9 说明，对于随机变量集值化的随机集，由样本 $x^{(1)}, x^{(2)}, \cdots, x^{(n)}$，可以用

$$\bar{x} \triangleq \frac{1}{n} x^{(1)} + \frac{1}{n} x^{(2)} + \cdots + \frac{1}{n} x^{(n)} \tag{5.6}$$

作为中心期望值 a 的区间估计.

设 ξ, η 是独立的整值随机变量，η 恒不取负值. 对 ξ, η 分别进行了 n 次与 m 次的独立观测. 设 $\xi = k$ 的频数为 $n_k\left(\sum_{k=-\infty}^{\infty} n_k = \eta\right)$，$\eta = k$ 的频数为 $m_k\left(\sum_{k=0}^{+\infty} m_k = m\right)$. 记

$$\mu_i = \mu_{-i} = \sum_{j \leqslant 1} \frac{m_j}{m} (i \geqslant 0), \tag{5.7}$$

可以证明

$$\bar{x}_k = \frac{1}{n} \sum_{i=-\infty}^{+\infty} \mu_i n_{k+i} \quad (k \in \mathbf{Z}) \tag{5.8}$$

收敛于 $\xi = [\xi - \eta, \xi + \eta]$ 的落影 $\mu_\xi(k)$，因而可以用它估计 $\mu_\xi(k)$.

§ 6.　落影滤波方法

(5.8)式是对 ξ 的频率进行的一种滑动平均. 易见，(5.7)式中的 μ_i $(i \geqslant 0)$ 正好是随机集 $[0, \eta]$ 的落影，μ_{-i} $(i \geqslant 0)$ 是随机集 $[-\eta, 0]$ 的落影，这些落影值充当了滑动平均的权系数. 当 η 是常数时，(5.8)式就是以 η 为半周期的普通的滑动平均. 从这里，我们找到了一种落影滤波方法.

1. 分级统计方法

李钜章[5]最早提出了 Fuzzy 分级统计，这里说的分级统计方法是受他的启发而提出的.

对于有多峰值分布的随机变量，其直方图的制作会因分级间距的不同而起显著变化. 一般说来，间距过小，频率便起伏不定，类似噪声，间距过大，则过于粗糙. 为了合理地确定各个峰的位置，可以采取分级统计的方法. 先取细小的间距，将数轴划分成 Δ_k $(k \in \mathbf{Z})$，计算 ξ 落入 Δ_k 的频数

n_k，叫作一级统计，然后再假设一个随机变量 η，适当地规定落影值 μ_i，按(5.8)式重新计算 $\bar{x}_k$ 的值，这一步叫二级统计. 经过二级统计，可以比较准确地找到各个峰的位置. 在[5]中，考虑某山区的地貌测量，该地区存在几个剥夷面，即山脊和肩坡的高度相对地集中在几个高度. 为了较准确地获得这几个剥夷面分布的高度，作抽样统计. 以 10 m 级宽作间距，所得频数曲线几乎在同一水平上摆动，找不到峰的位置，以 50 m 级宽作间距，共结果与具体划分界线有很大关系，带有相当大的主观性和偶然性，不能获得较精确的结果. 采用分级统计方法准确而客观地找到了相对集中的 6 个高度.

对于分级统计方法的实质可以作两种解释. 一种解释是：$[\xi-\eta,\xi+\eta]$覆盖 k 的次数等于 ξ 落入$[k-\eta,k+\eta]$的次数. (5.8)式中的 $\bar{x}_k$，可以被看成是一个随机变量 ξ 落入具有随机间距的区间$[k-\eta,k+\eta]$的频率. 其实质是变数轴上的硬划分$\{\Delta_k\}(k\in\mathbf{Z})$为模糊划分$\{[k-\eta,k+\eta]\}(k\in\mathbf{Z})$. 因而，分级统计可以解释成为一种模糊划分下的频率统计方法. 另一种解释是，落影 $\mu_i(i\in\mathbf{Z})$所起的作用是将一级统计的诸频数 n_k 模糊化，n_k 不仅是属于 Δ_k 的，它的影响也要波及相邻的区组，这样，n_k 便转化成一个函数

$$\tilde{n}_k(k\pm i)=\mu_i n_k \quad (i\geqslant 0) \tag{6.1}$$

它是以$\{\mu_i\}(i\geqslant 0)$为核生成的. (5.8)式又可写为

$$\bar{x}_k=\frac{1}{n}\sum_{j\pm i=k} n_i(i). \tag{6.2}$$

根据后一种观点，进一步提出下面的方法.

2. 获影滤波方法

考虑一个数据场$\{x_{(i_1,i_2,\cdots,i_n)}\}(i_i\in I_i\subset\mathbf{Z}(整数集)(j=1,2,\cdots,n))$，它可以看作是某个随机场 $\xi_{(i_1,i_2,\cdots,i_n)}(i_j\in I_j)(j=1,2,\cdots,n)$的实现.

另外再考虑一个 n 维整值随机向量 η，它恒在 $I_1\times I_2\times\cdots\times I_n$ 中取值. 设 η 的分布列为 $p_{(i_1,i_2,\cdots,i_n)}((i_1,i_2,\cdots,i_n)\in(I_1\times I_2\times\cdots\times I_n))$，记 $\underline{\eta}(\omega)=\{(i_1,i_2,\cdots,i_n)\mid i_j$ 介于 0 与 $\eta(\omega)$的第 j 个分量之间$(j=1,2,\cdots,n)\}$，η 是随机集，具有落影分布

$$\mu_{\underline{\eta}}(i_1,i_2,\cdots,i_n)=\sum{}^{*} p_{(j_1,j_2,\cdots,j_n)}, \tag{6.3}$$

$\sum^{*}$ 的意思是对这样的一些$(j_1,j_2,\cdots,j_n)$的项求和，对每一 $k\leqslant n$，总有 $j_n\leqslant i_k\leqslant 0$ 或 $0\leqslant i_k\leqslant j_k$. $\mu_{\underline{\eta}}$ 的落影具有这样的特点：

$$((\forall_k\leqslant n)(j_k\leqslant i_k\leqslant 0 \text{ 或 } 0\leqslant i_k\leqslant j_k))\Rightarrow\mu(i_1,i_2,\cdots,i_n)\geqslant\mu(j_1,j_2,\cdots,j_n), \tag{6.4}$$

具有性质(6.4)的落影 μ 叫作是中心化的落影.

定义 2　给定数据场$\{x_{(i_1,i_2,\cdots,i_n)}\}((i_1,i_2,\cdots,i_n)\in(I_1\times I_2\times\cdots\times I_n))$,给定 $I_1\times I_2\times\cdots\times I_n$ 上的一个中心化的落影函数 $\mu(i_1,i_2,\cdots,i_n)$,记

$$y_{(i_1,i_2,\cdots,i_n)}=y^{\mu}_{(i_1,i_2,\cdots,i_n)}=c\sum{}^{*}\mu(s_1,s_2,\cdots,s_n)\cdot x(t_1,t_2,\cdots,t_n), \tag{6.5}$$

和式 $\sum^{k}$ 的意思是对所有这样的项求和,对任意 $k\leqslant n$,都有 $s_k+t_k=i_k$. c 是适当取定的一个常数. (6.4)式叫作落影滤波公式.

记 $I_1\times I_2\times\cdots\times I_n$,上所有中心化落影所成之集为 M.

定义 3　$\mu_0\in M$ 叫作数据场的内关联函数,如果

$$\sum(y^{\mu}_{(i_1,i_2,\cdots,i_n)}-x_{(i_1,i_2,\cdots,i_n)})^2=\min_{\mu\in M}\sum(y^{\mu}_{(i_1,i_2,\cdots,i_n)}-x_{(i_1,i_2,\cdots,i_n)})^2 \tag{6.6}$$

利用内关联函数可以对数据场作内插和外推,应用于实际预测问题.

最后,笔者期待着本文所提供的这一统计思想和方法能被更多的同志研究和运用.

致谢

感谢朱剑英同志,是他向笔者提出了两种统计模型互相转化的想法.

参考文献

[1] 张南纶. 随机现象的从属特性及概率特性 Ⅰ,Ⅱ,Ⅲ. 武汉建筑材料学院学报,1981,(1):11—18;(2):7－14;(3):9－24.

[2] 张南纶. 一类典型人机系统中的控制策略的初步研究.

[3] Ma Mouchao, Cao Zhiqiang. The multistage evaluation method in psychologioal measurement:an application of fuzzy sets theory to psychology. In:Gupta M M,Sanchez E eds., Approximate Reasoning in Decision Analysis, North-Holland,1982.

[4] 马谋超,曹志强. 类别判断的模糊集模型及多级估量法. 心理学报,1983,(2):198－204.

[5] 李钜章. Fuzzy 分级统计,模糊数学,1982,2(4):107－110.

[6] 李西和. 隶属函数的统计方法(Ⅰ). 四川师范大学学报(自然科学版),1985,(2):1－10;(Ⅱ),1985,(3):1－8.

[7] 肖辞源. Fuzzy 概率密度近似计算的一种统计方法. 全国模糊数学与模糊系统,1983 年学术年会报告论文.

[8] 阎建平.模糊统计方法在测试打分问题中的应用.同上.

[9] 刘锡荟,王孟玖,汪培庄.模糊烈度.地震工程与工程振动,1983,3(3):62－75.

[10] Matheron G. Taite de Geostatistique Applique. Editions Technip,Paris, 1962.

[11] Matheron G. Random Sets and Integral Geometry. John Wiley & Sons, New York,1974.

[12] Stone C J. Consistent nonparametric regression Ann. Statist. ,1977,5(4); 595－620.

[13] Thomas S. Ferguson. Mathematical Statistics, Academic Press, New York, 1967.

[14] Kandel A. On fuzzy statitstics. In:Gupta M M,Ragade R K,Yager R R eds. ,Advances in Fuzzy Set Theory and Applications. North-Holland, 1979.

[15] 汪培庄,张南纶.落影空间 —— 模糊集合的概率描述.数学研究与评论, 1983,3(1):165－178.

[16] 汪培庄,张文修.随机集及其模糊落影分布简化定义与性质,西安交通大学学报,1982,16(6):111－116.

[17] 汪培庄.模糊数学及其应用,河南师大学报,1983,(2):1－20.

[18] 汪培庄.超σ域与集值映射的可测性.科学通报,1983,28(7):385－387.

[19] Wang Peizhuang,Sanchez E. Treating a fuzzy subset as a fallable random subset. In:Gupta M M,Sanchez E. eds. Fuzzy Information and Decision Processes, North-Holland, 1982: 212－219.

[20] Wang Peizhuang. From the fuzzy statistics to the falling random subsets. In: Wang P P ed. Advances on Fuzzy Set Theory and Applications, Pergamon Press, 1983:81－96.

[21] Ensembles Flous (Notes,Communications,Articles ecrits on 1982) Dubois D Prade H Report du Ls In 174－Janvier,1983.

Abstract Set-valued statistics is a model of statistics in which each experemental trial gets a subset of sampling space. There is a duality between it and classical statistics,but the concept of the fall-shadow plays an important role in it. Set-valued statistics has wide area to use in the world, some applications and new methods such as Degree analysis,Shadow filtering, etc. are suggested in the paper.

科学通报
1985,30(11):814－816

有限模糊关系方程极小解的个数[①]

The Number of Minimal Solutions of a Finite Fuzzy Relation Equation

有限集上的一个模糊关系方程若有解,有多少个极小解? Czogala 等在 1982 年[1] 给出了一个粗略的不等式估计. 本文将此问题转化成一个组合数学问题,提出了二值矩阵的保守路径概念,给出了计算保守路径个数的公式. 从而,在文中(2) 式所给的假定下,给出了寻求有限模糊关系方程极小解个数更准确的估计.

本文只讨论这样的模糊关系方程

$$\bigvee_{j=1}^{n} (x_i \wedge a_{ij}) = b_j \quad (j = 1,2,\cdots,m) \tag{1}$$

(a_{ij}, b_j 均属于[0,1]),它的常数项满足

$$b_1 > b_2 > \cdots > b_m. \tag{2}$$

记

$$\bar{x}_i \triangleq \wedge \{b_j \mid b_j < a_{ij}\}, \quad (i = 1,2,\cdots,n) \tag{3}$$

(约定 $\wedge \{b_j \mid j \in \varnothing\} = 1$),称 $\boldsymbol{D} = (d_{ij})_{m \times n}$ 为(1) 式的特征矩阵,其中

$$d_{ij} = \begin{cases} 1, & b_j \leqslant a_{ij} \leqslant \bar{x}_i; \\ 0, & \text{否则}. \end{cases} \tag{4}$$

又记

$$L \triangleq L(D) \triangleq \{l = (l_1, l_2, \cdots, l_m) \mid 1 \leqslant i_j \leqslant n,\ d_{i_j j} = 1 (j = 1,2,\cdots,m)\}, \tag{5}$$

称 $l \in L(D)$ 为 D 的路径. 熟知,D 的每条路径 l,都确定了(1) 式的一个拟极小解 $\underline{\boldsymbol{x}}(l) = (\underline{x}_1(l), \underline{x}_2(l), \cdots, \underline{x}_n(l))$,其中

① 收稿日期:1984-03-24. 本文与罗承忠合作.

$$\underline{x}_j(l) \triangleq \bigvee \{b_j \mid i_j = i\}, (i = 1,2,\cdots,n) \tag{6}$$

$(\bigvee\{b_j|i\in\varnothing\} \triangleq 0)$.

$\{\underline{\boldsymbol{x}}(l) \mid l \in L\}$ 中按 $\mathbf{R}^n$ 中的序 $\leqslant$ ($(x_1, x_2, \cdots, x_n) \leqslant (y_1, y_2, \cdots, y_n)$ 当且仅当对每一 $i \leqslant n$ 都有 $x_i \leqslant y_i$) 所形成的全体极小元就是(1) 式的全部极小解. 本文的目的是要寻求极小解的个数.

通过对 L 进行筛选来寻求全体极小解的过程可以抽象成一个纯组合数学的问题.

给定二值矩阵 $\boldsymbol{D} = (d_{ij})$ ($d_{ij}\in\{0,1\}$ $(i = 1,2,\cdots,n; j = 1,2,\cdots,m)$), 按(5) 式定义其路径集 $L = L(\boldsymbol{D})$. 记

$$\boldsymbol{D}_j = \{i \mid d_{ij} = 1\} (j = 1,2,\cdots,m). \tag{7}$$

定义 1 $l = (l_1, l_2, \cdots, l_m) \in L(\boldsymbol{D})$ 叫作 $\boldsymbol{D}$ 的一条保守路径, 是指: 当 $m \geqslant 1$ 时, 对任意 $k(2 \leqslant k \leqslant m)$, 只要 $\{l_1, l_2, \cdots, l_{k-i}\} \cap \boldsymbol{D}_k \neq \varnothing$, 若 j 是 $(l_1, l_2, \cdots, l_{k-1})$ 中首先进入 D_k 的元素, 则 $i_k = j$; 当 $m = 1$, 任一 $l \in L(\boldsymbol{D})$ 都是 $\boldsymbol{D}$ 的保守路径. $\boldsymbol{D}$ 的全体保守路径所成之集记作$(\boldsymbol{D})$.

例如

$$\boldsymbol{D} = \begin{pmatrix} 1 & 1 & 1 & 1 & 1 & 1 \\ 1 & 0 & 0 & 0 & 1 & 1 \\ 1 & 1 & 0 & 1 & 0 & 0 \\ 1 & 1 & 0 & 0 & 0 & 1 \\ 1 & 0 & 1 & 1 & 0 & 0 \\ 1 & 1 & 1 & 0 & 1 & 0 \end{pmatrix}, \tag{8}$$

$(1,3,5,3,2,4) \in L(\boldsymbol{D})$, 但不是 $\boldsymbol{D}$ 的保守路径. $(1,1,1,1,1,1)$, $(3,3,1,3,1,1)$ 是 $\boldsymbol{D}$ 的保守路径.

给定 $\tau_1, \tau_2, \cdots, \tau_s \subset \{1,2,\cdots,n\}$ 给定 $1 \leqslant t \leqslant m$. 以 ${}^{t}_{\tau_1,\tau_2,\cdots,\tau_s}D$ 表示 $\boldsymbol{D}$ 的一个子矩阵, 它只取 $\boldsymbol{D}$ 的前 t 行而划去 $\tau_1 \cup \tau_2 \cup \cdots \cup \tau_s$, 所占的那些列. 显然 ${}^{m}_{\phi}D = \boldsymbol{D}$. 以 $({}^{t}_{\tau_1,\tau_2,\cdots,\tau_s}D) \triangleq {}^{t}_{\tau_1,\tau_2,\cdots,\tau_s}(D)$ 表示 ${}^{t}_{\tau_1,\tau_2,\cdots,\tau_3}D$ 的全体保守路径所成之集. 有递推公式.

引理 1 对任意 $2 \leqslant t \leqslant m$ 及 $\tau \subset \{1,2,\cdots,n\}$, 都有

$$|{}^{t}_{\tau}(D)| = d^{*}[(|D_t \backslash \tau| - 1)\, |{}^{t-1}_{\tau\cap D_t}(D)| + |{}^{t-1}_{\tau}(D)|], \tag{9}$$

此处

$$d^{*} = \begin{cases} 1, & |D_t \backslash \tau| > 0; \\ 0, & \text{否则}, \end{cases} \tag{10}$$

$|E|$表示集E的元素个数.

对任意$1\leqslant j\leqslant m$，记$d_i=|D_i|$；对任意$1\leqslant s\leqslant m$，$1\leqslant j_1<j_2<\cdots<j_s\leqslant m$，记

$$d_{j_1j_2\cdots j_s}\triangleq|D_{j_1}\backslash(D_{j_2}\cup\cdots\cup D_{j_n})|, \tag{11}$$

$$d^*_{j_1,j_2,\cdots,j_s}\triangleq\begin{cases}1, & d_{j_1j_2\cdots j_s}>0;\\ 0, & \text{否则}.\end{cases} \tag{12}$$

又记

$$N(j_1,j_2,\cdots,j_s)\triangleq(d_{j_1j_2\cdots j_s}-1)(d_{j_2j_3\cdots j_s}-1)\cdots(d_{j_s}-1), \tag{13}$$

当$s=0$时约定$N(\varnothing)=1$.

又对任意$1\leqslant s\leqslant m-1$，$2\leqslant j_1<\cdots<j_s\leqslant m$，记

$$\begin{aligned}\Delta(j_1j_2\cdots j_s)\triangleq\{&2j_1j_2\cdots j_s,\ 3j_1\cdots j_s,\ \cdots,\ (j_1-1)j_1\cdots j_s;\\ &j_1j_2\cdots j_s,\ (j_1+1)j_2\cdots j_s,\ \cdots,\ (j_2-1)j_2\cdots j_s;\\ &\cdots\\ &j_{s-1}j_s,\ (j_{s-1}+1)j_s,\ \cdots,\ (j_s-1)j_s;\\ &j_s;\ (j_s+1);\ \cdots;\ m\},\end{aligned} \tag{14}$$

当$s=0$时，约定

$$\Delta(\varnothing)=\{2;\ 3;\ \cdots;\ m\}. \tag{15}$$

对任意$0\leqslant s\leqslant m-1$，$2\leqslant j_1<\cdots<j_s\leqslant m$，记

$$\lambda(j_1,j_2,\cdots,j_s)=\Pi\{d^*_{k_1\cdots k_l}\mid k_1k_2\cdots k_l\in\Delta(j_1j_2\cdots j_s)\}. \tag{16}$$

定理1 $\boldsymbol{D}$的保守路径个数的估计为

$$|(\boldsymbol{D})|\leqslant\sum_{\substack{0\leqslant s\leqslant m-1\\ 2\leqslant j_1<\cdots<j_s\leqslant m}}\lambda(j_1j_2\cdots j_s)N(j_1j_2\cdots j_s)d_{j_1j_2\cdots j_s}. \tag{17}$$

定理2 方程(1)若满足(2)式，则其极小解集就是$\{\underline{\boldsymbol{x}}(l)\mid l\in(\boldsymbol{D})\}$，这里$\boldsymbol{D}$是方程(1)的特征矩阵；极小解个数等于其特征矩阵的保守路径的个数，其更准确的估计由(17)式给出.

在文献[1]中给出

$$\boldsymbol{A}=\begin{pmatrix}1 & 0.8 & 0.6 & 0.4 & 0.3 & 0.1\\ 1 & 0.7 & 0.5 & 0.3 & 0.3 & 0.1\\ 0.9 & 0.8 & 0.4 & 0.4 & 0.2 & 0\\ 0.9 & 0.8 & 0.3 & 0.2 & 0.1 & 0.1\\ 1 & 0.4 & 0.6 & 0.4 & 0 & 0\\ 0.9 & 0.8 & 0.6 & 0 & 0.3 & 0\end{pmatrix},$$

$$\boldsymbol{b} = (0.9, 0.8, 0.6, 0.4, 0.3, 0.1),$$

此时,方程(1)满足(2)式,其特征矩阵 $\boldsymbol{D}$ 由(8)式给出. 按定理1,计算出 $|(\boldsymbol{D})| = 48$,由定理2知方程(1)有不超过48个极小解,这是更精确的结果. Czogala 等在文献[1]中的估计是"$\leqslant 106$".

参考文献

[1] Czogala E, Drewoiak J & Pedrycz W. Fuzzy relation equations on a finite set. Fuzzy Sets and Systems, 1982, 7: 89 — 101.

北京师范大学学报(自然科学版)
1985,3(1):13－18

格可加函数的扩张定理[①]

An Extention Theorem on the Lattical Additive Functions

摘要　本文研究了格可加函数的扩张问题.结论是:交系 M 上的递归可加函数可以唯一地扩张成为子格$[M]_V$ 上的格可加函数;若 M 是正则交系,则映射 $f:M\to[0,1]$ 只要满足文中的(10)式,便可进一步扩张成为半环$(M)_\setminus$ 上的格可加函数.

§1.　基本概念

本文始终假定 $L=(L,\vee,\wedge,{}^c)$ 是一个具有逆序对合对应 c 的完全分配格.

记 $I_n=\{1,2,\cdots,n\}(I_0=\varnothing)$,而记 ${}^kI$ 为包含有 k 个元素的指标集.将 I 换成 J 或其他字母时作类似解释.

定义 1　称 $M(\subseteq L)$ 为 L 中的一个交系,如果 M 对运算 $\wedge$ 封闭.

对任意 $A\subseteq L$,记

$$[A]_V=\{\bigvee_{i\in I_n}a_i\mid n\geqslant 1,\ \alpha_i\in A\ (i\in I_n)\}. \tag{1}$$

显见,若 M 为交系,则$[M]_V$ 对运算 $\vee,\wedge$ 均封闭,从而$[M]_V$ 是 L 的一个子格.

定义 2　设 M 是 L 中的交系,记

$$(M)\triangleq M\backslash[M]_V=\{a\wedge(\bigvee_{i\in I_n}\alpha_i)^c\mid\alpha,\alpha_i\in M,\ i\in I_n;n\geqslant 0\} \tag{2}$$

称之为由 M 生成的半环.

---

① 收稿日期:1985-03-04.本文与许华祺合作.

有时记 $\alpha\backslash\beta = \alpha \wedge \beta^c$.

定义 3 设 $A \subseteq L$,映射 $f:A \to [0,\infty]$ 叫作在 A 上格可加,如果对任意 $\alpha,\beta \in A$,只要 $\alpha \wedge \beta,\alpha \vee \beta \in A$,便有

$$f(\alpha \vee \beta) = f(\alpha) + f(\beta) - f(\alpha \wedge \beta). \tag{3}$$

易见,当 $L = (\mathscr{P}(X), \cup, \cap, c)$ 时,格可加即有限可加.本文要就一般格来探讨格可加函数的扩张问题.这需要提出一个比格可加性略强的概念.

定义 4 映射 $f:A \to [0,\infty]$ 叫作在 A 上是递归可加的,若对任意给定的$\{\alpha_1,\alpha_2,\cdots,\alpha_n\} \subseteq M$,只要 $\bigvee_{i\in {}^kI} \alpha_i$, $\bigwedge_{i\in {}^kI} \alpha_i \in M({}^kI \subseteq I_n, 1 \leqslant k \leqslant n)$,便有

$$f(\bigvee_{i\in k_1} a_i) = \sum_{k=1}^{n}(-1)^{k-1}\sum_{{}^kI\subseteq I_n} f(\bigwedge_{i\in {}^kI} \alpha_i), \quad (n \geqslant 1). \tag{4}$$

显然,递归可加一定是格可加的.当 $n = 2$ 时,(3)(4) 两式是相同的.一般地有

命题 1 设 M 是 L 中的交系,设对任意 $n \geqslant 3$,有

$$(\alpha_i \in M(i \in I_n), \bigvee_{i\in I_n} \alpha_i \in M) \Rightarrow (\exists\, {}^{n-1}I \subseteq I_n, \bigvee_{i\in {}^{n-1}I} \alpha_i \in M), \tag{5}$$

则 f 在M 上格可加即递归可加;特别地,子格上的格可加函数即递归可加函数.

证 对 n 用归纳假定法. $n = 2$ 时命题显然真.设命题对"$\leqslant n$"真,往证命题对 $n+1$ 真.

设$\{\alpha_1,\alpha_2,\cdots,\alpha_{n+1}\} \in M$, $\bigvee_{i\in {}^{n+1}I} \alpha_i \in M$,$M$满足(5)式,不妨设 $\bigvee_{i\in I_n} \alpha_i \in M$.便有

$$\begin{aligned} f(\bigvee_{i\in {}^{n+1}I} \alpha_i) &= f(\bigvee_{i\in {}^nI} \alpha_i) + f(\alpha_{n+1}) - f(\alpha_{n+1} \wedge (\bigvee_{I\in I_n} \alpha_i)) \\ &= \sum_{k=1}^{n}(-1)^{k-1}\sum_{{}^kI\subseteq I_n} f(\bigwedge_{i\in {}^kI} \alpha_i) + f(\alpha_{n+1}) - \\ &\quad \sum_{k=1}^{n}(-1)^{k-1}\sum_{{}^kI\subseteq I_n} f(\alpha_{n+1} \wedge (\bigvee_{I\in {}^nI} \alpha_i)) \\ &= \sum_{k=1}^{n+1}(-1)^{k-1}\sum_{{}^kI\subseteq I_{n+1}} f(\bigwedge_{i\in {}^kI} \alpha_i). \end{aligned}$$

可见(4)式对,$n+1$ 亦真,这就证明了命题的前一论断.子格是交系,且满足(5)式,故后一论断真.证毕. ■

§2.　一个组合公式

为推导扩张定理,先要证一个组合公式.

定义 5　称${}^k\Delta \subseteq {}^nI \times {}^mJ$ 为一个双指标集. 称双指标集${}^k\Delta$ 是满影于${}^nI \times {}^mJ$的,记作${}^k\Delta \square {}^nI \times {}^mJ$,如果${}^k\Delta = \{(i_s, p_s) \mid s=1,2,\cdots,k\}$使有

$$\{i_s \mid s=1,2,\cdots,k\} = {}^nI, \{j_s \mid s=1,2,\cdots,k\} = {}^mJ. \tag{6}$$

形象地说,向 $n \times m$ 个方格投 k 个球(每格至多只能容纳一球),若每行每列均有球,则这 k 个球所占的二维指标集是满影的.

我们需要计算满影双指标集的个数

$$t_{n,m}^k = |\{{}^k\Delta \mid {}^k\Delta \square I_n \times J_m\}|, \tag{7}$$

这里 $n,m,k>0$, $|A|$表示集合 A 中元素的个数. 这相当于下面的一个组合问题:给定,$n \times m$ 个方格($n,m>0$),放 $k(>0)$个球(每格至多只能放 1 个球),问使每行每列都有球的放法有多少种?

解　每一个双指标集${}^k\Delta \subseteq I_n \times J_m$ 代表一种放法. 记

$Q = \{{}^k\Delta \mid {}^k\Delta \subseteq I_n \times J_m\}$,

$A = \{{}^k\Delta \mid {}^k\Delta \square I_n \times J_m\}$,

$B_i = \{{}^k\Delta \mid {}^k\Delta$ 所对应的放法使第 i 行空$\}$,

$C_j = \{{}^k\Delta \mid {}^k\Delta$ 所对应的放法使第 j 行空$\}$,

显见

$$A = (B_1 \cup \cdots \cup B_n \cup C_1 \cup \cdots \cup C_m)^c. \tag{8}$$

于是,

$$\begin{aligned} t_{n,m}^k &= |A| = |Q| - |B_1 \cup \cdots \cup B_n \cup C_1 \cup \cdots \cup C_m| \\ &= \mathrm{C}_{n,m}^k - \sum_{\substack{0 \leqslant v_0 \leqslant n \\ 0 \leqslant u_1 \leqslant m \\ 0 \leqslant v_1 + v \leqslant n+m}} (-1)^{u+v-1} \mathrm{C}_{(n-u)(m-v)}^k \mathrm{C}_n^u \mathrm{C}_m^v, \end{aligned}$$

$$t_{n,m}^k = \sum_{u=0}^n \sum_{v=0}^m (-1)^{u+v} \mathrm{C}_{(n-m)(m-v)}^k \mathrm{C}_n^u \mathrm{C}_m^v.$$

这里用到了有限集合之并集的元素个数计算公式. C_a^b 表示从 a 个元素中取 b 个元素的组合数,而

$$\mathrm{C}_a^b = \begin{cases} \mathrm{C}_a^b, & 0 \leqslant b \leqslant a; \\ 0, & \text{否则}. \end{cases} \tag{9}$$

命题 2 对任意 $n,m\geqslant 1$ 有

$$\sum_{k=1}^{nm}(-1)^{k-1}t_{n,m}^{k}=(-1)^{n+m}.$$

证 $$\sum_{k=1}^{nm}(-1)^{k-1}t_{n,m}^{k}=\sum_{k=1}^{nm}(-1)^{k-1}\sum_{u=0}^{n}\sum_{v=0}^{m}(-1)^{u+v}C_{(n-u)(m-v)}^{k}C_n^uC_m^v$$
$$=\sum_{u=0}^{n}\sum_{v=0}^{m}(-1)^{u+v}C_n^uC_m^v\sum_{k=1}^{nm}(-1)^{k-1}C_{(n-u)(m-v)}^{k}$$

记作 x.

注意当 $u<n$ 且 $v<m$ 时

$$\sum_{k=1}^{nm}(-1)^{k-1}C_{(n-u)(m-v)}^{k}=-\sum_{k=1}^{(n-u)(m-v)}(-1)^{k}C_{(n-u)(m-v)}^{k}$$
$$=\sum_{k=0}^{(n-u)(m-v)}(-1)^{k}C_{(n-u)(m-v)}^{k}+(-1)^{1}C_{(n-u)(m-v)}^{0}$$
$$=(1-1)^{(n-u)(m-v)}+1=1.$$

当 $n-u$ 与 $m-v$ 中至少有一为零时,由于 $k\geqslant 1$,便有

$$C_{(n-u)(m-v)}^{k}=0,$$

从而 $$\sum_{k=1}^{nm}(-1)^{k-1}C_{(n-u)(m-v)}^{k}=0,$$ 于是

$$x=\sum_{u=0}^{n-1}\sum_{v=0}^{m-1}(-1)^{u+v}C_n^uC_m^v$$
$$=\sum_{u=0}^{n-1}(-1)^{u}C_n^u\cdot\sum_{v=0}^{m-1}(-1)^{v}C_m^v=(-1)^{n+m},$$ 证毕. ■

§ 3. 扩张定理

本文的结果如下.

定理 1 若 M 是 L 中的交系,$f_0:M\to[0,\infty]$ 在 M 上递归可加,则 f_0 可以唯一地扩张到子格 $D=[M]_{\vee}$ 上使之在 D 上递归可加(从而格可加).

证 对任意 $\alpha_1,\alpha_2,\cdots,\alpha_n\in M$,定义

$$f\Big(\bigvee_{i\in I_n}\alpha_i\Big)=\sum_{k=1}^{n}(-1)^{k-1}\sum_{{}_kI\subseteq I_n}f_0\Big(\bigwedge_{i\in{}_kI}\alpha_i\Big).$$

1° 一意性.

设 $\alpha_1,\alpha_2,\cdots,\alpha_n;\beta_1,\beta_2,\cdots,\beta_m\in M$,$\alpha_1\vee\alpha_2\vee\cdots\vee\alpha_n=\beta_1\vee\beta_2\vee\cdots\vee\beta_m$ 有

$$\bigvee_{i\in I_n}\alpha_i=\bigvee_{j\in J_m}\beta_j=\bigvee_{(i,1)\in I_n\times J_m}(\alpha_i\wedge\beta_j).$$

有

$$f(\bigvee_{(i,j)\in I_n\times J_m}(\alpha_i\wedge\beta_j))=\sum_{k=1}^{nm}(-1)^{k-1}\sum_{k_\Delta\subseteq I_n\times J_n}f_0(\bigwedge_{(i,j)\in k_\Delta}(\alpha_i\wedge\beta_j))$$

$$=\sum_{n=1}^{n}\sum_{u_I\subseteq I_n}\sum_{v=1}^{m}\sum_{v_J\subseteq J_m}\sum_{k=1}^{mn}(-1)^{k-1}\sum_{k_\Delta\square u_I\times o_J}f_0(\bigwedge_{(i,j)\in k_\Delta}(\alpha_i\wedge\beta_j)),\text{记作 }\Psi.$$

当$^k\Delta\square{}^uI\times{}^vJ$ 时恒有

$$f_0(\bigwedge_{(i,j)\in k_\Delta}(\alpha_i\wedge\beta_j))=f_0((\bigwedge_{i\in u_I}\alpha_i)\wedge(\bigwedge_{j\in v_J}\beta_j)),$$

故知

$$\Psi=\sum_{n=1}^{n}\sum_{u_I\subseteq I_n}\sum_{v=1}^{m}\sum_{v_J\subseteq J_m}\sum_{k=1}^{uv}(-1)^{k-1}l_{u,v}^{k}f_0((\bigwedge_{i\in u_I}\alpha_i)\wedge(\bigwedge_{j\in v_J}\beta_j)).$$

应用(10) 式知

$$\Psi=\sum_{n=1}^{n}\sum_{u_I\subseteq I_n}\sum_{v=1}^{m}\sum_{v_J\subseteq J_m}(-1)^{u+v}f_0((\bigwedge_{i\in u_I}\alpha_i)\wedge(\bigwedge_{j\in v_J}\beta_j)).$$

$$=\sum_{u=1}^{n}(-1)^{u-1}\sum_{u_I\subseteq I_m}\sum_{v=1}^{m}(-1)^{v-1}\sum_{v_J\subseteq J_m}f_0(\bigwedge_{i\in v_J}(\beta_j\wedge(\bigwedge_{j\in u_I}\alpha_i))).$$

对任意$^nI\subseteq I_n$，因 $\beta_j\bigwedge_{i\in u_I}(\wedge\alpha_i)\in M(j\in J_m)$，且

$$\bigvee_{I\in J_m}(\beta_j\wedge(\bigwedge_{i\in u_I}\alpha_i))=(\bigvee_{I\in J_m}\beta_j)\wedge(\bigwedge_{i\in u_I}\alpha_i)=\bigwedge_{i\in u_I}\alpha_i\in M,$$

故有 $$f_0(\bigwedge_{i\in u_I}\alpha_i)=\sum_{v=1}^{m}(-1)^{v-1}\sum_{v_J\subseteq J_m}f_0(\bigwedge_{j\in v_J}(\beta_j\wedge(\bigwedge_{i\in u_I}\alpha_i))).$$

从而 $$\Psi=\sum_{u=1}^{n}(-1)^{u-1}\sum_{u_I\subseteq I_n}f_0(\bigwedge_{I\in u_I}\alpha_i)=f(\bigvee_{I\in I_n}\alpha_i).$$

同理可证 $f(\bigvee_{j\in J_m}\beta_j)=f(\bigvee_{(i,j)\in I_n\times J_m}(\alpha_i\wedge\beta_j))$，故知

$$f(\bigvee_{i\in I_n}\alpha_i)=f(\bigvee_{j\in J_m}\beta_j).$$

2° 往证 f 在 D 上格可加，从而在 D 上递归可加. 对任意$\{\alpha_i\mid i\in I_n\}$，$\{B_j\mid j\in J_m\}\subseteq D$，和刚才一样地有

$$f((\bigvee_{i\in I_n}\alpha_i)\wedge(\bigvee_{j\in J_m}\beta_j))=f(\bigvee_{(i,j)\in I_n\times J_m}(\alpha_i\wedge\beta_j))$$

$$=\sum_{u=1}^{n}\sum_{u_I\subseteq I_n}\sum_{v=1}^{m}\sum_{v_J\subseteq J_m}\sum_{k=1}^{uv}(-1)^{k-1}\sum_{k_\Delta\square u_I\times v_J}f_0(\bigwedge_{(i,j)\in k_\Delta}(\alpha_i\wedge\beta_j))$$

$$=\sum_{u=1}^{n}\sum_{v=1}^{m}(-1)^{u+v}\sum_{u_I\subseteq I_n}\sum_{v_J\subseteq J_m}f_0((\bigwedge_{i\in u_I}\alpha_i)\wedge(\bigwedge_{j\in v_J}\beta_j)),\text{记作 }\xi.$$

记$\{\alpha_1,\alpha_2,\cdots,\alpha_n;\beta_1,\beta_2,\cdots,\beta_n\}=\{\gamma_s\mid s=1,2,\cdots,n+m\}$，有

$$f((\bigvee_{I\in I_n}\alpha_i)\vee(\bigvee_{j\in J_m}\beta_j))=\sum_{k=1}^{n+m}(-1)^{k-1}\sum_{k_I\subseteq I_{n+m}}f_0(\bigwedge_{s\in k_I}\gamma_s),\text{记作 }\xi.$$

$\{\gamma_s \mid s \in {}^k I\}$ 可能有三种情况:全由 α_i 组成,全由 β_i 组成,二者兼有. 故

$$\zeta = \sum_{u=1}^{n}(-1)^{u-1}\sum_{u_I \subseteq I_n} f_0(\bigwedge_{i\in v_I}\alpha_i) + \sum_{v=1}^{m}\sum_{v_J\subseteq J_m} f_0(\bigwedge_{j\in v_J}\beta_i) - \xi$$
$$= f(\bigvee_{i\in I_n}\alpha_i) + f(\bigvee_{j\in J_m}\beta_j) - \xi.$$

故知 f 满足可加性.

3° 在 M 上 $f=f_0$. 显然.

4° 若 f' 是 f_0 的扩张,则在 D 上格可加,从而递归可加. 知 f' 必满足(10)式. 故知 $f'=f$,这说明扩张是唯一的. 证毕. ■

定义 6 L 中的交系 M 叫作是正则的,如果满足(5)式,且对任意非负整数 n,m,s 及 $\{\alpha,\alpha_1,\cdots,\alpha_n\},\{\beta,\beta_1,\cdots,\beta_m\},\{\gamma_1,\gamma_1,\cdots,\gamma_s\}\subseteq M$,有

1° $\boldsymbol{O}\neq\alpha\backslash(\alpha_1\vee\alpha_2\vee\cdots\vee a_n)=\beta\backslash(\beta_1\vee\beta_2\vee\cdots\vee\beta_m)$

$\Rightarrow\alpha=\beta$ 且 $\alpha\wedge(\bigwedge_{i\in I_n}\alpha_i)=\beta\wedge(\bigwedge_{i\in I_m}\beta_i)$.

2° $(\alpha\backslash(\alpha_1\vee\alpha_2\vee\cdots\vee\alpha_n))\neq\boldsymbol{O}\neq\beta\backslash(\beta_1\vee\beta_2\vee\cdots\vee\beta_m),(\alpha\backslash(\alpha_1\vee\alpha_2\vee\cdots\vee\alpha_n))\vee(\beta\backslash(\beta_1\vee\beta_2\vee\cdots\vee\beta_m))$

$=\gamma\backslash(\gamma_1\vee\gamma_2\vee\cdots\vee\gamma_s)\Rightarrow\gamma=\alpha\supseteq\beta\supseteq\alpha\cap\alpha_i$,或 α,β 互换. 且

$\gamma\vee(\bigvee_{k\in I_s}\gamma_k)=(\alpha\wedge(\bigvee_{i\in I_n}\alpha_i))\wedge(\beta\wedge(\bigvee_{j\in J_m}\beta_J))$.

定理 2 设 M 是 L 中的一个正则交系,$f_0:M\to[0,\infty]$,$f(\boldsymbol{O})=0$,若对任意 $n\geqslant 0$,$\{\alpha_1,\alpha_2,\cdots,\alpha_n\}\subseteq M$,都有

$$\sum_{k=0}^{n}(-1)^k\sum_{k_I\subseteq I_n} f_0(\alpha\wedge(\bigwedge_{i\in k_I}\alpha_i))\geqslant 0, \tag{10}$$

则 f_0 可以扩张成半环 $(M)_\backslash$ 上的格可加函数.

证 1° f_0 在 M 上是格可加的. 事实上,设 $\alpha,\beta\in M\backslash\{\boldsymbol{O}\}$,$\alpha\vee\beta\in M$,由定义 6 的(1)知 $\alpha\vee\beta=\alpha$ 或 β. 不妨假定 $\alpha\vee\beta=\beta$,于是 $\alpha\leqslant\beta$,从而 $\alpha\wedge\beta=\alpha$,从而

$$f_0(\alpha\vee\beta)+f_0(\alpha\wedge\beta)=f_0(\alpha)+f_0(\beta).$$

2° M 满足(5)式,由命题 1 知 f_n 在 M 上递归可加. 再由定理 1 知 f_0 可以唯一地扩张成 $D=[M]_\vee$ 上递归可加的函数 f_1

$$f_1(\bigvee_{i\in I_n}\alpha_i)=\sum_{k=1}^{n}(-1)^{k-1}\sum_{k_I\subseteq I_n} f_0(\bigwedge_{i\in k_I}\alpha_i).$$

3° 对任意 $\alpha\backslash(\alpha_1\vee\alpha_2\vee\cdots\vee\alpha_n)\in(M)_\backslash$,记

$$f(\alpha\backslash(\alpha_1\vee\alpha_2\vee\cdots\vee\alpha_n))=f_0(\alpha)-f_1(\bigvee_{i\in I_n}(\alpha_i\wedge\alpha)).$$

由(10)式知,

$$f(\alpha\backslash(\alpha_1 \vee \alpha_2 \vee \cdots \vee \alpha_n)) = \sum_{k=0}^{n}(-1)^{k-1}\sum_{k_I \subseteq I_n} f_0(\alpha \wedge (\bigwedge_{i\in k_I} \alpha_i)) \geqslant 0.$$

4° 在 M 上 $f=f_0$，显然.

5° 往证 f 在 $(M)_\backslash$ 上格可加.

设
$$(\alpha\backslash(\alpha_1 \vee\alpha_2 \vee\cdots\vee\alpha_n))\vee(\beta\backslash(\beta_1 \vee\beta_2 \vee\cdots\vee\beta_m))$$
$$=\gamma\backslash(\gamma_1 \vee\gamma_2 \vee\cdots\vee\gamma_s).$$

由定义 6 的(1)，不妨假定 $\gamma=\alpha\vee\beta=\alpha$，$\gamma\backslash(\gamma_1 \vee\gamma_2 \vee\cdots\vee\gamma_s)=\gamma\backslash(\gamma\vee(\bigvee_{k\in I_n}\gamma_k))=(\alpha\backslash(\alpha\wedge(\bigvee_{i\in I_n}\alpha_i)))\wedge(\beta\backslash(\beta\wedge(\bigvee_{j\in J_m}\beta_j)))$. 于是

$$f((\alpha\backslash(\alpha_1 \vee\alpha_2 \vee\cdots\vee\alpha_n))\vee(\beta\backslash(\beta_1 \vee\beta_2 \vee\cdots\vee\beta_m)))$$
$$=f_0(\alpha)-f_1((\bigvee_{i\in I_n}(\alpha\wedge\alpha_i))\wedge(\bigvee_{j\in J_m}(\beta\wedge\beta_j)))\text{，记作 } x_1. \tag{11}$$

而
$$f((\alpha\backslash\alpha_1 \vee\alpha_2 \vee\cdots\vee\alpha_n))\wedge(\beta\backslash(\beta_1 \vee\beta_2 \vee\cdots\vee\beta_m))$$
$$=f_0(\beta)-f_1((\bigvee_{i\in I_n}(\alpha\wedge\alpha_i))\vee(\bigvee_{j\in J_m}(\beta\wedge\beta_j)))\text{，记作 } x_2.$$

因
$$f_1((\bigvee_{i\in I_n}(\alpha\wedge\alpha_i))\vee(\bigvee_{j\in J_m}(\beta\wedge\beta_i)))+f_1((\bigvee_{i\in I_n}(\alpha\wedge\alpha_i))\wedge(\bigvee_{j\in J_m}(\beta\wedge\beta_j)))$$
$$=f_1(\bigvee_{i\in I_n}(\alpha\wedge\alpha_i))+f_1(\bigvee_{j\in J_m}(\beta\wedge\beta_i)),$$

故
$$x_1+x_2=f_0(\alpha)-f(\bigvee_{i\in I_n}(\alpha\wedge\alpha_i))+f_0(\beta)-f_1(\bigvee_{j\in J_m}(\beta\wedge\beta_j))$$
$$=f(\alpha\backslash(\alpha_1 \vee \alpha_2 \vee \cdots \vee \alpha_n))+f(\beta\backslash(\beta_1 \vee \beta_2 \vee \cdots \vee \beta_m)).$$

故知 f 是格可加的. 证毕. ■

参考文献

[1] 汪培庄. 超 σ 域与集值映射的可测性. 科学通报，1983，28(7)：385－387.

[2] G. Matheron. Random Sets and Integral Geometry. John Wiley & Sons，1975.

Abstract The main results are: An recursive additive function can be extended uniquely from a meet-system M to the sub-lattice $[M]_\vee$; A mapping $f: M\to[0,1]$ satisfying that

$$\sum_{k=0}^{n}(-1)^k\sum_{k_I\subseteq I_n} f(\alpha \wedge (\bigwedge_{i\in {}^k I}\alpha_i)) \geqslant 0$$

can be extended as a lattical additive function on the semiring $(M)_\backslash$, whenever M is regular.

高校应用数学学报
1986,1(1):85—95

思维的数学形式初探①

An Exploratory Study on Mathematical Form of Ideology

摘要 本文将运用因素空间的框架和模糊集理论对于概念、判断和推理的数学描述问题作一初步探讨，这是当前人们格外关注的一个课题.

§1. 因素空间

因素空间的概念在[1]中给出.本节将不加证明地引述部分结果.

定义 1.1 一个因素空间就是一个集合族，$\{X_f\}(f\in F)$，其中 F 是一个完全的布尔代数，$F=(F,\vee,\wedge,c)$，满足条件

(1) $X_0=\{\varnothing\}$，

(2) 若$\{f_t\}(t\in T)$独立(即对任何 $t_1,t_2\in T$，$f_{t_1}\wedge f_{t_2}=0$)，则

$$X_{\bigvee_{t\in T} f_t}=\prod_{t\in T} X_{f_t},$$

这里 0 与 1 分别表示 F 中的最小元与最大元，$\prod_{t\in T}$ 表示笛卡儿乘积.

关于这个定义，我们作以下的解释：

称 F 中的元素为因素，它们通常都是可以由"状态名词"(例如，温度，长度，质量，形状，大小，景色，协调状况，搭配方式，创造性，严谨性，逻辑性，必要性，可行性，人力，物力，财力，智力，阻力，活力……)来表示，或者，由状态名词的多元组(例如，{色，香，味}{香，味}{必要性，可行性}……)来表示.有些词的多元组已经由另一状态名词来代表了，例如，

① 收稿日期：1985-09-20.本文与张大志合作.

在烹调技术中,{色,香,味}可以用词"色香味"来代替.无论这种组合名词是否已经在实际生活中产生,总有必要把这些相对简单的因素组合起来当着一个新的复合因素来看待,这时,在因素与因素之间就存在着一定的关系与运算.很自然地定义析取运算"∨"及合取运算"∧",例如:

$$\{色,香\}\vee\{香,味\}=\{色,香,味\},$$

$$\{色,香\}\wedge\{香,味\}=\{香\}\triangleq 香$$

(将{香}与"香"视为一体).析取"∨"表示因素的复合过程,合取"∧"则表示因素的分解过程.

这里,有一个重要的记号,就是 F 中的最小元 0,当着 $f\wedge g=0$ 时,表示 f 与 g 这两个因素是不可能再通过它们的合取而分解出新的更简单的因素来的.我们称 f,g 是相互独立的.0 有"空"的意思,

类似地,1 也有特殊作用,表示"全".这样就可以定义余运算"c",

f^c:表示除 f 之外,其他全部与之独立的因素的复合.

至此,可以说明我们为什么要把全体因素(相对于一定的讨论范围而言)F 定义成一个布尔代数.

每一个因素 f 都对应着一个集合 X_f,叫作 f 的状态集.例如,温度的状态集是[−273 ℃,T),"面孔"的状态集由一个个具体的面孔所组成,"智力"的状态集由种种具体的智力表现所组成.

因素只有在变异中才能显示出它对其他事物的影响.没有变异的东西不能算作因素.因素变异意味着状态集的存在.因素与因素的状态是不能混为一谈的."温度"是因素,27 ℃是它的一个状态,二者应该区分.

所谓因素空间.就是诸因素的状态集的集族,状态集之间要满足定义中所提出的约束,若 f 与 g 独立,则它们的复合因素的状态集应是它们状态集的笛卡儿乘积.例如,

$$X_{\{色,香\}}=X_{色}\times X_{香},$$

满足这一约束的以布尔代数 F 为指标集的集族就构成一个因素空间.

假定 F 是这样一种简单的布尔代数,由它可以分离出一个简单因素集 S,使得

$$F=\mathscr{F}(S)\triangleq\{f\mid f\subseteq S\}$$

(对 $s\in S$,约定 $\{s\}$ 与 s 视为一体),则因素空间可以简化成这样一个集族 $\{X_s\mid s\in S\}$,对任意 $f\in F$,均有

$$X_f = \prod_{s \in f} X_s.$$

$X_1 = \prod_{s \in S} X_s$ 叫作全因素空间，这时将每一 X_s 简称为一个因素轴.

[1]中曾给出下列命题：

命题 1.1 若 $f \leqslant g$，即 $f \vee g = g$，则

$$X_g = X_f \times X_{(g \wedge f^c)},$$

特别地有

$$X_1 = X_f \times X_{f^c}.$$

对任何 $A \subseteq X_f$，$g \leqslant f \leqslant h$，定义

$$\uparrow^h A \triangleq A \times X_{(h \wedge f^c)},$$

$$\downarrow_g A \triangleq \{x \mid x \in X_g, \text{且}(\exists y \in X_{(f \wedge g^c)}, \text{使}(x, y) \in A)\}$$

称 $\uparrow^h A$ 为 A 从 f 到 h 的柱体扩张，$\downarrow_g A$ 为 A 从 f 到 g 的投影.

定义 1.2 设 $A \subseteq X_1$，$f \in F$，称 A 在 X_f 中清晰，如果

$$\uparrow^1(\downarrow_f A) = A.$$

A 在 X_f 中清晰的直观意义是：A 是它在 X_f 中投影的柱体扩张.

很容易证明，若 A 在 X_f 中清晰，$f \leqslant g$，则 A 在 X_g 中清晰. 于是，记

$$\tau(A) = \wedge \{f \mid A \text{ 在 } X_f \text{ 中清晰}\}.$$

定义 1.3 称因素空间 $\{X_f\}(f \in F)$ 是正规的，如果对任意 $A \subseteq X_1$，A 都在 $X_{\tau(A)}$ 中清晰，在一个正规的因素空间中，称 $\tau(A)$ 为 A 的秩.

从直观上说，秩 $\tau(A)$ 是 F 中与 A 相对应的一个特定因素，“在它或它以上”，A 都是清晰的；“在它以下”，A 便不清晰了. 由于因素“约缩”而变得不清晰，这是模糊性的一种来源.

命题 1.2 对任意 $A_t \subseteq X_f(t \in T)$，$f \leqslant h$，我们有

$$\uparrow^h(\bigcup_{t \in T} A_t) = \bigcup_{t \in T}(\uparrow^h A_t),$$

$$\uparrow^h(\bigcap_{t \in T} A_t) = \bigcap_{t \in T}(\uparrow^h A_t).$$

命题 1.3 设 $A \subseteq X_f$，记 A 在 X_f 中的余为 A^{cf}，那么就有

$$f \leqslant h \Rightarrow \uparrow^h(A^{cf}) = (\uparrow^h A)^{ch}.$$

命题 1.4 对任何 $A_t \subseteq X_f(t \in T)$，$g \leqslant f$，我们有

$$\downarrow_g(\bigcup_{t \in T} A_t) = \bigcup_{t \in T}(\downarrow_g A_t).$$

注意

$$\downarrow_g(\bigcap_{t \in T} A_t) \neq \bigcap_{t \in T}(\downarrow_g A_t),$$

$$\downarrow_g(A_t^{cf})\neq(\downarrow_g A_t)^{cg}.$$

但有下面

命题 1.5

$$A\subseteq B\Rightarrow \downarrow_g A\subseteq \downarrow_g B.$$

命题 1.6

$$A_n\uparrow A\Rightarrow(\downarrow_g A_n)\uparrow(\downarrow_g A).$$

命题 1.7　若 $f\leqslant h$，则

$$\uparrow^h(\uparrow^f A)=\uparrow^h A,(A\subseteq X_f).$$

$$\uparrow^h(\uparrow^h A)=\uparrow^h A.$$

命题 1.8　若 $g\leqslant f$，则

$$\downarrow_g(\downarrow_f A)=\downarrow_g A,(A\subseteq X_g).$$

$$\downarrow_g(\downarrow_g A)=\downarrow_g A.$$

命题 1.9　若 $A_t\subseteq X_{f_t}(t\in T)$，$\{f_t\}(t\in T)$独立，则

$$\bigcap_{t\in T}(\uparrow^{\bigvee_{t\in T}f_t}A_t)=\prod_{t\in T}A_t.$$

命题 1.10　若 A_t 在 X_{f_t} 中是清晰的$(t\in T)$，且$\{f_t\}(t\in T)$独立，则

$$\bigcap_{t\in T}(\uparrow^{\bigvee_{t\in T}}(\downarrow_{f_t}A_t))=\prod_{t\in T}(\downarrow_{f_t}A_t).$$

以下再简述一下因素场的概念.

定义 1.4　称$\{(X_f,\mathscr{B}_f,P_f)\}(f\in F)$为一个因素场，如果$\{X_f\}(f\in F)$是因素空间；对任何 $f\neq 0$，$(X_f,\mathscr{B}_f,P_f)$是概率场；且当$\{f_t\}(t\in T)$独立时，$(X_{\bigvee_{t\in T}f_t},\mathscr{B}_{\bigvee_{t\in T}f_t},P_{\bigvee_{t\in T}f_t})$是$\{(X_{f_t},\mathscr{B}_{f_t},P_{f_t})\}(t\in t)$的乘积概率场.

对任何 $\mathscr{E}\subseteq P(X_f)$，若 $f\leqslant h$，定义

$$\uparrow^h\mathscr{E}\triangleq\{\uparrow^h C\mid C\in\mathscr{E}\}.$$

若 $g\leqslant f$，定义

$$\downarrow_g\mathscr{E}\triangleq\{\downarrow_g C\mid C\in\mathscr{E}\}.$$

容易证明

命题 1.11　若 $\mathscr{B}$ 是 X_f 上的一个σ-代数，$f\leqslant h$，则 $\uparrow_h\mathscr{B}$ 是 X_h 上的一个 σ-代数.

命题 1.12　设$\{(X_f,\mathscr{B}_f,p_t)\}(f\in F)$是一个因素场，若 $g\leqslant f\leqslant h$，则

$$\uparrow^f\mathscr{B}_f\subseteq\mathscr{B}_h,$$

$$\uparrow_g\mathscr{B}\supseteq\mathscr{B}_g.$$

命题 1.13 若 $f\leqslant h, A\subseteq X_t$，则

$$P_f(A)=P_h(\uparrow^h A).$$

若 $A(\subseteq X_1)$ 在 X_g 中是清晰的，则

$$P_1(A)=P_g(\downarrow_g A).$$

命题 1.14 若 $\{f_t\}(t\in T)$ 是独立的，则 $\{\mathscr{B}_{f_t}\}(t\in T)$ 亦独立. 即对任何 $\{B_t\}(t\in T)$ $(B_t\in\mathscr{B}_{f_t})$

$$P_{\bigvee_{t\in T}f_t}\left(\bigcap_{t\in T_1}\left(\uparrow^{\bigvee_{t\in T}f_t}B_t\right)\right)=\prod_{t\in T_1}P_{f_t}(B_1)(\forall T_1(\text{有限})\subseteq T).$$

客观世界的任一对象都可以被近似地抽象成某因素空间中的一个点. 例如一个人，可以通过性别、年龄，民族、籍贯，职业……而表示成某高维空间中的一个点，这个点反映了有关他的本质信息. 关于这一点，我们是继承了现代控制论中状态空间的思想，只不过力求更精细一点罢了.

§ 2. 关于概念

§ 2.1 概念的内涵与外延

熟知概念可以通过内涵与外延两种方式来刻画，问题是如何从数学上加以描述.

外延的数学刻画是显然的，符合概念的全体对象所组成的集合就叫作这个概念的外延. 问题是，具有模糊性的概念其外延不是一个普通集合、有些模糊性是本质的，无论我们将因素空间的"维数"增大到什么程度，它们都不会消失，本节暂不考虑这种情形；还有这样一种模糊性：事物在高维因素空间里本来是分明的，只是由于"降低维数"才变得模糊. 如果只考虑这样一种模糊性的话，把事物看作是适当因素空间的点，一个概念 α. 便可以在全因素空间中找到一个普通集 A 来作为其外延.

内涵的数学刻画就不太显然了. 设 $\{X_f\}(f\in F)$ 是一个正规的因素空间，某概念 α 的外延是 X_1 中的子集 A，$\tau(A)$ 是 A 的秩，记 $\downarrow_{\tau(A)}A=A^*$，如果 A^* 能表为笛卡儿乘积的形式，即存在 $f_1,f_2,\cdots,f_n\in F$，$f_i\wedge f_j=0$ $(i\neq j)$ 使有 $\tau(A)=f_1\vee f_2\vee\cdots\vee f_n$；又对每一 $i\leqslant n$，有 $C_i\subseteq X_{f_i}$，使

$$A^*=\prod_{i=1}^{n}C_i,$$

那么 $\{(f_i,C_i)\}(i=1,2,\cdots,n)$ 就可以用来表示概念 α 的内涵. 这里，语句"α 在因素 f_j 下的表现为 C_i"$(i=1,2,\cdots,n)$ 就叙述了 α 的本质属性. 据

此，对概念 α 而言，我们也可以称因素 f 为无关的，如果 $f^c \geqslant \tau(A)$；否则，称 f 为相关的. 在相关的因素中，若 $f \leqslant \tau(A)$，则称它是本质的.

§2.2 人的概念形成过程

前一段说明，外延可以确定内涵，所给的定义，反映了这样一种直观思想：外延之内的全体对象所共有的性质的全体组成了概念的内涵. 用心理学的语言来说：概念(指其内涵)是事物的本质属性在人脑中的反映.

与心理学稍许不同的是，这里给出了一种数学刻画. 而且，所刻画的是独立于人脑的那一部分，是非反映性的部分，是客观事物划分中所固有的那一部分.

人脑中的概念是反映性的东西，是对客观事物的一种“复写”. 那么，应该怎样来描写这种反映过程呢？

在通常情况下，人既不是先有外延而后形成内涵，也不是先有内涵而后形成外延(从教科书上接受概念除外).

人脑形成概念，是从对比入手. 通过多次对比，粗糙地认识外延，粗糙地认识内涵，再精细地认识外延，精细地认识内涵，如此循环往复，逐渐形成的.

儿童区分男女，首先是从男女的多次对比中发现了差异，出现了划分的需要，产生了粗糙的类别. 一个人的高矮、面容、头发、服式、举止、性情……历历在目，在儿童心中自发地出现了分析过程，识别了哪些因素是本质的，哪些因素是无关的. 当他对比一对男女时发现二者的头发不一样，他就开始注意从头发去区别男女，也就是发现头发“是一个”本质因素. 至于男女一样的东西，比如都要吃饭，便不会注意，把它当着无关因素. 当他同时在两个男子身上看到两种不同的表现时，例如一个男人话多，另一个男人话少，他便把说话多少当成无关因素；看到两个男人共有的东西，例如都长胡须，他便把胡须当成本质因素. 经过比较、观察，发现大多数的男子吸烟，而绝大多数的女子不吸烟，他便把吸烟看成是一种“模糊”本质因素(当他下次见到一个人吸烟时，他就：“基本上”断定这个人是男子.)当然，也可能产生错误印象，但多次对比之后可以矫正. 这样便形成了粗糙的内涵，粗糙的内涵又反馈到全因素空间 X_1 进一步明确外延. 对于一个新的对象可以判明其类别. 这时，已经穿插着推理. 例如，男人是长胡子的，χ 没有胡子，于是判断 χ 大概不是男子. 总有其他信息来验证这种判断是否正确. 如果判断错误,又反过来修正内涵,如此循环往复形成了一种比较稳定的印象. 这种印象经命名而纳入语言,便是理性概念. 未经命名未纳入语言,就是直觉印象,姑且称之为直觉概念. 直觉概念同样有外延、内涵的作用过程,只不过粗糙一些.

上述过程是可以数学化的:

在全因素空间 X_1 中给定互不相交的两个子集 A,B,分别叫作概念 α 的初始肯定域和初始否定域. 对任意 $f\in F$,便可以确定它们的投影 A_f 与 B_f.

在 X_1 中做一次二元抽样(x_1,x_2),假定 x_1 与 x_2 的类别(符合概念或不符合概念 α)为已知,则对因素 f 按下述三种情况给分:(记 x_{if} 为 χ_i 在 X_f 中的分量($i=1,2$))

(1) 若 $\chi_{1f}\notin A_f\cup B_f$ 或 $x_{2f}\notin A_f\cup B_f$,则给 $\Delta_f=0$.

(2) 否则

$$\begin{cases}\text{若 } x_1,x_2 \text{ 同类}\begin{cases}x_{1f},x_{2f}\text{同属于 } A_f \text{ 或 } B_f,\Delta_f=+\varepsilon,\\ x_{1f},x_{2f}\text{分属于 } A_f \text{ 或 } B_f,\Delta_f=-\varepsilon,\end{cases}\\ \text{若 } x_1,x_2 \text{ 异类}\begin{cases}x_{1f},x_{2f}\text{同属于 } A_f \text{ 或 } B_f,\Delta_f=-\varepsilon,\\ x_{1f},x_{2f}\text{分属于 } A_f \text{ 及 } B_f,\Delta_f=+\varepsilon,\end{cases}\end{cases}$$

这里,ε 是一个适当选取的正实数,进行 n 次二元抽样之后,对每一因素 $f\in F$,累计分

$$P_t=\Delta_{f_1}+\Delta_{f_2}+\cdots+\Delta_{f_n}.$$

取适当的门限 δ,当 $P_f>\delta$ 时,判 f 为相关因素,当 $P_f<-\delta$ 时,判 f 为无关因素.

§2.3 人工智能与机器实现

人工智能正在研究概念的形成. 前述的思想只是在这方面做一点补充.

按照前述的思想,机器可以自动实现下述框图中带 * 的部分,但是框图中不带 * 的部分则需要利用人工智能已有的研究成果.

以分析样本点的各维特征为例,人是靠自己的感觉器官来实现的,人工智能可以提供一些机器听觉、机器视觉、机器嗅觉的方法,可以进行图像识别和景物分析. 当然,任重道远,可行性在目前还较低. 这样一个分析环节在目前相当长一段时期内只有依靠人机对话,由人把抽样对象的各

维特征输给计算机.

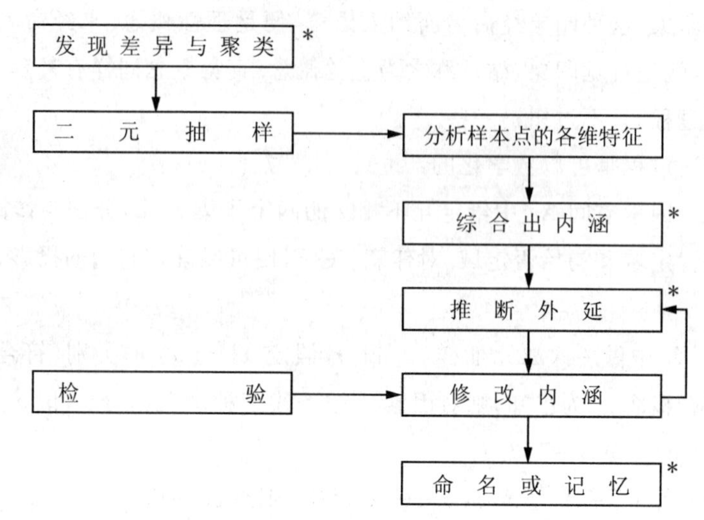

§2.4 发现差异与灵感

在上一段中,还有一个方框“发现差异与聚类”,为什么也带 * 号呢?

概念是在对比中形成的.对比的基础是差异,发现差异是最重要的.

心理学书上说变化的刺激信号最易引起人的注意.夏夜乘凉的时候,一颗流星逃不过多数人的眼睛.这就是外界诱使人们发现事物的变化(也是差异的一种形式),这在人机对话中,机器便可经常提问,什么东西起了变化?什么事情变化最大?提醒人去选择最富有信息的二元对比物作为对机器的输入.

更多的差异是不会像闪烁的灯光那样去诱使人们发现它的.人们发现差异,往往要通过灵感.

灵感是储藏信息的一种偶然爆发,它是有偶然性的,但却又有必然的基础.一面是目的性,带着问题求解的需要,一面是知识的储存,二者没有完全沟通起来,有一种“电位差”,在偶然的情况下沟通了,发现了新的知识,这是创造的灵感.发现差异的灵感也大体类似.

从数学上来刻画时,要引入一个目的参量,记为 0,它对应着 X_1 中的一个二元关系 d_0:

$$d_0: X_1 \times X_1 \to [0,1],$$

$d_0(x,y)$的数值表示以 x,y 作对比对于目标 0 所能引起的兴奋程度.

d_0 在实际上是很难确定的,在模糊数学中提出了程度分析方法(参见[2]），对于确定 d_0 也许能有所帮助.

假如 d_0 给出来了，则按最大隶属原则（见[3]）以 d_0 值最大的对子来作为差异的对比.

§3. 关于判断推理

模糊数学提供了一套接近于人类思维的判断与推理的数学模式，这里只是简要地概述一下.

设 α 是一个概念，在论域 U（全因素空间 X_1 或 X_f）中，它的外延是一个普通集合或模糊集合 A. 用集合来表现判断和推理，在[3]中已有较详尽的叙述.

谓词："x 是 α"$\leftrightarrow x\in A$，

真值：$|x$ 是 $\alpha|$ = 隶属度 $\mu_A(x)$，

判断 x 是不是 $\alpha \leftrightarrow$ 考察 x 是否属于 A.

推理句有两种表现方式：

(1)前件、后件均在同一论域 U 中来表现

设概念 α 的外延是 A，设概念 β 的外延是 B. 则推理句"若 x 是 α，则 x 是 β"（简记为 $\alpha\to\beta$）等价于命题"x 是 γ"，这里，γ 是一个概念，它的外延是

$$C=B\cup A^c$$

或

$$\mu_C(x)=\max(\mu_B(x),1-\mu_A(x)).$$

在全域真的推理句叫作定理. $\alpha\to\beta$ 是定理当且仅当 $A\subseteq B$

三段论法可表示为：

$$\begin{array}{c}\alpha\to\beta \text{ 是定理}\\ \underline{x \text{ 是 } \alpha}\\ x \text{ 是 } \beta\end{array}$$

模糊三段论法可表示为

$$\begin{array}{l}\alpha\to\beta \text{ 的真值为 } \mu_C(x)\\ x \text{ 是 } \alpha \text{ 的真值为 } \mu_A(x)\\ \hline x \text{ 是 } \beta \text{ 的真值为 } \mu_A(x)\wedge\mu_C(x).\end{array}$$

(2) 前件、后件分别在两个不同的论域中表现

设概念 α 用论域 U 的子集 A 表现，概念 β 用论域 V 的子集 B 来表

现,则推理句表现为从 U 到 V 的一个二元关系:

$$\mu_{\alpha\to\beta}(x,y)\triangleq(\mu_A(x)\wedge\mu_B(y))\vee(1-\mu_A(x)).$$

推理模式可以表示成

$$\begin{array}{l}\alpha\to\beta\\ x\text{ 是 }\alpha'(\text{表为 }A')\\ \hline y\text{ 是 }\beta',\text{表为 }B'=A'\circ(\alpha\to\beta),\end{array}$$

这里"∘"表示模糊关系的合成,设 R 是从 U 到 V 的模糊关系,S 是从 V 到 W 的模糊关系,则 $R\circ S$ 定义为

$$\mu_{R\circ S}(u,w)\triangleq\bigvee_{v\in v}(\mu_R(u,v)\vee\mu_S(v,w)).$$

$$(\forall_u\in U,w\in W)$$

所以

$$\mu_B'(y)=\bigvee_{x\in U}(\mu_A'(x)\wedge\mu_{\alpha\to\beta}(x,y)).$$

抽象地讲,推理句相当于一个转换器,输入新的前件便可输出新的后件:

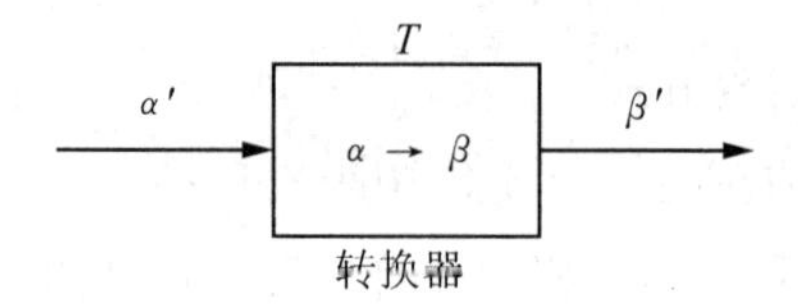

转换器

这里,可以从两方面加以考虑:

(1)已知 $\alpha\to\beta$ 及输出 β',求 α'.

(2)已知输入 α' 及输出 β',求黑箱 $\alpha\to\beta$.

以上,在模糊数学中均已有相当精细的理论和应用,叫作模糊推理.我们简单介绍一下模糊推理的特点:

(1)从布尔逻辑扩大为连续值逻辑或多值逻辑(它们先于模糊集诞生),有一个本质困难,就是真值泛函定义的不唯一性.机械化的推理过程在连续值逻辑中不再是天衣无缝的了.它们的规则与算法都变成理论家的经验产品.模糊逻辑(当取[0,1]区间为真值集时,它就是连续值逻辑,当以语言为真值时,它便超出了连续值逻辑的范围)是以集合作为表现手段,用模糊关系及其运算来表现推理过程.从这方面说来,它把连续值逻辑的研究水平提高了一步.那种"模糊逻辑不过是二值逻辑的旧瓶装上模糊命题的新酒"的说法也是在缺乏调研的情况下产生出来的.

(2)条件语句可以是许多简单推理句的高级复合：

$$\xrightarrow{} \boxed{\begin{array}{l}(\alpha_{11}\to\beta_{11})\wedge\cdots\wedge(\alpha_{1n_1}\to\beta_{1n_1})\vee\\(\alpha_{21}\to\beta_{21})\wedge\cdots\wedge(\alpha_{2n_2}\to\beta_{2n_2})\vee\\\cdots\\\vee(\alpha_{m1}\to\beta_{m1})\wedge\cdots\wedge(\alpha_{mn_m}\to\beta_{mn_m})\end{array}}^{T} \xrightarrow{}$$

转换器中可以是多个推理过程的树状结构.它们都有简明的数学表达形式.从某种意义上说,模糊推理是可以突破全序或线性逻辑的局限性的.

(3) 模糊推理用于模糊控制,转换器 T 中容纳的不是或不单纯是精确的数学公式,而主要是对实际控制人员的经验的描写.这种推理模式有可能突破逻辑思维的局限而进入形象思维的描写领域.

(4) 控制论中的传递函数也可视为一个转换器：

$$\xrightarrow{} \boxed{\text{线 性 微 分 算 子}}^{T} \xrightarrow{}$$

这里便出现了一种相似性,模糊推理模式似乎是线性微分算子求逆过程的一种软化模拟.

(5)推理句可以看作是一种因果关系.现实生活中的因果关系总不是那么分明的.模糊推理的模式的进一步发展,有可能为发现软的因果规律,描写人的创造灵感,产生新的决策计谋提供广阔的前景.

参考文献

[1] Wang Peizhuang and Sugeno M. The factors field and background structure for fuzzy subsets. 模糊数学,1982,2(2):45－54.

[2] 汪培庄.模糊集与随机集落影.北京师范大学出版社,1985.

[3] 汪培庄.模糊集合论及其应用.上海科技出版社,1983.

[4] 何华灿.人工智能导论,航空高等院校教材.

[5] 汪培庄,张大志.模糊决策——理论与应用.北京师范大学讲义,1985.

[6] 钱学森.谈谈思维科学.全国思维科学讨论会上发言摘要,1984.

[7] Wang Peizhuang,Chuan Kai,Zhang Dazhi. Set-valued statistics and fuzzy decision making "soft" optimization models using fuzzy sets and possibility theory. In:Sergei Orlovski ed. ,IIASA.

Abstract In this paper,the authors and use the structure of Factor Spaces to deal with the problem of concept-description, judgements and reasoning mathematically.

大自然探索
1987,19(1):36－42

人脑·计算机·模糊数学[①]

Brain · Computer · Fuzzy Mathematics

摘要 物质运动创造了人脑,人脑又创造物质与精神的文明.在物质与文化两类人造产物中最有特色的东西恐怕有两个,一个是电子计算机,一个就是数学,从某种意义上说,电子计算机是数学的一种物化,它是人脑的延伸.现在,计算机正从人脑的外向辅助工具转变为对人脑的内向模拟.提出了机器智能的问题.这个转变引起了数学上的变革,数学,在把客观世界清晰化,把人脑思维绝对化的前提下曾经谱写了何等美妙的乐章,今天却要求它重新描写人脑智慧中最生动、最有特色的另一侧面——非清晰、非绝对化的一面.这似乎是与数学本身不相容的一种要求,然而,历史的辩证法却显出了一颗奇特的种子,这就是模糊数学.模糊数学,或者,非清晰性数学,是信息革命的重要工具,是软科学的语言.机器智能不可能等待人脑黑箱完全打开以后再搞,也不可能完全抛开这个黑箱去搞.人脑是思想的器官,就必有便于思想的结构,在其物质的结构之中,必然蕴藏着一定的数学形式结构和规律.思维科学—非清晰数学—计算机科学将形成机器智能发展的一个新的轴心.

§1. 人脑和计算机

大脑是物质运动的高级形态,它是一种特殊的物质,在地球早年的长期演化中,神秘的大千世界曾显得是那样的空寂,它那奇丽的变幻又能被

① 本文与刘锡荟合作.

谁所感知呢？大脑，作为一种能感知物质世界的物质出现在地球上，才改变了那没有主观的客观世界.人脑，则更加突出了自为的色彩.人有明确的愿望和目的，能创造物质的和精神的文明.人类创造工具和机械延伸自己的双手，更创造了一种神奇的东西来作为大脑的延伸，这就是电子计算机.

电子计算机是一种人造的机器，它和其他机器一样具有两个特点.

(1)机械性.可以自动地、重复地实现特定的操作序列.

(2)人造性.它可能有输入的目标或目的，但却没有自在的目标或目的.当你使唤它的时候，不需要对它说好话，不需要照顾它的情绪，不需要考虑它的利益，它是人的最忠实的奴仆.

在展望计算机发展未来的时候，我们不能人为地在何处画一道鸿沟，指明那里就是计算机与大脑之间不可跨越的界限.但是，在可以预料的时期内，计算机的人造性质却是难以改变的.由此，我们便不必去谈论“人类被计算机反噬”的可能性.有的学者把机器智能定义成为机器具有自为的功能，在他们眼里，只有像人一样出于自在的目的而产生自为行动的机器，才能称为具有智能的机器.这种定义在字面上是合理的，然而却不符合人类发展机器智能的目的.按照他们的观点，现有的一切人工智能研究都不能叫作人工智能.其实，即使有符合他们定义的机器智能，人类也不一定真正需要，我们所理解的机器智能是不排斥人造性的机器智能.只要机器具有类似于人脑的某些功能，即使这些功能在本质上是人造的，也叫作机器的智能.机器智能的水平可以用“活性”二字来粗糙地加以刻画[5]，它是计算机所执行的功能与人脑为调动这种功能所付出的脑汁之比.提高计算机的活性意味着尽量减少人的脑力劳动而使计算机做更多更巧的事情.

计算机与一般机器的区别：一般机器被用于解放劳动力，电子计算机则被用于解放智力.

计算机首先被用于数值计算，节省了人的繁杂计算活动.它在计算速度、存储牢固性能等方面远远超过了人脑，大大扩展了人类进行数量分析研究的能力.事物的质与量是对立的统一.定量研究的深入必然促使计算机直接从事某些定性的工作，例如识别语音和文字.判别是什么或不是什么，这是定性的问题.在早期的自动识别中，计算机通过定量计算，得到某些能表征特定对象对特定的质的隶属程度的数量指标，按照一定的阈值转化成是与非，从数值计算到定性识别，是计算机迈出的重要一步，它标志着计算机从人脑的辅助计算工具开始转为对人脑的模拟物. 而后，计算机从处理数据到处理符号，从事逻辑推理，又向前跨出了重要的一步，机器智能的真正课题——使计算机仿效人脑运用概念进行判断推理、自动产生知识——已经被正式地提出来了.

计算机的出现改变了世界. 原来的“人与世界”，转化成人、机、系统的三体问题. 人类要利用计算机改造和驾驭客观系统，也改造人类自身，这就是总的格局. 计算机模拟人脑，协助人脑向信息世界的深度和广度进军，这就是信息革命.

信息革命的核心是提高计算机的智能. 应当承认，在这方面任重道远，已有的机器智能成就离信息革命的要求相距甚远，计算机与人脑相比差距甚大，有以下几方面：

(1)感知水平低. 尽管在人工视觉、人工听觉等方面有很多进展，但是机器的视听能力远远不及婴儿对母亲声音笑貌的识别能力. 这又尤其表现在以下三方面，一是整体性，人看一眼便产生一个总体轮廓和印象，计算机怎样产生整体印象？一是不变性，张三戴上眼镜，刮了胡子、换了顶帽子，人还认得出他是张三，人脑能抓住万变中的不变性，计算机怎样去抓？一是选择性，在嘈杂声中有人轻轻骂了张三一句，张三居然能听见，人脑有放之于粗，取之于细的选择能力，计算机怎样去学？

(2)概念水平低. 人脑通过多次实践或学习，能分析综合，形成概念，计算机还很难自动形成概念，对于输入的概念模式，只能接受僵硬的定义和划分，不能或难以接受模糊、灵活的词和概念.

(3)推理水平低. 只能让计算机进行三段论的硬推理，它要求事实与前件硬性地匹配，它难以表现人脑灵活进行的模糊推理和网状推理.

(4)形象思维能力几乎等于零.

怎样克服这些差距乃是人类发展机器智能今后长时期需要解决的课题，当前正酝酿着新的突破.

§2. 计算机与数学

要使计算机模仿人脑，最理想的途径当然是打开人脑这个黑箱，揭开人脑物质结构的奥秘.在这种基础上建造类似人脑的物质,让它在接受外界激励下,像人脑一样地工作.不仅仅是推理,而且富有情感、技巧、风格.但是,这将是一条漫长而遥远的道路.这样的人造大脑将诞生在哲学家,心理学家、神经生理学家、生物学家……数学家和计算机专家艰苦营造的摇篮里.在这方面的任何一点微小进展都将大大推动人工智能的研究.现在,模拟神经元的机器智能研究就显示了重要的意义.但是,无论如何也不能坐待黑箱打开以后才着手研究机器智能.

有的学者完全撇开人脑这个黑箱去从事机器智能研究,经验色彩太浓,手工工艺性强.

我们认为,机器智能既不能等待人脑黑箱打开以后再研究,又不能完全撇开人脑思维的一般规律和形式结构去研究.

大自然是这样的神奇,它巧妙地“安排”着世间的一切事物.一个东西是怎样构成的,似乎是由它需要具有什么样的功能来决定的.这里暂不介入这方面的哲学争论.我们是功能与结构的统一论者,我们认为:生物在进化过程中总是千百次地冲刷调整自己的结构以适应其环境功能.一个适应的生物体,其结构总是该功能的一种相对满意解.人脑也是这样,它是思想的器官,它有思想的功能,那它就必然具有便于思想的相对合理的结构.

我们还认为:事物的具体结构中都蕴藏着一定的数学形式结构.抽象的数学结构寓于事物的具体结构之中.人们甚至可以先探知寓内的数学结构,后认识事物的具体结构以及这种结构的可能变换.考察许多学科的发展便可说明这一点.

这样,运用形式结构和规则来描写思维过程,促进计算机对人脑的逼近,将是机器智能的一条重要发展途径.在这一途径中,思维科学—数学—计算机科学将形成多学科攻坚的一条轴心.

数学果真有这样雄厚的力量来左右机器智能的发展吗?从某种意义上说,电子计算机是数学的一种物化,数字计算机的逻辑电路是布尔代数这一数学思想的实现;计算机应用就是数学模型的运用.计算机从软件到硬件,归根结底都要依靠一定的数学支持.

在回顾计算机在智能方面还远远落后于人脑的时候,人们自然就要对数学提出质疑,自然就要探索经典数学在支持计算机方面不如人脑的真谛究竟何在,自然要把数学与人脑的关系重新加以考究.

§3.　数学与人脑

数学是人脑的创造物.它反映了客观事物的空间形式和数量关系,反映了客观事物的普遍形式结构.经典数学是人脑逻辑运行过程中凝固化的一块模板,计算机靠它来“复制”人的形式逻辑思维.

数学早已从数字演算转入符号的演绎,早已从一门计数的学问变成了一门形式符号体系的学问,当然,数字本身也蕴涵着深刻的数学哲理.符号的使用使数学具有高度的抽象性和应用的普遍性,数学的抽象有别于哲学的抽象,它要接受严格的形式化的约束,它具有严密性.这三个特征对于数学的过去、现在和未来都是不得消失的.现代数学建立在集合论的基础上,集合可以表现概念,集合运算可以表现逻辑推理.经典数学实际上也已经不仅是人脑的一种外向映照,同时也能对人脑思维作一种内向的模写.在把客观世界清晰化、把人脑思维绝对化的前提下,它谱写出了许多优美的乐章.

但是,经典数学从本质上说来已经不适应信息革命的发展机器智能的需要.最根本的一条原因是,经典数学扬弃模糊性,而人脑思维最灵活生动的特征恰恰在于它具有模糊性,模糊性是信息的最基本的特征之一.在如何对待模糊性的问题上,经典数学与人脑实行了决裂,现在,是数学回过头来吸取人脑思维的模糊特征、重新正视模糊性的现实世界的时候了.

§4.　模糊数学的内容、意义和方法

模糊数学,狭义地讲,是以研究和处理模糊性现象为实际背景的一门数学,这里所指的模糊性,是指由于事物的中介过渡性所引起的概念外延的不分明性及识别判断的不确定性,

水到0 ℃以下要结冰,像这样具有突变性质的现象,容易在人脑中形成确定的划分,造成确切的判断.但是,绝对的突变是不存在的,事物从差异的一方到另一方,往往要经历一个连续过渡的过程,处于中介过渡的事物便呈现出亦此亦彼的性质,这就是模糊性产生的客观基础,这是事物的普遍属性.事物的亦此亦彼性反映在人脑形成或运用概念的过程中便造成了外延的不分明性,“健康”的外延是什么?“健康”与“非健康”的分界

线究竟在哪里？谁也说不清楚，这就是模糊性.

清晰的外延是一个普通集合，经典集合论能够处理它，不清晰的外延不是一个普通集合，经典集合论无法处理它. 经典集合论开宗明义有一条要求就是：一个元素对于一个集合，要么属于它，要么不属于它，二者必居其一，二者仅居其一，绝不模棱两可. 这样一条要求限定了经典集合只能表现有清晰外延的概念，它无法表现模糊概念.

除了数学概念而外，物理、化学、生物的概念绝大多数是模糊概念，人文社会科学中的概念更是模糊概念. 自然语言（即日常生活语言）所使用的词和概念多是模糊的，人脑的概念形成更要经历模糊性的涨落过程.

模糊性是人脑思维的特点，也是人脑思维的优点. 思维的模糊性代表了思维中生动灵活的一面，它使人类能够高效率地传递和利用信息，它使人类在纷繁变异的复杂系统面前不至于失去认识的可能性而保持一种认识和处理复杂现象的能力.

模糊性集中地体现在人类的自然语言之中，越是亲近的人，语言就越是模糊，在这里，模糊性联系信息传递的一种高效率性. 如果能将模糊语言融到计算机算法语言中去，如果人在编制程序的时候可以使用模糊语言，那就可以大大减少人为编制程序所付出的脑力劳动，就可以提高计算机的活性，提高机器智能的水平.

各门学科都日益迫切地要求数学化、定量化. 有许多学科，尤其是人文社会等软学科又难于数学化、定量化. 不是因为这些学科的规律太简单，没有资格运用数学，恰恰相反，是因为它们的规律太复杂，数学还没有资格去处理它们. 这类软学科的共同特点就是模糊性强，需要有一门分析和处理模糊性现象的数学，为这些学科的数学化、定量化打开新的通道.

由于上述两方面的需要，1965 年，美国加州大学伯克利分校计算机系教授扎德（L. A. Zadeh）发表了"模糊集合"的论文. 创立了模糊数学. 他原是著名的电子工程学家和控制论专家，他从长期的信息与控制的研究实践中深切地感到经典数学的局限性，大胆地对现代数学的基石——集合论进行了扩充.

扎德用模糊集合来表现模糊概念. 他指出. 为了刻画一个模糊集合，不需要指明哪些元素属于它、哪些元素不属于它，只要指明（论域 U 中的）每个元素究竟以多大的程度隶属于它，以 $\mu_A(x)$ 表示元素 x 对集合 A

的隶属程度，简称隶属度，则 μ_A（称为 A 的隶属函数）便刻画了 U 上的一个模糊集合. 最大的隶属度是 1，最小的是 0，当 μ_A 的值域仅由 0，1 二值组成的时候，μ_A 便可对应成一个普通集合 $A=\{x|\mu_A(x)=1\}$. 所以，扎德所定义的模糊集合是普通集合的拓广.

扎德用隶属度概念来表现处于中介过渡的事物对差异一方所具有的倾向性程度，从亦此亦彼中提取了非此即彼的信息.

扎德把隶属度当作量化对象建立了模糊数学的初步体系，就像概率论是把概率作为量化对象来建立自己的数学体系一样. 模糊数学与概率论既有紧密的联系，又有本质的区别. 概率论研究和处理随机性，模糊数学要研究和处理模糊性，随机性与模糊性都是非确定性的东西. 随机性是由于因果律的破缺而造成的预言上的不确定性，模糊性是由于排中律的破缺而造成的识别上的不确定性. 随机试验可以客观地进行，模糊试验则与人的心理因素联系在一起. 概率论是要抓住概率概念从因果律的破缺中寻找广义的因果律，模糊数学则要抓住隶属度概念从排中律的破缺中寻找广义的排中律. 有人认为模糊数学可以用概率论取代，这是没有道理的. 当然，在这两个学科之间有着紧密的联系. 大体说来，“下层（U）的模糊性往往可以转化成上层（$\mathscr{P}(U)$）的随机性”，现在，正有模糊集与随机集落影理论，从两个学科的交接处在展开着自己的理论和应用研究.

把隶属度作为量化对象，就是要把隶属度从具体事物中抽象出来，就像把价值从商品中抽象出来一样. 要把隶属度作为可以比较、可以运算、可以转移的东西，探寻其运算和变换的规律. 在这方面已经有大量的工作，尤其在国内，认真地进行了大量的模糊统计试验，证实了：与概率统计中的频率稳定性规律类似，在模糊统计中也存在着隶属频率的稳定性规律，从而肯定了隶属度概念所具有的客观意义.

隶属度直接联系着模糊命题的真值. 隶属度的运算和变换，直接联系着模糊逻辑. 模糊逻辑与多值逻辑、连续值逻辑有重叠区，后二者是在模糊数学产生以前就有了的. 但是，模糊逻辑比它们有质的推进. 一方面，模糊数学给模糊逻辑提供了最深刻的背景和源泉，另一方面，以模糊数学作为模型来发展逻辑，突破了近似推理的模式困难. 三段论的推理模式是 $(P, P\rightarrow Q)\Rightarrow Q$. 人脑中的近似推理模式是 $(P', P\rightarrow Q)\Rightarrow Q'$. 例如，老实人（$P$）讲真话（$Q$），张三是个忠厚人（$P'$），可以推断张三不大容易说假话

(Q'). 要用计算机来模拟人的近似推理,最大的困难就是,当 $P' \neq P$ 时,$Q'=$? 模糊逻辑给出了已知 P,Q,P' 求 Q' 的具体公式

$$Q' = P' \circ (P \to Q),$$

这里 P' 是一个模糊集,$(P \to Q)$ 表示一个模糊关系,它的表达式可由 P,Q 这两个模糊集来确定,"$\circ$"是模糊关系的合成运算,近似推理的这一模型大大推进了模糊数学与模糊逻辑的应用. 模糊逻辑与多值逻辑,连续值逻辑的另一个重要区别是,它可以使用语言真值,这在实际应用中又是一个非常重要的优点.

模糊数学作为智能数学的雏形,从描述人的认识和思维这一主线出发来建立自己的形式体系,模糊聚类分析,用于发现差异、划分类别;因素空间,用于描述和形成概念;模糊识别,用于描述判断;近似推理,用于描写人的推理;还有模糊规划、模糊决策、模糊控制等,形成了类别—概念—判断—推理—决策—控制的链条.

和谐的有序,就需要选择;富有成果的组合就需要识别. 选择和识别,就需要类比、筛选. 如果大脑是一部现代计算机,它为了解决一个问题要疯狂地进行穷举式的知识组合,那么,我们整天心中都会翻腾着亿万个主意,甚至在端起一个茶杯前也必须在亿万种可能中寻找一个指挥手臂动作的主意;也必须处理物质(玻璃、水)、模式(杯子)、空间、运动、生理、物理……大量的知识. 一切都必须在杂乱中求秩序,一切都必须在弥散中定阈值. 这种秩序和阈值,就是在非清晰中求清晰. 类别、筛选、推理、决策,都必须涉及非清晰性的描述.

模糊数学不仅要描述模糊的逻辑思维,而且已开始涉足于形象思维甚至灵感和顿悟,指挥员在战场上瞬时下定的决心,不是靠一步步的链式推理,他的知识经验储存在脑子里,潜在地进行着网状的联想和推理,在适当的环境和气氛下,通过某种协同作用,产生了飞跃. 这就出现了顿悟,钱学森同志在信件中指出:"形象思维是利用了实践经验,推理是不严格的, 即有模糊性. 在一条推理链的起点,模糊性很大,很难置信,但在并行网络的相互作用下, 会出现模糊性突然减少的一点或结. 这就是豁然开朗. 可是这个形象思维的结论也未必是确定的. 所以在科学研究中,形象思维的结论还是研究工作的中间站,还要科学验证."我们非常同意这一论述,顿悟是潜意识流动的有意识结果,这种潜意识流并不是被串行在一

条链子上,而是网状的、多层次的、平行的、共轭的、偶联的,这个过程依然是和谐的有序和精巧的组合,这种微妙的过程更需要非清晰数学来作为描述它的工具.

模糊数学的应用面极广,然而其应用的锋芒则集中指向信息革命与机器智能,在模式识别、专家系统与知识工程这几方面表现了最强的生命力.知识工程是思维科学—数学—计算机科学这个轴心所将要产生的最引人入胜的研究领域,即使在刚刚起步的阶段,人们也不得不摒弃单纯使用清晰数学工具的途径.著名的医疗咨询系统 MYCIN,运用可信度因子来表现不精确的推理,矿藏勘探咨询系统 PROSPECTOR,则运用主观贝叶斯方法建立了不确定的推理规则,建立在模糊数学基础上的知识表示和推理理论,给专家系统开辟了新的前景,FPROLOG,PRUF 和 FRIL 等智能语言纷纷建立,国内已经运用模糊数学建立了和正在建立医学、气象、飞机发动机故障诊断、电厂选址、电负荷短期预报……多项专家系统.在未来的 10 年内,模糊数学将成为专家系统与知识工程研究中最必需的数学工具.

模糊数学诞生 20 年来发展迅猛,席卷北美、欧洲、日本和中国,应用的触角伸向科学、技术、管理的多个领域,取得了一批重要的理论进展和应用成果,建立了国际模糊系统协会,国际性学术会议频繁召开,充满了朝气和信心,中国也有自己的模糊数学和模糊系统学会,出版有自己的杂志,在数十个院校中开设有模糊数学课程,培养了近百名硕士研究生和少数博士研究生,获得省市一级以上的重要科技成果奖励 10 余项.初战的声威,赢得了海内外的尊敬.1984 年 7 月在北京举行了“模糊集方法在电力系统中应用中美双边会议”,1985 年 9 月在北京举行了“地震科学中模糊数学方法国际学术讨论会”,现正在贵阳和广州筹备召开“模糊系统与知识工程国际学术会议”.中国在国际模糊数学界中是一支举足轻重的力量.总之,模糊数学在国际国内的发展都已显示了这门学科的强大生命力.特别值得一提的是,美国贝尔实验室和日本熊本大学在 1985 年分别研制成功模糊逻辑的集成电路,标志着模糊数学的思想已经从计算机软件深入到计算机硬件,日本山川烈博士声称他们在 1995 年以前要研制出模糊计算机,其智能程度将超过现有的二值计算机.如果他的理想得以实现,将是计算机的一场重要革命[3].

展望未来，任重道远.现有的进展离我们的理想还十分遥远，应当说，我们只是接触到模糊数学原理的一点皮毛.模糊数学的理论体系尚未真正建立，应用在许多方面还相当浅薄.

老一辈科学家、数学家对这门学科寄予了深切的期望和关怀，钱学森同志多次对模糊数学的发展给予具体的指示.他说："要从人的思维和意识现象概括出模糊数学原理"[4]，他认为发展模糊数学是一项战略任务，应当建立一座比清晰数学更加宏伟的非清晰数学的大厦."要动员比现在模糊数学队伍大得多的积极分子来参加攻关".我们相信，未来的历史将证实，我们不会辜负这样的鼓励和期望.

参考文献

[1] 钱学森.关于思维科学.自然杂志，1983，6(8)：563—567，572.

[2] 钱学森.美学，社会主义文艺学与社会主义文化建设.文艺研究，1986(4)：4—11.

[3] 山川烈.计算机革命.李葆文，译.中国电子报，1986-02-28，第3版.

[4] 赵前.模糊数学原理探索讨论班在我校举行第一次座谈会.北京师范大学：师大周报，1986-05-16，第1版.

[5] 汪培庄，钱敏平，刘来福.介绍一门新的数学——模糊数学.光明日报，1978-10-04.

Abstract In this paper, the authors introduce the relationships among the brains of human beings, the computers and the fuzzy mathematics.

镇江船舶学院学报
1988,2(2—3):156—163

网状推理过程的动态描述及其稳定性[①]

Dynamic Description of Net-Inference Process and Its Stability

摘要 本文将推理过程看作是命题真值沿着一定的推理渠道在诸命题间的流动过程,按照这一观点试图建立网状推理(或求索)过程的动态描述.为此引入了兴奋度的概念,在推理过程中,它是与命题的真值或人对命题的信度相联系而又能反映思维活跃程度的一种量度;在求索过程中,它是与问题的可解性或人对问题的求索程度相联系而又能反映思维活跃程度的一种量度.引入簡单流及由之而形成的网络图、兴奋度在网络上的流动过程用一组微分方程来描述,其定态解及稳定性分析,可以用马尔可夫过程的理论加以解决.引入复杂流及由之而形成的多支图,兴奋度在多支图上的流动过程可以用一组微分方程来描述,其定态解及稳定性分析,可以用类似于耗散结构理论的方法加以解决.最后,本文提出了用计算机进行网状推理的设想.

关键词 动态描述;稳定性;网状推理

人工智能的现状,仍如雾海中的航船,正在寻找自己的理论.人工智能是需要推理的,但远远不只是一阶逻辑推理.正如钱学森同志所指出的,有经验的指挥员在千钧一发的形势下毅然作出抉择,工程技术人员在复杂的现场突然下定一种决心,绝不是一步一步地在那里进行单调逻辑的推理,那里的推理机制应该是网状的,应该包含着"协同作用"的某种飞

① 收稿日期:1988-04-18.

跃.如何描述这种网状推理过程及其飞跃,应该说是当前人工智能所亟待研究和解决的最核心的一个问题.

本文正是企图对这一问题提出一点粗浅的论述.

§1. 推理过程是真值的流动过程

传统的逻辑将蕴涵式 $P\to Q$ 看成静止的东西,很难描述人脑网状推理的动态过程.为了便于以动态的观点来看待逻辑推理,我们可以重新给推理以一种解释.

以一阶谓词演算中的肯定前件的假言推理为例:

$$\begin{array}{ll} (\forall x)\quad P(x)\to Q(x) & \\ \qquad\qquad P(x) & \text{(肯定前件)} \\ \hline \qquad\qquad Q(x) & \text{(结论)} \end{array}$$

推理句“若 P 则 Q”(即蕴涵式 $P\to Q$)可以被看作是一个渠道,一旦前件 P 被肯定,就仿佛在渠首注入了真值,流量为 1,它迅速流到渠尾,使 Q 获得了其量为 1 的真值,这表示后件 Q 亦真.这样,一个肯定前件的假言推理,便可以看作是真值在推理渠道中的流动过程.

经典的二值逻辑只容许我们考虑两个真值:不是 1,便是 0.这样的真值即使让它流动也流动不起来,更无从对它建立微分方程.所以应当考虑连续值逻辑以至模糊逻辑.

对于模糊逻辑来说,它的推理过程是这样的,设 $P(x)(x\in X)$ 与 $Q(y)(y\in Y)$ 分别是论域 X 和 Y 上的两个模糊谓词(x 对谓词 P 的真值或隶属度亦以 $P(x)$ 表之.$Q(y)$ 亦然,均有双重含义),蕴涵式 $P\to Q$ 被描述成从 X 到 Y 的一个模糊关系,简记成 R,$R(x,y)$ 表示 (x,y) 对 R 的隶属程度.则模糊推理的模式是

$$\begin{array}{c} P\to Q \\ P' \\ \hline Q'\triangleq P'\circ R \end{array}$$

这里

$$Q'(y)=(P'\circ R)(y)\triangleq\bigvee_{x\in X}(P'(x)\wedge R(x,y)),$$

$\vee$,$\wedge$ 分别表示取上、下确界.

模糊推理也可以被解释成为真值流动的过程.模糊蕴涵式 $P\to Q$ 对

应着一条模糊渠道,它从 X 到 Y 伸延着,但没有明确的起点和终点,任意 $x(\in X)$ 及任意 $y(\in Y)$ 都可能是它的起点和终点,$x\to y$ 能作为 $P\to Q$ 的代表的可能性是它对 $P\to Q$ 的隶属程度 $R(x,y)$. 也就是说,每一对 x,y, $x\to y$ 都有可能是一条渠道,不过这条渠道不能随意流通,它最多能够传输的流量为 $R(x,y)$. 给定前件 P',就是在渠首注入了真值 $P'(x)$,根据渠道的流量限制,流到渠尾 y 处的真值便是 $P'(x)\wedge R(x,y)$. 对于固定的 y,让渠首 x 变动,在 y 处所得到的真值也随着变动,当 x 遍历 X,所得真值的上确界即为 $Q'(y)$,Q'便是所推出的模糊谓词.

上面的解释是在论域 X 与 Y 之间细致地说明了真值的流动过程. 这种细化有其特有的用处,在此暂不叙及. 当然,也可以对模糊推理作一种粗的直接的解释,本文也不再叙述下去.

§2. 兴奋度与求索过程

无论是经典逻辑还是模糊逻辑,在使用真值这一概念的时候,都使我们感受到一种不自由.

命题的逻辑真值是客观的东西,人们在日常所进行的判断推理中所使用的与其说是命题的真值,不如说是人对命题真确性的一种信度. 人们期望信度尽量符合客观,但它终究是带有主观性的容许变异和矫正的东西.

设人对 P 的信度为 p,对 Q 的信度为 q,则人对蕴涵式 $P\to Q$ 的信度未必就像真值那样有

$$\text{对“}P\to Q\text{”的信度}=q\vee(1-p)$$

或

$$\text{对“}P\to Q\text{”的信度}=(1-p+g)\wedge 1$$

或更一般地有

$$\text{对“}P\to Q\text{”的信度}=f(p,q). \tag{2.1}$$

(2.1)式退回到真值情形,就是:“蕴涵式的真值是前件、后件真值的函数”,简称“真值泛函”,在连续值逻辑和模糊逻辑中,这种真值泛函的假说已经不完全符合实际. 对于信度来说,便可以摆脱(2.1)式的束缚,更有效地去设定推理渠道的“容量”.

但是,信度是一个没有明显时间特征的东西. 人在推理过程中,信度

高的命题往往是兴奋点所经过的足迹，但兴奋点并不总是停留在这一个命题上，兴奋点总是随着推理前锋的转移而转移．考察兴奋点的转移过程，或者，更恰当一点地说，把兴奋度看作流量考察它在推理网络之间的流动过程，乃是更有意义的事情．当前件 P 的真值传递到后件 Q 以后，前件 P 依然保持着原有的真值，并未消失．这并不能算真正的流动．对于兴奋度则不然，我们可以让它像水一样，流走了多少，便消失多少．只有这样，才便于建立微分方程．

用兴奋度不仅可以描述推理过程，还可以描述反向的问题求解过程．为了与现行人工智能中的问题求解相区别，本文把后者称为求索过程．

推理是演绎的，其基本单元是推理句“若 A 则 B”，前件、后件是两个命题，二者在外延上呈 $B\supseteq A$ 的包含关系．

求索过程是分析的，其基本单元是分析句“若要 A 则需 B”，A，B 代表两个行为，也分别称为前件与后件，前件是目的，后件是手段，分析句简记为 A——〈B．

例如：

写对联——〈　准备纸、笔、墨、砚，

过河——〈　搭桥．

求索过程是把兴奋度从目标转向手段，例如，最初的兴奋点在“过河”，通过求索渠道“过河——〈搭桥”，把兴奋点转移到“搭桥”上．如果搭桥是能够解决的问题，求索过程便告终结．如果搭桥本身还成问题，便要借助新的渠道，它以“搭桥”作为目的，由它去寻求新的手段．渠道纵横交错，同一个行为在此渠道中为目的，在彼渠道中则成为手段，兴奋度便在渠道网络中流动，形成一个动态过程，其稳定分布便是求索过程的理论解答．

这样，我们便可以利用兴奋度在推理或求索渠道网络中的流动过程来描述推理过程或求索过程或这两种过程的混合．

在推理过程中，兴奋度是与命题的真值或人对命题的信度相联系而又能反映思维活跃程度的一种量度，在求索过程中是与问题的求解迫切程度及可解性相联系的一种量度．

以上是直观思想，下节转入数学刻画．

§3. 简单流的兴奋度动态分析

定义 1 一个简单兴奋流图是一个四元组，(X,E,ϕ,Ψ)，其中，(X,E)是这样一个赋权的有向图：$X=S\cup E\cup F$，X 中的元素叫站，$x\in S$ 叫起始站，$x\in M$ 叫中间站，$x\in F$ 叫终极站；$E\subseteq(X\backslash F)\times(X\backslash S)$，$e=(x,y)\in E$ 叫作一个简单流，x,y 分别叫作 e 的始站与终站. 其中 ϕ 是一个映射 ϕ：$E\to[0,1]$，$\phi(e)$叫作 e 的传输系数. Ψ 是一个映射 Ψ：$X\times[0,+\infty)\longrightarrow[0,1]$，$\Psi(x,t)$叫作 x 站在时刻 t 的兴奋度. ϕ 与 Ψ 要接受以下限制；记 $x^E=\{e|e\in E,e$ 以 x 为始站$\}$，$E_x=\{e|e\in E,e$ 以 x 为终站$\}$，$x(e)=e$ 的始站，有

$$\text{对任意 } e\in E,\sum_{e\in x_E}\phi(e)\leqslant 1. \tag{3.1}$$

$$\text{对任意 } x\in X,\frac{\mathrm{d}}{\mathrm{d}t}\Psi(x,t)=\sum_{e\in E_x}\phi(e)\Psi(x(e),t)-\sum_{e\in x_E}\phi(e)\cdot\Psi(x,t). \tag{3.2}$$

解释：简单兴奋流图的基本单元是简单流 $e=(x,y)$，$x\in X\backslash F$（即终极站不能作为 e 的始站），$y\in X\backslash S$（即起始站不能作为 e 的终站），在推理过程中，e 代表蕴涵式 $x\to y$ 所对应的推理渠道，在求索过程中，e 代表分析式 x——$\langle y$ 所对应的求索渠道；为了统一，$e=(x,y)$可用式子 $x\dashv y$ 表示，简称流向式. 流向式中的 x,y 或同时代表命题，或同时代表行为.

传输系数 ϕ 的意义，表示推理渠道或求索渠道本身的效用. 设 $\phi(e)=\varphi$，可以记为 $x\overset{\varphi}{\text{——}}\!| y$. 在推理过程中，$\varphi$ 的大小取决于 $x\to y$，这一推理句本身的可靠程度，在求索过程中，它取决于 x——$\langle y$ 这一分析句本身的可靠程度以及 y 对 x 的反馈作用. 总之，它是一个可以调控而使之符合实际的参数.

记

$$v(e,t)=\phi(e)\Psi(x(e),t) \tag{3.3}$$

称为 e 在时刻 t 的流速，于是，(3.2)式可改写为

$$\frac{\mathrm{d}}{\mathrm{d}t}\Psi(x,t)=\sum_{e\in E_x}v(e,t)-\sum_{e\in x^E}v(e,t)(x\in X). \tag{3.4}$$

它的意思是：站 x 兴奋度的变化率等于流入 x 站的总流速减去流出 x 站的总流速.

我们关心的是稳定解$\{\Psi(x), x\in X\}$，它是使(3.2)式等于零的一组解，亦即满足

$$\sum_{e\in E_x}\phi(e)\Psi(x(e)) = \sum_{e\in x^E}\varnothing(e)\Psi(x)(x\in X) \tag{3.5}$$

将稳定解代入(3.4)式，便有

$$\sum_{e\in E_x}v(e,t) = \sum_{e\in xE}v(e,t).(x\in X) \tag{3.6}$$

对每一站x，流入、流出的总速率相等. 这正是克里霍夫定律.

值得指出的是，若将X中的站排序，记为$X=\{x_1, x_2, \cdots, x_n\}$，令

$$p_{ij} = \begin{cases} \phi(e), & e=(x_i,x_j)\in E; \\ 0, & i\neq j \text{ 且}(x_i,x_j)\notin E; \\ 1-\sum\limits_{e\in x_iE}\phi(e), & i=j \end{cases}$$

则矩阵$\boldsymbol{P}=(p_{ij})$是一个转移概率矩阵. 若在初始时刻$t=0$，满足$\sum\limits_{x\in X}\Psi(x,0)=1$，则可将$\{\Psi(x,t)\}(x\in X)$视为一个马尔可夫过程在时刻$t$的概率分布，它的演变规律完全由转移矩阵$\boldsymbol{P}$及初始分布所确定.

按照马氏过程的理论，可以讨论过程的极限分布和遍历经性质，极限分布对应于定态，遍历经的过程的极限分布意味着它的定态是渐近稳定的.

按照马氏过程的理论，还可以将所有的站分类，有常返的，有易逝的. 起始站必是易逝的. 终极站必是常返的，它还具有吸收的性质.

还可以出现周期振荡的现象，它对应着一种自组织的现象.

§4. 复杂流图(多支图)的兴奋过程分析

命题之间有“或”“且”“非”的逻辑运算. 求索过程讨论的是行为，虽然行为不是命题，但却可以转化成命题. 例如，“张三说话”是行为，“张三在说话”便是命题. 因而，行为之间也可以建立“或”“且”“非”的逻辑运算.

求索过程分析式的两端可以不是单个的行为而是多个行为的逻辑组合，例如

“去广州”——〈“买京广机票”或“买京广车票”，它便具有A——〈B_1或B_2的形式. 不过，这一分析式可以分解成两个简单式：

$$A \text{——}\langle B_1 \text{ 或 } B_2 \Leftrightarrow \begin{matrix} A\text{——}\langle B_1, \\ \text{或} \\ A\text{——}\langle B_2. \end{matrix}$$

但是，A——$\langle B_1$ 且 B_2 则不能这样分解：

$$A\text{——}\langle B_1 \text{ 且 } B_2 \not\Rightarrow A\text{——}\langle B_1 \text{ 且 } A\text{——}\langle B_2.$$

前件也可以是多个行为的逻辑复合，例如

“学会数学分析”且“学会线性代数”——〈上大学理工科，它具有 A_1 且 A_2——$\langle B$ 的形式. 易见它可以分解：

$$A_1 \text{ 且 } A_2\text{——}\langle B \Leftrightarrow \begin{matrix} A_1\text{——}\langle B, \\ \text{且} \\ A_2\text{——}\langle B. \end{matrix}$$

但是 A_1 或 A_2——$\langle B$ 却不能分解为简单分析句：

$$A_1 \text{ 或 } A_2\text{——}\langle B \not\Rightarrow A_1\text{——}\langle B \text{ 或 } A_2\text{——}\langle B.$$

不能分解成简单情形，才有研究的必要，可惜始站、终站的不可分解形式不一致，仍不便于研究. 求索过程是这样，推理过程也是这样.

本节所讲的复杂流，其两端不是多个站的逻辑联结，而是一种非逻辑的组合.

就像取两份氢加一份氧可以生成一份水的化学反应一样，事物间存在着许多数量的组合. 例如，“七分成绩三分错误”“三分人才七分打扮”等.

一般地，“a_1 份 A_1，a_2 份 A_2，…，a_n 份 A_n”，记作$(A_1^{a_1}, A_2^{a_2}, \cdots, A_n^{a_n})$.

把这种组合放到流向式两端，便出现了复杂流：

$$(A_1^{a_1}, A_2^{a_2}, \cdots, A_n^{a_n}) \text{——}| (B_1^{b_1}, B_2^{b_2}, \cdots, B_m^{b_m}).$$

从图论的角度看，这样的流便不能再用有向图中的一条弧或箭头来表示，它应当表为图 1.

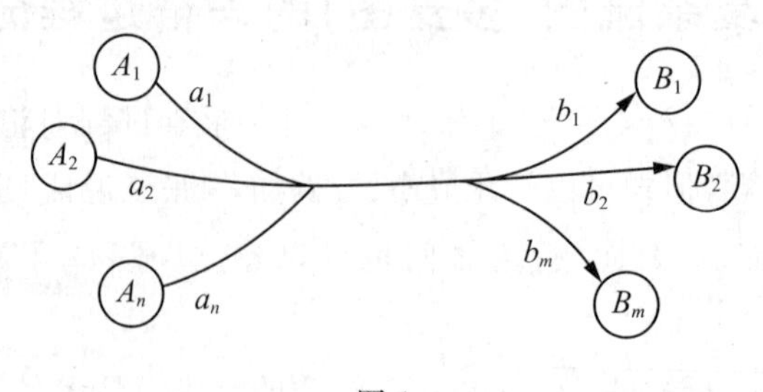

图 1

每一个流可以有多个始站和多个终站，这样的流便叫作复杂流或多支流，用若干个多支流所组成的网络图便叫作多支图(见图 1).

设 e 是一个多支流，具有传输系数 φ，始站在某时刻 t 的兴奋度设为 $\Psi_1, \Psi_2, \cdots, \Psi_n$，则 e 在时刻 t 的流速可以有两种不同的定义方式：

(1) $v(e,t)=\varphi(a_1\Psi_1+a_2\Psi_2+\cdots+a_n\Psi_n)$.

这样定义容易理解，但这样一种用多支图所描写的兴奋过程可以转化为简单流图的情形（理由从略），没有研究的必要.

(2) $v(e,t)=\varphi\Psi_1^{a_1}\Psi_2^{a_2}\cdots\Psi_n^{a_n}$. (4.1)

这样定义比较难于理解，我们也讲不出什么道理. 只是猜测：也许神经元的兴奋过程有如分子化合式的情况产生. 即便不是这样，它也可以作为一种近似描述，甚至可以是离开人脑而用未来某种计算机所便于实现的过程.

根据上述直观思想，我们来给予数学描述. 它们是笔者早先所曾定义和研究过的.

定义 2 $G=C(X,E,A^+,A^-)$ 叫作一个多支图，这里，$X=\{x_1, x_2,\cdots,x_n\}$ 是一个有限集合，其中的元素叫作站；$E=\{e_1,e_2,\cdots,e_m\}$ 是一个有限集合，其中的元素叫作流，$\boldsymbol{A}^+=(a_{ij}^+)$，$\boldsymbol{A}^-=(a_{ij}^-)$ 是两个 $n\times m$ 矩阵，a_{ij}^+ 叫作从 x_1 流入流 a_i 的支数（非负但不一定是整数），a_{ij}^- 叫作从 a_j 流入 x_i 的支数（非负但不一定是整数）.

多支图可以按定义 2 协意地画出来.

例如：$\boldsymbol{X}=\{x_1,x_2\}$，$\boldsymbol{E}=\{e_1,e_2,e_3,e_4\}$

$$\boldsymbol{A}^+=\begin{pmatrix}0&1&2&1\\1&0&1&1\end{pmatrix},\boldsymbol{A}^-=\begin{pmatrix}1&0&3&2\\0&1&0&0\end{pmatrix},$$

则知

$$\begin{aligned}&e_1 \quad x_2 \longrightarrow\!\!| \ x_1,\\&e_2 \quad x_1 \longrightarrow\!\!| \ x_2,\\&e_3 \quad (x_1^2,x_2) \longrightarrow\!\!| \ x_1^3,\\&e_4 \quad (x_1,x_2) \longrightarrow\!\!| \ x_1^2.\end{aligned}$$

其图如右.

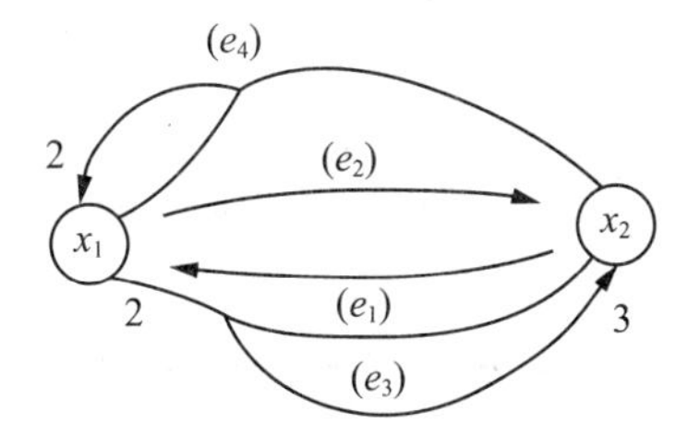

图 2 多支图

定义 3 $\{G,\Phi,\Psi\}$ 叫作一个复杂兴奋过程，其中 $G=G(X,E,A^+,A^-)$ 是一个多支图，$\Phi_1:E\to\mathbf{R}^+$（正实数域），$\Psi:X\times\mathbf{R}^+\to\mathbf{R}^+$. $\Phi(e)$ 叫流 e 的传输系数，$\Psi(x,t)$ 叫作站 x 在时刻 t 的兴奋度，满足：

$$\frac{\mathrm{d}}{\mathrm{d}t}\Psi(x_t,t)=\sum_{j=1}^{m}(a_{ij}^{-}-a_{ij}^{+})v(a_j,t),\quad (i=1,2,\cdots,n) \tag{4.2}$$

其中 $v(a_j,t)$ 如(4.1)式所定义,即

$$v(a_j,t)=\phi(a_j)x_1^{a_{1j}^{+}}\cdot x_2^{a_{2j}^{+}}\cdots x_n^{a_{nj}^{+}}.\quad (j=1,2,\cdots,m) \tag{4.3}$$

定义中的(4.2)与(4.3)式称为运动方程,其矩阵形式是

$$\dot{\boldsymbol{\Psi}}=\mathbf{AV}\quad (\mathbf{A}=\mathbf{A}^{-}-\mathbf{A}^{+}), \tag{4.4}$$

定态条件(克里霍夫定律)

$$\boldsymbol{Av}=0.$$

由之解得定态 x^* $(x_t\geqslant 0(i=1,2,\cdots,n))$,令

$$y=x-x^*,$$

有

$$y=\boldsymbol{C}y,$$

此处

$$\boldsymbol{C}=\boldsymbol{AB}.$$

而 $\boldsymbol{B}=(\ell_{ji})_{mx_n}$,

$$b_{ji}=\left.\frac{\partial v_j}{\partial x_i}\right|_{x^*},$$

当 $x_i^*>0(i=1,2,\cdots,n)$,便有

$$b_{ji}=a_i v_j^*/x_i^*,$$

从而

$$c_{i_k}=\sum_{j=1}^{m}a_{ij}a_h v_j^*/x_h^*$$

称定态解 x^* 为正则点,如果 $\boldsymbol{C}$ 的 n 个特征根的实部彼此均非异号.

正则点 x^* 李雅普洛夫稳定⇔tr $\boldsymbol{C}\leqslant 0$

正则点 x^* 能转向极限环,其必要条件是 tr $\boldsymbol{C}>0$.

值得指出的是,化学反应过程早先曾被笔者利用多支图加以研究过.现在却与兴奋度的转移过程联系起来了.在这里兴奋度在$[0,+\infty)$内变动.

§5. 简短的结论

把推理过程或求索过程归结为兴奋度的流动过程,可以实现网状的动态描述,可以容纳协同学的研究方法,为进一步描述智能的飞跃打开新的前景.

研究这一理论的实践性目的,是希望机器能够快速地实现网状推理.

我们设想，应该有这样一种计算程序，只要输入简单流、复杂流的结构，输入兴奋度的初始分布，就能给出定态解及稳定性分析的各种信息．这看来是并不困难的，当然，这是数值化了的解法．如果期望机器还具有一种模拟的功能，直接显示兴奋度的波形，那便期望在硬件上有一番改革，山川烈正在研制的 Fuzzy 计算机使我们产生兴趣．

致谢

笔者深深地感激钱学森教授，是他多次指点我要开展网状推理并与协同学相联系的研究，对于本文也给予了具体的指导．

参考文献

[1] 钱学森．关于思维科学．自然杂志，1983，6(8)：563－567，572．

[2] 钱学森．自然辩证法、思维科学和人的潜力．哲学研究．1980，(4)：6－13．

[3] 汪培庄，刘若庄，湛垦华．多支图与反应过程．全国非平衡统计物理会议文集，西安：1979，188－190．

[4] 汪培庄，张大志．思维的数学形式初探．高校应用数学学报，1986，1(1)：85－95．

[5] 汪培庄．模糊集与随机集落影．北京：北京师范大学出版社，1985．

[6] Wang Peizhuang，M. Sugeno. The factors field and background structure for fuzzy subsets. 模糊数学，1982，(2)：45－54．

Abstract Being viewed as flow of canals, the inference process is described in this paper by the truth-flow transfered within the inference net. Along the new idea, a mathematical frame of net-inference process and its dynamic analysis has been established, and the stability has been researched.

Keywords dynamic description; stability; net-inference

北京师范大学学报(自然科学版)
1989,(1):1－12

真值流推理及其动态分析[①]

Truth-Valued Flow Inference and Its Dynamic Analysis

摘要 试图为知识工程机器智能提供一种新的不确定性推理的框架.利用因素空间理论对推理句的因素机理进行了刻画,建立了推理渠道集结构,把推理描写成真值沿推理渠道的流动过程,在此基础上,对现有模糊推理的基础——推理关系作了严格的分析处理,澄清了其中的一些混乱,把模糊蕴涵的赋值公式从纯经验提到论证的高度.为了突破推理的静态研究局面,引入了兴奋度概念,建立了推理的动态分析模型.

关键词 真值流推理;推理关系;兴奋度;网状推理

§0. 前 言

模糊集理论为解决当今信息革命的关键问题——模糊信息处理提供了有力工具,不仅在人工智能、控制和决策等方面取得了许多重要的应用成果,而且在计算机应用中从软件深入到硬件,正在酝酿着一场计算机的革命.

自从L.A.Zadeh把模糊集思想引入逻辑领域而提出似然推理模式[1]以来,许多作者在模糊推理方面做了大量工作,他们从以下几方面作出了自己的贡献.

(1) 寻求模糊蕴涵式的模糊关系表达式及关系复合的恰当算子,50多个不同的模糊蕴涵公式纷纷涌现,关系复合的算子已经通过三角范式、

---

① 收稿日期:1988-04-01.本文与张洪敏合作.

余范式非常宽泛地表达出来，在这些工作中人们熟知的作者有 R. Gaines[2]，J. F. Bandler[3]，A. Kandel，Z. Cao[4]，M. Mizumoto，H. J. Zimmermann[5]等.

（2）扩展变量与论域的表现形式.最突出的例子是 J. F. Baldwin[6]的真值限定理论，他把所有论域与变量都转化到真值的论域和变量上来，对于语言值的描述，则已被一些作者从普通模糊子集扩展到二型模糊集、概率集及区间值集等.

（3）E. H. Mamdani[7]的特殊贡献，是把模糊推理模型实际应用到控制问题上，开辟了模糊控制的广阔应用与研究领域.

（4）最重要的事件是 T. Yamakawa[8]在 1987 年 7 月把模糊推理从数学思想变为计算机硬件的实现，推出了最原始的一台“模糊计算机”.

1988 年 3 月，张洪敏等博士研究生研制出模糊推理机分立原件样机是又一重要突破.

在回顾上述成就的同时，我们更注意到，模糊推理理论还远未完善，存在着不少问题亟待解决：

（1）所有模糊蕴涵表达式都是凭经验给出的.除了要求它们能还原到二值蕴涵真值表上以外，别无任何准则与要求.这样就难以科学地进行研究.

（2）所有模糊推理模式都是建立在推理关系的基础上，但至今尚缺乏对推理关系的严谨论述，尤其在多个蕴涵式综合决策的场合，许多作者常常笼统地写出下面的表达形式

$$\text{if } A_1 \text{ then } B_1, \cdots, \text{if } A_n \text{ then } B_n, \tag{1}$$

而不说明这 n 个推理句之间究竟是“或”的关系还是“且”的关系.而且，在模糊控制中大都笼统地将推理关系按 E. H. Mamdani 公式表示出来：

$$R_{A_i \to B_i}(x,y) = \bigvee_{i=1}^{n} (A_i(x) \wedge B_i(y)) \quad (i=1,2,\cdots,n) \tag{2}$$

（3）现有模糊推理模型在实现过程中仍具有令人烦恼的复杂性，尤其在计算机的硬件实现中更为严重.

（4）只有静态模型，没有动态模型.只有顺向推理模型，没有逆向求索的分析综合模型.

所有这些，都要求我们建立严谨的推理理论框架，这就是本文的使命.

§1. 推理句的因素空间解释

作者在[9,10]中用因素空间理论研究了概念的表示问题. 所谓因素空间是指一个以布尔代数 $F=F(\vee,\wedge,c,1,0)$ 为指标集的集合族 $\{X_f\}$ $(f\in F)$ 满足

(1) $X_0=\{\varnothing\}$. (3)

(2)若 F 的子集 $\{f_t\}(t\in T)$ 独立(即对任何 $t_1,t_2\in T$, 都有 $f_{t_1}\wedge f_{t_2}=0$), 则

$$X_{\bigvee_{t\in T} f_t}=\prod_{t\in T} X_{f_t}, \tag{4}$$

这里 1 与 0 分别表示 F 中的最大、最小元, $\prod$ 表示笛卡儿乘积.

F 中的元素叫作因素, $\vee$, $\wedge$ 分别叫作因素的组合与分解运算, 假定布尔代数 F 是可用集代数表示的, 即 $F=P(S)$, 则每一 $s\in S$ 所对应的因素 $\{s\}$ 叫作简单因素, 任一非简单的因素——复杂因素 $f\in F$ 可以看作是简单因素的组合: $f=\bigvee_{s\in F}\{s\}$, 由(4)知 $X_f=\prod_{s\in f} X_{\{s\}}$.

特别地有
$$X_1=\prod_{s\in S} X_{\{s\}}, \tag{5}$$

X_f 叫作 f 的组态空间, X_1 叫全(组态)空间.

现代控制论中的状态空间、现代物理中的相空间、模式识别中的特征空间都是某个复杂因素的组态空间. 所以因素空间概括了上述概念. 比它们走得更远的是: 因素空间不仅注重一个固定因素下的组态, 更重要的是要研究因素变异时状态空间的变化. 它所研究的是状态空间族、相空间族或特征空间族.

任何事物都是诸因素的交叉, 如果因素考虑得足够周全的话, 一个事物可以完全由因素的一种组态所刻画. 给定论域 U, 设与它相联系的因素代数是 F, 只要 F 足够丰富, 便有映射 $r: U\to X_1$, 它将 U 中的每一对象 U 映射成为全空间中的一个点, r 称为因素表示.

U 上的一个概念 α 可视为 U 的一个(普通或模糊)子集按 Zadeh 的扩展原理, 可得 X_1 中的一个子集 $A=r(p)$.

设 A 是 X_f 的一个(普通或模糊)子集, $g\leqslant f\leqslant h$, 记

$$(\uparrow^h A)(x,y)\triangleq A(x), (x\in X_f, y\in X_{h\setminus f}), \tag{6}$$

$$(\downarrow_g A)(x) \triangleq \bigvee_{y \in X_{f \backslash g}} A(x,y), (x \in X_g) \tag{7}$$

分别叫作 A 从 f 到 h 的柱体扩张和从 f 到 g 的投影.

设 $A \subseteq X_1$,称 A 在 X_f 中清晰,如果

$$\uparrow^1(\downarrow_f A) = A. \tag{8}$$

易见,若 A 在 X_f 中清晰,$f \leqslant g$,则 A 在 x_g 中清晰.于是,记

$$\tau(\alpha) = \tau(A) = \wedge\{f \mid A \text{ 在 } X_1 \text{ 中清晰}\} \tag{9}$$

称它是 A 的秩,$\tau(A)$ 表示刻画概念 α 所需涉及的因素,再多便是冗余的了.

人为什么会推理呢?推理句"if u is P then v is Q"反映了事物之间的一种因果联系.谓词 $P(u)$ 与 $Q(v)$ 分别是论域 U 与 V 上的(普通或模糊)子集、U 与 V 可以嵌入一个共同的因素空间$\{X_f\}(f \in F)$中去.X_f 可以视为 U 中元素的组态,集也可视为导致 V 中各种结果的原因集.设 r_1,r_2 分别是 U 与 V 因素表示映射.那么,产生前述推理句(又叫蕴涵式)的机理究竟是什么呢?

定义 1.1(推理句的因素解释) 若 P,Q 能分别通过 r_1,r_2 表示在同一因素空间,且

有
$$\downarrow_\tau(r_1(P) \cap r_2(Q)) \subseteq \downarrow_\tau r_2(Q). \tag{10}$$

这里,$\tau = \tau(r_2(Q))$.则积 P 蕴涵 Q,简记为 $P \rightarrow Q$.

由定义可知,当 $U=V$ 时,$P \rightarrow Q$ 当且仅当 $P \subseteq Q$,"蕴涵"等价于"被包含".

命题 1.1 若 $P \rightarrow Q, P' \subseteq Q$,则 $P' \rightarrow Q$. (11)

若 $P \rightarrow Q, Q \subseteq Q'$,则 $P \rightarrow Q'$. (12)

若 $P \rightarrow Q_1, P \rightarrow Q_2$,则 $P \rightarrow Q_1 \cap Q_2$. (13)

若 $P_1 \rightarrow Q, P_2 \rightarrow Q$,则 $P_1 \cap P_2 \rightarrow Q$. (14)

证明从略.

§2. 推理渠道与真值流动

最自然的看法是把推理看作是真值沿着推理渠道流动的过程.一个蕴涵式 $P \rightarrow Q$ 可以看作是一个渠道,前件 P 是渠首,后件 Q 是渠尾,由前节可知,一定的知识和信息,可以确立一族渠道,它们之间还满足一定的关系,最好能给一个公理化的定义.

定义 2.1(推理渠道的公理化定义)　$\mathscr{A}\subseteq\mathscr{F}(U)\times\mathscr{F}(V)$叫作(一定知识下的)推理渠道集,如果满足

(1)$(P,Q)\in\mathscr{A},P'\subseteq P\Rightarrow(P',Q)\in\mathscr{A}$;　(15)

(2)$(P,Q)\in\mathscr{A},Q\subseteq Q'\Rightarrow(P,Q')\in\mathscr{A}$;　(16)

(3)$(P,Q_1)\in\mathscr{A},(P,Q_2)\in\mathscr{A}\Rightarrow(P,Q_1\cap Q_2)\in\mathscr{A}$;　(17)

(4)$(P_1,Q)\in\mathscr{A},(P_2,Q)\in\mathscr{A}\Rightarrow(P_1\cup P_2,Q)\in\mathscr{A}$.　(18)

$(P,Q)\in\mathscr{A}$叫作一个推理渠道,简称渠道,并可记为$P\to Q$,P,Q分别叫渠首与渠尾.

从信息扩展的意义来说,公理(15)和(16)意味着一个渠道的渠首任意缩小、渠尾任意放大,都还是渠道,(φ,V)就是最平凡的渠道,但是从信息价值上来说,扩展后的渠道其价值不如原来渠道的价值,(φ,V)就毫无信息价值,这就需要按信息价值定义一种序.

定义 2.2(渠道的信息价值)　记

$$>\triangleq\{(P_1\to Q_1,P_2\to Q_2)\mid P_i\to Q_i\in\mathscr{A}(i=1,2),P_1\supseteq P_2,Q_1\subseteq Q_2\},\tag{19}$$

称$P_1\to Q_1$的信息价值大于$P_2\to Q_2$的信息价值,如果$(P_1\to Q_1)>(P_2\to Q_2)$.

易知$>$是$\mathscr{A}$上的偏序,记其极大元集合为

$$\mathscr{A}^*=\{(P,Q)\mid(P,Q)\in\mathscr{A},\text{不存在}(P',Q')\in\mathscr{A}\text{使}(P',Q')>(P,Q)\}.$$

命题 2.1

$$(P,Q)\in\mathscr{A}^*,P'\not\subseteq P,Q'\not\supseteq Q\Rightarrow(P',Q),(P,Q')\notin\mathscr{A}^*;\tag{20}$$

$$(P,Q)\in\mathscr{A}^*,P'\neq P,Q'\neq Q\Rightarrow(P',Q),(P,Q')\notin\mathscr{A}^*;\tag{21}$$

易见,若干个渠道的交还是渠道集,对任意$\mathscr{B}\subseteq\mathscr{F}_1(X)\times\mathscr{F}_1(Y)$,记

$$[\mathscr{B}]=\bigcap\{\mathscr{A}\mid\mathscr{A}\text{是包含}\mathscr{B}\text{的渠道集}\},$$

称$[\mathscr{B}]$是由$\mathscr{B}$所生成的渠道集.

定义 2.3　称$\mathscr{B}$是$\mathscr{A}$的一个基,如果$\mathscr{A}=[\mathscr{B}]$,且$\mathscr{B}\subseteq\mathscr{A}^*$,称基$\mathscr{B}$是右(左)向语言基,如果,

$${}_*\mathscr{B}\triangleq\{P\mid(P,Q)\in\mathscr{B}\}\quad(\mathscr{B}_*\triangleq\{Q\mid(P,Q)\in\mathscr{B}\})$$

构成$U(V)$上的一个语言值集.

肯定前件的假言推理可以用真值流动来加以解释.$P\to Q$是一个渠道,若在渠首输入真值1,即前件P真,则真值立即传至渠尾,得后件Q真,模糊推理也可以用真值流动来加以解释.

模糊推理步骤：

(1)已有知识确立了一个渠道集的基 $\mathscr{B}$，它由有限个渠道构成：

$$P_i \to Q_i (i=1,2,\cdots,n).$$

(2)面临的信息形成一个事实 P'，它是 U 上的一个模糊子集.

(3)将事实 P' 与每一个渠道的渠首 P_i 进行比较. 计算贴近度

$$\text{near}(P',P_i)=\lambda_i,(i=1,2,\cdots,n).$$

(4)真值 λ_i 沿 $P_i \to Q_i$ 传至渠尾，得

$$V(Q_i)=\lambda_i,(i=1,2,\cdots,n). \tag{22}$$

这便是真值流推理的直接结果. 在这里，并不需要考虑各个渠道之间究竟采取哪一种逻辑组合，每个渠道都是各自独立的，它们都在履行自己传递真值的功能.

(5)后处理阶段，从(22)式出发，根据需要可以转化成模糊或确切的判断 $d=d(\lambda_1,Q_1;\cdots;\lambda_n,Q_n)$.

例如

$$d_1(v)=\bigvee_{i=1}^{n}(\lambda_i \wedge Q_i(v)), \tag{23}$$

$$d_2(v)=\bigwedge_{i=1}^{n}(i_i \wedge Q_i(v)), \tag{24}$$

$$d_3(v) = \sum_{i=1}^{n}\lambda_i Q_i. \tag{25}$$

此处 Q_i 表示 Q_n 取得峰值的中点. (23)式等效于 E. H. Mamdani 模型. 真值流推理这一名称最早在[11]中由陈永义提出，并从特征展开的观点叙述过.

§3. 模糊推理理论

Zadeh 运用模糊关系来表现推理句，是一个很重要的贡献. 现有的模糊推理几乎全都建立在推理关系上. 遗憾的是，推理关系至今尚缺乏严谨的理论，以致出现前言中所说的许多漏洞. 现在，让我们从真值流的观点来建立这一理论.

§3.1 二值情形

给定基 $\mathscr{B}=\{P,Q\}$. $P\in \mathscr{P}(V)$，$Q\in \mathscr{P}(V)$，记

$\mathscr{B}=[\mathscr{B}]$，将关系 $>$ 弱化，定义

$$>'=\{((P_1,Q_1),(P_2,Q_2))\mid P_1=P_2,Q_1\subseteq Q_2\}. \tag{26}$$

$>'$仍是 $\mathscr{B}$ 中的偏序,记其极大元集为 $\mathscr{B}^*$. 记

$$\mathscr{D}=\{(\{u\},Q)\mid u\in P,(\{u\},Q)\in\mathscr{B}^*\}.$$

类似于(21)式可证

$$(\{u\},Q')\in\mathscr{B}\Rightarrow Q'\supseteq Q. \tag{27}$$

于是,D 在 $U\times V$ 中形成集合 $P\times Q$,称为 $\mathscr{B}$ 的图,记作 Graph($\mathscr{B}$).

定义 3.1　记

$$R^{(1)}_{P\to Q}=\mathrm{Graph}(\mathscr{B})=P\times Q \tag{28}$$

叫作蕴涵式 $P\to Q$ 的实推理关系. 又记

$$R^{(2)}_{P\to Q}=\bar{P}\times U \tag{29}$$

叫作 $P\to Q$ 的附加虚推理关系. 记

$$R_{P\to Q}=R^{(1)}_{P\to Q}+R^{(2)}_{P\to Q} \tag{30}$$

叫作 $P\to Q$ 的推理关系.

命题 3.1

$$R_{P\to Q}=\{(u,v)\mid TP(u)\to Q(v)=1\}, \tag{31}$$

这里 $T(P\to Q)$是布尔逻辑蕴涵式真值. 证明从略.

为了澄清当前组合推理关系方面所存在的一些混乱,引入下面的定义.

定义 3.2

$$R_{(P_1\to Q_1)\text{and}\cdots\text{and}(P_n\to Q_n)}\triangleq\bigcap_{i=1}^{n}R_{(P_i\to Q_i)}{}' \tag{32}$$

$$R_{(P_1\to Q_1)\text{or}\cdots\text{or}(P_n\to Q_n)}\triangleq\bigcup_{i=1}^{n}R_{P_i\to Q_i}{}' \tag{33}$$

$$R^{(1)}_{(P_1\to Q_1)\text{else},(P_2\to Q_2)}=R^{(1)}_{P_1\to Q_1}+R^{(1)}_{\overline{p_1p_2}}\to Q_2, \tag{34}$$

$$R^{(2)}_{(P_1\to Q_1)\text{else},(P_2\to Q_2)}=\bigcap_{i=1}^{2}R^{(2)}_{P_i\to Q_i}.$$

命题 3.2

$$R^{(1)}_{(P_1\to Q_1)\text{and}(P_2\to Q_2)}=P_1\bar{P}_2\times Q_1+P_1P_2\times Q_1Q_2+\bar{P}_1P_2\times Q_2,$$

$$R^{(2)}_{(P_1\to Q_1)\text{and}(P_2\to Q_2)}=\overline{P_1UP_2}\times V, \tag{35}$$

$$R^{(1)}_{(P_1\to Q_1)\text{or}(P_2\to Q_2)}=P_1P_2\times(Q_1\cup Q_2),$$

$$R^{(2)}_{(P_1\to Q_1)\text{or}(P_2\to Q_2)}=\overline{P_1P_2}\times V, \tag{36}$$

$$R^{(1)}_{(P_1\to Q_1)\text{else}(P_2\to Q_2)}=P_1\times Q_1+\bar{P}_1P_2\times Q_2,$$

$$R^{(2)}_{(P_1\to Q_1)\text{else}(P_2\to Q_2)}=\overline{P_1\cup P_2}\times V, \tag{37}$$

证明从略.

我们感兴趣的是共首或共尾的蕴涵式组合关系，这有

命题 3.3

$$R_{(P\to Q_1)\text{and}(P\to Q_2)}=R_{P\to Q_1}\cap R_{P\to Q_2}, \tag{38}$$

$$R_{(P_1\to Q)\text{and}(P_2\to Q)}=R_{P_1\to Q}\cup R_{P_2\to Q}, \tag{39}$$

$$R_{(P\to Q_1)\text{or}(P\to Q_2)}=R_{P\to Q_1}\cup R_{P\to Q_2}, \tag{40}$$

$$R_{(P_1\to Q)\text{or}(P_2\to Q)}=R_{P_1\to Q}\cap R_{P_2\to Q}, \tag{41}$$

$$R_{(P\to Q_1)\text{else}(P\to Q_2)}=R_{P\to Q_1}, \tag{42}$$

$$R_{(P_1\to Q)\text{else}(P_2\to Q)}=R_{P_1\to Q}\cup R_{P_2\to Q}. \tag{43}$$

证明从略.

命题 3.4

$$P_1\circ R_{(P_1\to Q_1)\text{and}(P_2\to Q_2)}=Q_1, \tag{44}$$

$$P_2\circ R_{(P_1\to Q_1)\text{and}(P_2\to Q_2)}=Q_2, \tag{45}$$

证明从略. 这一命题说明这样规定的推理组合关系在二值情形下可以避免通常出现的 $P_i\cdot R\neq Q_i$ 的毛病.

命题 3.5 使下式

$$\begin{aligned}R_{(P_1\to Q_1)\text{and}\cdots\text{and}(P_n\to Q_n)}&=R_{(P_1\to Q_1)\text{or}\cdots\text{or}(P_n\to Q_n)}\\&=R_{(P_1\to Q_1)\text{else}\cdots\text{else}(P_n\to Q_n)}=\bigcup_{i=1}^{n}P_i\times Q_i\end{aligned} \tag{46}$$

成立的充要条件是：$P_iP_j=\varnothing\,(i\neq j)$，$P_1+P_2+\cdots+P_n=U$.

证明从略. 这一命题说明，基于推理关系的定义(30)，(32～34)通常是不一样的，而且一般都不同于 E. H. Mamdani 形式(2).

§ 3.2 Fuzzy 情形

设 $P\to Q$ 的前后件均是模糊集 $P\in\mathscr{F}(U)$，$Q\in\mathscr{F}(V)$. 按照模糊落影理论(详见[12])，每一个 $A\in\mathscr{F}(U)$都可看作是超可测空间$(U,\mathscr{B},\breve{\mathscr{B}})$上的一类随机集的落影. 所谓 A 是随机集 ξ 的落影，意思是 $A(u)=P(\omega\,|\,\xi(\omega)\ni u)\,(u\in U)$. 具有相同落影的随机集之间可以建立一个等价关系，利用这个等价关系可以将$(U,\mathscr{B},\breve{\mathscr{B}})$上所有随机集的集合 $\Xi(U)=(\Omega,\mathscr{F},P,U,\mathscr{B},\breve{\mathscr{B}})$分成若干类，映射 $s=s(U)：P(U)\to\Xi(U)$叫作一个选择，s 的像叫作原像的代表随机集，在[13]中绍了几种基本选择. 这些基本选择可以表现为函子，与 U 的选取无关.

定义 3.3(落影表现法则) 给定选择 s，模糊蕴涵式 $P\to Q$ 的推理关

系是

$$R_{P\to Q}(u,v)=p(\omega|R_{s(P)(\omega)\to s(Q)(\omega)}(u,v)). \tag{47}$$

(47)式的意思是:$P\to Q$ 的推理关系是 P，Q 的代表随机集所形成的推理关系 $R_{s(P)(\omega)\to s(Q)(\omega)}$ 的落影. 注意,对于固定的 ω,$R_{s(P)(\omega)\to s(Q)(\omega)}$ 是 $U\times V$ 上的一个普通集合. 当 ω 变动时,可以证明,在相当弱的条件下,$R_{s(P)(\omega)\to s(Q)(\omega)}$ 是乘积超可测空间上的随机集. 为了不分散注意力. 这里就不评述了.

应用不同的选择可以得到不同的推理关系. [13]中介绍了最基本的截集选择 $s^*:\mathscr{F}(U)\to\mathscr{F}([0,1],B_0,m;U,\mathscr{B},\check{\mathscr{B}})$ (B_0 是[0,1]上的 Borel 域,m 是 Lebesgue 测度):

$$s^*(P)(\lambda)=p_\lambda=\{u|P(u)\geqslant\lambda\}, \tag{48}$$

λ 是在[0,1]中均匀分布的随机变量,$s*(P)$ 叫 P 的截代表随机集.

命题 3.6(截推理关系式)　在选择 s^* 下,$P\to Q$ 的推理关系是

$$R_{P\to Q}(u,v)=1-m[P(u)\wedge Q(v),P(u)], \tag{49}$$

这里[ ]表示闭区间.

证　由(47)(48)式知

$$\begin{aligned}R_{P\to Q}(u,v)&=m\{\lambda|(u,v)\in R_{s^*(P)(\lambda)\to s^*(Q)(\lambda)}\}\\&=1-m\{\lambda|(u,v)\overline{\in}R_{s^*(P)(\lambda)\to s^*(Q)(\lambda)}\}\\&=1-m\{\lambda|(u,v)\overline{\in}R_{P_\lambda\to Q_\lambda}\}\\&=1-m\{\lambda|u\in P_\lambda,v\overline{\in}Q_\lambda\}\\&=1-m\{\lambda|B(v)<\lambda\leqslant P(u)\}\\&=1-m[P(u)\wedge Q(v),P(u)].\end{aligned}$$

注　$1-m[P(u)\wedge Q(v),P(u)]=(1-P(u)+Q(v))\wedge 1$,这正是 Lukasiewicz 的蕴涵公式,Zadeh 又重新把它用有界和的形式写成 $R_{P\to Q}(u,v)=\overline{P}(u)\oplus Q(v)$. 这里,$a\oplus b\triangleq(a+b)\wedge 1$ 是"有界和"运算.

命题 3.7(截组合关系式)　在 s^* 下

$$R_{(P_1\to Q_1)\text{and}\cdots\text{and}(P_n\to Q_n)}=1-m\left(\bigcup_{i=1}^{n}[Q_i(v)\wedge P_i(v),P_i(u)]\right), \tag{50}$$

$$R_{(P_1\to Q_1)\text{or}\cdots\text{or}(P_i\to Q_n)}=1-m\left(\bigcap_{i=1}^{n}[Q_i(v)\wedge P_i(u),P_i(u)]\right), \tag{51}$$

$$R_{(P_1\to Q_1)\text{else}\cdots\text{else}(P_n\to Q_n)}=1-m\bigcup_{i=1}^{n}\left[Q_i(v)\vee(\bigvee_{i=1}^{i-1}P_j(u))\wedge P_i(u),P_i(u)\right]. \tag{52}$$

证 往证(50)式.

$$\text{右端}=1-m\left\{\lambda\mid(u,v)\overline{\in}\bigcap_{i=1}^{n}R_{s^*}(P_i)(\lambda)\rightarrow s^*(Q_i)(\lambda)\right\}$$

$$=1-m\left\{\lambda\mid(u,v)\overline{\in}\bigcap_{i=1}^{n}R_{P_{i\lambda}\rightarrow Q_{i\lambda}}\right\}=1-m\left\{\lambda\mid\exists i,(u,v)\overline{\in}R_{P_{i\lambda}\rightarrow Q_{i\lambda}}\right\}$$

$$=1-m\left\{\lambda\mid i,u\in P_{i\lambda},v\overline{\in}Q_{i\lambda}\right\}=1-m\left\{\lambda\mid\exists i,Q_i(v)<\lambda\leqslant P_i(u)\right\}$$

$$=\text{右端}.$$

类似可证(51),往证 $n=2$ 时的(52)式.

$$R_{(P_1\rightarrow Q_1)\mathrm{else}(P_2\rightarrow Q_2)}(u,v)=1-m\{\lambda\mid(u,v)\in P_{1\lambda}\times\overline{Q}_{1\lambda}+(P_{2\lambda}\setminus P_{1\lambda})\times\overline{Q}_{2\lambda}\}$$

$$=1-m\{\lambda\mid(u\in P_{1\lambda},v\in\overline{Q}_{1\lambda})\text{或}(u\in P_{2\lambda},u\in\overline{P}_{1\lambda},v\in\overline{Q}_{2\lambda})\}$$

$$=1-m\{\lambda\mid Q_1(v)<\lambda\leqslant P_1(u)\text{或}\ Q_2(v)\vee P_1(u)<\lambda\leqslant P_2(u)\}$$

$$=1-m\left(\bigcup_{i=1}^{2}\left[Q_i(v)\vee\left(\bigvee_{j=1}^{i-1}P_j(u)\right)\wedge P_i(u),P_i(u)\right]\right).$$

注意当 $i=1$ 时,$\bigvee\limits_{j=1}^{i-1}=\bigvee\limits_{j=1}^{0}=\bigvee\limits_{j\in\phi}$,按约定 $\bigvee\limits_{j\in\phi}Q_j\equiv0$,故有上面的最后等式.(证毕)

注 命题 3.7 说明(32)(33)(34)式中之诸种推理关系在 Fuzzy 情况下也是彼此不同的,而且都不同于 E. H. Mamdani 的模型(4).(4)不宜通过推理关系的形式来解释,它只能直接从真值流推理的形式中得到解释.

§4. 左向分析推理

模糊推理最重要的应用场合是面对特定的控制与决策任务的分析与综合的推理,现有的推理理论,只是在给定条件语句之后展开而不涉及如何获取规则的问题.因而,一般只采用右向基.例如模糊控制器的原理,是在论域 U_e,和 U_e 上分别给了一组语言值:

$L_e=\{NL_e,NM_e,NS_e,ZO_e,PS_e,PM_e,PL_e\}=\{A_{-3},A_{-2},A_{-1},A_0,A_1,A_2,A_3\}$,

$L_e=\{NL_e,NM_e,NS_e,ZO_e,PS_e,PM_e,PL_e\}=\{B_{-3},B_{-2},B_{-1},B_0,B_1,B_2,B_3\}$.

右向基中推理句的形式是

"if e is A_i,e,is B_j,then u is C_k"$i,j=-3,\cdots,0,\cdots,3,k=f(i,j)$

其中 $C_k\in L_u$,

$L_u=\{NL_u,NM_u,NS_u,ZO_u,PS_u,PM_u,PL_u\}=\{C_{-3},C_{-2},C_{-1},C_0,C_1,C_2,C_3\}$.

对于决策或控制者来说,最直接关注的是决策,是行动,是要从 L_n 中进行选择. 右向基是从 $L_e \times L_{\hat{e}}$ 出发的,问题的形式是:如果 e 是 A_i,$\hat{e}$ 是 B_j,则 u 将是什么? 这往往与决策者的思路不协调. 对于复杂的系统,在控制规则尚未形成经验的情况下,需要倒过来提问:在什么情况下才有 u is C_k? $(k=-3,\cdots,3)$这就需要左向基.

定义 4.1　形如 If Q is wanted then P is sufficient 的句子叫作一个分析句或逆蕴涵式,记作 $Q\text{—}\langle P$,所谓左向.

(分析)　　$Q_i\text{—}\langle P_i(i=1,n)$,

(事实)　　P'

(结论)　　$V(Q_i)=\text{near}(P',P_i)(i=1,n)$

(综合)　　(结论的组合及确定化).

注 1　$Q\text{—}\langle P$ 与 $P\to Q$ 在逻辑上是等价的,但是,从知识获取的角度来说,它们是不一样的. $P\to Q$ 是从前提出发推出结论,是演绎,而 $Q\text{—}\langle P$ 则是从结论出发去找前提,是分析.

注 2　左向推理不同于否定后件的假言推理,不同于 Modus tollens. 左向推理是要寻求肯定后件的充分条件. Modus tollens 则要寻求否定后件的必要条件. 在多个推理句的场合,左向推理有时又能概括 Modus tollens.

注 3　左向推理模型实质上是分析与综合过程的结合. 既可用于专家系统,又可用于模式识别.

左向推理的思想由张洪敏提出并在专家系统、模式识别中得到应用[14].

左向推理的最大特点是:$Q\text{—}\langle P$ 右端的 P 往往不是语言值. $Q\text{—}\langle ?$,其答案需要借助于集值统计[12]与落影综合的方法:将 P 放入适当的因素空间,通过专家调查,询问要使 Q 出现,需要在各因素的组态空间上有什么反映. 设 f 是足够充分的因素,可在 x_f 上得到落影函数 A,有时,设法将 A 书写成以下形式:

$$A(x_f)=\bigvee_{k=1}^{l}\bigwedge_{l=1}^{n}A_i^{(k)}(x_{\alpha_i}),$$

其中 $f=\bigwedge\limits_{l=1}^{n}\alpha_i$,于是规则 $P\to Q$ 可以分解成 l 个规则

$$\prod_{i=1}^{n}A_i^{(k)}\to Q,(k=1,2,\cdots,l).$$

§5. 兴奋度与动态推理

真值是对命题真确程度的一种度量，本来应该尽量客观. 但本文所谈的真值也适用于主观的信度. 但无论是客观的真值还是主观信度，都不具有明显的时间特征. 人在思考问题的时候，不会把注意力放在所有的真命题上，人的兴奋点随时在转移，尤其在左向推理中，为了分析与求索. 兴奋点总是从希望达到的目标逐步向实现此目标的充分条件上搜寻. 为了反映思维的这一特点，作者在[15]中提出了兴奋度的概念，利用兴奋度在推理或求索渠道网络中的流动过程来描述推理过程或求索过程这两种过程的混合.

兴奋度，在推理过程中是命题的真值或人对命题的信度相联系而又能反映思维活跃程度的一种量度，在求索过程中是与求解迫切程度及可解性相联系的一种量度.

定义 4.1（简单兴奋流图） 一个简单兴奋流图是一个 4 元组(L,E,φ,ψ)，其中 $L\subseteq F(X_f)\{X_f\}(f\in F)$是一因素空间，$(L,E)$是这样一个赋权有向图：$L=S\cup M\cup Q$，$L$ 中的元素叫站，$x\in S$ 叫始站，$x\in M$ 叫中间站，$x\in Q$ 叫终极站；$E\subseteq(L\backslash Q)\times(L\backslash S)$，$e=(x,y)\in E$ 叫作一个简单渠道，x,y 分别叫 e 的首与尾. φ 是一个映射 $\varphi:E\to[0,1]$，$\varphi(e)$叫 e 的传输系数. ψ 是一个映射，$\psi:L\times[0,+\infty)\to[0,1]$，$\psi(x,t)$叫 x 在时刻 t 的兴奋度. φ 与 ψ 要接受如下限制：记${}_xE=\{e|e\in E,e$ 以 x 为首$\}$，$E_x=\{e|e\in E,e$ 以 x 为尾$\}$，$x(e)=e$ 的始站，有

$$(e\in E)\quad \sum_{e\in E_x}\varphi(e)\leqslant 1, \tag{53}$$

$$(\text{任意 } x\in L)\quad \frac{\mathrm{d}}{\mathrm{d}t}\psi(x,t)=\sum_{e\in E_x}\varphi(e)\psi(x(e),t)-\sum_{e\in {}_xE}\varphi(e)\psi(x,t), \tag{54}$$

记
$$v(e,t)=\varphi(e)\psi(x(e),t) \tag{55}$$
称为 e 在时刻 t 的流速，于是(54)式可以改写成为

$$\frac{\mathrm{d}}{\mathrm{d}t}\psi(x,t)=\sum_{e\in E_x}v(e,t)-\sum_{e\in {}_xE}v(e,t)\quad(x\in L). \tag{56}$$

它的意思是，站 x 兴奋度的变化率等于流入 x 站的总流速减去流出 x 站

的总流速.

我们关心的是稳定解$\{\psi(x), x\in L\}$,它应满足

$$\sum_{e\in E_x}\varphi(e)\psi(x(e)) = \sum_{e\in {}_xE}\varphi(e)\psi(x(e)) \quad (x\in L). \tag{57}$$

将稳定解代入(56)式,便有

$$\sum_{e\in E_x}v(e,t) = \sum_{e\in {}_xE}v(e,t) \quad (x\in L). \tag{58}$$

对每一站,流入、流出的总速率相等.这正是克里霍夫定律.

若L有限,排序为$L=\{x_1, x_2, \cdots, x_n\}$,令

$$p_{ij} = \begin{cases}\varphi(e), & e=(x_i,x_j)\in E,\\ 0, & i\neq j \text{ 且}(x_i,x_j)\overline{\in} E,\\ 1-\sum\limits_{e\in {}_{x_i}E}\varphi(e), & i=j,\end{cases}$$

则$\boldsymbol{P}=(p_{ij})$是一个转移概率矩阵.若在初始时刻$t=0$,满足$\sum\limits_{x\in L}\psi(x,0)=1$,则可将$\{\psi(x,t)\}_{x\in L}$视为一个马尔可夫过程在时刻$t$的概率分布,它的演变规律完全由转移矩阵$\boldsymbol{P}$及初始分布所决定.

按照马尔可夫过程理论,可以讨论过程的极限分布与遍历性质,极限分布对应于定态,遍历经过程的极限分布意味着它的定态是渐近稳定的.按照马尔可夫过程理论,还可以将所有的站分类,有常返的、有易逝的.还可能出现周期振荡,它对应着一种自组织现象.

运用因素空间理论可以对模糊推理过程建立严谨的论述,它分为两个层次:在幂上,推理被描写为真值沿推理渠道的流动过程,在论域上,又被描写成推理关系,二者互相结合,取长补短,既有丰富的数学内涵,又有简易实用的外壳.还可以从静态到动态,形成兴奋流的网状流动过程,从而把握其渐近性质及结构的稳定性质.

参考文献

[1] Zadeh L A. IEEE Trans Systems Man Cybernet, 1973, 3:28.

[2] Caines R. International J Man-machine Studies, 1976, 8:623.

[3] Bandler J F, Kohout L J. International J Man-machine Studies, 1980, 12:89.

[4] Kandel A, Cao Z. Some fuzzy implication operators in fuzzy inference. In: Liu

X, Wang P Z, eds. Fuzzy systems and knowledge engineering. Guangdong Higher Education Publishing House, 1987, 78—88.

[5] Mizumoto M, Zimmermann H J. Fuzzy Sets and Systems, 1982, 8:253.

[6] Baldwin J F. Fuzzy Sets and Systems, 1979, 2:309.

[7] Mamdani E H. Proc I EEE, 1974, 121(12):1 585.

[8] Yamakawa T. Intrinsic fuzzy electronic circuits for sixth generation computers. In: Gupta M M, Yamakawa T, eds. Fuzzy computers, 1988, 157—172.

[9] Wang P Z. A factor spaces approach to knowledge representation. In: Verdegay J L, Delgado M eds. Approximate reasoning tools for artificial intelligence. Verlag TUV Rheinland, 1990:97－114.

[10] 汪培庄,张大志.高校应用数学学报,1986,1(1):85.

[11] Chen Yongyi, Wang PZ. BUSEFAL, 1983(16):107.

[12] 汪培庄.模糊集与随机集落影.北京师范大学出版社,1985.

[13] Wang P Z, Sugeno M. Fuzzy Mathematics, 1982, 2(2):45.

[14] Zhang H M, Wang P Z. A fuzzy diagnosis expert system-FUDES. FAS. 7th NAFIFS, San Francisco, 1988.

[15] 汪培庄.镇江船舶学院学报,1988,2(2):156.

Abstract The fuzzy reasoning models have been applied rapidly in several areas such as fuzzy control and pattern recognition, However there is lacking sufficient theoretical foundation for its development still. A new idea of treating inference process as the flow of truth values along inference channels is presented. By means of the factors space theory, a serious theory called truth-valued flow inference theory is obtained. By this way, the theory of inference relation, which is the base of existent models of fuzzy reasoning but has not been made into perfection, is retreated and reformed. Finally, a dynamic analysis to this theory is given.

Keywords Truth-valued-flows inferences; inferences relations; exciting grade; net-inferences

吴文俊主编:现代数学新进展
安徽科技出版社,1989:166－180

模糊数学的应用原理

The Applied Principle of Fuzzy Mathematics

本文用“落影空间”的框架对模糊数学的若干基本原理作了统一的论述,借以阐明这些原理在现实应用中所具有的意义.

§0. 前 言

模糊数学以研究和处理模糊性现象为其应用目的.这里所谓的模糊性,是指由于概念外延的不分明而引起的判断上的一种不确定状况,它反映了客观世界中处于中介过渡的事物所呈现的亦此亦彼性,普遍寓于人的认识过程之中.L.A.Zadeh 从亦此亦彼的事物中抓住事物对差异一方所具有的倾向性程度——隶属度,以此作为模糊数学的量化对象,用一定的数学方法去研究和处理模糊现象,已经取得了应用成效.

但是,究竟什么是隶属度?它是可以客观地加以度量的吗?这是一个十分重要的问题.就像概率论要通过统计试验中的频率稳定性规律来保证其应用的客观性一样,对于隶属度也应当采取某种统计试验的确定方法.可是,国外有人用传统的统计方法来确定隶属度,结果不理想.又由于模糊集在专家系统等方面的应用容许包含人为的技巧,所以一些国外学者包括 Zadeh 也曾经认为:隶属度的确定在本质上是非统计的.

诚然,模糊数学在应用时大体可分成两种情况.一种情况是把隶属度当作命题的真值来看待,张三对“健康”的隶属度就是“张三是健康人”这一命题的真确程度.这时对隶属度的确定要求应当是严格的.另一种情况是把隶属度当作专家和个人对命题的置信程度来看待,在构造一个专家系统的时候,专家的认识就是描写的依据,有关概念的隶属度就是专家的信度.这时对隶属度的描写便可以灵活一些.但是,即使是专家个人的信度也应当力求接近客观的真值.所以,模糊集理论应当把应用理论的基点放在前一种情况上,寻求确定隶属度的可靠方法,科学地建立隶属度的运算和变换规则.

国内,强调了统计试验的研究,张南纶等提出的 Fuzzy 统计试验[1]以及马谋超等提出的更精细的多维量表法[2]都获得了十分有意义的结果.张南纶的试验思想是用分明的外延去逼近模糊的外延.以"青年"这一概念为例,以年龄轴作论域,选定应试人员的类型,请应试者各自报出他们所认为的青年年龄的下限和上限,得到一个个区间,这些区间就是模糊外延的一种逼近.n 个区间中若有 m 个覆盖了年龄 u,则 m/n 便叫作"青年"对 u 的覆盖频率,或者叫作 u 对"青年"的隶属频率.他们通过大量试验证实了:在一定条件下,隶属频率也具有稳定性规律.张南纶、马谋超等提出的这些统计方法与传统的概率统计方法是有本质区别的(参见[3]).

模糊统计试验给我们提供了描述模糊数学应用原理的基础.第一,隶属频率的稳定性规律证实了 Zadeh 提出的隶属度所具有的客观意义,并为确定隶属度提供了一种统计方法,隶属频率稳定所在的数就是隶属度.第二,模糊统计的实验背景为隶属度在运算、变换等数量规律方面的描述提供了一个比较自然合理的框架,由此提出了所谓的"落影空间"理论[4].现在就让我们运用这一理论来统一论述模糊数学的若干基本原理.

§1. 落影空间

就像概率论只能对概率的频率稳定性规律起作用的那些观象才能保证其应用的客观性一样,为了保证模糊数学的一些基本应用原理的可靠性,我们先把考虑范围缩小到"隶属频率稳定性规律起作用的场合",在这里用较"硬"的方式确立一些基本法则,然后在应用的时候,再把应用范围适当扩大到前述第二种更加灵活的场合中去.

什么叫作"隶属频率稳定性规律起作用的场合"呢?直观上说不清楚,但却对应着一个十分明确的数学结构.

考察模糊统计试验过程(参见图 1),A^*(对模糊外延 $\underset{\sim}{A}$ 的分明化近似)为什么会变异?总有许多隐藏的因素(客观和社会心理的因素)在背

后制约着它，以 ω 表示这些因素的组态，ω 的变异域记为 Ω，则有 $A^* = A^*(\omega)$．"隶属频率稳定性规律起作用"意味着 ω 在 Ω 中的变异不是毫无规律的，它的变异应该体现出 Ω 中存在着某种固有的测度 μ，μ 是由所考察的模糊概念（它以 $\underset{\sim}{A}$ 为模糊外延，仍记作 $\underset{\sim}{A}$）的客观属性以及认识主体的社会心理属性综合决定的，正是 μ 才诱导出了 A^* 的覆盖频率的稳定的性质．这样，就应该有一个测度空间 $(\Omega,\mathscr{D},\mu)$，$\mathscr{D}$ 是 Ω 上的一个 σ 域．讲频率就涉及可加性，所以 μ 是定义在 $\mathscr{D}$ 上的 σ 可加集函数．A^* 要能传递测度 μ，当然就要求它是可测的，但由于它是从 Ω 到论域 U 的集值映射，所以要求在 U 的幂集 $\mathscr{P}(U)=\{A|A\subseteq U\}$ 上存在某种可测结构 $(\mathscr{P}(U),\check{\mathscr{B}})$，$\check{\mathscr{B}}$ 是 $\mathscr{P}(U)$ 上的一个 σ 域，为了落成隶属（度）函数的需要，可以取为

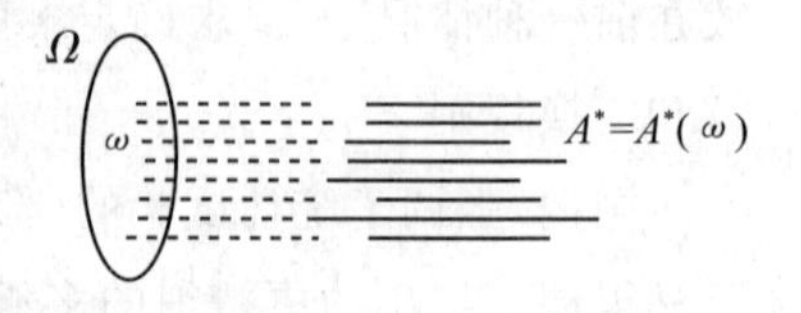

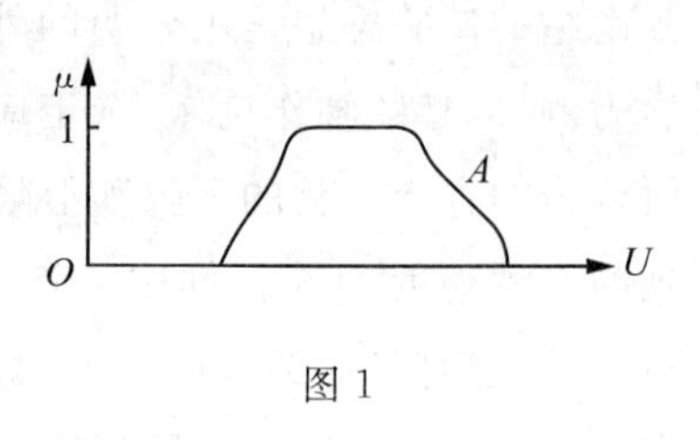

图 1

$$\check{\mathscr{B}}=[\dot{U}].\tag{1}$$

这里 $\dot{U}\triangleq\{\dot{u}|u\in U\}$，而

$$\dot{u}\triangleq\{A|u\in A\in\mathscr{P}(U)\}.$$

$[\dot{U}]$表示 $\dot{U}$ 在 $\mathscr{P}(U)$上生成的最小 σ 域．于是，"隶属频率稳定性规律起作用的场合"就可以抽象成为[4]中所提出的落影空间．稍加改变可叙述如下：

定义 1　称 $\mathscr{S}(\Omega,U)=(\Omega,\mathscr{D},\mu;U,\check{\mathscr{B}})$为一个落影空间，如果$(\Omega,\mathscr{D})$是一个可测空间，$\mu$ 是 $\mathscr{D}$ 上的 σ 可加集函数；U 叫作论域，$\check{\mathscr{B}}$ 由(1)式所定义．

给定 $\mathscr{S}(\Omega,U)$记

$$\mathscr{K}(\Omega,U)=\{\xi|\xi:\Omega\to\mathscr{P}(U),\mathscr{D}\text{-}\check{\mathscr{B}}\text{ 可测}\}.\tag{2}$$

以 I 表示实数域的一个特定的子集．

定义 2　记 $\mathscr{F}_I(U)=\{\underset{\sim}{A}|\underset{\sim}{A}:U\to I\}$，称 $\underset{\sim}{A}\in\mathscr{F}_I(U)$为 U 上的一个(I)模糊子集，$\underset{\sim}{A}(u)$叫作 u 对 $\underset{\sim}{A}$ 的隶属度．若对给定的以 I 作为 μ 的值域的落影空间 $\mathscr{S}=(\Omega,\check{\mathscr{D}},\mu;U,\check{\mathscr{B}})$，有 $\xi\in\mathscr{K}(\Omega,U)$，使满足

$$(\forall \mu \in U) \quad \underset{\sim}{A}(u)=\mu_{\xi}(u) \triangleq \mu_{0} \xi^{-1}(\dot{u})=\mu(\omega \mid \xi(\omega) \in \dot{u}), \tag{3}$$

则称 $\underset{\sim}{A}$ 是 ξ 的落影而称 ξ 是落成 $\underset{\sim}{A}$ 的云，μ_{ξ} 称为 ξ 的落影隶属函数.

易见 μ_{ξ} 就是 ξ 对 u 的覆盖测度 (4)

$$\mu_{\xi}(u)=\mu(\xi(\omega) \ni u),$$

在隶属频率稳定的场合，一个模糊集可以看作云的落影.（如图 1）

§2. 模糊集的运算

现今有各种各样的模糊集合的交、并、余运算，它们都是人为规定的. 究竟应当怎样合理地定义模糊集运算呢？显然，应当通过普通集运算来规定模糊集运算. 按照落影的思想框架，既然模糊集是由普通集合落影而得的，那么，模糊集的运算律也应当由普通集合的运算落影而得. 这也就是说，模糊集的运算要通过落成它们的云的运算来定义. 而云的运算是自然就有的：记

$$(\xi \cup \eta)(\omega) \stackrel{\triangle}{=} \xi(\omega) \cup \eta(\omega),\ (\xi \cap \eta)(\omega) \stackrel{\triangle}{=} \xi(\omega) \cap \eta(\omega),$$

$$\xi^{c}(\omega) \stackrel{\triangle}{=} [\xi(\omega)]^{c},$$

它们分别就是 ξ 与 η 的并、交及 ξ 的余.

一个云落可以成一个模糊集. 可是，一个模糊集是否只能由唯一的云来落成呢？回答是否定的. 可以有无数多的云落成同一个模糊集，这就存在一个选择问题. [4]中指明了：对云的不同选择便得到不同的模糊集运算. 其中特别构造出了最大最小、概率和积、有界和积这三种常用运算的代表云. 不同的实际问题需要不同的选择，产生不同的模糊集运算. 本文为了简短，只就最常用的情形介绍一种代表云的选择方式.

隶属函数的确定过程，应当看作是特定人群在特定历史条件下对特定概念反复认识的升华和结晶的过程. 人类认识有去粗取精的升华能力，我们不难理解这样的现象：假如我们为获得某个概念的隶属度而对其外延分别获得两次映象 A_1, A_2，则我们在一定的许可下，很自然地会接受这样一种有序化修正，将它们变成 $A_1'=A_1 \cup A_2$ 及 $A_2'=A_1 \cap A_2$（参见图 2）. 同样，对于 n 次映象 $A_i(i=1,2,\cdots,n)$，有序化修正为

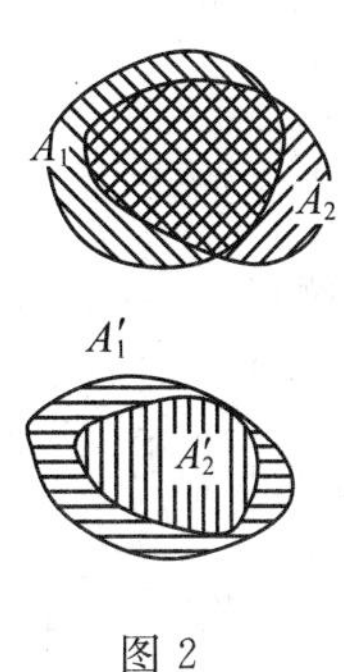

图 2

$$A'_i=\{u \mid \text{至少有 } j \text{ 个 } A_i \text{ 覆盖 } u\}(j=1,2,\cdots,n) \tag{5}$$

($A'_1 \supseteq A'_2 \supseteq \cdots \supseteq A'_n$). 一般地,我们可以将 $\underset{\sim}{A}$ 的任意云经有序化的升华后而修正成如下的一个代表云,先要对落影空间附加一个假设.

假定(A)　I 是 Lebesgue 可测集;存在映射 $\theta:\Omega \to I$,它是 $\mathscr{D}$-$\mathscr{B}_I$ (Borel 域在 I 中的限制)可测的,且使 $\mu \circ \theta^{-1}$ 是 $\mathscr{B}_I$ 中的 Lebesgue 测度.

本文以下讨论的落影空间均满足假定(A),不再一一申明.

定义 3　任给 $\underset{\sim}{A} \in \mathscr{F}_I(U)$,记

$$\xi^* = \xi^*(\underset{\sim}{A}) = \Phi(\underset{\sim}{A}) \circ \theta, \tag{6}$$

其中

$$\Phi(\underset{\sim}{A}): I \to \mathscr{P}(U),$$

$$\lambda \to A_\lambda \overset{\triangle}{=\!=} \{u \mid \underset{\sim}{A}(u) \geqslant \lambda\} \tag{7}$$

必有 $\xi^* \in \mathscr{K}(\Omega, U)$,称之为 $\underset{\sim}{A}$ 的代表云.

(7)式中所出现的 A_λ 叫作 $\underset{\sim}{A}$ 的 λ 截集. 代表云的简单表示是 $\Phi(\underset{\sim}{A})$,它把 λ 映成截集 A_λ.

若以代表云来描写模糊集,则模糊集运算应该定义如下;

定义 4　任给 $\underset{\sim}{A}, \underset{\sim}{B} \in \mathscr{F}_I(U)$,它们的代表云分别记为 ξ^*, η^*,则 $\underset{\sim}{A}, \underset{\sim}{B}$ 的并、交及 $\underset{\sim}{A}$ 余集分别定义为

$$\underset{\sim}{A} \cup \underset{\sim}{B} \overset{\triangle}{=\!=} \mu_{\xi^* \cup \eta^*}; \tag{8}$$

$$\underset{\sim}{A} \cap \underset{\sim}{B} \overset{\triangle}{=\!=} \mu_{\xi^* \cap \eta^*}; \tag{9}$$

$$\underset{\sim}{A}^c \overset{\triangle}{=\!=} \mu_{\xi^{*c}}, \tag{10}$$

由定义可以推证出 Zadeh 最早规定的模糊集运算法则.

隶属度运算的比大、比小法则;

$$(A \cup B)(u) = A(u) \vee B(u);$$

$$(A \cap B)(u) = A(u) \wedge B(u);$$

$$(A^c)(u) = m(I) - A(u).$$

这里, $\vee=\sup$, $\wedge=\inf$, m—Lebesgue 测度,若取 I 为[0,1],则 $m(I)=1$.

§ 3.　模糊关系的合成

$U \times V$ 的模糊子集 $\underset{\sim}{R}$(即 $\underset{\sim}{R} \in \mathscr{F}_I(U \times V)$)叫作从 U 到 V 的模糊关系,它在模糊集应用中占据了特殊重要的地位. 十分关键的问题是,模糊关系

应当怎样合成？按照落影的思想，一个模糊关系是由普通关系所构成的云的落影，在“云上实行普通关系合成”，落下来便得到模糊关系的合成.

设

$$\xi\in\mathscr{K}(\Omega,U\times V)=(\Omega,\mathscr{D},\mu;U\times V,\check{\mathscr{B}}(U\times V)(\check{\mathscr{B}}(U\times V))=[(U\times V)^{\cdot}]);$$

$$\eta\in\mathscr{K}(\Omega,V\times W)=(\Omega,\mathscr{D},\mu;V\times W,\check{\mathscr{B}}(V\times W)(\check{\mathscr{B}}(V\times W))=[(V\times W)^{\cdot}]).$$

记

$$\xi\circ\eta:\Omega\longrightarrow\mathscr{P}(U\times W),$$

$$\omega\longmapsto\xi(\omega)\circ\eta(\omega)\text{（普通关系合成）},$$

可证 $\xi\circ\eta\in\mathscr{K}(\Omega,U\times W)$，叫作云 ξ 与云 η 的合成.

同样的问题会出现：一个模糊关系可由多个云落成，不同的选择会导出不同的合成规则. 为了简短，本文只选择定义 3 所述的代表云.

定义 5 任给 $\underset{\sim}{R}\in\mathscr{F}_I(U\times V)$，$\underset{\sim}{S}\in\mathscr{F}_I(V\times W)$，以 ξ^*，η^* 分别表示它们在 $\mathscr{K}(\Omega,U\times V)$，$\mathscr{K}(\Omega,V\times W)$ 中的代表云，记

$$\underset{\sim}{R}\circ\underset{\sim}{S}=\mu_{\xi^*\circ\eta^*}\ (\in\mathscr{F}_I(U\times W)),\tag{11}$$

称为 $\underset{\sim}{R}$ 与 $\underset{\sim}{S}$ 的合成关系.

由此可推证出隶属度传输法则.

隶属度传输法则：

$$(\underset{\sim}{R}\circ\underset{\sim}{S})(u,\omega)=\bigvee_{v\in V}(\underset{\sim}{R}(u,v)\wedge\underset{\sim}{S}(v,w)).$$

这一法则意味着；模糊关系 $\underset{\sim}{R}$ 在 (u,v) 的隶属度 $\underset{\sim}{R}(u,v)$ 可被看作是从 u 向 v 传输的隶属度. 模糊关系合成采取了网络传输规则，但在这里，串联取 $\wedge$，并联取 $\vee$.

如图 3，U 上的模糊集可视为概念名称到 U 的模糊关系. 于是，在应用中常把模糊关系 $\underset{\sim}{R}\in\mathscr{F}_I(U\times V)$ 视为一转换器，输入 $\underset{\sim}{A}\in\mathscr{F}_I(U)$，输出 $\underset{\sim}{B}=\underset{\sim}{A}\circ\underset{\sim}{R}$. $\underset{\sim}{B}$ 与 $\underset{\sim}{A}$ 是同一概念在不同论域上的表现.

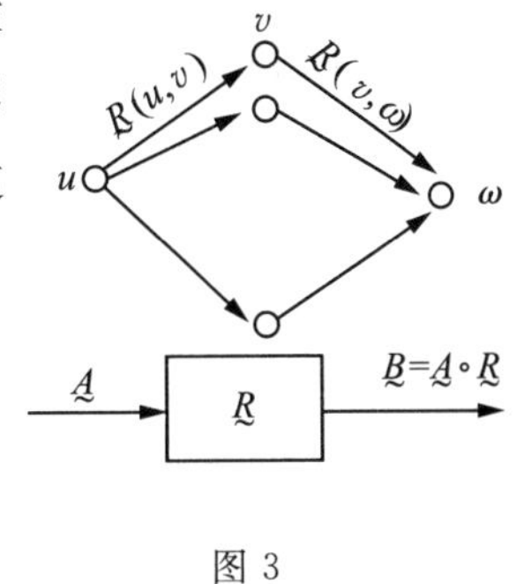

图 3

§4. 模糊集的变换

给定映射 $f:U\rightarrow V$，由它可以扩展成普通集合的变换

$$f:\mathscr{P}(U)\to\mathscr{P}(V)$$

$$A\longmapsto f(A)\stackrel{\triangle}{=\!=}\{v\mid \exists\, u\in A, f(u)=v\}.$$

怎样把 f 扩展成模糊集的变换呢？当然也应当先扩展到云上然后再落下来.

定义 6　由映射 $f:U\to V$ 可以扩展成映射

$$f:\mathscr{F}_I(U)\to\mathscr{F}_I(V)$$

$$\underset{\sim}{A}\longmapsto f(\underset{\sim}{A})\stackrel{\triangle}{=\!=}\mu_{f(\xi^*(\underset{\sim}{A}))}. \tag{12}$$

其中 $\xi^*(\underset{\sim}{A})$是 $\underset{\sim}{A}$ 的代表云. 映射(12)叫作 f 的扩展.

关于 $f(\xi^*(\underset{\sim}{A}))$是否属于 $\mathscr{K}(\Omega,V)$的问题不在此赘述.

由此可推证出 Zadeh 的所谓扩展原理,即隶属度迁移法则.

隶属度迁移法则:若 $f:U\to V$,则

$$f(\underset{\sim}{A})(v)=\bigvee_{f(u)=v}\underset{\sim}{A}(u)\,(\vee\varnothing\stackrel{\triangle}{=\!=}0).$$

这一法则意味着:U 中的点 u 通过 f 变到 V 中时,可携带着原有的隶属度 $\underset{\sim}{A}(u)$一起过去,在 V 中重新堆积起一个模糊集,它就是原有模糊集 $\underset{\sim}{A}$ 在 f 之下的像.

§5.　切片原理

从前述法则中可以总结出这样一个法则:

切片法则:模糊集或关系的运算、合成和变换,均可以将 λ 截集看作切片,先分层进行普通集合或关系的相应运算、合成和变换,将所得结果按下面的公式叠置成一个模糊集或关系:

$$\underset{\sim}{A}=\underset{\lambda\in I}{U}\lambda\cdot A_\lambda.$$

这里

$$(\lambda\cdot A_\lambda)(u)\stackrel{\triangle}{=\!=}\begin{cases}\lambda, & u\in A_\lambda;\\ 0, & u\notin A_\lambda.\end{cases}$$

[8]中用集合套理论对此作了严谨的论述.

值得指出的是:切片法则只有用前述的代表云才能推证出来. 改变云选择可以抛弃或破坏这一法则.

§6. 概念间的相容度

模糊集的应用突出在逻辑方面.为了简略,本文下面将一个概念和表现其外延的模糊集合用同样的字母表示,

两个分明的概念,当其外延 $A\cap B=\varnothing$ 时:称它们是不相容的,否则称为相容.

定义 7 给定 $\underset{\sim}{A},\underset{\sim}{B}\in\mathscr{F}_I(U)$,设它们的代表云分别是 ξ^*,η^*,记

$$C(\underset{\sim}{A},\underset{\sim}{B})=\mu(\omega|\xi^*(\omega)\cap\eta^*(\omega)\neq\varnothing) \tag{13}$$

叫作概念 $\underset{\sim}{A},\underset{\sim}{B}$ 的相容度.

由此推导出:

小中求大法则:

$$C(\underset{\sim}{A},\underset{\sim}{B})=\bigvee_{u\in U}(\underset{\sim}{A}(u)\wedge\underset{\sim}{B}(u)).$$

这一法则意味着,两个模糊概念在同一论域上的相容度是逐点比较它们的隶属度而得的低者的上确界.

§7. 甲概念对乙概念的符合度

对于两个分明概念 A,B,若 $A\subseteq B$,则称 A 符合 B,对于模糊概念的符合问题,要分两步进行分析.

先考虑一个分明概念对模糊概念的符合度(即定义 8).

定义 8 设 $A\in\mathscr{P}(U)$,$\underset{\sim}{B}\in\mathscr{F}_I(U)$,它们的代表云分别记为 ξ^* 及 η^*,记

$$\begin{aligned}b(A,\underset{\sim}{B})&=\mu(\omega|\xi^*(\omega)\subseteq\eta^*(\omega))\\&=\mu(\omega|\eta^*(\omega)\supseteq A),\end{aligned} \tag{14}$$

叫作 A 对 $\underset{\sim}{B}$ 的符合度.

第二步再考虑模糊概念对模糊概念的符合度,这要用模糊真值 $\tau\in\mathscr{F}_I(I)$才便于表示.对任意 $\lambda\in I$,$\tau(\lambda)$表示"$\underset{\sim}{A}$ 对 $\underset{\sim}{B}$ 的符合程度是 λ"这一命题的真确程度.它应当这样来确定;按切片原则,在 λ 水平上得 $\underset{\sim}{A}$ 的截集 A_λ,它是普通集合,可按(14)式确定它对 $\underset{\sim}{B}$ 的符合度 $b(A_\lambda,\underset{\sim}{B})$,由此较自然地给出了定义 9.

定义 9 设 $\underset{\sim}{A},\underset{\sim}{B}\in\mathscr{F}_I(U)$,记

$$\tau(\lambda)=\bigwedge_{u\in A_\lambda}\underset{\sim}{B}(u)\quad(\lambda\in I), \tag{15}$$

称 τ 为 $\underset{\sim}{A}$ 对 $\underset{\sim}{B}$ 的模糊符合度.

§8. 模糊概念的真值修饰

考虑命题"u is $\underset{\sim}{A}$ is τ",其中 u 是 U 中的对象,$\underset{\sim}{A}$ 是 U 上考虑的一个模糊概念,$\tau\in\mathscr{F}_I(I)$是一个模糊真值.若要把这一命题变成一个简单命题"u is $\underset{\sim}{B}$",$\underset{\sim}{B}$ 应当如何确定呢?例如,"张三(u)是英雄($\underset{\sim}{A}$)是千真万确(τ)的",这句话意味着张三是个什么样的人呢?

定义 10 设 $\underset{\sim}{A}\in\mathscr{F}_I(U)$,$\tau\in\mathscr{F}_I(I)$,则称 $\tau\circ A$ 为 $\underset{\sim}{A}$ 的 τ 修饰集.$\tau\circ A=\tau(A)$.

真值修饰法则:下列命题是等效的:

$$\text{"}u \text{ is } \underset{\sim}{A} \text{ is } \tau\text{"}=\text{"}u \text{ is } \tau(\underset{\sim}{A})\text{"}.$$

例如,"张三是英雄是千真万确的"="张三是千真万确的英雄".千真万确的英雄 $\tau(\underset{\sim}{A})$就是"英雄"的真值修饰.

§9. 模糊推理

在二值逻辑中,蕴涵式 $P\to Q$ 的真值是由前件 P 的真值 p 与后件 Q 的真值 q 来决定的:

p \ q	1	0
1	1	0
0	1	1

(16)

表中所列的就是 $P\to Q$ 的真值.

现在,取 $U=V=\{真,假\}$,用 U,V 分别表示前件与后件的真确状态集,由表(16)得到一个矩阵

$$\boldsymbol{R}=\begin{pmatrix}1 & 0\\ 1 & 1\end{pmatrix},$$

它表示从 U 到 V 的真值推理关系.在 U 上给定向量$(1,0)$,它表示前件 P 为真,按照第三段中图示的原理,将二元关系 R 看作是一个转换器,输入"P 真",看看输出什么?按布尔矩阵的合成法则,有

$$(1,0)\circ\begin{pmatrix}1 & 0\\ 1 & 1\end{pmatrix}=(1,0).$$

(1,0)在论域 V 上表示"Q 真".这样,便得到二值逻辑中肯定前件的假言推理模式:

$$\begin{array}{l} P\rightarrow Q \\ \underline{P\qquad\quad} \\ \qquad\ Q \end{array}$$

模糊推理的原理也是类似的.以下取 $I=[0,1]$.

定义 11 $\underset{\sim}{R}\in\mathscr{F}_I([0,1]\times[0,1])$叫作一个真值推理(模糊)关系,如果 $\underset{\sim}{R}$ 限制在$\{0,1\}\times\{0,1\}$中等同于二值逻辑的蕴涵式真值表(16).

例如,

$$\underset{\sim}{R}(p,q)=(1-p+q)\wedge 1 \tag{17}$$

或

$$\underset{\sim}{R}(p,q)=q\vee(1-p), \tag{18}$$

都是真值推理关系.

将 $\underset{\sim}{R}$ 看作转换器,输入前件的模糊真值 $\tau\in\mathscr{F}_{[0,1]}([0,1])$,可得后件真值 $\tau'\in\mathscr{F}_{[0,1]}([0,1])$:

$$\tau'(q)=\bigvee_{p\in[0,1]}(\tau(p)\wedge\underset{\sim}{R}(p,q)) \tag{19}$$

由此可推得

模糊推理法则 给定模糊推理句:"若 u is $\underset{\sim}{P}$,则 v is $\underset{\sim}{Q}$",若知"u is $\underset{\sim}{P}'$",则可推出"v is $\underset{\sim}{Q}'$".此处 $\underset{\sim}{Q}'$,可通过以下三步来得到:

1. 计算 $\underset{\sim}{P}'$对 $\underset{\sim}{P}$ 的模糊符合度,以之作为前件模糊真值,

$$\tau(p)=\bigwedge_{u\in P'_p}\underset{\sim}{P}(u); \tag{20}$$

2. 取定真值推理关系 $\underset{\sim}{R}$,将前件模糊真值 τ 输入,得

$$\tau'(q)=\bigvee_{p\in[0,1]}(\tau(p)\wedge\underset{\sim}{R}(p,q)); \tag{21}$$

3. 将后件真值 τ'作为对 $\underset{\sim}{Q}$ 的真值修饰,得到

$$\underset{\sim}{Q}'(q)=\tau'(\underset{\sim}{Q}(q)). \tag{22}$$

这一法则充分描写了日常的推理过程,它是近似肯定前件的模糊推理模式:

$$\begin{array}{l} \underset{\sim}{P}\rightarrow\underset{\sim}{Q} \\ \underline{\underset{\sim}{P}'\qquad\quad} \\ \qquad\ \underset{\sim}{Q}' \end{array} \tag{23}$$

它比二值逻辑或连续值逻辑中完全肯定前件的假言推理模式要灵活得多,在专家系统、知识工程等方面的应用中具有很重要的价值.本文所提的(20)式和原来的稍有不同.

§10. 简短的结论

模糊数学的应用面已颇广,其应用思想是生动诱人的,然而尚缺少统一的论述.本文利用“落影空间”的框架对于作为模糊数学应用基础的若干基本法则作出了理论上的论证,在一定程度上阐明了模糊数学应用的客观意义.落影空间是对 Fuzzy 统计试验及其隶属频率稳定性的一种抽象.本文强调 Fuzzy 统计试验是为了对“隶属度”概念作出客观描述.在强调这一点的同时,本文也一再申言,这样做并不是要排斥模糊数学在应用中所出现的灵活性和人为技巧.在适当的场合,后者不仅是容许的,甚至是积极的.

参考文献

[1] 张南纶.随机现象的从属特性及概率属性Ⅰ,Ⅱ,Ⅲ.武汉建材学院学报,1981,(1):11－18;(2):7－14;(3):9－24.

[2] 马谋超,曹志强.类别(Category)判断的模糊模型和多极估量方法.心理学报,1983,(2):198－204.

[3] 汪培庄,刘锡荟.集值统计.工程数学学报,1984,1(1):43－54.

[4] 汪培庄,张南纶.落影空间——模糊数学的概率描述.数学的研究与评论,1983,3(1):163－178.

[5] Wang Peizhuang and Sanchez E. Treating a fuzzy subset as a projectable random subset. In:Grupta M M and Sanchez E eds. ,Fuzzy Information and Decision Pergamon Press,1982,213－219,or in Memor No. UCB/ERL M82/35,University of California,Berkeley,April,1982.

[6] Wang Peizhuang. From the fuzzy statistics to the falling random subsets. In:Wang P P ed. ,Advance in Fuzzy Set Theory and Applic. Pergamon Press,1983,81－86.

[7] Wang Peizhuang. Random Sets and Fuzzy Sets. International Encyclopedia on Systems and Control. Pergamon Press,1987.

[8] 罗承忠. Fuzzy 集与集合套.模糊数学,1983,3(4):113－126.

[9] Goodman I R. Identification of fuzzy sets with a class of canonically induced random sets and some applications. Proc. of 19tb IEEE Conference on Decision and Control (Albuquerque,NM) and (longer version) Naval Research Laboratory Report,8415,1980

[10] Nguyen H T. On random sets and belief functions. J. Math. Anal. & Applic. ,1978,65:531—542.

[11] Hirota K. Extended fuzzy expression of probabilistic sets. In:Gupta M M , Ragade R K and Yager R R eds. ,Advance in Fuzzy Set Theory and Applic. Pergamon Press,1979.

[12] Kendall D G. Function of a theory of random sets. Stochastic Geometry. New York,1974.

[13] Sharer G. A Mathematical Theory of Evidence. Princeton University Press, 1976.

[14] Zadeh L A. Fuzzy sets as a basis for a theory of possibility. Fuzzy Sets and Systems,1978,1:3—28.

软件学报
1992,(1):30—40

因素空间与概念描述[①]

Factor Space and Description of Concepts

摘要　本文介绍作者所提出的因素空间理论，它为概念描述提供了一般的数学框架. 本文不加证明地列出了有关的基本数学命题和结论.

作者于 1981 年在文[1]中提出了“因素空间”的原始定义，用以解释随机性的根源及概率规律的数学实质，严格定义是于 1982 年在文[2]中给出的，定义背景已转向模糊集理论及其应用研究. 模糊集理论已经取得了迅速的发展，但是，论域的选择是一个十分重要的问题，其重要性也许不亚于隶属度本身的确定. 然而，现有的模糊集理论对此并未提及；它与经典集合论一样只涉及概念外延而不涉及其内涵. 因素空间理论可以较好地解决上述问题，为知识描述提供一个自然合理的描述框架. 目前，这一理论已经被应用于人工智能和决策科学的一些方面. 其中较成功的是张洪敏等基于这一理论所研制成功的诊断型专家系统开发工具 STIM[4][6].

§1.　因素与因素的运算

“任何事物都是诸因素的交叉”. 一个人可以由他在年龄、性别、身高、体重、职业、学历、性格、兴趣等因素方面的表现而加以确定，人就是上述因素的一种交叉，这种交叉意味着可以建立一种广义的坐标系，事物可以

①　收稿日期：1989-07-25；定稿日期：1990-06-15，国家自然科学基金资助项目.

被描述成这广义坐标系中的一个点. 建立这一广义坐标系的关键,是要把握住像年龄、性别等这样一些名称,它们就叫作因素.

物理系统的因素,如长度、质量和时间等较具体,系统越复杂,因素往往越抽象,越难以度量,如"结构""功能""可行性""满意程度、协调性、稳定性"等,都是较抽象和难以度量的因素. 到了最深层次,有一些最普遍最抽象的因素,如"存在性""因果性""正负性(阴阳性)"等,涉及哲学范畴.

不要把因素和因素的状态和特征相混淆. 温度是因素,不能叫特性,27℃叫作状态,不能叫作因素,冷、热、温暖等不能叫因素,而是与温度相联系的特征或性质.

一个事物并非从任何因素都可以对之进行考察. 一块石头无从论性别,一朵云彩无从论贡献大小,所谓事物 o 与因素 f 相关,是指从 f 谈论 o,有一个状态 $f(o)$ 与之对应.

称 (O,V) 是一个配对,如果 O 与 V 分别是由一些对象和由一些因素所组成的集合,且对任意 $o\in O$,一切与 o 有关的因素都在 V 中,而对任意因素 $f\in V$,一切与 f 有关的事物也都在 O 中.

对于一个实际问题,我们总假定有一个配对近似地存在着,对于给定的配对 (O,V),可以在 O 与 V 之间定义一个关系 R:

$$R(o,f)=1 \quad \text{当且仅当 } o \text{ 与 } f \text{ 有关}. \tag{1.1}$$

称 R 为相关关系,为简便计,我们姑且把 R 定义为普通的(非 Fuzzy)关系. 定义

$$D(f)=\{o|R(o,f)=1\},V(o)=\{f|R(o,f)=1\}. \tag{1.2}$$

因素 f 可以看作一个映射,作用在一定的对象 o 上可获得一定的状态,记为 $f(o)$:

$$f:D(f)\to X(f)$$

$$o\mapsto f(o), \tag{1.3}$$

这里 $X(f)=\{f(o)|o\in O\}$ 叫作因素 f 的状态空间.

按照状态空间的不同,因素可分为四种类型:

1. 可测因素. 像时间、长度、质量等这样一类物理因素以及其他可以测量的因素叫作可测因素,又叫作变量. 可测因素的状态空间一般是实直线 $\boldsymbol{R}$ 或 n 维欧氏空间 $\boldsymbol{R}$ 中的子空间.

2. 程度因素. 像必要性、可靠性、满意程度等这一类因素,没有现成的测量手段,但却有一定的程度可言,叫作程度因素,程度因素的状态空间一般是[0,1]

3. 特款因素. 例如职业,其状态空间是

$$X(\text{职业})=\{\text{教师,医生,研究员,}\cdots\},$$

其状态由不同特款组成.

4. 二相因素. 有些因素,其状态空间由相反的一组状态组成. 例如,

X("有无生命?")={有生命,无生命},

X(虚实)={虚,实};

X(阴阳)={阴,阳};

X("'精神'一物质")={精神,物质}.

这类因素叫作二相因素. 因素本来都应该用名词来表示,但是,二相因素的命名却有些困难. 所以,有时以提问词代替,如"有无生命?"有时以正反状态的联结词代替,如"精神一物质".

因素之间存在着以下的关系和运算:

1. 子因素

有时,因素甲的状态一旦确定,因素乙的状态也就随之而确定. 例如因素 f=点的平面坐标,因素 g=点的横坐标,f 的状态决定了 g 的状态. 在这种关系下,乙的状态空间可表示为甲的状态空间的子空间.

定义 1.1 因素 g 叫作因素 f 的真子因素,记作 $f>g$,如果 $X(g)$ 是 $X(f)$ 的真子空间,亦即,存在着非空集合 Y,使 $X(f)=X(g)\times Y$,称 g 是 f 的子因素,记作 $f\geqslant g$,如果 $f>g$ 或 $f=g$.

以 $\varnothing$ 表示一种空状态,约定:对任一状态 x,都有

$$(x,\varnothing)=(x). \tag{1.4}$$

定义 1.2 称 0 为零因素,如果

$$X(0)=\{\varnothing\}. \tag{1.5}$$

显然,0 是 (O,V) 中任何因素的子因素,且有

$$X(f)=X(0)\times X(f).$$

2. 因素的析取

定义 1.3 称因素 h 是因素 f 与 g 的析取因素,记作 $h=f\wedge g$,如果 $X(h)$ 是 $X(f)$ 与 $x(g)$ 的最大公共子空间. 亦即,$X(h)$ 是 $X(f)$ 与 $X(g)$ 的公共子空间,若还有 Y 是 $X(f)$ 与 $X(g)$ 的公共子空间,则 Y 必是 $X(h)$ 的子空间. 因素 g 称为因素族 $\{f_t\}(t\in T)$ 的析取,记作 $g=\bigwedge\limits_{t\in T}f_t$,如果 $X(g)$ 是 $\{X(f_t)\}(t\in T)$ 的最大公共子空间.

定义 1.4 称因素族$\{f_t\}(t\in T)$是两两独立的,如果对任意$t_1,t_2\in T$,都有$f_{t_1}\wedge f_{t_2}=0$.

3. 因素的合取

因素R叫作因素f与g的合取,记作$h=f\vee g$,如果$X(h)$以$X(f)$和$X(g)$为子空间,并且是这样的空间中的最小者. 因素g叫作因素族$\{f_t\}(t\in T)$的合取,记作$g=\bigvee_{t\in T}f_t$,如果$X(g)$以$X(f_t)(t\in T)$为子空间,并且是这样的空间中的最小者.

4. 因素的减法

定义 1.5 因素h叫作因素f与g之差,记作$h=f-g$,如果

$$(f\wedge g)\vee h=f.$$

显然有

命题 1.1 对任意$f,g\in y$,若$f\vee g$存在,则

$$X(f\vee g)=X(f-g)\times X(f\wedge g)\times X(g-f).$$

§2. 因素空间的公理化定义

为了知识描述的需要,应当建立一种相当广泛的坐标体系,这就是本节要介绍的因素空间,它是在文[2]中最早以公理化的形式给出的.

定义 2.1 一个因素空间是以一个完全的布尔代数$F=F(\vee,\wedge,c,1,0)$为指标集的集合族$\{X(f)\}(f\in F)$,满足

$$X(0)=\{\varnothing\},\tag{2.1}$$

$$((\forall T\subseteq F)(t,s\in T,t\neq s\Rightarrow s\wedge t=0)\Rightarrow X(\bigvee_{t\in T}f_t)=\prod_{t\in T}X(f_t)),$$

F叫作因素集,$f\in F$叫作因素,$X(f)$叫f的状态空间,1叫全因素,$X(1)$叫全空间.

例 1 取$S_n=\{1,2,\cdots,n\}$,取$F=P(S_n)=\{f\mid f\subseteq S_n\}$对任意$f\in F,X(f)=\prod_{i\in f}X(i)$,约定$\prod_{i\in\varnothing}X(i)=\{\varnothing\}$,则$\{X(f)\}(f\in F)$是一个因素空间.

例 2 设(O,V)是一个配对,F是V的一个子集,它对因素的(任意指标集的)析取、合取和因素的减法均封闭,记

$$1=\bigvee_{f\in F}f,f^c=1-f,(f\in F),\tag{2.2}$$

则$\{X(f)\}(f\in F)$是一个因素空间.

例 3　给定集合 S,设 $F=\{S,\varnothing\}$,F 是一个完全的布尔代数. $1=S$,$0=\varnothing$. 给定 $X(S)$,则$\{X(S),\{\varnothing\}\}$构成一个因素空间. 由于$\{\varnothing\}$可以视为一个多余符号,故这个因素空间蜕化成一个状态空间 $X(S)$.

现代控制论中的状态空间、模式识别中的特征空间和参数空间、现代物理中的相空间、医疗诊断中的症候空间等都是本文状态空间的特殊情形. 由例 3 可知,它们都被因素空间所概括. 比上述概念更深化的是,因素空间不是一个固定的状态空间,而是一族状态空间. 它可以被看作是一个可变的状态空间或是一个维度可变的状态空间. "变维"是因素空间的核心思想之一. 在知识表示技术中,它是信息压缩、灵活转换的依据.

§3.　概念的外延与内涵

描述概念,有外延与内涵两种方式,符合概念的全体对象所构成的集合叫作这个概念的外延. 概念的本质属性叫作这个概念的内涵. 经典集合论可以描述清晰概念的外延,Fuzzy 集合论可以描述一般概念的外延. 但是,没有很好地解决论域的选择和变换这一重要问题. 内涵的表示则一直是数学研究的一块禁地. 本节将对上述问题展开论述.

称因素集 F 对于我们所要讨论的一组概念是足够的,如果这组概念所涉及的因素都被 F 所包含. 这时,称 O 是这组概念(对象)的论域. 概念 α 在 O 中的外延是由 O 的一个 Fuzzy 子集 A 所表示的,A 是一个映射,

$$A:O\to[0,1],$$
$$o\mapsto A(o), \tag{3.1}$$

$A(o)$叫作 o 对概念 α 的隶属度.

定义 3.1　设 $F\subseteq V$,$\{X(f)\}(f\in F)$是一个因素空间. 又设 α 是 F 可以足够描述的一个概念,具有外延 A. 对任意 $f\in F$,记

$$f(A):X(f)\to[0,1],$$
$$(f(A))(x)\triangleq\operatorname{Sup}\{A(x)\mid f(o)=x\},(x\in X(f)) \tag{3.2}$$

叫作 α 在表现论域 $X(f)$上的表现外延.

定义 3.2　设 $f,g\in F$,$f\geqslant g$,记

$$\downarrow_g^f:X(f)\to X(g)$$
$$\downarrow_g^f(x,y)\triangleq x(x\in X(g),y\in X(f-g)) \tag{3.3}$$

叫作从 f 到 g 的投影映射,对 $X(f)$的任一 Fuzzy 子集 B,记

$$(\downarrow_g^f B)(x) \triangleq \mathrm{Sup}\{B(x,y) \mid y \in X(f-g)\}, (x \in X(g)), \quad (3.4)$$

称$\downarrow_g^f B$为B从f向g的投影.

命题 3.1 设$f,g\in F$,$f\geqslant g$,A是概念α的外延,则α在g中的表现外延等于它在f中表现外延向g的投影:

$$\downarrow_g^f f(A) = g(A). \quad (3.5)$$

定义 3.3 设$f,g\in F$,$f\geqslant g$,对于$X(g)$的任一 Fuzzy 子集B,记

$$(\uparrow_g^f B)(x,y) \triangleq B(x), (x \in X(g), y \in X(f-g)) \quad (3.6)$$

叫作从g到f的柱体扩张.

命题 3.2 设$f,g,h\in F$,$f\geqslant g\geqslant h$,有

$$\downarrow_f^g(\downarrow_g^f B) = \downarrow_h^f B \quad (B\text{是}X(f)\text{的 Fuzzy 子集}); \quad (3.7)$$

$$\uparrow_g^f(\uparrow_h^g B) = \uparrow_h^f B \quad (B\text{是}X(h)\text{的 Fuzzy 子集}); \quad (3.8)$$

$$\downarrow_g^f(\uparrow_g^f B) = B \quad (B\text{是}X(g)\text{的 Fuzzy 子集}); \quad (3.9)$$

$$\uparrow_g^f(\downarrow_g^f B) \supseteq B \quad (B\text{是}X(f)\text{的 Fuzzy 子集}); \quad (3.10)$$

(3.10)式说明先投影后扩张不一定能够还原.一般来说要变大,什么时候能够还原呢?这有

命题 3.3 (3.10)变成等式的充要条件是

$$(\forall x \in X(g), \forall y \in X(f-g)) B(x,y) = B(x). \quad (3.11)$$

如图 1 所示,(3.11)表示B在y处的截集与y在$X(f-g)$中的变化无关.这说明因素$f-g$的变异丝毫不影响B,B的信息已经完全被因素g所包容了.

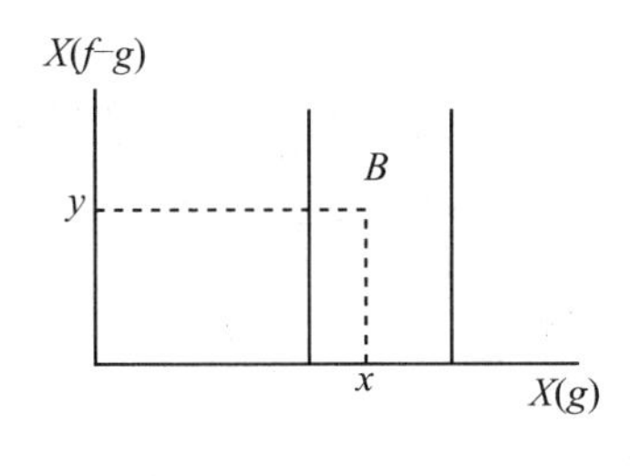

图 1

定义 3.4 设A是概念α,在对象论域O中的外延,$B=1(A)$,是$X(1)$的一个非空真子集.称因素f对α是充分而因素f^c对α是多余的,如果

$$\uparrow_f^1(\downarrow_f^1 B) = B. \quad (3.12)$$

当$B=X(1)$或B是空集时,称任意$f\in F$对α都是充分的,同时也都是多余的.

定义 3.5 设$1(A)$是$X(1)$的非空真子集,记

$$r(\alpha) = r(A) \triangleq \wedge\{f \mid f \in F, f\text{对}\alpha\text{是充分的}\} \quad (3.13)$$

称之为概念α的秩.当$1(A)=X(1)$或$1(A)=\varnothing$时,定义α的秩为 0.

概念的秩是一个因素,它是充分因素的下确界(按析取意义),凡比它

"大"的因素对于该概念必是充分的，而比它"小"的因素便不完全充分了. 它的余因素是多余因素的上确界（按合取意义），凡比其"小"的因素对该概念必是多余的，而比其"大"的因素便不是无关的了.

当因素比秩小的时候，它已不是完全充分的了. 但应用的需要，恰恰要寻找那样的因素，它很"小"，维度很低，对于刻画概念尽管不是完全充分的，但却八九不离十，这种因素的提取可以高效率地实现信息压缩，为此，需要引入充分度的概念.

定义 3.6（充分度的公理化定义） $\{X(f)\}(f\in F)$是一个因素空间，$\mathscr{F}(X(1))$是$X(1)$的全体 Fuzzy 子集所构成的集合，称映射

$$S:F\times\mathscr{F}(X(1))\rightarrow[0,1] \tag{3.14}$$

为一个充分性测度，如果满足以下四条公理：

$$(\forall f,g\in F)(f\geqslant g\Rightarrow S(g,\downarrow_g^f B)\leqslant S(f,B)); \tag{S.1}$$

$$(\forall f\in F)(S(f,B)=1\Rightarrow \exists x_1,x_2\in X(f),B(x_1)=1,B(x_2)=0); \tag{S.2}$$

$$(\forall f\in F)(S(f,B)=0\Rightarrow \forall x\in X(f),B(x)\equiv\text{常数}); \tag{S.3}$$

$$(\forall f\in F)(S(f,B))=(S(f,B^c)). \tag{S.4}$$

在这个定义中，(S.1)意味着因素比其子因素更充分. 或者说，因素越大越充分. (S.2)与(S.3)意味着，因素变异所引起的影响越大，充分性越大. (S.4)是指任何因素对正反概念的充分性程度是一样的.

所谓内涵，是对本质属性的一种描述. 本质属性所涉及的因素应当具有这样两方面的性质：一方面，充分性程度要尽可能高；另一方面，因素本身要分解得尽可能地小.

定义 3.7 设概念α在O上的外延是A，F对于α是足够的因素集，$\{X(f)\}(f\in F)$是一个因素空间，称命题组"$f_i(o)$是$f_i(A)$"$(i=1,2,\cdots,n)$是概念α的(ε,δ)内涵，如果$\{f_i\}(i=1,2,\cdots,n)$两两独立，且

$$S(\bigvee_{i=1}^n f_i,1(A))\geqslant 1-\varepsilon; \tag{3.15}$$

$$\|(\bigvee_{i=1}^n f_i)(A)-\prod_{i=1}^n f_i(A)\|\leqslant\delta, \tag{3.16}$$

此处$\|\ \|$是两个 Fuzzy 集合之间距离的某种量度. $\prod_{i=1}^n$是 Fuzzy 集的笛卡儿乘积：

$$(\prod_{i=1}^n f_i(A))(x_1,x_2,\cdots,x_n)\triangleq\inf_{1\leqslant i\leqslant n} f_i(A)(x_i). \tag{3.17}$$

在定义中，ε越小，内涵的充分性越大，δ越小，内涵的分解越合理.

§4. 开关因素及其层次结构

因素空间提供了一个很好的框架，但是一个因素空间究竟有多大的容量？任意一个知识库都可以纳入因素空间的框架吗？两个因素空间是否可以归并成一个新的因素空间？回答是否定的．举一个反例，设 $f=$生命性，$g=$性别，$X(f)=\{$有生命，无生命$\}$，$X(g)=\{$雌，雄$\}$．如果 f,g 可以放进同一个因素空间，则可以对它们进行合取，得 $f\vee g$，其状态空间应是 $X(f\vee g)=X(f)\times X(g)=\{$雌有生命，雌无生命，雄有生命，雄无生命$\}$．但是，什么叫雌无生命？什么叫雄无生命？对于一块石头何以论雌雄？可见 f 与 g 是无法合取的．性别是有生命体特有的因素，有无生命比性别要高一个层次，为此，需要引入以下概念

定义 4.1 给定配对(O,V)，因素 $f,g\in V$，称 f 生出 g，如果 $D(f)\supseteq D(g)$，且存在 $x\in D(f)$，使 $f(D(g))=x$．亦即，对任意 $o\in D(g)$，有 $f(o)=x$．

例如 $f=$生命性，$g=$性别，由于能够谈论性别的事物必是有生命体，故 $D(g)\subseteq D(f)$，且 $f(D(g))=$有生命，故因素 f 生出因素 g．

在 V 上定义一个二元关系$\searrow$：$f\searrow g$ 当且仅当 $f=g$ 或 f 生出 g，可以证明

命题 4.1 $(V,\searrow)$是一个偏序集．

定义 4.2 称因素 $f\in V$ 为一个开关因素，如果 $X(f)=\{x_1,x_2,\cdots,x_n\}$，且有 $g_i\in V(i=1,2,\cdots,n)$使有 $f\searrow g_i$，$f(D(g_i))=x_i(i=1,2,\cdots,n)$．这一开关因素记作 $f:g_i(i=1,2,\cdots,n)$．当 $n=2$ 时，称 f 为简单开关因素．V 中全体开关因素的集合记为 W．

命题 4.2 $(W,\searrow)$是一个偏序集．

§5. 类别与因素空间藤

设 $f:g_i(i=1,2,\cdots,n)$是一个开关因素，$X(f)=\{x_1,x_2,\cdots,x_n\}$，显见 $f^{-1}(x_i)=\{o|o\in V,f(o)=x_i\}(i=1,2,\cdots,n)$是 $D(f)$的一个划分，称之为 f一类别划分．每一 $f^{-1}(x)$称为一个类别，以类别为外延的概念称为类别概念．例如 $f=$生命性，$X(f)=\{$有生命，无生命$\}$，f^{-1}(有生命)与 f^{-1}(无生命)分别构成生物与无生物两大类别．

前节已叙及，$(W,\searrow)$是一个偏序集，每一 $f\in W$，"悬挂"着一串类别．本节将要证明，每一类别都对应着一个因素空间．

对每一类别 C，记

$$V(C)=\{f\mid \forall_o\in C, o\in D(f)\}$$
$$=\bigcap_{o\in C}V(o),\tag{5.1}$$

$V(C)$表示类 C 中对象都有意义的公共因素的集合.

命题 5.1　对于配对(O,V)，我们有

$$f\in V(C),f\geqslant g\Rightarrow g\in V(C);\tag{5.2}$$

$$f,g\in V(C)\Rightarrow f\vee g,f\wedge g,f-g\in V(C)\text{只要它们有意义；}\tag{5.3}$$

$$\{f_t\}(t\in T)\subseteq V(C)\Rightarrow \bigvee_{t\in T}f_t,\bigwedge_{t\in T}f_t\in V(C)\text{只要它们有意义；}\tag{5.4}$$

$$V(\bigcup_{t\in T}C_t)=\bigcap_{t\in T}V(C_t);\tag{5.5}$$

$$V(\bigcap_{t\in T}C_t)\supseteq\bigcup_{t\in T}V(C_t).\tag{5.6}$$

现在，我们结合一个具体例子来考察类别与因素空间的关系.

设 f_0＝人的性别，可以判明，这是一个开关因素，它把人分成了男、女两大类别. 按(5.5)式知

$$V(\text{人})=V(\text{男人})\cap V(\text{女人}).\tag{5.7}$$

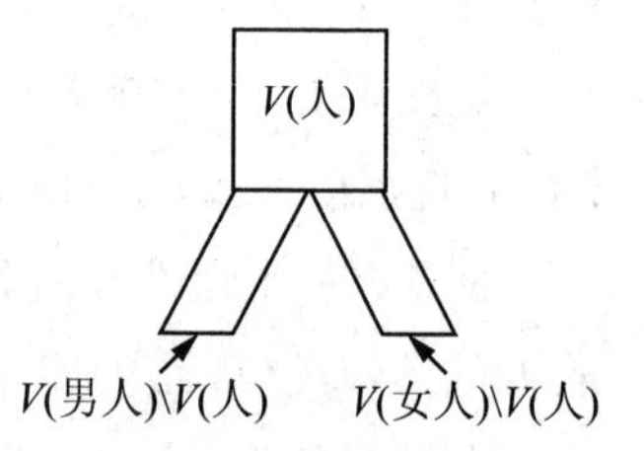

图 2

V(男人)$\backslash V$(人)是男子特有因素的集合，V(女人)$\backslash V$(人)是女人特有因素的集合. 从图 2 可知，随着类别的分细，类公因素的集合便要向外伸张，伸张出来的这些因素，是未分前的类所不能公有而只为某一子类所公有的. 可以证明：

$$(V(\text{男人})\backslash V(\text{人}))\cap(V(\text{女人})\backslash V(\text{人}))=\varnothing.\tag{5.8}$$

这说明随着类别的分细而新增加的子类公因素是彼此分离的. 那么因素 f_0，作为划分男女的关键因素，它的位置又在何处呢？ V(人)中的因素究竟包含哪些成分？

在 V(人)中包含有一些开关因素，它们是联系于比人更大的类别的，例如，区别人与动物的开关因素，区别动物与植物的开关因素，区别生物与无生物的开关因素，区别物质与精神的开关因素. 相对于人来说，它们叫作上位开关因素. 从 V(人)中去掉所有上位开关因素，去掉所有与这些开关因素不独立的因素，剩下的因素集记为 V^*(人)，记

$$\hat{f}(\text{人})=\vee\{f\mid f\in V^*(\text{人})\}.\tag{5.9}$$

可以认为，在 $\hat{f}$(人)的子因素之间不再有层次差别，它们之间可以任意进行因素的析取、合取和减法运算. 于是，可以生成一个因素空间$\{X(f)\}$ $(f\in F(人))$. 这里

$$F(人)=\{f\,|\,f\leqslant\hat{f}\}. \tag{5.10}$$

因素空间$\{X(f)\}(f\in F(人))$是足以表现男人和女人这一对概念的，记它们在这个因素空间中的秩为 r，则 $X(r)$便充分表现了男女划分的信息. 设男人在 $X(r)$中的表现外延是 B，则女人在 $X(r)$中的表现外延便是 B^c. 可以看到，若把 B 缩成一个状态“男人”，把 B^c 缩成一个状态“女人”，则 $X(r)$便变成{男人，女人}，这就是因素 f_0. 所以，f_0 的位置出自 V(人)，它由男、女在因素空间$\{X(f)\}(f\in F(人))$中的秩 r 经过约缩而得，为了简便，可以把 f_0 与秩 r 视为一体.

对于类 C，称非空因素 $e\in V(C)$为其中的一个基元，如果对任意非空因素 $f\in V(C)$，都不可能有 $f<e$. $V(C)$中全体基元的集合记为 $\hat{V}(C)$，称为 $V(C)$的基元集. 对任意$\{e_t\}(t\in T)\subseteq\hat{V}(C)$，一方面把它看作子集，另一方面当 $\bigvee\limits_{t\in T}e_t$ 有意义时，又把$\{e_t\}(t\in T)$看作因素 $\bigvee\limits_{t\in T}e_t$. 把集合运算与析取、合取、减法等运算也互相对应起来. 下面的一些公式均据此理解.

现在，让我们来看一看因素空间随类别加细而发生的变化情况. 从 $\hat{f}$(人)中减去秩 r，剩下的是人与性别无关的因素. 从 $\hat{V}$(男人)中减去 $\hat{V}$(人)，剩下的是男人内部的一些因素. 后者虽然是从性别这一开关因素下生出来的，比 $\hat{f}$(人)-r 中的因素似乎低了一个层次. 但是，由于 $\hat{f}$(人)-r 与性别无关，所以，$\hat{f}$(人)-r 与 $\hat{V}$(男人)—$\hat{V}$(人)这两部分因素之间仍可以自由地析取与合取. 记

$$\hat{f}(男)=(\hat{f}(人)-r)+(\hat{V}(男人)-\hat{V}(人)), \tag{5.11}$$

$$F(男)=\{f\,|\,f\leqslant\hat{f}(男)\}, \tag{5.12}$$

则$\{X(f)\}(f\in F(男))$是男人类所联系的因素空间，这里“+”表示独立因素的合取或不交集合的并. 类似地，记

$$\hat{f}(女)=(\hat{f}(人)-r)+(\hat{V}(女人)-\hat{V}(人)), \tag{5.13}$$

$$F(女)=\{f\,|\,f\leqslant\hat{f}(女)\}, \tag{5.14}$$

则$\{X(f)\}(f\in F(女))$是女人类所联系的因素空间.

通过一定的数学论证，我们可以一般地得到：

命题 5.2　设类 C 划分成类 $A_i(i=1,2,\cdots,n)$，$\{X(f)\}(f\in F(C))$是与类 C 相连的因素空间. $\hat{f}(C)=\vee\{f\mid f\in F(C)\}$，设 $r=\bigvee_{i=1}^{n} r(A_i,C)$，其中 $r(A_i,C)$是类 A_i 在类 C 的因素空间中的秩，则与类 A_i 相联系的因素空间$\{X(f)\}(f\in F(A_i))$可以确定如下：

$$\hat{f}(A_i)=(\hat{f}(C)-r)+(\hat{V}(A_i)-\hat{V}(C)),\tag{5.15}$$

$$F(A_i)=\{f\mid f\leqslant\hat{f}(A_i)\}.\tag{5.16}$$

命题中的(5.15)式还可稍作如下变动：

$$\hat{V}(A_i)-\hat{f}(A_i)=(\hat{V}(C)-\hat{f}(C))+r,\tag{5.17}$$

这是一个递推公式，由此可得

命题 5.3　给定类别的递降序列 $C_1>C_2>\cdots>C_n$，有

$$\hat{V}(C_n)-\hat{f}(C_n)=(\hat{V}(C_1)-\hat{f}(C_1))+\sum_{i=2}^{n} r(C_i;C_{i-1})\tag{5.18}$$

特别地，若有 $\hat{V}(C_1)=\hat{f}(C_1)$，则

$$\hat{f}(C_n)=\hat{V}(C_n)-\sum_{i=2}^{n} r(C_i;C_{i-1}).\tag{5.19}$$

(5.19)式意味着，如果 C_1 是一个原始的大类，则类 C_n 所联系的因素空间的全因素 $\hat{f}(C_n)$等于 C_n 的类基元集减去 C_n 及 C_n 的各个上位类别在上位因素空间中的秩和. 图 3 形象地描绘了这一关系.

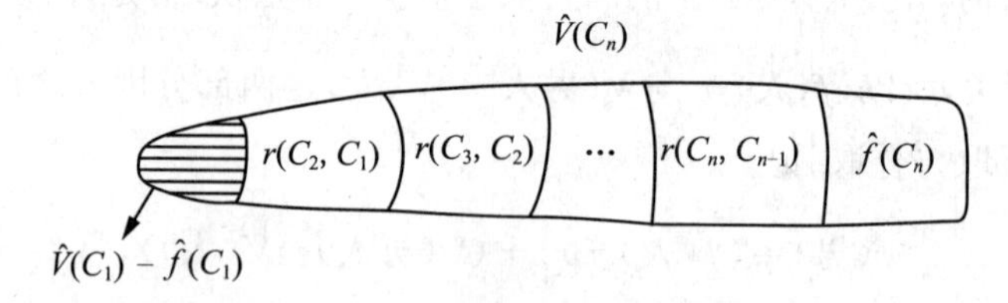

图 3

定义 5.1　给定配对(O,V)，$(W,\searrow)$是 V 中的开关因素偏序子集，对 W 中的每一开关因素 f，每一 f—类别都联挂着一个因素空间. W 与所联挂的因素空间的全体，叫作一个因素空间藤.

因素空间藤将是因素空间理论处理各类问题的最普遍最基本的框

架.这些问题包括:概念的自动生成、模式识别、不确定性推理、专家系统、层次决策、层次规划、层次控制等.

参考文献

[1] 汪培庄.随机微分方程.见,郝柏林,于禄等编著.统计物理学进展.科学出版社,1981.

[2] 汪培庄,菅野道夫.因素场与Fuzzy集的背景结构.模糊数学,1982,2(2):45—54.

[3] Zadeh L A. Fuzzy sets. Information and Control,1965,8:338—353.

[4] Zhang H M. Introduction to an expert systems shell—STIM. Fuzzy Sets and Systems,1990,36(1):167—180.

[5] Peng X T,Kandel A,Wang P Z. Concepts,rules,and fuzzy reasoning:a factor spaces approach. IEEE-SMC,1991,21(1):194—205.

[6] Zhang Hongmin,Zhang Fengming & Su En-ze. An expert systems with thinking in images. Preprints of 2nd IFSA Congress,Tokyo,1987.

[7] 汪培庄,张大志.思维的数学形成初探.高校应用数学学报,1986,1(1):85—95.

[8] Wang P Z. Factor space, In: Verdegay J L,Delgado M eds. , Approximate Reasoning Tools for Artificial Intelligence,Verlag,1990.

[9] Wang P Z. A factor spaces approach to knowledge representation. Fuzzy Sets and Systems,1990,36:113—124.

[10] Kandel A,Peng X T,Cwo Z Q,Wang P Z,Representation of concept by factor spaces. Cyberneties and Systems, 1990,21:43—57.

Abstract In fuzzy systems, there are two key questions around the selection of universe and the description of intentions of concepts have not been solved yet. For solving these questions,the author presents the concept of factor space.

Define factor space as follow:

Definition A factor space is a set family $\{X(f)\}(f\in F)$ taking a completed Boolean algebra $F=F(\vee,\wedge,c,1,0)$ as index set,and satisfies the following two items:

$$X(0)=\{\varnothing\}; \tag{2.1}$$

$$((\forall T\subseteq F)(t,s\in T,t\neq s)\Rightarrow s\wedge t=0)\Rightarrow X(\bigvee_{t\in T} f_t)=\prod_{t\in T} X(f_t). \tag{2.2}$$

F is called the factor set, $f\in F$ is called factor, $X(f)$ is called the state space of f, 1 is called full factor,and $X(1)$ is called full space.

模糊系统与数学
1992,6(2):1-9

Fuzzy 推理机与真值流推理①

Fuzzy Inference Machine and the Theory of Truth-Valued Flow Inferences

摘要　本文介绍"Fuzzy 信息处理与机器智能"国家自然科学基金重大项目第一子课题中的学术思想. 这个子课题的任务是研制 Fuzzy 推理机,本文将对其中所依据的一种数学理论——真值流推理进行介绍.

关键词　Fuzzy 推理;真值流推理

§1. 引　言

1987 年 7 月,日本山川烈博士在东京召开的第 2 届国际 Fuzzy 系统协会大会上展出了他所研制的第一台"Fuzzy 计算机",引起了轰动. 从此,Fuzzy 数学思想开始从计算机的软件应用深入到计算机自身的内部变革,酝酿着一场"计算机的革命".[1]为了在这一新的起跑线上参与国际角逐,本课题密切注视着山川烈的工作并作了同类性质的研究. 鉴于他所研制出来的东西离"Fuzzy 计算机"的目标尚远,我们把自己研制的对象定名为"Fuzzy 推理机". 从低限上讲,它应当包含 Fuzzy 推理的硬件实现部分,由此向 Fuzzy 计算机的方向迈步. 至于其上限究竟定在哪里? Fuzzy 推理机的确切定义是什么? 还有待实践的摸索.

要研制一台能够进行 Fuzzy 推理的机器,自然要选择一种相适应的推理理论. 应当说,我们并不是先有一套已经完善的理论,再在它的指导下来研制 Fuzzy 推理机的,相反地,倒是在研制过程中逼出了我们的理

① 收稿日期:1991-12-20. 本文系国家自然科学基金资助项目. 本文与张洪敏、白明、张民合作.

论——真值流推理.与一般的数学研究有所区别的是,这里所要求的推理理论应当具有以下特点,

1. 简易性,便于硬件实现;

2. 理论性,有一个合情合理的理论;

3. 继承性,能与现有的 Fuzzy 推理理论联系起来.

下面,结合上述要求来介绍真值流推理的内容、意义和方法.

§2. 推理是真值流动的过程

推理是真值流动的过程,这是大家自然有的一种看法.把它从一种看法变为工作,最早曾受到文[2]的启发.该文作者还在北京师范大学攻读学位时就提出了特征值展开的思想,把 Fuzzy 推理理论简明化了.

承认一个推理句"若 P 则 Q",等于是开阔了一条从 P 到 Q 的渠道,而这种渠道的功能就是传输真值.输入 P 的真值 λ 就会沿着渠道传给 Q.也可能打一点折扣,传给 Q 的真值只有 $\lambda * \delta$ 那么多,δ 联系于人对推理句本身的信任程度,叫作这条渠道的通量. $*$ 是 min 或乘法或其他某种合适的运算.当 $\delta=1$ 时,真值畅然从渠首传至渠尾,称为无阻尼渠道.这时,若 P 真,即在渠首产生了真值 $\lambda=1$,全部传至渠尾,则 Q 亦真,这就是普通的三段论法(见图 1).

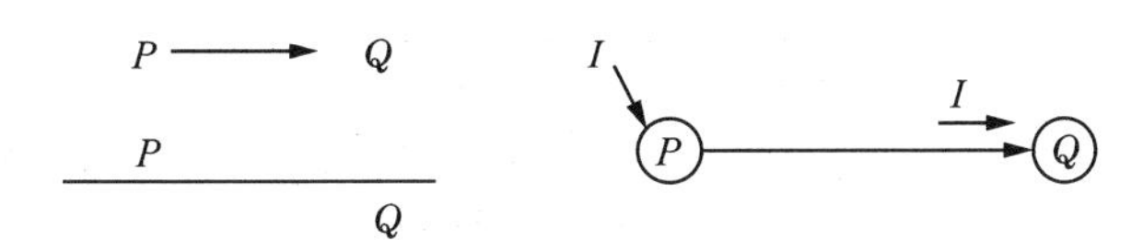

图 1

Fuzzy 推理实现的是软匹配的三段论法,事实 P' 不一定与 P 相同.此时,将 P' 与 P 表示成 Fuzzy 子集,求二者之间的贴近度或其他相似性指标,产生一个真值 λ,输入渠首,传至渠尾(见图 2),或继续往下流,或在

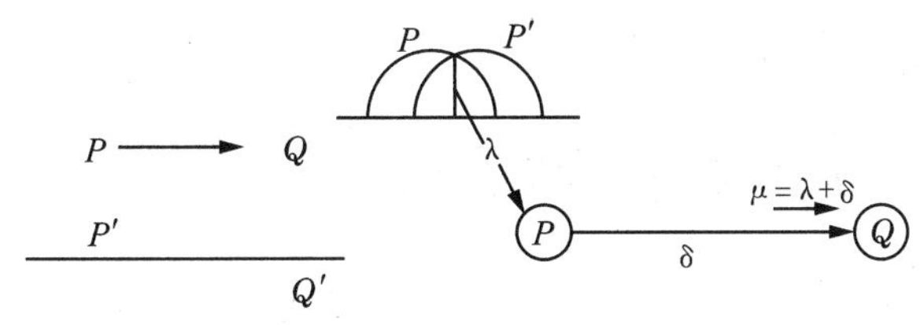

图 2

Q 处终止，输出的 μ 与 Q 连在一起，(Q,μ) 就是提供给人的信息，由它可转化成一个新的判断，或为人作决策提供依据.

这种推理思想满足引言中所提出的简易性要求. 现以最简单的 Fuzzy 控制器为例加以说明. 设有一控制器 C，输入观测量 E，输出控制量 U，推理规则有七条：

$$\text{if } E=-\underset{\sim}{i},\ \text{then } U=\underset{\sim}{i}(i=-3,-2,-1,0,1,2,3)$$

这里 $\underset{\sim}{-3}$，$\underset{\sim}{-2}$，…，$\underset{\sim}{2}$，$\underset{\sim}{3}$ 是 7 个 Fuzzy 档次，它们的隶属函数都已给定，不妨假定 $\underset{\sim}{i}$ 是以 i 为中心的对称 Fuzzy 数 $(i=-3,-2,\cdots,2,3)$. 按照真值流推理的思想. 这里有七条推理渠道(见图 3). 给定一个具体的观测值 e，将它与各个渠首的 Fuzzy 数进行匹配，产生真值 μ_i，传至各渠尾，得 $\{(\underset{\sim}{i},\mu_{-i})\}(i=-3,-2,\cdots,2,3)$，若以中心 i 取代 $\underset{\sim}{i}$，按 μ_i 进行加权平均. 得出所寻求的控制量值：

$$u=\frac{3\times\mu_{-3}+2\times\mu_{-2}+\cdots+(-2)\times\mu_2+(-3)\times\mu_3}{\mu_{-3}+\mu_{-2}+\cdots+\mu_2+\mu_3}.$$

可证这样设计的控制器与按 Mamdani 推理关系及重心清晰化法的 Fuzzy 控制器是等效的. 后者是山川烈设计其 Fuzzy 计算机硬件线路的主要依据. 本课题研制的 Fuzzy 推理机体积只有日本十分之一，推理次数提高 50%，主要原因就在于真值流推理具有简易性.

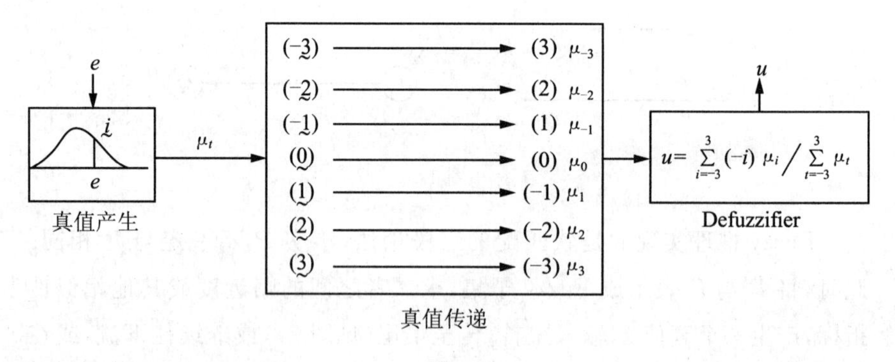

图 3

§ 3. 推理渠道的格结构

怎样给这一简易方法以严格合理的理论武装呢？

真值流推理首先突出了推理渠道的问题. 如何把这种似乎虚幻的想象构筑在一种现实的框架之内？就着一类知识，如何把这些渠道完满而有序地构造出来？这就是本节要研究的问题.

真值在命题之间流动. 命题谈论的是一个对象 x 是否符合某个概念 P 的问题. 以 $P(x)$ 表示命题"x is P". 当 x 表示变元时，$P(x)$ 叫作谓词. 概念 P 可表示成为 x 所在论域 X 的普通或 Fuzzy 子集. 命题的真值等于集合的隶属度：

$$T(P(x))=\mu_p(x).$$

推理句由两个命题(前件，后件)用 If…then…的形式联结而成. 有两种情形：一、前、后件的对象相同：$P(x)\longrightarrow Q(x)$. 例如，"若张三是人，则张三一定要吃饭". 二、前、后件的对象不同：$P(x)\longrightarrow Q(y)$，例如，"身材高则腿长"，在第二种情形下，务必要弄清楚 x 与 y 之间究竟如何联系. 在风马牛不相及的两件事物之间是无从推理的. 其实，x 与 y 乃是同一对象 o 在不同因素之下的相(或状态)，上句话实际是："若张三的身材(x)高，则张三的腿长(y)必长". x 是张三(o)的身高，y 是张三的腿长. 又如命题"若气温高则降雨量大"，气温 x 与降雨量 y 都必须与同一时间、地点联系起来才有意义. 我们强调同一对象在不同因素之下的相，用这种观点可以把两种情形都统一在因素空间([7][8])的框架之上. 在此不再赘述因素空间的定义与思想，只沿用其记号.

定义 1 称 $\Phi=(C,\{X_f\}_{(f\in F)})$ 为一个架，如果 C 是一类对象的集合. $\{X_f\}_{(f\in F)}$ 是能描写这类对象的一个因素空间.

这里 F 是由各种与 C 类对象有关的因素所组成的集合，对于每一因素 $f\in F$，都有一个相空间(或状态空间)X_f 与之对应. C 中每一对象在因素 f 的照射下，在 X_f 中都有一个相. 所以，因素 f 确定了映射(仍记作 f)

$$f:C\longrightarrow X_f.$$

以 $\mathscr{P}(X)$，$\mathscr{F}(X)$ 分别表示集合 X 的幂及 Fuzzy 幂：

$$\mathscr{P}(X)=\{0,1\}^X,\mathscr{F}(X)=[0,1]^X.$$

记 $\mathscr{D}_0=\bigcup\limits_{f\in F}\mathscr{P}(X_f)$，$\mathscr{P}=\bigcup\limits_{f\in F}\mathscr{F}(X)$. 以通量为隶属度，全体推理通道形成 $\mathscr{D}_0\times\mathscr{D}_0$(或 $\mathscr{D}\times\mathscr{D}$)的一个 Fuzzy 子集，记作 $\underset{\sim}{\mathscr{S}}$，记 $\mathscr{S}_\lambda$ 为它的 λ—截集，让我们来研究 $\mathscr{S}_\lambda$ 的结构，以下我们将就 $\mathscr{S}_\lambda$ 列出几条公理，读者可以只就 $\lambda=1$ 的情形去思索.

公理 1　设 $P,Q\in\mathscr{D}$，若 $P\subseteq Q$，则 $P\to Q\in\mathscr{S}_\lambda$.

这条公理的合理性是大家自然接受的.推理蕴于蕴涵(被包含).

公理 2　设 $P\to Q\in\mathscr{S}_\lambda$，$Q\to R\in\mathscr{S}_\lambda$ 则 $P\to R\in\mathscr{S}_\lambda$.

推理的传递性当然也是我们所必须承认的.

由以上两条公理，可以推出：

性质 1　若 $P\to Q\in\mathscr{S}_\lambda$，$P'\subseteq Q$，则 $P'\to Q\in\mathscr{S}_\lambda$.

若 $P\to Q\in\mathscr{S}_\lambda$，$Q\subseteq Q'$，则 $P\to Q'\in\mathscr{S}_\lambda$.

性质 1 说明，在我们的知识中，若已把握住一条推理渠道(通度$\geqslant\lambda$)，则我们可以添加许多条推理渠道(通度$\geqslant\lambda$)，只要我们将这条渠道的渠首任意减小，或把渠尾任意放大.

定义 2　渠道 $P'\to Q'$ 叫作是可由渠道 $P\to Q$ 导出的，记作 $(P\to Q)\Rightarrow(P'\to Q')$，如果 $P'\subseteq P$ 且 $Q'\supseteq Q$.

若把渠道画在幂的层次上(见图 4)，P,Q 便是 $\mathscr{D}$ 中的点，以 P 为顶点的带阴影曲锥表示理想 $P\triangleq\{P'\mid P'\subseteq P\}$，以 Q 为底点的带阴影倒曲锥表示滤 $Q\triangleq\{Q'\mid Q'\supseteq Q\}$. 性质 1 表示. 若箭头 $P\to Q$ 是 λ－推理渠道，则一切从 P 中出而入 Q 中的箭头都是 λ－推理渠道.

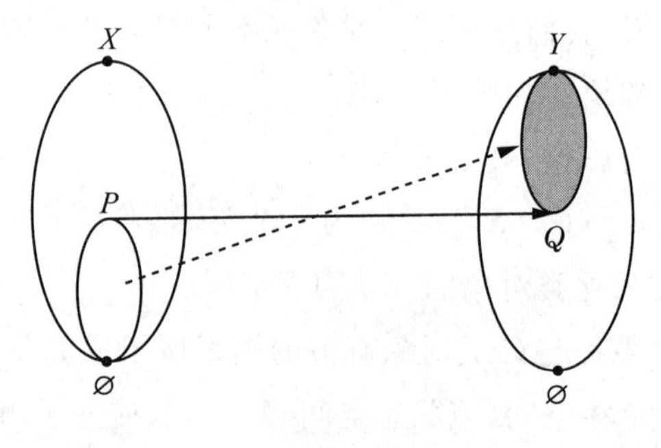

图 4

$\Rightarrow$表示：若左端的推理句以 λ 程度为可信，则右端的亦以同样程度可信. 右端的比左端的更容易被信. 在此，要顺便澄清一种混乱：人们往往把推理句的真确性与它的信息价值混淆起来. 有一个众所周知的"悖论"：

$$\begin{aligned}&\mu_{\text{petfish}}(\text{goldfish})\\&=\min(\mu_{\text{pet}}(\text{goldfish}),\mu_{\text{fish}}(\text{goldfish}))\\&<\mu_{\text{fish}}(\text{goldfish}).\end{aligned}$$

看来，说"A goldfish is a fish"比说"A goldfish is a petfish"更有意义，似

乎荒唐.

其实,推理句的真确性与其信息价值是彼此呈反变的两个概念.

$$T(\text{Goldfish}\to\text{Fish})>T(\text{Goldfish}\to\text{Petfish}),$$

所引出的结论应该是

$$V(\text{Goldfish}\to\text{Fish})<V(\text{Goldfish}\to\text{Petfish}).$$

这里并不存在什么矛盾,"悖论"是虚设的.这里 V 表示推理句的信息价值.对它可有公理化定义.在此不再赘述.只给一个具体的比较性定义:

定义 3 $P\to Q_1$ 叫作比 $P\to Q_2$ 更有信息价值,如果 $Q_1\subseteq Q_2$, $P\to Q$ 叫作在 $\mathscr{S}_\lambda$ 中是信息不可约的,如果 $\mathscr{S}_\lambda$ 中不存在 $P\to Q'$ 比它更有信息价值.

$P\to Y(Y=X_g)$ 是在任何场合下都以 $\delta=1$ 可信的,如"若……则张三是一个人"这个推理句是绝对真确的,但它是句大实话,不提供任何一点信息,毫无信息价值. Q 越小,对 y 所在位置便提供了越准确的信息,越是我们所希望获得的.

$(P_1\to Q_1)\Rightarrow(P_2\to Q_2)$ 意味着,左端比右端更有信息价值.

公理 3 若 $P\to Q_1, P\to Q_2\in\mathscr{S}_\lambda$,则

$$P\to Q_1\cap Q_2\in\to\lambda;$$

若 $P_1\to Q, P_2\to Q\in\mathscr{S}_\lambda$ 则

$$P_1\cup P_2\to Q\in\mathscr{S}_\lambda.$$

性质 2 若 $P_1\to Q_1, P_2\to Q_2\in\mathscr{S}_\lambda$,则

$$P_1\vee P_2\to Q_1\vee Q_2,\ P_1\wedge P_2\to Q_1\wedge Q_2\in\mathscr{S}_\lambda.$$

性质 2 说明,如果在我们的知识中已确认有一组推理规则可将它们的头尾同时交或同时并,又可生出一组新的推理规则,按渠道语言来说它们并非总是信息可约的.

定义 4 在渠道之间定义如下运算:

$$(P_1\to Q_1)\vee(P_2\to Q_2)\triangleq P_1\cup P_2\to Q_1\cup Q_2,$$

$$(P_1\to Q_1)\wedge(P_2\to Q_2)\triangleq P_1\cap P_2\to Q_1\cap Q_2.$$

容易证明,对任意 λ, $(\mathscr{S}_\lambda,\vee,\wedge)$ 都是一个分配格.叫作 λ—推理渠道格.容易证明 $(\mathscr{S},\vee,\wedge)$ 形成一个 Fuzzy 格,叫作 Fuzzy 渠道格.

定义 5 对于任一个 λ—推理渠道格 $\mathscr{S}$, $\forall\mathscr{D}\subseteq\mathscr{S}$,记

$$[\mathscr{D}]_{\vee,\wedge,\Rightarrow}\triangleq\bigcap\{\mathscr{E}\mid\mathscr{D}\subseteq\mathscr{E}\subseteq\mathscr{S},\mathscr{E}\text{ 对 }\vee,\wedge,\Rightarrow\text{封闭}\}$$

叫作 $\mathscr{D}$ 在 $\mathscr{S}$ 中的(∨ , ∧ ,⇒闭包),若

$$[\mathscr{D}]\vee,\wedge,\Rightarrow=\mathscr{S},$$

则称 $\mathscr{S}$ 是由 $\mathscr{D}$ 生成的,称 $\mathscr{D}$ 是 $\mathscr{S}$ 的一个基.若 $\mathscr{D}$ 是有限的,则称 $\mathscr{S}$ 是有限生成的.

有时,只需把架子搭在较小的因素空间上,设 F' 是 F 的一个子代数,$\mathscr{L}$ 是在架 $\Phi=(C,\{X_f\}_{(f\in F)})$ 上的一个 Fuzzy 渠道格,记 $\mathscr{D}'_0=\bigcup_{f\in F'}\mathscr{P}(X_f)$,记 $\mathscr{L}'$ 是 $\mathscr{L}$ 在 $\underset{\sim}{\mathscr{D}}'_0\times\underset{\sim}{\mathscr{D}}'_0$ 中的限制,亦即

$$\underset{\sim}{\mathscr{L}}:\mathscr{D}'_0\times\underset{\sim}{\mathscr{D}}'_0\to[0,1]$$

且在 $\underset{\sim}{\mathscr{D}}'_0\times\underset{\sim}{\mathscr{D}}'_0$ 上有 $\underset{\sim}{\mathscr{L}}=\underset{\sim}{\mathscr{L}}$. 易证 $\underset{\sim}{\mathscr{L}}$ 是架 $\Phi'=(C,\{X_f\}_{(f\in F')})$ 上的一个 Fuzzy 渠道格,叫作 $\mathscr{L}$ 限制在 F' 的 Fuzzy 渠道格. 特别地,若 $F'=\{0,f,g,1\}$ 是由两个因素形成的子代数,记 $X=X_f,Y=X_g$,记 $\underset{\sim}{\mathscr{L}}^*$ 是 $\underset{\sim}{\mathscr{L}}$ 在 $\mathscr{P}(X)\times\mathscr{P}(X)\cup\mathscr{P}(X)\times\mathscr{P}(Y)\cup\mathscr{P}(Y)\times\mathscr{P}(Y)$ 上的限制,$\mathscr{L}^*$ 也是一个Fuzzy 渠道格,叫作 $\mathscr{L}$ 限制在从 X 到 Y 的单程 Fuzzy 渠道格.

§4. 背景图与背景矩阵

人为什么会进行推理?人们推理正确与否靠什么来检验?本节将对此作出回答,为此要引入背景图的概念.

为方便起见,我们只考虑从 X 到 Y 的单程 Fuzzy 渠道格. 取 $\mathscr{S}$ 是它的 1-推理渠道格.

假定 $\mathscr{S}$ 是由 $\mathscr{D}=\{P_i\to Q_i\}(i=1,2,\cdots,n)$ 有限生成的,并假定它还满足这样一个正规性条件:$\forall x\in X$,存在 i,使 $P_i\ni x(P_i\to Q_i\in\mathscr{D})$,且,

$$\bigcap\{Q_i\mid P_i\to Q_i\in\mathscr{D},P_i\ni x\}\triangleq G(x)\neq\varnothing.$$

这样的 $\mathscr{S}$ 叫作是正规的.

定义 6 对于如上定义的 $\mathscr{S}$,记

$$G=\bigcup_{x\in X}G(x) \tag{1}$$

叫作 $\mathscr{S}$ 的背景图,当 X,Y 都是有限集时,G 可用一个布尔矩阵表示出来,称之为 $\mathscr{S}$ 的背景矩阵.

定理 1(对应定理) G 是唯一的,与基 $\mathscr{D}$ 的选取无关. 反之,$\mathscr{S}$ 可由它的背景图 G 按下述意义唯一确定:$P\to Q\in\mathscr{S}$ 当且仅当

$$P\times Y\cap G\subseteq X\times Q\cap G. \tag{2}$$

证明从略.

公理 1 及定理 1 能使我们对推理的实质有所理解.

人究竟为什么会进行推理？有人说，人是按因果律进行推理. 不错，什么样的因就能推出什么样的果. 因果律必可推理，但是，推理并不都是根据因果律，有从果到因的推理，也有不与因果律相关的推理. 更全面一点地说：推理，乃是在事物的相互联系中设立的概念圈套（蕴涵关系）.

由公理 1，我们可以对同一论域上的推理提出如下的准则：

准则 1 同一论域中，推理“→”（1-推理渠道）就是蕴涵（被包含）“⊂”.

“若 x 是中国人，则 x 必是亚洲人”这个推理句是正确的，是因为{中国人}⊂{亚洲人}，所以（中国人）→（亚洲人）.

准则 1 似乎很平凡，但若考虑到类 C 这一暗含的条件，则推理是一种条件包含 $\subseteq C$：

$$P \subseteq_C Q \Leftrightarrow P \cap C \subseteq Q \cap C. \tag{3}$$

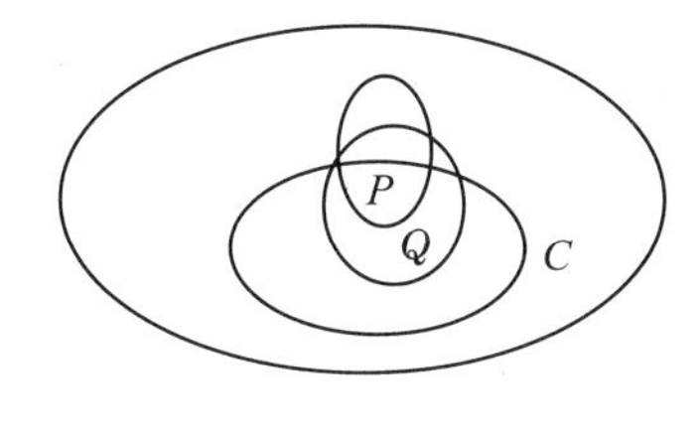

图 5

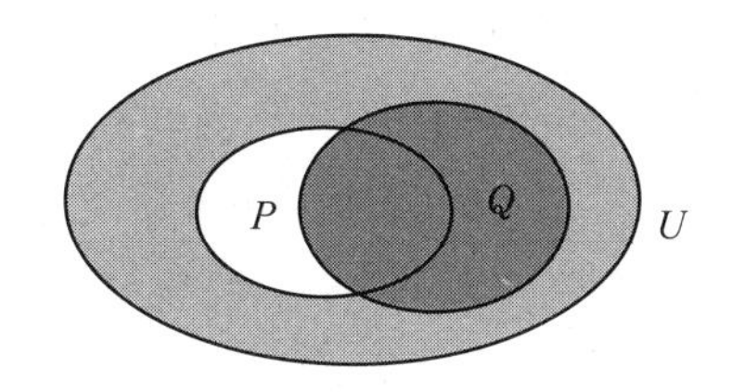

图 6

图 5 显示，P，Q 在 U 中本是互不包含的两个集合，但限制在 C 中，$P \subseteq_C Q$. 这种条件包含造就了推理在几何学中的丰富多彩.

在二值逻辑中，把推理句当成命题看待，推理句可真可假，其真域为图 6 所显示的阴影区域. 若要求恒真，那块月亮就要被吃掉，还是回到 $P \subseteq Q$ 的关系.

对于不同论域上的推理 $P(x) \to Q(y)$，一定要看 x 与 y 有什么联系. 如 § 3 一开始所述，x，y 分别是对象 o 的不同的相. 它们之间的联系，取决于类 C，记

$$R = (f \vee g)(o), \tag{4}$$

它是 $X \times Y$ 的一个普通子集，叫作 x 与 y 的共存关系或联结关系.

如何检验 $P(x) \to Q(y)$ 是否正确？为简单起见，仍不妨假定 P，Q 是普通集合. 它们本在两个不同的论域里，现在要把它们都扩张到一个共同

的论域 $X\times Y$ 中来，于是考虑它们的柱体扩张 $P\times Y$ 及 $X\times Q$，注意到 x 与 y 在 $X\times Y$ 中不可任意搭配，它们只能在 R 中配对，R 是 $X\times Y$ 的实际存在空间，所以 P,Q 扩张的结果应该是

$$(P\times Y)\cap R \text{ 及} (X\times Q)\cap R.$$

按照准则 1，我们可以提出

准则 2　不同论域上的推理 $P(x)\rightarrow Q(y)$（1-推理渠道）应该定义为

$$P\times Y\cap R\subseteq X\times Q\cap R. \tag{5}$$

图 7 显示出由 P 推 Q 的过程是：P 先作柱体扩张，与 R 交. 再向 Y 投影，所得到的 Q^* 是最有信息价值的结果，即 $P\rightarrow Q^*$ 是信息不可约的无阻尼渠道. 当然，由 Q^* 再扩大为任何 Q，$P\rightarrow Q$ 都是无阻尼渠道.

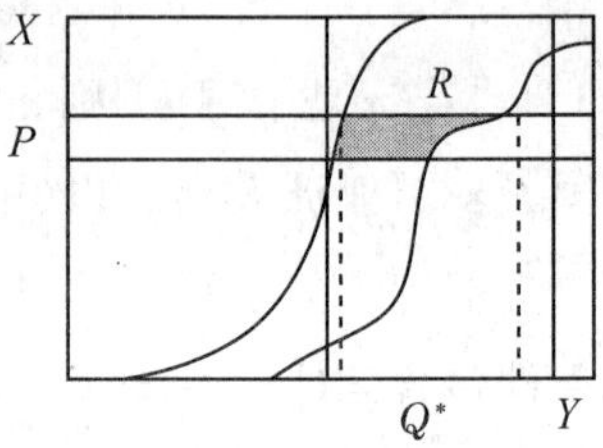

图 7

比较(5)式与定理 1 中的(2)式，可知正是定理 1 为准则 2 提供了理论依据.

背景图与共存关系 R 之间是什么关系？背景图 G 就是对关系 R 的逼近. G 是由我们的知识经验所决定的. R 是客观存在的，是由类 C 及因素 f,g 决定的. 它可通过统计、关系库、公式、图表等方面获取. 我们的知识经验是否正确，就要看 G 与 R 的关系如何，知识正确的必要条件是

$$G\supseteq R, \tag{6}$$

若 $R\backslash G\neq\varnothing$. 表明我们的加以必有谬误，需要校正.

$G\backslash R$ 越小. 表明我们的知识越完善，推理的信息价值越高. 如何缩小 $G\backslash R$ 是一个重要的研究课题. 在人工智能应用中，推理的重要内容是如何使零散不全的知识和经验汇集起来. 设 $\mathscr{S}_1,\mathscr{S}_2$ 都是架 Φ 上的推理渠道格；架同意味着问题相同，不同的格反映了知识经验的不同. 我们希望把这两部分知识结合起来形成一个更加丰富、准确的推理渠道格 $\mathscr{S}$，这就是推理渠道格的耦合问题. 它必须通过背景图或背景矩阵的耦合来解决.

定义 7　设 $\mathscr{S}_1,\mathscr{S}_2$ 是同一架 Φ 下从 X 到 Y 的两个单程推理渠道集，且分别有背景图 G_1,G_2，对任意 $\tau\in X$，记 $G_i(x)=\{y\mid(x,y)\in G_i\}(i=1,2)$，记

$$G(x)\triangleq G_1(x)\cap^{U}G_2(x)\triangleq\begin{cases}G_1(x)\cap G_2(x), & G_1(x)\cap G_2(x)\neq\varnothing;\\ G_1(x)\cup G_2(x), & \text{否则}.\end{cases}$$

称 $G=\bigcup_{x\in X}G(x)$为 G_1 与 G_2 的耦合背景图. 由 G 决定的格 $\mathscr{S}$叫作 $\mathscr{S}_1$ 与 $\mathscr{S}_2$ 的耦合推理渠道格.

$A\cap^U B=A\cap B$，如果 $A\cap B$ 不空的话. 若 $A\cap B$ 是空集，则 $A\cap^U B=A\cup B$. 我们提出这个新运算的意思是:假定 G_1,G_2 所依赖的知识经验都是正确的,对两者提供的推理渠道同时肯定,$G_1(x)$与 $C_2(x)$就应该取交. 但若一旦 $G_1(x)$与 $G_2(x)$不相交,这两方面的经验便发生了矛盾,对两方面的推理渠道不能采用同时肯定的态度,只好择其一而从之,这就是或取,所以改取并.

当 G_1,G_2 为背景矩阵时,例如:

$$\boldsymbol{G}_1=\begin{pmatrix}1&1&0&0&1\\1&0&1&0&0\\1&1&1&0&0\\0&0&1&1&0\end{pmatrix},\quad \boldsymbol{G}_2=\begin{pmatrix}0&1&1&0&1\\0&1&0&1&0\\0&0&1&1&1\\0&1&1&0&1\end{pmatrix},$$

则耦合背景矩阵为

$$\boldsymbol{G}=\begin{pmatrix}0&1&0&0&1\\1&1&1&1&0\\0&0&1&0&0\\0&0&1&0&0\end{pmatrix}.$$

注意真值流推理本身是以网络形式给出的,很容易与神经网络理论结合起来,上述思想在神经网络方面便显得益发重要. 至于问:真值流推理与 Zadeh 的 Fuzzy 推理关系理论如何衔接? 给定 $P(x)\to Q(y)$,若 P, Q 都是普通集合,以 $\mathscr{D}=\{P\to Q,P^c\to Y\}$为基生成一个渠道格及背景图 G,易证 $G=P\times Q\cup P^c\times Y$,它就是经典的推理关系. 若 P,Q 是 Fuzzy 集,则用随机落影理论可以推导出现有的那些最基本的 Fuzzy 推理关系表达式.

§5. 结　论

本文说明真值流推理方法简明. 有合情合理的理论,与神经网络及现有的 Fuzzy 推理理论也衔接得起来,对 Fuzzy 推理机的研制具有指导意义,值得进一步研究和应用.

参考文献

[1] 山川烈.计算机的革命.中国电子报,1986-02-28,第3版.

[2] 陈永义,陈图云.特征展开近似推理方法.辽宁师范大学学报(自然科学版),1984,(3):1—7.

[3] 汪培庄,张洪敏.真值流推理及其动态描述.北京师范大学学报(自然科学版),1989,(1):1—12.

[4] Ren Ping. Generalized fuzzy sets and representation of incomplete knowledge. Fuzzy Sets and Systems,1990,36,91—96.

[5] Wu W M. Fuzzy reasoning and fuzzy relational equation. Fuzzy Sets and Systems, 1986,20:67—78.

[6] Wang P Z, Zhang H M, Peng X T, Xu W. Truth-valued-flow Inference. BUSEFAL,1989,38.

[7] Wang P Z. Factor Space. In: Approximate Reasoning Tools for Artificial Intelligence. Verlag TUV Rheinland,1990,62—79.

[8] Wang P Z. A factor spaces approach to knowledge representation. Fuzzy Sets and Systems,1990,36:113—124.

[9] Wang P Z, Zhang H M, Xu W. Pad-analysis of fuzzy control stability. Fuzzy Sets and Systems,1990,38:27—42.

[10] Zadeh L A. Fuzzy sets as a basis for a theory of possibility. Fuzzy Sets and Systems,1978,1:3—28.

Abstract In this paper, we introduce the theory of Truth-valued-flow Inferences[7][8] which has been used as the basic idea in the design of the Fuzzy Inference Machine, the object of the research of the first sub-project of the united project "Fuzzy Information Processing & Machine Intelligence" Supported by the National Natural Science Foundation of China.

北京师范大学学报(自然科学版)
1995,3(2):189—196

Fuzzy 计算机的设计思想(Ⅰ)[①]

A Thought to Fuzzy Computer (Ⅰ)

摘要 论述 Fuzzy 计算机的设计思想;介绍 Fuzzy 计算机的总体结构,依次讨论组成 Fuzzy 计算机的几大关键部件,诸如 FD 转换器、知识包、思维处理器等,特别提出基于 Fuzzy 集理论的数值计算问题,有希望开辟出数值计算的一个新领域——Fuzzy 计算.

关键词 Fuzzy 计算机;Fuzzy 计算;FD 转换器;知识包;思维处理器;Fuzzy 控制

1987 年 7 月,日本学者 T. Yamakawa(山川烈)在日本东京召开的第 2 届国际模糊系统协会大会(The Second Conference of IFSA)上展出了由他研制并命名的"Fuzzy computer";实际上这只是一个固化了的 fuzzy 控制器,其推理速度为 $10^7 s^{-1}$,能实现变结构的倒摆控制(日本《朝日新闻》曾于 1987 年 7 月作过报道).1988 年 3 月,汪培庄指导博士研究生在北京师范大学研制出第 2 台这样的机器,取名为"Fuzzy inference machine"(Fuzzy 推理机,见文[1]);与 T. Yamakawa 的机器相比,其体积缩小到约 1/10,推理速度达到 $1.5\times10^7\ s^{-1}$. 接着在日本首先掀起了以 Fuzzy 控制芯片为主体的 Fuzzy 家用电器的开发浪潮.

T. Yamakawa 在这场新的技术革命中有着不可磨灭的贡献,然而他

---

① 收稿日期:1995-02-15.国家自然科学基金资助项目.本文与李洪兴合作.

当时提出的"Fuzzy computer"至今并没有真正地实现.本文旨在继续这一使命,探索Fuzzy计算机的设计思想.

§1.　Fuzzy计算机的结构

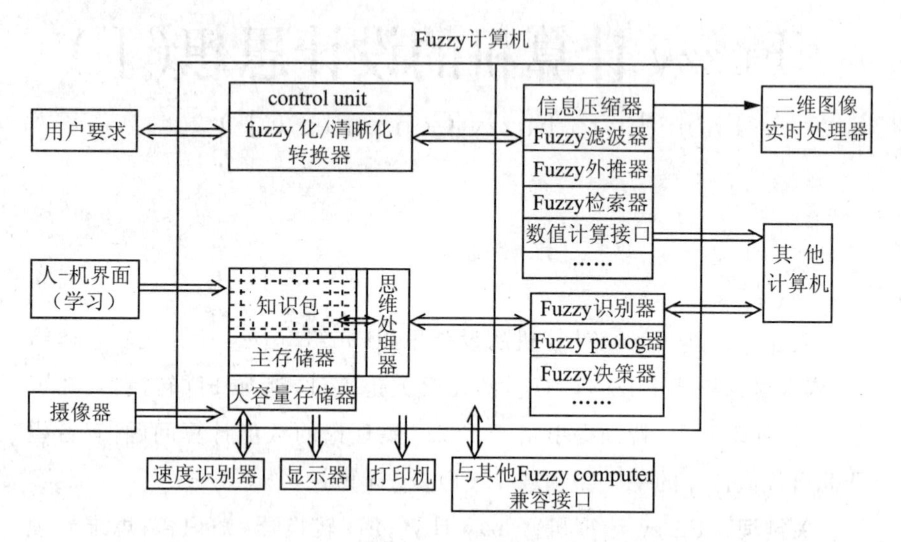

图1　Fuzzy计算机的结构

Fuzzy计算机是一个可与其他计算机或同类Fuzzy计算机连接的独立硬件系统,其核心部件为FD(Fuzzification/Defuzzification)转换器和思维处理器.FD转换器的功能是将数值映射转化成Fuzzy规则,或者是将Fuzzy规则转化成数值映射;思维处理器与知识包紧密相连,Fuzzy计算机要求用户将待处理问题所联系的因素(关于因素与因素空间的概念参见文[2])整理成树状结构,每一类问题所涉及的因素都要被编码,在存储器中开辟固定的空间,形成知识包.学习过程就是知识包的填充过程.思维处理器根据各知识包中的内容可以实施概念的自动生成,随时总结其内涵与外延,或者要求用户补充新的特征或信息.依据关系概念,思维处理器还可以作规范式的推理,推理的知识也可返回到知识包中修订关系概念.

在上述2个核心部件的外围有若干专用器件.从思维处理器派生出诸如Fuzzy识别器、Fuzzy prolog器、Fuzzy决策器等器件;从FD转换器派生出信息压缩器,由它又可派生出新的视觉、听觉实时处理器;它还派生出Fuzzy滤波器、Fuzzy外推器、Fuzzy检索器等专用器件.

此外,设置了一个数值计算机接口,这意味着 Fuzzy 计算机不仅能模拟人脑进行定性的思维活动,而且由于 Fuzzy 技术含有信息压缩的灵巧性能,它在突破传统计算机(即数值计算机)关于数值计算所面临的时空局限性方面也将扮演奇妙的角色;这个接口需要与传统计算机连接.

Fuzzy 计算机不像传统计算机那样依赖程序的作用,其 Control unit 的作用"降低了",各个部件具有相当的独立性;"停机"的作用也降低了,Fuzzy 计算机可以总不停机,不断地充实知识包;同类 Fuzzy 计算机能相互连接,促使它们的知识包经过"通用"而变得越发"渊博".

§2. FD 转换器的基本思想

FD 转换器的功能是实现图 2 中(a)与(b)两图之间的"左右"变换,这是 Fuzzy 计算(Fuzzy computing)的思想核心.

Fuzzy 计算也许是突破传统数值计算面临各种困难的重要举措. 图灵机的可计算性范围虽然很广,但由于运算速度及存储空间的限制,实际的可计算性范围要窄得多. 简单的并行算法只能以空间换取时间,并不能真正降低计算的复杂度. Fuzzy 计算将以信息压缩的最自然的方式突破计算机在计算上所面临的时空局限性,给传统的数值计算带来新的生机.

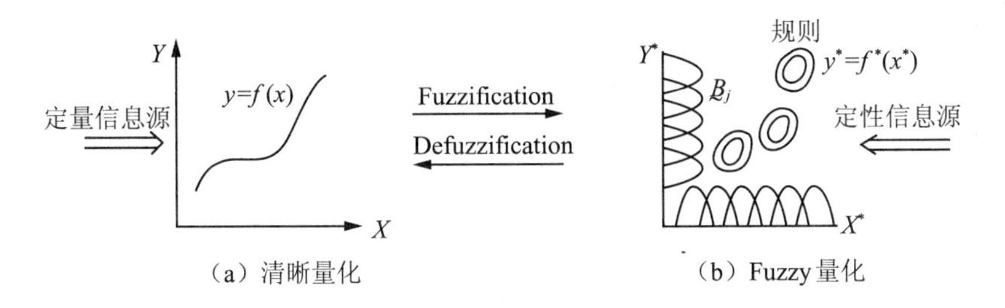

图 2　FD 转换器功能示意图

可以预料,不久的将来会出现各种形式的 Fuzzy 计算芯片,它们被用来作各种专门计算,如:解多变量线性或非线性规划、集装箱物件安放设计、最短运输路线求解、曲线(面)自动拟合、信号压缩及滤波、3D 图像的压缩和存储等. 随着这些 Fuzzy 计算芯片或插板的普遍上市,各家计算机公司会争相在传统计算机中引入 Fuzzy 计算电路插板,这是 Fuzzy 计算机的雏形.

现在我们来分析图 2. 图中 X,Y 均是普通的欧氏空间,$y=f(x)$是 X 到 Y 的函数. 将 X,Y 分别作 Fuzzy"划分":$\underset{\sim}{A}_1,\underset{\sim}{A}_2,\cdots,\underset{\sim}{A}_n$;$\underset{\sim}{B}_1,\underset{\sim}{B}_2,\cdots,\underset{\sim}{B}_m$;

其中 $\underset{\sim}{A}_i \in \mathscr{F}(X)$，$\underset{\sim}{B}_j \in \mathscr{F}(Y)$. 置

$$X^* = \{\underset{\sim}{A}_1, \underset{\sim}{A}_2, \cdots, \underset{\sim}{A}_n\}, Y^* = \{\underset{\sim}{B}_1, \underset{\sim}{B}_2, \cdots, \underset{\sim}{B}_m\},$$

那么 $f^*: X^* \to Y^*$，$x^* \to y^* \triangleq f^*(x^*)$，是一个映射，可以简单地表示为一个表格：

x^*	$\underset{\sim}{A}_1$	$\underset{\sim}{A}_2$	$\cdots$	$\underset{\sim}{A}_n$
y^*	$\underset{\sim}{B}_{j1}$	$\underset{\sim}{B}_{j2}$	$\cdots$	$\underset{\sim}{B}_j$

从左到右是 fuzzification，它是一个从无限到有限、从数值到语言、从定量到定性的过程. 右方中每一对点 $(\underset{\sim}{A}_i, \underset{\sim}{B}_j)$ 在 $X \times Y$ 中都是一个二维 Fuzzy“颗粒”，或者将 f^* 看成一组 Fuzzy 样本点，亦可将 f^* 视为一组规则；每个点 $(\underset{\sim}{A}_i, \underset{\sim}{B}_j)$ 对应着一条规则：

$$\text{if} \quad x \quad \text{is} \quad \underset{\sim}{A}_i \quad \text{then} \quad y \quad \text{is} \quad \underset{\sim}{B}_j.$$

从右到左是 Defuzzification，它是 Fuzzification 的逆过程，即从有限到无限、从语言到数值、从定性到定量.

“左右”双向变换把 2 种信息源(定量信息源与定性信息源)沟通起来，这是当前信息处理的关键环节之一. 2 种变换中，从右到左更重要，然而也更困难；采用所谓“Fuzzy 插值”在某种程度上可以实现这一变换.

实际上插值的过程就是实现“清晰化”的过程，方法很多，我们姑且采用下述步骤.

假定每个 Fuzzy 点 $\underset{\sim}{B}_j$ 用它的某一点(比如中心点、精确点) $y_j \in Y$ 来代表，那么右边的映射 f^* 相当于确定了左边的映射 f 在一组 Fuzzy 点 $\underset{\sim}{A}_i (i=1,2,\cdots,n)$ 处的值 $y_{j_i} (i=1,2,\cdots,n)$，亦可用表格写出：

x^*	$\underset{\sim}{A}_1$	$\underset{\sim}{A}_2$	$\cdots$	$\underset{\sim}{A}_n$
y	y_{j_1}	y_{j_2}	$\cdots$	y_{j_i}

任给 $x \in X$，它对 $\underset{\sim}{A}_i$ 的隶属度 $\mu_i = \underset{\sim}{A}_i(x)$ 被看作命题“x is $\underset{\sim}{A}_i$”的逻辑真值，将该真值传递到 $\underset{\sim}{A}_i$ 的对应值 y_{j_i}；于是，关于 x 究竟应当对应什么函数值的问题，可以这样来回答：如果 x 对 $\underset{\sim}{A}_1$ 真值是 1 而对其他 $\underset{\sim}{A}_i$ 的真值全是 0，那么 x 所对应的值应当是 y_{j_1}；如果 x 对 $\underset{\sim}{A}_2$ 的真值是 1 而对其他 $\underset{\sim}{A}_i$ 的真值全是 0，那么 x 所对应的真值应当是 y_{j_2}；$\cdots$；如果 x 对 $\underset{\sim}{A}_n$ 的真值是 1 而对其他 $\underset{\sim}{A}_i$ 的真值全是 0，那么 x 所对应的真值应当是 y_{j_n}.

现在，x 对 $\underset{\sim}{A}_1$ 的真值为 μ_1，对 $\underset{\sim}{A}_2$ 的真值为 μ_2，$\cdots$，对 $\underset{\sim}{A}_n$ 的真值为

μ_n，于是 x 所对应的函数值可以取之为：

$$y=f(x)=f^{*-1}(x)=(\mu_1 y_{j_1}+\mu_2 y_{j_2}+\cdots+\mu_n y_{j_n})/(\mu_1+\mu_2+\cdots+\mu_n). \tag{1}$$

这样便从 f^* 得到一个从 X 到 Y 的映射 f. 其中 $\{\underset{\sim}{A}_i\}_{(1\leqslant i\leqslant n)}$ 叫作这种 Fuzzy 插值的一组基. 有 2 种最常用的基：

(1)高斯基：$\underset{\sim}{A}_i(x)=\exp(-(x-a_i)^2/\sigma_i^2)$.

(2)简单基：如图 3 所示，简单基中每个 Fuzzy 点均取作“三角型”隶属函数：

$$\underset{\sim}{A}_i(x)=\begin{cases}0, & x<a_{i-1},\\ (x-a_{i-1})/(a_i-a_{i-1}), & a_{i-1}\leqslant x\leqslant a_i,\\ (a_{i+1}-x)/(a_{i+1}-a_i), & a_i<x\leqslant a_{i+1},\\ 0, & x>a_{i+1}.\end{cases}$$

简单基有 2 个基本性质：

(a) 归一性：$\sum_{i=1}^{n}\underset{\sim}{A}_i(x)\equiv 1$；

(b) 二相性(至多只有 2 项非零)：至多存在 2 个指标 i 和 $i+1$，使得

$$\sum_{i=1}^{n}\underset{\sim}{A}_i(x)=\underset{\sim}{A}_i(x)+\underset{\sim}{A}_{i+1}(x).$$

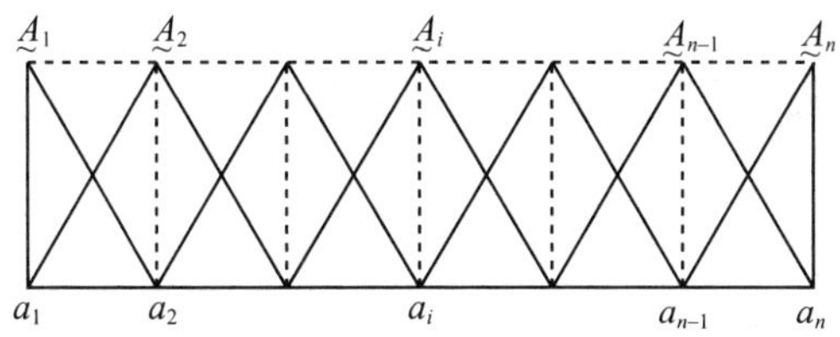

图 3 简单基的隶属函数

以简单基作基，Fuzzy 插值蜕化为普通线性插值 Fuzzy 控制器本质上是一个插值器(Interpolator)，它从“右方”直接获取定性信息(控制经验)，总结为控制规则，再通过 Fuzzy 插值得到“左方”的控制曲线(响应函数). 人们在讨论 Fuzzy 控制器的泛逼近(Universal approximation)问题时，提出这样一个问题：任给一个连续函数 f，是否存在一组规则(Rules)，使得由这组规则产生的响应函数能逼近 f 到给定的精度，即 $\|f-f^{*-1}\|\leqslant\varepsilon$，这里 $\varepsilon>0$ 事先给定. 注意到，找出这样一组规则相当于

确定“右方”的映射 f^*；于是上述问题深化为：怎样找到一个最简单的 f^*，使得由(1)式返回“左边”时正好是原来的 f，或者按给定的 ε，有 $\| f-f^{*-1} \| \leqslant \varepsilon$；这里“最简单”的意思是 Fuzzy 样本点的个数 n 最小.

上述问题是从“左”到“右”的问题，目前得到的结果是令人鼓舞的. 由于 Fuzzy 插值与基密切相关，故文献[5]将(1)式称为 Fuzzy basis functions(FBF). 高斯型的 FBF 受到特别的重视，1989 年，在神经网络(Neural networks (NN))的研究中有人提出了 Radial basis function networks(RBFN)[7]，RBFN 与高斯型 FBF 是等价的(见文[8]). 这些都说明 2 种变换的问题已经在理论上引起重视. S. H. Tan 等在这方面曾将文献[6]与[7]的结果深化，给出了收敛的具体算法，总结为论文“Building fuzzy graphs from samples of nonlinear functions”(发表于 Fuzzy Sets and Systems，1998，(1)：337－352).

再次指出，Fuzzy 插值的功能不仅能作控制，更重要的是它可以作 Fuzzy 计算，用以解决传统计算机难以解决的问题；因为计算机上的计算问题(计算方法)，归根结底是要计算一个个函数，然而当函数没有数学表达式时，如何记录和存储该函数就大成问题了. 有了 Fuzzy 插值的思想，一个函数可以由一组特征参数确定，一个带有可调参数的 Fuzzy 推理芯片能表现许多的图像或表格，成为数学表达式以外的另一种以硬件形式实现的函数表达形式，其意义是深远的.

§3.　FD 转换器的内部构造

函数(映射)本是一个数学概念，一般来讲在形式上有 2 种：一是表达式(Formula)如 $f(x)=\sin^2(x-\theta)$，二是抽样(Sampling)，将 f 离散化为表格(Table). 所以，FD 转换器内部包含 6 种不同的转换器(见图 4).

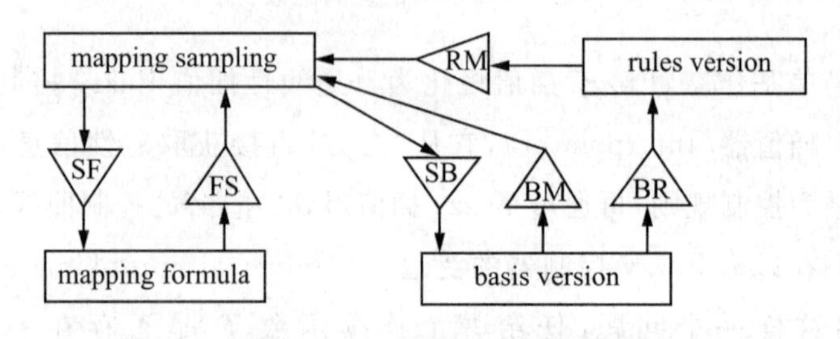

图 4　FD 转换器内部构造

§3.1 RM 转换器和 BM 转换器

Rule-mapping(RM)转换器和 Basis-mapping(BM)转换器是一样的(见图 5),关于这样的转换器现已有各种 Fuzzy 芯片线路可供参考.

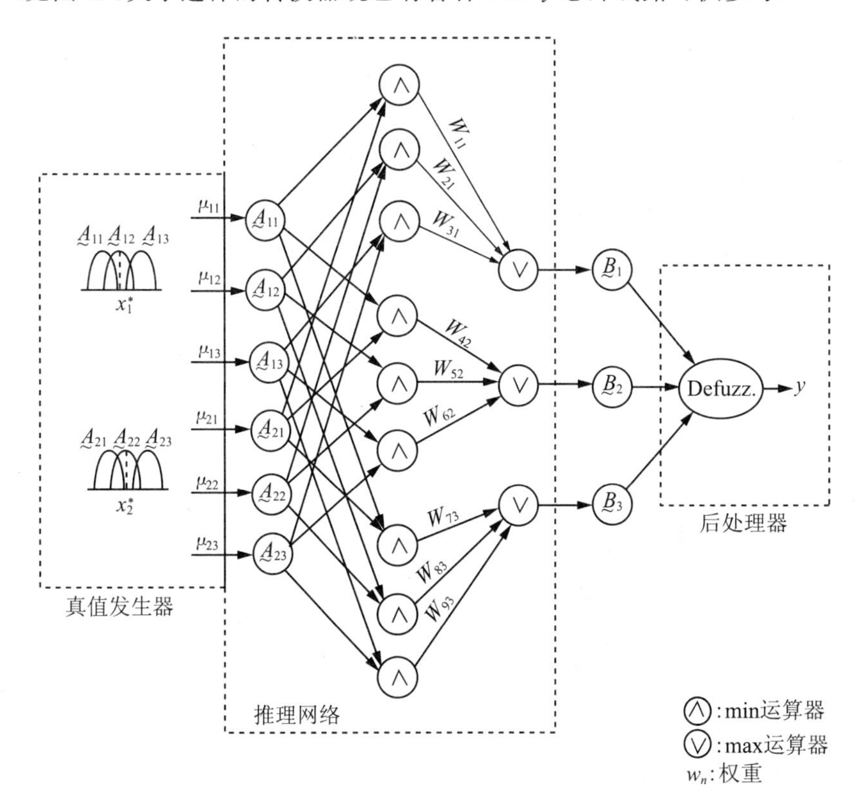

图 5 RM 和 BM 示意图

§3.2 SF 转换器和 FS 转换器

Sampling-formula(SF)转换器与 Formula-sampling(FS)转换器是要将函数(映射)的 Formula 形式与 Sampling 形式互相转换. 由于 Fuzzy 计算机不是普通的计算机,它一般只接受 Sampling 形式,而对普通的 Formula并不进行计算,除非对个别常用的 Formula,将它们的转换作为 Table 输入存储器中,以备查用.

§3.3 SB 转换器

Mapping sampling-basis(SB)转换器是最重要的一种变换,是从"左"到"右"的 Fuzzification. 在构造这一转换器时要注意,被逼近的目标就是函数 f 的样本点本身;此时 Mapping 就是 Sampling,对每一个样本点都要照顾到，这样在总体误差上当然也是最小的．根据这一原则，需要采用归一化基，因为若$\{\underset{\sim}{A}_i\}_{(1\leqslant i\leqslant n)}$是归一化的，便有 $\sum_{i=1}^{n}\underset{\sim}{A}_i(x)\equiv 1$，则(1)式为下述形式：

$$f(x)=\sum_{i=1}^{n}\underset{\sim}{A}_i(x)\cdot y_i. \tag{2}$$

设 a_i 是 $\underset{\sim}{A}_i$ 的峰点，因 $\underset{\sim}{A}_i(a_i)=1$，故当 $j\neq i$ 时，有 $\underset{\sim}{A}_j(a_i)=0$，从而有

$$f(a_i)=\sum_{j=1}^{n}\underset{\sim}{A}_j(a_i)\cdot y_j=\underset{\sim}{A}_i(a_i)\cdot y_i=y_i. \tag{3}$$

因此，归一化基所产生的曲面必定经过各个基所对应的点，简单基具有归一性和二相性，其运算也最简单，所以常取简单基来构造 SB 转换器．

先看一维 Fuzzy 插值情形（见图 6)．先从样本点中挑出局部极大极小点 $a_i(i=1,2,\cdots,n)$，按$\{a_i\}_{(1\leqslant i\leqslant n)}$作简单基$\{A_i\}_{(1\leqslant i\leqslant n)}$；按照诸 A_i 所对应的高度 y_i 作 Fuzzy 插值．可以证明：插值结果 $f^{(1)}$，必定是折线：

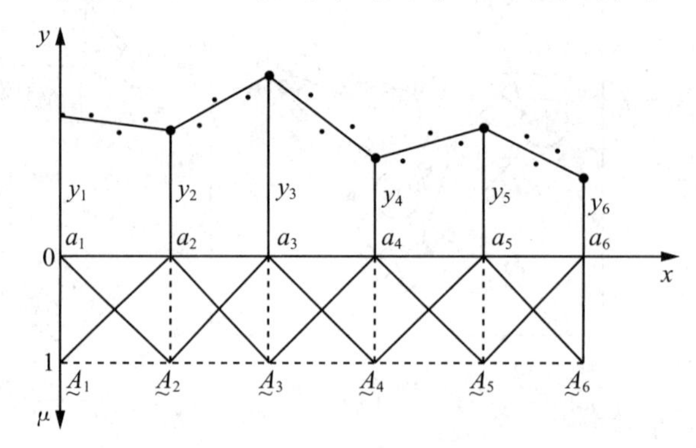

图 6　一维插值情形

$$(a_1,y_1)-(a_2,y_2)-\cdots-(a_i,y_i)-\cdots-(a_n,y_n).$$

然后用 $f^{(1)}$ 去减各样本点的高度，得到一组新的样本点（见图 7)．从这组样本点中重新找出极大、极小点，增加基、作第 2 次逼近．

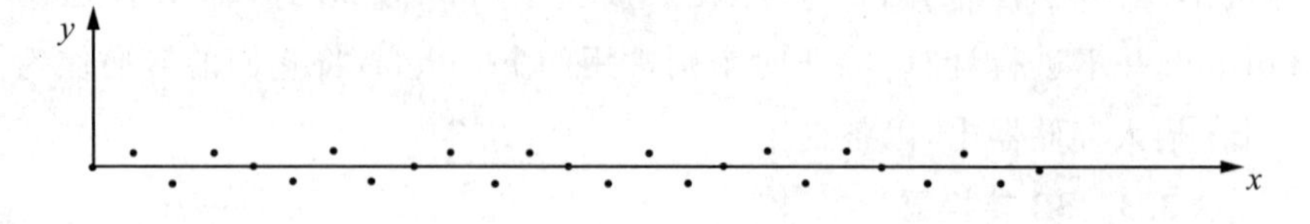

图 7　第 2 次样本点

得插值结果 $f^{(2)}$，…，如此迭代下去，直到每个样本点的误差都不超过给定的精度 $\varepsilon>0$ 为止．

再看高维的情形. 设 $y=f(x_1,x_2,\cdots,x_n)$ 为 n 维映射,可采用所谓乘积基. 事实上,置 $X=\prod_{i=1}^{n}x_i$,假定 $\{\underset{\sim}{A}_{ij}\}_{(1\leqslant j\leqslant J_i)}$ 是 X_i 的简单基. 取 $\{\underset{\sim}{A}_{j_1j_2\cdots j_n}\}_{1\leqslant j_i\leqslant J_i,1\leqslant i\leqslant n}$,其中

$$\underset{\sim}{A}_{j_1j_2\cdots j_n}(x_1,x_2,\cdots,x_n)=A_{j_1}(x_1)\cdot A_{j_2}(x_2)\cdot\cdots\cdot A_{j_n}(x_n)\qquad(4)$$

称之为乘积基. 不难证明:乘积基是归一化的.

对于给定的高维样本点集 S,仍先取局部极大、极小点. 记

$$T(S)=\{(x_1,x_2,\cdots,x_n)\mid\exists\, y:(x_1,x_2,\cdots,x_n;y)\in S\},$$

对于每一样本点 $P=(x_1,x_2,\cdots,x_n)\in T(S)$,若满足下列条件:对于 $\delta>0$,当 $|h|\leqslant\delta$ 时,有

$$\begin{cases}f(x_1+h,x_2,\cdots,x_n)\leqslant f(x_1,x_2,\cdots,x_n),(x_1+h,x_2,\cdots,x_n)\in T(S),\\ f(x_1,x_2+h,\cdots,x_n)\leqslant f(x_1,x_2,\cdots,x_n),(x_1,x_2+h,\cdots,x_n)\in T(S),\\ \cdots\\ f(x_1,\cdots,x_{n-1},x_n+h)\leqslant f(x_1,x_2,\cdots,x_n),(x_1,\cdots,x_{n-1},x_n+h)\in T(S),\end{cases}$$

或者

$$\begin{cases}f(x_1+h,x_2,\cdots,x_n)\geqslant f(x_1,x_2,\cdots,x_n),(x_1+h,x_2,\cdots,x_n)\in T(S),\\ f(x_1,x_2+h,\cdots,x_n)\geqslant f(x_1,x_2,\cdots,x_n),(x_1,x_2+h,\cdots,x_n)\in T(S),\\ \cdots\\ f(x_1,\cdots,x_{n-1},x_n+h)\geqslant f(x_1,x_2,\cdots,x_n),(x_1,\cdots,x_{n-1},x_n+h)\in T(S),\end{cases}$$

则称 P 为 δ—极值点. 为了考察 P 是否为 δ—极值点,需要将 P 与邻接点比较 $2n$ 次. 得到全部极值点以后,余下的工作与一维情形是类似的.

上述算法的硬件实现如下(在实际应用中,Sampling 的维数不可能太高,故下面的维数 r 一般不超过 3):

(1)r 维矩阵点格体 $I_{n_1\times n_2\times\cdots\times n_r}$. 它由 $n_1\times n_2\times\cdots\times n_r$ 个点位组成,每个点位$(i_1,i_2,\cdots,i_r)(1\leqslant i_j\leqslant n_j;1\leqslant j\leqslant r)$接受输入电压并保持 Δt 时间. 当然可以输入低维子格体,其余无输入的点格等于虚设.

(2)$I^{(s)}_{n_1\times n_2\times\cdots\times n_r}(s=1,2,3,\cdots)$. 这是 $I_{n_1\times n_2\times\cdots\times n_r}$ 的"同胞体"(即结构完全相同),对每一位置$(i_1,i_2,\cdots,i_r)$,$I^{(s)}$ 与 I 都有带开关的连接线路,这些开关在指令下同步进行.

(3)取 $I^{(1)}_{n_1\times n_2\times\cdots\times n_r}$, $I^{(2)}_{n_1\times n_2\times\cdots\times n_r}$ 及 $I^{(3)}_{n_1\times n_2\times\cdots\times n_r}$, $I^{(1)}_{n_1\times n_2\times\cdots\times n_r}$ 与 $I_{n_1\times n_2\times\cdots\times n_r}$之间按如下方式连接:对任意 $P^{(2)}\in I^{(2)}_{n_1\times n_2\times\cdots\times n_r}$,设 $I^{(1)}_{n_1\times n_2\times\cdots\times n_r}$ 中对应点为 $P^{(1)}=P^{(1)}(i_1,i_2,\cdots,i_r)$,将下列诸点:

$$(i_i-1,i_2,\cdots,i_r),(i_1+1,i_2,\cdots,i_r)$$

$$(i_i, i_2-1, \cdots, i_r), (i_1, i_2+1, \cdots, i_r)$$

$$\cdots$$

$$(i_i, \cdots, i_{r-1}, i_r-1), (i_1, \cdots, i_{r-1}, i_r+1)$$

均与 $P^{(2)}$ 相连，对传输的电压作 max 运算；用同样的方式将 $I^{(2)}_{n_1\times n_2\times\cdots\times n_r}$ 与 $I^{(3)}_{n_1\times n_2\times\cdots\times n_r}$ 联结，但在各联结点处对电压作 min 运算.

(4)将 $I^{(1)}_{n_1\times n_2\times\cdots\times n_r}$ 与 $I_{n_1\times n_2\times\cdots\times n_r}$ 接通，让 $I^{(2)}_{n_1\times n_2\times\cdots\times n_r}$，$I^{(3)}_{n_1\times n_2\times\cdots\times n_r}$ 与 $I_{n_1\times n_2\times\cdots\times n_r}$ 进行比较，若 $I_{n_1\times n_2\times\cdots\times n_r}$ 中某格点的电压值等于 $I^{(2)}_{n_1\times n_2\times\cdots\times n_r}$ 或 $I^{(3)}_{n_1\times n_2\times\cdots\times n_r}$ 中某一对应格点的电压值并且 $I^{(1)}_{n_1\times n_2\times\cdots\times n_r}$ 与 $I^{(3)}_{n_1\times n_2\times\cdots\times n_r}$ 的相应电压值不等，则保留 $I_{n_1\times n_2\times\cdots\times n_r}$ 中该点格的电压，否则取零.

$I_{n_1\times n_2\times\cdots\times n_r}$ 便是局部极值点的位置和电压分布图.

(5)将各极值点的分坐标投影到各个一维轴上，产生各轴的简单基的隶属函数. 可以事先构造若干 table，再实施适当变换技术得到这些隶属函数.

(6)乘积基可用乘法线路实现.

§3.4 BR 转换器

Basis version-rules. Version(BR)转换器是最后一个变换装置. 由于简单基是随样本 S 的不同而变异的，各基的位置不能固定，疏密间隔不均，亦不对称，不易转为语言值，从而 Basis 不一定是 Rules 所要求的 Fuzzy 集. 作为 Rules 所使用的语言值，其隶属函数应该是固定不变的，以图 8 为例，要把图 8(b)所示的各个基用标准的语言值表达出来，简单的作法是求 $\tau_i(i=1,2,\cdots,5)$：

$$\tau_i=\bigvee_{j=1}^{J}(\underset{\sim}{A}(x_j)\wedge\mu_{语言值}(x_j)), i=1,2,\cdots,5, \tag{5}$$

其中 x_j 是 X 的抽样点，J 为其个数，$\mu_{语言值}$ 为语言值的隶属函数.

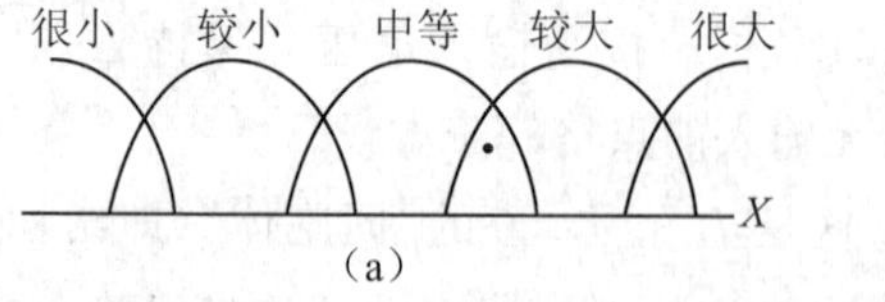

(a)

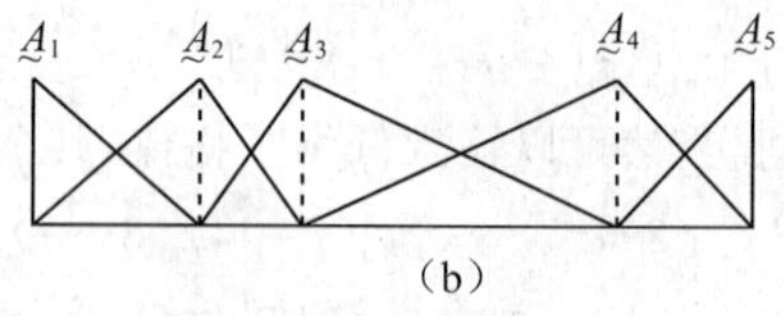

(b)

图 8 语言值与基的隶属函数

若 $\tau_1\leqslant$某一阈值，则略去；如图 9，设余下 τ_1, τ_2, τ_3，则将基 $\underset{\sim}{A}$ 用语言改述为：

较小(τ_1)中等(τ_2)较大(τ_3)

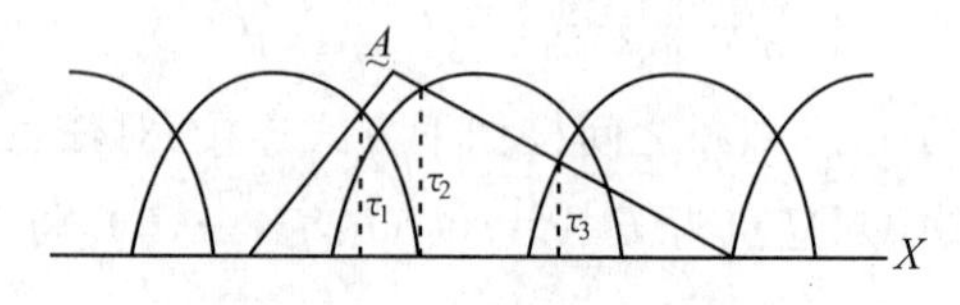

图 9 τ_i 示意图

(5)式也可设计为专用线路(Max-min networks),用以求 2 个 Fuzzy 集之间的相容度.

参考文献

[1] 唐旬. 国内首台模糊推理机分立元件样机研制成功. 光明日报,1988-05-07.

[2] 汪培庄,李洪兴. 知识表示的数学理论. 天津:天津科技出版社,1994.

[3] Wang P Z, Lui H C, Goh T H. Fuzzy controllers interpolation using fuzzy samples. In: Liang Yi, ed. Proceedings of the workshop on the future directions of fuzzy theory and systems. 30th Anniversary of the Chinese University of HongKong, 1993.

[4] Kosko B. Fuzzy systems as univeral approximators. In: Proc IEEE Int Conf on Fuzzy Systems. San Diego, CA, March, 1992, 1 153—1 162.

[5] Buckley J J. Universal fuzzy controller. Fuzzy Sets and Systems, 1992, 2:201.

[6] Wang L X, Mendel J M. Fuzzy basis functions, universal approximation, and orthogonal least-squares learning. IEEE Trans Neural Networks, 1992, 3:807.

[7] Mooly J, Darken C J. Fast learning in networks of locally tuned processing units. Neural Computation, 1993, 1:281.

[8] Jang S R, Sun C T. Functional equivalence between radial basis function networks and fuzzy inference system. IEEE Trans Neural Networks, 1993, 4:156.

[9] 李洪兴,汪群,段钦治,等. 工程模糊数学方法及应用. 天津:天津科技出版社,1993.

[10] 李洪兴,汪培庄. 模糊数学. 北京:国防工业出版社,1994.

Abstract A thought to fuzzy computer is discussed. First, the structure of a fuzzy computer on the whole is considered, and then several key parts of a computer are designed in turn, such as FD transformer, knowledge bags, thinking processor etc. Especially fuzzy computing, computing based on fuzzy sets, is proposed, which will be a new branch of numerical methods.

Keywords Fuzzy computer; fuzzy computing; FD transformer; knowledge bags; thinking processor; fuzzy control

北京师范大学学报(自然科学版)
1995,31(3):303－307

Fuzzy 计算机的设计思想(Ⅱ)①

A Thought to Fuzzy Computer(Ⅱ)

摘要 重点介绍了知识包和思维处理器. 思维处理器涉及5个关键部分:自动求取概念在因素状态空间上的隶属函数,计算因素的充分度. 概念的自动生成,自动推理器以及 $\underset{\sim}{G}-\underset{\sim}{R}$ 修正器.

关键词 Fuzzy 计算机;Fuzzy 计算;知识包;思维处理器;Fuzzy 控制

本文是文献[1]的续篇,仍讨论 Fuzzy 计算机的设计思想.

§1. 知识包和特征基

每一类问题总联系于一族因素(Factor),因素是特征(Feature)和变量(Variable)的推广(关于因素和因素空间理论的细节请参看文献[2]). 例如,要诊断一类疾病,便要考虑血压、心律、白血球、红血球等因素;要挑选优秀运动员,需考虑身高、体重、灵敏性、耐力、突发力、意志、注意力等因素;要考核一所大学,总要从师资、设备、经费、管理等因素对之考察.

人认识事物是分析、综合的过程. 因素是分析事物的着眼点;注意不要把因素与其状态混为一谈,如27℃不是因素,湿度才是因素,27℃是温度的一个状态. 像长度、质量、时间等词汇都是因素,这类因素的状态都可以测量,称之为可测因素,又叫作变量. 像性别、有无病史、已婚未婚等因素只有

① 收稿日期:1995-02-27. 国家自然科学基金资助项目. 本文与李洪兴合作.

2个状态,常用有无二字来标明,这类因素叫作特征.有些场合把正极状态叫作特征,如已婚是一个特征;这是一种习惯,但二者不能互相混淆.

因素是知识中提纲挈领的东西,一本厚厚的文法书,把因素理出来便没有多少东西.抓好变量,找好特征是许多领域成功的关键.更多的因素不像变量、特征这简单,如容貌,这是个因素,它的状态由一张张面孔组成,这样的因素又叫复杂因素.从复杂因素中要分离出简单因素,因此因素之间应当有运算,因素空间理论解决了这些问题[2~4].

根据因素空间理论,同一类问题对应着一个因素空间;由于因素集 F 本身是个布尔代数,故可以对因素进行编码.对于每一类问题,要求在Fuzzy计算机的存储器中开辟出一个固定的区域,专门存储有关这一类问题的知识,称其为一个知识包;这样的区域划分应当与因素的编码有联系.每一个简单因素(即原子因素,见[2])都留有一个空间.

Fuzzy计算机通过屏幕不断向用户发出问题:你现在关心的问题是什么?是新问题还是旧问题?若是旧问题,查编号,将用户引入有关知识包.若是新问题,就要新开一个户头、题目、代码,Fuzzy计算机自动安排空间.

Fuzzy计算机要向用户询问:这类问题联系于哪些因素?诸因素之间的树状联系结构是怎样的?得到的信息作为重要的学习资料自动储存起来,且能将其树状结构画出来;然后征求用户的意见,即要求用户对因素的完备性及结构的清晰性各作一个评分值,以便不断地改善.

Fuzzy计算机经常处于开机状态,从人机对话、机器自动输入,或其他渠道进行学习.学习的动作大致表现为以下2点.

(1)对于给定的问题类,将一个对象或一个状态的资料输入相应的知识包.例如运动员选才问题,每一个被选人员就是一个对象;将他的姓名"张三"或代码输入到所有原子因素所保留的空间中去,同时记录张三在诸因素下的状态,这些状态可以是精确的实数,或是一区间,或是一语言值.假如某一因素的状态尚未输入,Fuzzy计算机要提醒用户输入该状态,以求完整;倘若实在无法输入,则重新迎接出另一个对象.这叫完成了一个学习动作.

(2)输入概念.从外延的角度,概念可视为某些特定对象的集合(仅一个对象也可组成一个集合,如太阳这一概念就只有一个对象),例如"男大学生"就由那些男大学生组成.输入的动作为:概念名称与代码,以及集合中的对象；如男大学生＝{张三，李四，王五，……}.

注 从内涵的角度亦可考虑概念的输入动作（关于概念内涵的表达参见文[2]）.

§2. 思维处理器

思维处理器的功能是实现因素提取、概念生成及推理. 我们分几部分逐一介绍其功能.

§2.1 自动求取一个概念在某一因素的状态空间上的隶属函数的样本点 根据概念 $\underset{\sim}{A}$ 的输入 $\underset{\sim}{A}=\{u_{i_1},u_{i_2},\cdots,u_{i_K}\}$（按上一节“输入概念”的观点，视该概念为其外延且在某种近似的意义下是清晰的），可将其余已有输入记录的对象均划入其反概念（对立概念）$\underset{\sim}{A}^c$.

任取与该概念有关的因素 g，为了简单，姑且假定 g 为变量因素且其状态空间 $X(g)$ 为一个区间. 将 $X(g)$ 分作若干（比如 20 个）子区间 Δ_i（$i=1,2,\cdots,20$），在 Δ_i 上按下式作计算：

$$y_i=0.5+n_i/K'-m_i/N' \tag{1}$$

其中 K' 表示在因素 g 的空间（Rooms）中现已存入 $\underset{\sim}{A}$ 的元素的个数，n_i 是其中“落入”Δi 的个数. 一般应有 $K'=K$，但亦有可能因漏统计而有 $K'<K$；N' 表示现已存入 g 的空间中的 $\underset{\sim}{A}^c$ 的对象个数，m_i 是其中“落入”Δ_i 的个数. 这里“落入”的含义有以下几点：

(1) 若对象 u_j 对因素 g 的状态是一个实数 x，则“落入 Δ_i”＝“$x\in\Delta_i$”；

(2) 若状态 $g(u_j)$ 是区间数 (x_1,x_2)，则“落入”的个数视 (x_1,x_2) 与 Δ_i 相交与否分别定为 1，0；

(3) 若状态是语言值 α，视 α 的隶属函数 $\mu_\alpha(x)$ 在 Δ_i 上的最大隶属度高不高于某一阈值 λ 而定为是否“落入 Δ_i”（见图 1）. 语言值 α 的隶属度分布可以事先用 Table 存储.

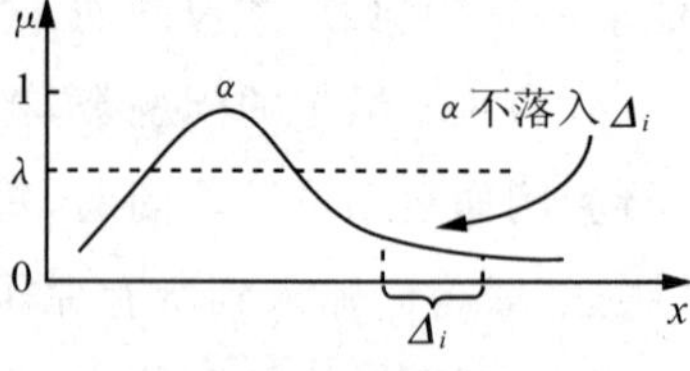

图 1 状态是语言值的“落入”情形

综合上述 3 点，可得到概念 $\underset{\sim}{A}$ 在状态空间 $X(g)$ 上的隶属函数的一个 Sampling.

注 1 如果因素 g 是 r（$r\geqslant2$）维实变量，可以将 g 的状态空间 $X(g)$ 的每一维都分为若干子区间，比如都分为 10 个子区间，这样共分成 10^r

个子格子.在每个子格上仍按(1)式计算 y 值.

注 2 如果 g 是 Feature 因素,那么 $X(g)$ 只分{0,1}两个状态.在 $x=1$ 处,我们有

$$y_1=0.5+n/K'-m/N', \tag{2}$$

这里 n 表示 K' 个 $\underset{\sim}{A}$ 的对象中具有"Yes"的对象个数,m 表示 N' 个 $\underset{\sim}{A}^c$ 的对象中具有"Yes"的对象个数;

$$y_0=1-y_1. \tag{3}$$

§2.2 计算因素刻画某一概念时的充分度

关于因素的充分性测度在文[2]中有详细的论述,读者可以参阅该文.不过此处可以采用更为简单的形式:

$$S(f,\underset{\sim}{A})=\frac{2}{n}\sum_{i=1}^{n}\left|y_i-0.5\right|. \tag{4}$$

§2.3 概念的自动生成

选取充分性测度超过给定阈值的那些简单(原子)因素,设为 $f_1,f_2,\cdots,f_r$;记 $X=\prod_{j=1}^{r}X(f_j)$.按照文献[1]中(1)式取得概念 $\underset{\sim}{A}$ 在 X 中的样本点集 S.

调用 FD 转换器,选用其中的 SB 变换,从样本点集 S 得到概念 $\underset{\sim}{A}$ 的基(Basis)分布.

然后调用 FD 转换器中的 BR 变换,把这一组基转化为语言,得到规则描述,这样便得到概念的内涵(关于内涵的逻辑表达方法参见文[2]).

找出概念的内涵表达实际上就是为该概念"下定义".概念表示有 3 种基本途径:

(1) 概念的性质论方法(Identification):着眼于概念与性质之间的联系,把一个概念的本质属性列举出来;

(2) 概念的对象论方法(Denotation):着眼于概念与对象之间的联系,把符合概念的全体对象汇集起来;

(3) 概念的结构论方法(Connotation):着眼于概念与其他概念之间的联系,形成概念结构.

有了概念内涵的表达之后,再调用 FD 转换器中的 BM 变换器,便可得到概念 $\underset{\sim}{A}$ 的隶属函数 $\widetilde{\mu_{\underset{\sim}{A}}}(x)$,也就是 $\underset{\sim}{A}$ 的外延.

可以理解,概念的自动生成要反复使用 FD 转换器,由此设计概念自动生成器(Concepts automatic generator,CAG),见图 2.

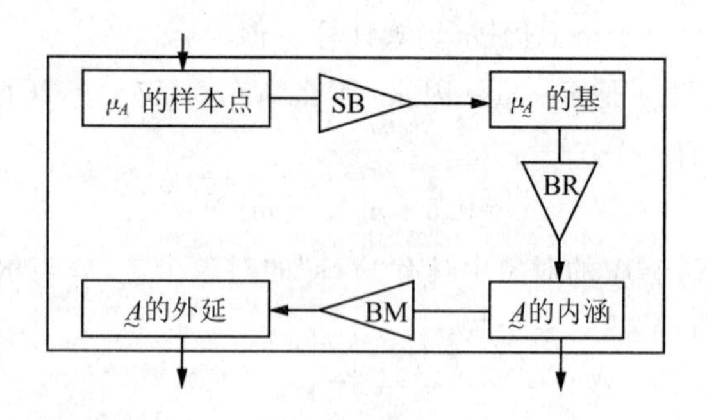

图 2　概念生成器(CAG)

§2.4　自动推理器

关于推理的本质在文献[2]中作了详细的论述.推理句:

$$\text{if}\quad x\quad \text{is}\quad \underset{\sim}{A}\quad \text{then}\quad y\quad \text{is}\quad \underset{\sim}{B}$$

是基于形如图 3 的图式.

如果 x 与,y 无关,那么便不应形成推理;从 x 到 y 之所以有推理,是因为 x 与 y 之间总可以通过论域 U 发生联结;x,y 分别是对象 u 在因素 f,g 之下的像(状态):$x=f(u)$,$y=g(u)$,$u\in U$;U 在 $X\times Y=X(f)\times X(g)$中的像集记为 $\underset{\sim}{R}$,它是决定 $x-y$ 推理的关键性要素,由 $\underset{\sim}{R}$ 可以决定推理的渠道(见图 4).

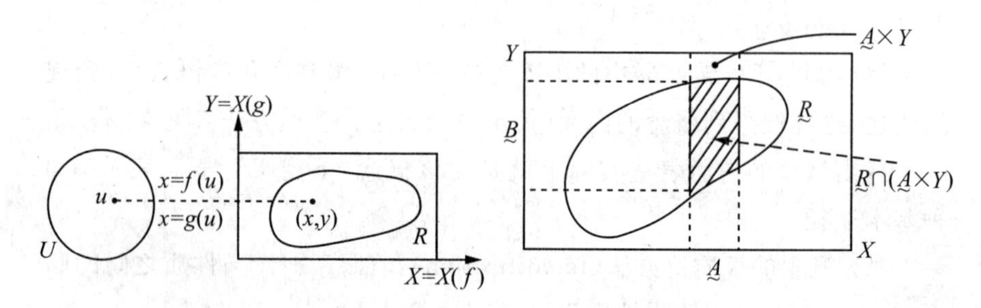

图 3　if…then…的推理图式　　　　图 4　推理关系 $\underset{\sim}{R}$

输入 $\underset{\sim}{A}$,按以下步骤作推理:

(1) 将 $\underset{\sim}{A}$ 向“上”作柱体扩张,得 $\underset{\sim}{A}\times Y$;

(2) 将柱体扩张结果与 $\underset{\sim}{R}$ 相交后得 $\underset{\sim}{R}\cap(\underset{\sim}{A}\times Y)$;

(3) 将 $\underset{\sim}{R}\cap(\underset{\sim}{A}\times Y)$向 Y 轴投影,得 $\underset{\sim}{B}$;

于是,如果 $\underset{\sim}{A}'\subset\underset{\sim}{A}$ 且 $\underset{\sim}{B}'\supset\underset{\sim}{B}$,那么下述推理都是对的:

$$\text{if}\quad x\quad \text{is}\quad \underset{\sim}{A}'\quad \text{then}\quad y\quad \text{is}\quad \underset{\sim}{B}'.$$

我们称 $\underset{\sim}{R}$ 为(这一类)推理关系,它也是一个概念;通常,它是某个知识包中已输入概念中的最大概念，如急病诊断中，$\underset{\sim}{R}$ 就是全体病人(即论域).

由于推理密切依赖于推理关系 $\underset{\sim}{R}$，故 Fuzzy 计算机要记明在 $\underset{\sim}{R}$ 之下的推理叫作“$\underset{\sim}{R}$ 推理”.

自动推理器的构造(参见图 5)如下：

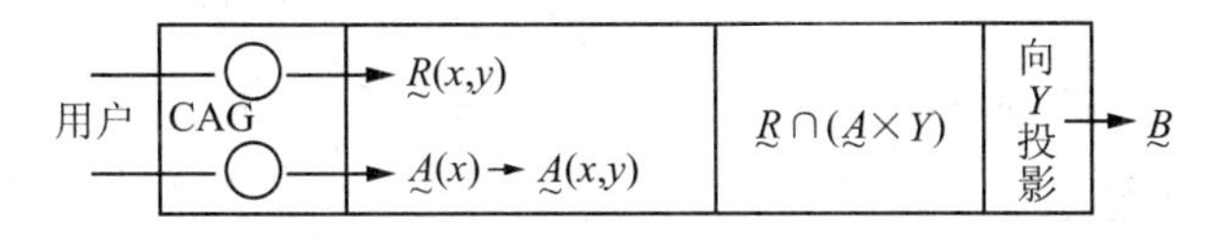

图 5　自动推理器

(1) 由用户输入推理关系 $\underset{\sim}{R}$ 的名称；

(2) 由用户输入“起始”因素 f 及“终结”因素 g，机器自动张起 $X=X(f)\times X(g)$；由概念生成器 CAG 显示 $\underset{\sim}{R}$ 的隶属函数 $\underset{\sim}{R}(x,y)$；

(3) 由用户任意输入 $\underset{\sim}{A}$ 的名称，概念生成器 CAG 显示 $\underset{\sim}{A}$ 的隶属函数 $\underset{\sim}{A}(x)$；

(4) 机器自动将 $\underset{\sim}{A}$ 从 $X(f)$扩张到 $X=X(f)\times X(g)$：$\underset{\sim}{A}(x,y)=\underset{\sim}{A}(x)$；

(5) 自动取交集 $\underset{\sim}{C}=\underset{\sim}{R}\cap(\underset{\sim}{A}\times Y)$：$\underset{\sim}{C}(x,y)=\min\{\underset{\sim}{A}(x,y),\underset{\sim}{R}(x,y)\}$，

(6) 自动向 $X(g)$投影，得 $\underset{\sim}{B}$：$\underset{\sim}{B}(y)=\bigvee_{x\in X(g)}\underset{\sim}{C}(x,y)$；

(7) 记标准推理式：$\underset{\sim}{A}\to\underset{\sim}{B}(\underset{\sim}{R})$.

§2.5　背景图的产生及 $\underset{\sim}{G}$—$\underset{\sim}{R}$ 修正器

将输入的推理知识转化为推理关系信息是关键的环节之一，方法如下：

按照真值流推理(Truth-valued flow inference，TVFI)理论(参见文献[6]，设用户向 Fuzzy 计算机输入一组规则：

$$\text{if}\quad x\quad \text{is}\quad \underset{\sim}{A}_i\quad \text{then}\quad y\quad \text{is}\quad \underset{\sim}{B}_i(i=1,2,\cdots,m).$$

将这组知识完备化以后，可得到一个 Fuzzy 关系 $\underset{\sim}{G}$，叫作背景图，它能完全地反映这组推理知识所包含的信息：

$$\underset{\sim}{G}(x,y)=\min\{\underset{\sim}{B}_i(y)\mid A_i(x)\geqslant\delta\},\tag{5}$$

其中 $\delta>0$ 是事先给定的阈值. $\underset{\sim}{R}$ 与 $\underset{\sim}{G}$ 具有同类的性质，但 $\underset{\sim}{R}$ 是从因素空间的角度输入的，具有客观性质；而 $\underset{\sim}{G}$ 是代表用户的主观推理知识，当 $\underset{\sim}{R}=\underset{\sim}{G}$ 时，表示主、客观相符. 要注意的是，$\underset{\sim}{R}$ 是通过学习输入的，它只是真实推理关系的一个样本，虽客观亦不完全；故两者都需要相互参照调整，这就是 $\underset{\sim}{G}$—$\underset{\sim}{R}$ 修正器的功能；修正方法采取如下形式(参见图 6)：

$$\underset{\sim}{R}'(x,y)=\underset{\sim}{G}'(x,y)=\begin{cases}\underset{\sim}{R}(x,y)\wedge\underset{\sim}{G}(x,y), & \underset{\sim}{R}(x,y)\wedge\underset{\sim}{G}(x,y)\geqslant\tau,\\ \underset{\sim}{R}(x,y)\vee\underset{\sim}{G}(x,y), & \text{否则},\end{cases}\tag{6}$$

其中 τ 为给定的阈值.

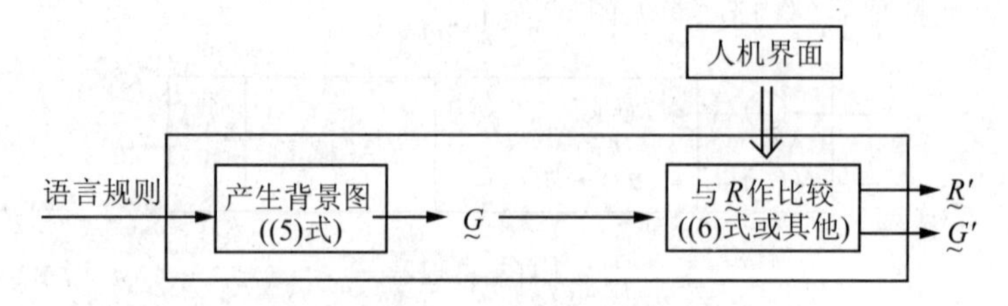

图 6　背景图的产生及 $\underset{\sim}{G}-\underset{\sim}{R}$ 修正器

参考文献

[1] 汪培庄,李洪兴. Fuzzy 计算机的设计思想(Ⅰ). 北京师范大学学报(自然科学版),1995,31(2):189.

[2] 汪培庄,李洪兴. 知识表示的数学理论. 天津:天津科学技术出版社,1994.

[3] Wang P Z. Sugeno M. The factors fields and the background structures of fuzzy subsets. 模糊数学,1982,1(2):45.

[4] Wang P Z. A factor spaces approach to knowledge representation. Fuzzy Sets and Systems,1990,36:113.

[5] Wang P Z, Zhang H M. Truth-valued flow inference and its mathematical theory. In:Wang P Z,Loe K F. Between mind and computer — advances in fuzzy systems — applications and theory. Vol I. Singapore: World Scientific Press,1993. 325－358.

[6] 李洪兴,汪群,段钦治. 工程模糊数学方法及应用. 天津:天津科技出版社,1993.

Abstract　This is the second of a series of papers discussing on fuzzy computer. Knowledge bags and thinking processor in this paper are considered where thinking processor involves five important parts: generating membership functions, computing degree of sufficiency of factors, generating automatically concepts, automatic inference and $\underset{\sim}{G}-\underset{\sim}{R}$ corrector.

Keywords　Fuzzy computer; fuzzy computing; knowledge bags; thinking processor; fuzzy control

北京师范大学学报(自然科学版)
1995,31(3):308—312

Fuzzy 计算机的设计思想(Ⅲ)[①]

A Thought to Fuzzy Computer (Ⅲ)

摘要 首先介绍由思维处理器派生出来的几个部件:Fuzzy 识别器,Fuzzy prolog 器,Fuzzy 决策器.然后考虑由 FD 转换器所派生出来的若干部件;Fuzzy 滤波器,Fuzzy 外推器,Fuzzy 检索器等 .最后探讨 Fuzzy 计算机在数值计算方面的应用.

关键词 Fuzzy 计算机;Fuzzy 计算;Fuzzy 控制;思维处理器;FD 转换器

本文是文献[1,2]的续篇,讨论由思维处理器和 FD 转换器派生出来的若干部件.

§1. 由思维处理器派生出来的几个部件

§1.1 Fuzzy 识别器

Fuzzy 识别的模型是这样的:给定 n 个 Fuzzy 概念(即模式(Patterns)):$\underset{\sim}{A}_1,\underset{\sim}{A}_2,\cdots,\underset{\sim}{A}_n$,要寻找一个合适的因素 f,使得对任一个对象 u,通过观察 u 在因素 f 下的状态 $x=f(u)$(通常是一个向量),便可根据最大隶属原则判断对象相对这 n 个模式的归属;即,若存在指标 $i\in(1,2,\cdots,n)$,使得 $\underset{\sim}{A}_1(x)=\max\{\underset{\sim}{A}_1(x),\underset{\sim}{A}_2(x),\cdots,\underset{\sim}{A}_n(x)\}$,则将对象 u 归入模式 $\underset{\sim}{A}_1$.

① 收稿日期:1995-03-15.国家自然科学基金资助项目.本文与李洪兴合作.

这个过程不是一次完成的. 如果 $\underset{\sim}{A}_1$, $\underset{\sim}{A}_2,\cdots,\underset{\sim}{A}_n$ 在 $X(f)$上的分布如图1所示, 尽管 $\underset{\sim}{A}_1$ 占有最大的隶属度,但我们却不敢轻易决定将 u 归入 $\underset{\sim}{A}_1$;事实上,最关键的环节是要计算因素 f 对分辨模式 $\underset{\sim}{A}_1$, $\underset{\sim}{A}_2,\cdots,\underset{\sim}{A}_n$ 的区分度. 区分性测度可用 Fuzzy 熵来度量:

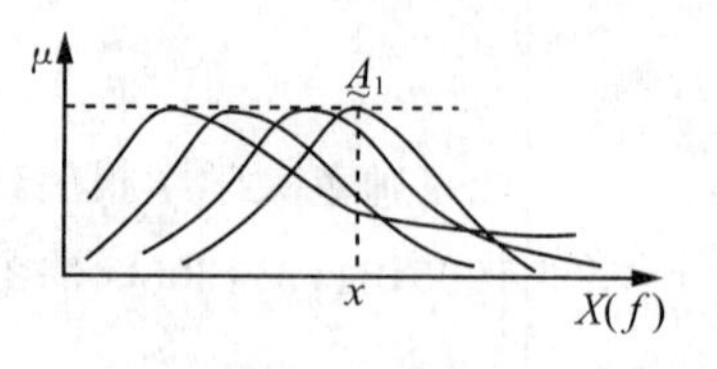

图1　模式的一种分布情况

$$d_f(\underset{\sim}{A}_1,\underset{\sim}{A}_2,\cdots,\underset{\sim}{A}_n)=1+\frac{m}{\lg n}\sum_{j=1}^{m}\sum_{t=1}^{n}\frac{\underset{\sim}{A}_1(x_j)}{\sum_{k=1}^{n}\underset{\sim}{A}_k(x_j)}\lg\left(\frac{\underset{\sim}{A}_1(x_j)}{\sum_{k=1}^{n}\underset{\sim}{A}_k(x_j)}\right),\quad(1)$$

其中$\{X_j\}_{1\leqslant j\leqslant m}$是对 $X(f)$的样本分割点列.

这个计算公式在 Fuzzy 计算机内部不易计算,可以与一个 PC 机联机计算.

如果将识别过程封闭在 Fuzzy 计算机内部来做,那么可将 $\underset{\sim}{A}_1$, $\underset{\sim}{A}_2,\cdots,\underset{\sim}{A}_n$ 分为甲、乙两组,再将甲、乙两类概念并成2个概念 $\underset{\sim}{A}^*$ 及 $\underset{\sim}{A}^{*c}$, 然后计算因素 f 的充分性测度(Sufficiency measure,参见文献[3]):$S(f,\underset{\sim}{A}^*)$ 及 $S(f,\underset{\sim}{A}^{*c})$. 如果 $S(f,\underset{\sim}{A}^*)$足够大,便可实施判别:

(1) 当 $S(f,\underset{\sim}{A}^*(f(u)))>S(f,\underset{\sim}{A}^{*c}(f(u)))$时,那么判别对象 u 属于甲类;

(2) 当 $S(f,\underset{\sim}{A}^*(f(u)))\ll S(f,\underset{\sim}{A}^{*c}(f(u)))$时,那么判别对象 u 属于乙类;

这样一类,备择集(Alternative sets)就从 $\underset{\sim}{A}_1,\underset{\sim}{A}_2,\cdots,\underset{\sim}{A}_n$ 减少为甲类或乙类;再对选出的类别(比如甲类)重复上述过程,如此迭代下去,直到备择集缩小到一个模式为止,该模式便是被识别出来的模式.

§1.2　Fuzzy prolog 器

文献[4]对于 Fuzzy LISP 和 Fuzzy prolog,特别是 Fuzzy prolog 作了详细的介绍,关于 Fuzzy prolog 的基本概念,读者可参阅文献[5]. Prolog 的问题大致有2种类型. 给定规则集,我们有:

类型1:$T(\underset{\sim}{C})=?$ ($\underset{\sim}{C}$ 为某一问题,表现为 Fuzzy 集,T 为真值);

类型2:以一定的真值担保,某变量 z 会出现在什么地方?

Fuzzy 计算机处理类型1与类型2有下述的3种途径.

途径 1 用自动推理器求解.

确定规则集中所涉及的变量是在哪个知识包中;打开这个知识包;从这个知识包中请用户确定推理关系 $\underset{\sim}{R}$ 的名称. Fuzzy 计算机自动形成 $\underset{\sim}{R}$ 的 Mapping,再利用背景图生成器及 $\underset{\sim}{G}-\underset{\sim}{R}$ 修正器(见文献[2]),将所输入的语言规则形成背景图 $\underset{\sim}{G}$ 并修正 $\underset{\sim}{R}$ 得到 $\underset{\sim}{R}'$.

类型 1 的处理:调用自动推理器,根据问题 $\underset{\sim}{C}$ 所涉及的变量,不妨设为 z,把事实输进自动推理器,输入 $\underset{\sim}{B}$,计算(见图 2):

$$T(\underset{\sim}{C})=1-\sum_{j}(\underset{\sim}{B}(x_j)-\underset{\sim}{C}(x_j))^{+}/\sum_{j}\underset{\sim}{B}(x_j). \tag{2}$$

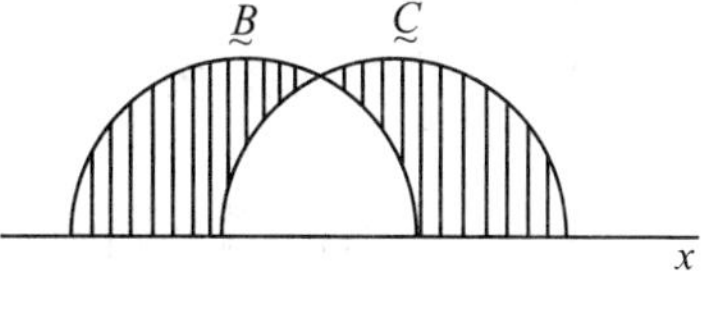

图 2 $T(\underset{\sim}{C})$的意义

此处

$$(x-y)^{+}=\begin{cases}x-y, & x\geqslant y,\\ 0, & \text{否则}.\end{cases} \tag{3}$$

(2)式的意义为:当 $\underset{\sim}{C}\supset\underset{\sim}{B}$ 时,$T(\underset{\sim}{C})=1$;当 $\underset{\sim}{C}\cap\underset{\sim}{B}=\varnothing$时,$T(\underset{\sim}{C})=0$.

类型 2 的处理:Fuzzy 计算机可以利用电压阈值设立开关,当隶属函数 $\underset{\sim}{A}(x)$的值$\geqslant\lambda$ 时,自动显示出 $\underset{\sim}{A}$ 的 λ 截集 $A_\lambda=\{x\mid\underset{\sim}{A}(x)\geqslant\lambda\}$;这叫作举手机制. 当事实输进自动推理器后,在 z-论域上输出 $\underset{\sim}{B}$;用举手机制显示 B_λ,B_λ 就是 Prolog 的类型 2 的解答(参见图 3).

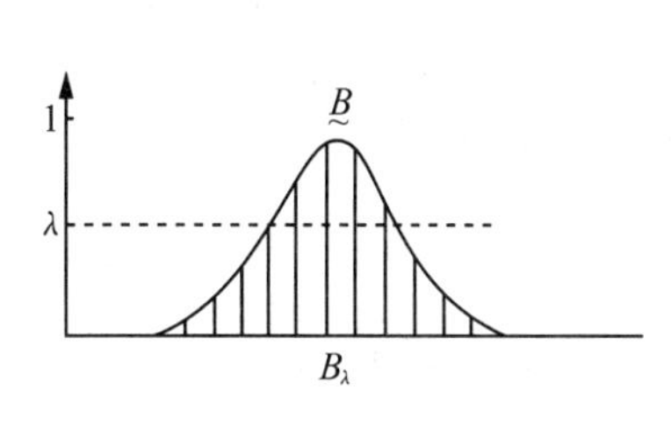

图 3 举手机制

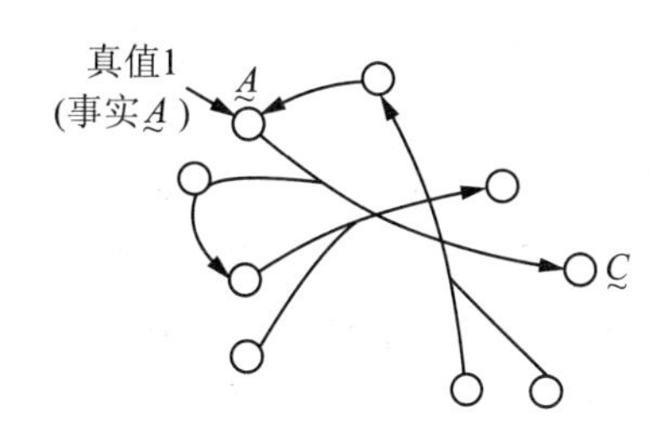

图 4 推理网络

途径 2 建立推理网络.

将语言规则集转化为形如图 4 那样的推理网络. 推理可以形成回路,根据事实,将真值分别输入给相应的节点(Nods), 让真值在网路中运算流转,直到稳定.

类型 1 的处理:$T(\underset{\sim}{C})$的大小直接由节点 $\underset{\sim}{C}$ 的输出读出.

类型 2 的处理:在各节点处设立阈值开关,给定阈值λ,所有真值超过 λ 的节点会被显示出来;与变量 z 有关的那些显示节点便给出了类型 2 的解答.

途径 3　上述 2 种途径的结合.

通过人机界面对上述 2 类结论作出综合.

§1.3　Fuzzy 决策器

Fuzzy 控制的关键环节是 Fuzzy 决策. 在 Fuzzy 控制中，将观测变量化为决策依据变量，将控制变量化作决策行为变量，于是 Fuzzy 控制问题就变成了 Fuzzy 决策问题. 关于 Fuzzy 决策的本质及其一般模型参阅文献[2].

§2.　由 FD 转换器派生出来的几个部件

§2.1　Fuzzy 滤波器

现在我们再回过头来细致探讨 FD 转换器(见文献[1]). 假定函数(Mapping) f 本身是带噪声的，这时就要先对 f 进行滤波，然后才能像文献[1]那样去处理它.

取 r 维矩阵点格体 $I_{n_1\times n_2\times\cdots\times n_r}$ 及 $I^{(1)}_{n_1\times n_2\times\cdots\times n_r}$，对每一点 $p^{(1)}\in I^{(1)}$，设 I 中对应的点是 $P(i_1,i_2,\cdots,i_r)$，记

$$J_p=\{p'=(i'_1,i'_2,\cdots,i'_r)\in I_{n_1\times n_2\times\cdots\times n_r}\ \big|\ |i_k-i'_k|\leqslant h,1\leqslant k\leqslant r\},\quad(4)$$

将 J_p 中的点均通过 max 联接，输出口联结到 $p^{(1)}$ 上.

类似地将 I 与 $I^{(2)}$ 联结，但将 max 联结改为 min 联结. 然后，把样本以电压值形式输入 I，再接通 $I^{(1)}$，$I^{(2)}$；取 $I^{(3)}$ 为 $I^{(1)}$ 与 $I^{(2)}$ 的中和：逐点格电压平均. $I^{(3)}$ 上的 Mapping 就是对原 Mapping 的一种 Fuzzy 滤波. (4)式中的 h 是滤波半径，它的长短选择由用户给出.

§2.2　Fuzzy 外推器

Fuzzy 插值是在 Fuzzy 基上给定映射值 y. 如果在每个基 $\underset{\sim}{A}_i$ 上置一个"线性权函数" $l_i(x)$，便可得到所谓 Fuzzy 外推(见图 5)：

$$\varphi(x)=\sum_{i=1}^{n}\underset{\sim}{A}_i(\tilde{x})\cdot l_1(x).\quad(5)$$

称 φ 为基 $\{\underset{\sim}{A}_1\}_{(1\leqslant i\leqslant n)}$，所作出的 Fuzzy 外推，其中 $l_1(x)$ 为直线函数. 按(5)式便可造出 Fuzzy 外推器.

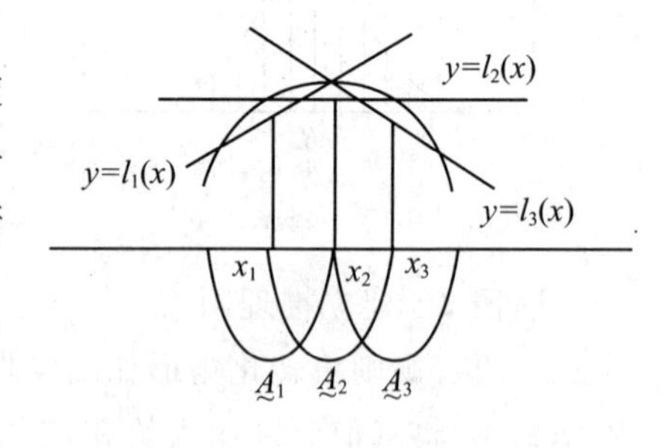

图 5　Fuzzy 外推

§2.3　Fuzzy 检索器

Fuzzy 检索器是要将被检索的对象通过 Mapping 形式涵盖起来. 当

Mapping 以电压形式出现时,按照某种条件启动开关,能将符合条件者及时举报出来.这种自动举手机制是提高检索效率的一个新途径.

§2.4 信息压缩器

FD 转换器的主要意义是信息压缩,前面只涉及用它做思维处理的事情,这里,要用它做信息压缩.

作为例子,考虑一个二维图像信息,该信息以电压形式出现在点格体中;经过滤波处理器之后,再将其输入 SB 变换器.从 SB 输出的是图像灰度图中的峰谷点及高级峰谷点.这些峰谷点所构成的图像就是物体的轮廓线图像;这不但压缩了原有信息,而且提取了线索特征,为图像理解、图像活化奠定了最必要的基础.由于这是硬件实现,故完全可以实时处理,从而为 Fuzzy 计算机实时地识别图像打开通路.

§3. 二维图像实时处理系统

作为 Fuzzy 计算机的演示(Demanstration),可以按§2.4 的思想设计一个二维图像实时处理系统(2DIIP).摄像机将外景(比如一个人的活动)$F(t)$以拍片速度输入 2DIIP,转化成电压信号,该信号经过 Fuzzy 滤波器再进入 SB 转换器,得到 $G(t)$;取 $G^*(t)=G(t)-G(t-1)$,得出动态物体的图像轮廓;再将其输入一个经典(非 Fuzzy)计算机,从 $G^*(t)$中分解出直线段与封闭曲线,这样便获得线索信息和圈圈信息;从圈圈信息中分辨谁是头部,再对头部对正方位跟踪;输回 Fuzzy 识别器,提取有关人面孔的知识包进行识别;这样 2DIIP 能实时叫响某个来客或某类来客的出现(见图 6).

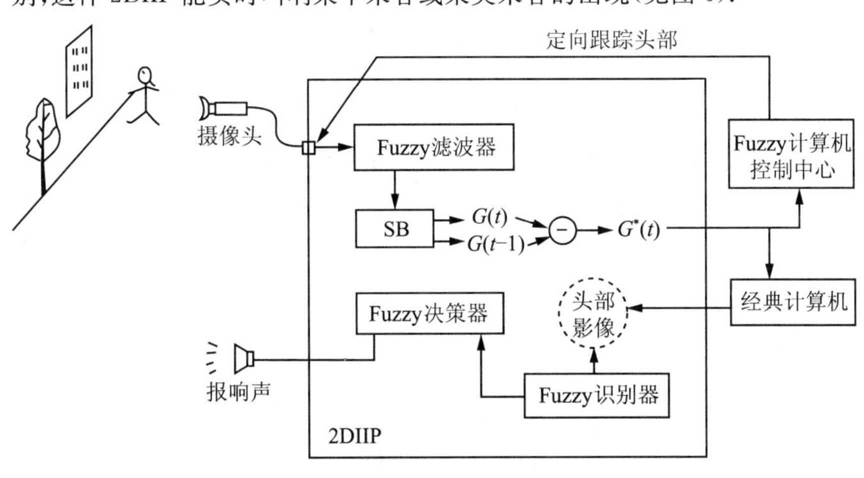

图 6　2DIIP 示意图

§4.　Fuzzy 计算机在数值计算中的应用

Fuzzy 计算机在数值计算领域将会有突破的进展,其本质是 Fuzzy computing. 我们只单一例来说明这种应用.

考虑非线性规划转化为线性规划问题:

设 $y=f(x_1,x_2,\cdots,x_n)$ 为目标函数,其中 f 非线性;要求在一组限制条件:$g_j(x_1,x_2,\cdots,x_n)\geqslant 0$ $(j=1,2,\cdots,m)$ 下优化,其中 $g_j(j=1,2,\cdots,m)$ 亦非线性. 将这一非线性优化问题写出为

$$\max f(x_1,x_2,\cdots,x_n),$$

s. t.

$$\begin{cases} g_1(x_1,x_2,\cdots,x_n)\geqslant 0, \\ g_2(x_1,x_2,\cdots,x_n)\geqslant 0, \\ \qquad\cdots \\ g_m(x_1,x_2,\cdots,x_n)\geqslant 0. \end{cases}$$

通常,这是一个很棘手的问题. 现在我们利用 Fuzzy 计算机的内部功能可以将其转化成一个线性规划问题.

首先,在 X^n 上确定一组基 $\{\underset{\sim}{B}_k\}_{(1\leqslant k\leqslant K)}$,要求 $\underset{\sim}{B}_k(x_1,x_2,\cdots,x_n)$ 是 n 元非负凸函数 $(k=1,2,\cdots,K)$,使得

$$f(x_1,x_2,\cdots,x_n)=\sum_{k=1}^{K} f_k\underset{\sim}{B}_k(x_1,x_2,\cdots,x_n),$$

$$g(x_1,x_2,\cdots,x_n)=\sum_{k=1}^{K} g_{jk}\underset{\sim}{B}_k(x_1,x_2,\cdots,x_n)\quad (j=1,2,\cdots,m).$$

并且都精确到给定的 $\varepsilon>0$. 令 $u_k=\underset{\sim}{B}_k(x_1,x_2,\cdots,x_n)$, $k=1,2,\cdots,K$,以诸 u_k 作为新设置的一组变量,于是上述问题转化为

$$\max\ y=f_1u_1+f_2u_2+\cdots+f_Ku_K,$$

s. t.

$$\begin{cases} g_{11}u_1+g_{12}u_2+\cdots+g_{1K}u_K\leqslant b_1, \\ g_{21}u_1+g_{22}u_2+\cdots+g_{2K}u_K\leqslant b_2, \\ \qquad\cdots \\ g_{m1}u_1+g_{m2}u_2+\cdots+g_{mK}u_K\leqslant b_m, \\ u_k\geqslant 0\quad (k=1,2,\cdots,K). \end{cases}$$

在经由 PC 机上调用普通程序求解该线性问题,设解为$(u_1^*, u_2^*, \cdots, u_K^*)$.

应用 Fuzzy 计算机中的“举手机制”,从 $\underset{\sim}{B}_1(x_1, x_2, \cdots, x_n) \geqslant u_1^*$, PC 机可获得解集:

$$J_1 = \{(x_1, x_2, \cdots, x_n) \mid \underset{\sim}{B}_1(x_1, x_2, \cdots, x_n) \geqslant u_1^*\}.$$

从 J_1 中再举报 $\underset{\sim}{B}_2(x_2, x_2, \cdots, x_n) \geqslant u_2^*$, PC 机又获得解集:

$$J_2 = \{(x_1, x_2, \cdots, x_n) \in J_1 \mid \underset{\sim}{B}_2(x_1, x_2, \cdots, x_n) \geqslant u_2^*\}.$$

如此下去,最后获得 J_K. $J_k(k=1,2,\cdots,K)$的范围逐步(迅速)缩小;若 J_K 中的元素很少,便提出一一验证是否符合要求,以求得原非线性规划问题的解;若 J_K 中的元素仍很多,则再取定一个步长 $\delta>0$,分别举报 $\underset{\sim}{B}_K(x_1, x_2, \cdots, x_n) \geqslant u_K^* + \delta$,PC 机从 J_K 中逐步去除被“检举”的那些元素,最后剩下的范围必可一一验证,从而最终获得原问题的解.

参考文献

[1] 汪培庄,李洪兴. Fuzzy 计算机的设计思想(Ⅰ). 北京师范大学学报(自然科学版),1995,31(2):189.

[2] 汪培庄,李洪兴. Fuzzy 计算机的设计思想(Ⅱ). 北京师范大学学报(自然科学版),1995,31(3):303.

[3] 汪培庄,李洪兴. 知识表示的数学理论. 天津:天津科学技术出版社, 1994.

[4] 李洪兴,汪群,段钦治,等. 工程模糊数学方法及应用. 天津: 天津科学技术出版社,1993.

[5] Jang S R, Sun C T. Functional equivalence between radial basis function networks and fuzzy inference system. IEEE Trans Neural Networks, 1993, 4:156.

Abstract This paper is the third of a series of papers on fuzzy computer. Several parts related to thinking processor are considered such as fuzzy recoginator, fuzzy prolog, fuzzy decision-maker, etc. Then an application to numerical mathematics is introduced.

Keywords fuzzy computer; fuzzy computing; fuzzy control; thinking processor; FD transformer

北京师范大学学报(自然科学版)
1995,31(4):434－439

Fuzzy 计算机的设计思想(Ⅳ)[①]

A Thought to Fuzzy Computer (Ⅳ)

摘要　FD 转换器的核心是 Fuzzy 插值器，详细介绍了 Fuzzy 插值方法；首先给出 Fuzzy 插值的正式定义，然后研究 Fuzzy 插值所具备的性质及其精度估计.最后设计了一个算法.

关键词　Fuzzy 计算机；Fuzzy 计算；Fuzzy 插值

§1.　Fuzzy 插值映射及其性质

FD 转换器的核心部件是 Fuzzy 插值器，本文较详细地讨论该插值器的数学形式及其算法，

给定 Fuzzy 集 $\underset{\sim}{A}\in\mathscr{F}(X)$，称 $\underset{\sim}{A}$ 为 X 上的一个正规 Fuzzy 集，如果存在唯一的 $x^*\in X$，使 $\underset{\sim}{A}(x^*)=1$，$x^*$ 叫作 $\underset{\sim}{A}$ 的峰点.

设 R 为实数域.当论域 $X\subset R$ 时，X 上的正规 Fuzzy 集又叫作 X 上的一个正规峰集.

定义 1　给定论域 $X\subset R$，X 上的一组 Fuzzy 集 $\mathscr{A}=\{\underset{\sim}{A}_i\,|\,i=1,2,\cdots,n\}$ 称为 X 上的一个正规基元组，如果每个 A_i 都是 X 上的正规峰集且满足条件：

$$(\forall x\in X)\left(\sum_{i=1}^{n}\underset{\sim}{A}_i(x)=1\right),\tag{1}$$

① 收稿日期：1995-02-23.国家自然科学基金资助项目.本文与李洪兴合作.

其中每个 $\underset{\sim}{A}_i$ 都叫作这个基元组的一个(正规)基元. 特别称 $\mathscr{A}$ 为一个(正规)二相基元组,如果对任意 $x\in X$,至多只有 2 个相邻的基元 $\underset{\sim}{A}_i,\underset{\sim}{A}_{i+1}$,使得 $\underset{\sim}{A}_i(x)\neq 0\neq \underset{\sim}{A}_{i+1}(x)$.

定义 2 给定映射 $f:X\to R$, $\mathscr{A}=\{\underset{\sim}{A}_i\mid i=1,2,\cdots,n\}$ 为 X 上一个正规基元组. 记

$$\hat{y}=\hat{f}(x)\triangleq\sum_{i=1}^{n}f(x_i^*)\underset{\sim}{A}_i(x). \tag{2}$$

其中 x_i^* 为 $\underset{\sim}{A}_i$ 的峰点($i=1,2,\cdots,n$);称 $\hat{f}$ 为 f 或 $\{f(x_i^*)\}$ $(i=1,2,\cdots,n)$在 $\mathscr{A}$ 上的 Fuzzy 插值映射.

定理 1 设 $\mathscr{A}=\{A_i\mid i=1,2,\cdots,n\}$为 X 上的一个正规基元组. $\hat{f}$ 为映射 $f:X\to R$ 的 Fuzzy 插值映射,则 $\hat{f}$ 具有下列性质:

1) 对任意峰点 x_1^*,必有 $\hat{f}(x_1^*)=f(x_1^*)$;

2) $(\forall x\in X)(\min f(x_1^*)\leqslant \hat{f}(x)\leqslant \max f(x_1^*))$;

3) 若为 X 上二相正规基元组,则

$(\forall x\in[x_i^*,x_{i+1}^*])(\min\{f(x_i^*),f(x_{i+1}^*)\}\leqslant\hat{f}(x)\leqslant\max\{f(x_i^*),f(x_{i+1}^*)\})$

证 1) 因 $\underset{\sim}{A}(x_i^*)=1$,由(1)式知,当 $i'\neq i$ 时有 $\underset{\sim}{A}_{i'}(x_i^*)=0$,代入(2)即得 $\hat{f}(x_i^*)=f(x_i^*)$.

2) 在(2)式中置 $\alpha_1\triangleq\underset{\sim}{A}_1(x)$,于是 $\hat{f}(x)=\alpha_1 f(x_1^*)+\alpha_2 f(x_2^*)+\cdots+\alpha_n f(x_n^*)$. 再从(1)式得 $\sum\limits_{i=1}^{n}\alpha_i=1$;这意味着 $\hat{f}(x)$是 $f(x_1^*),f(x_2^*),\cdots,f(x_n^*)$的“重心”,因此满足所谓综合性[1~3],即所证结论为真.

3)当 $\mathscr{A}$ 为 X 上二相基元组时,上述结论 2)便蜕化为该结论 3).

注 对于 X 上一个正规基元组 $\mathscr{A}=\{\underset{\sim}{A}_1\mid i=1,2,\cdots,n\}$,我们总假定其峰点集$\{x_i^*\}(i=1,2,\cdots,n)$满足“有序性”:$x_1^*\leqslant x_2^2\leqslant\cdots\leqslant x_n^*$.(如图 1).

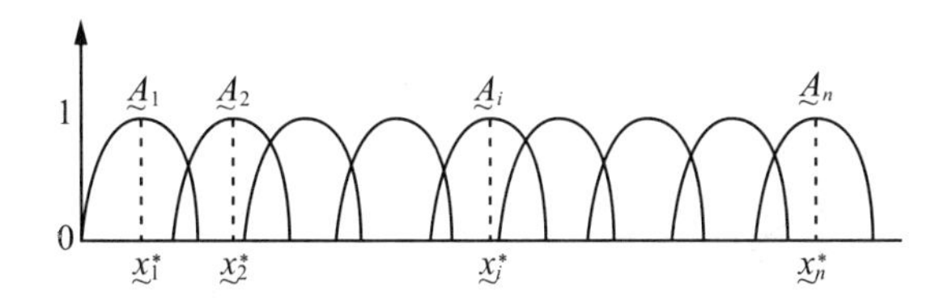

图 1 峰点的有序性

定义 3 给定论域 $X_j\subset R(j=1,2,\cdots,m)$, $\mathscr{A}^{(j)}=\{\mathscr{A}_1^{(j)}\mid i=1,2,\cdots,n_j\}$为 X_j 上正规基元组($j=1,2,\cdots,m$),记

$$\prod_{j=1}^{m}\mathscr{A}^{(j)} \triangleq \{\underset{\sim}{C}_{i_1 i_2\cdots i_m} \mid \underset{\sim}{C}_{i_1 i_2\cdots i_m} \triangleq A_{i_1}^{(1)}\cdot A_{i_2}^{(2)}\cdot\cdots\cdot A_{i_m}^{(m)},$$
$$A_{i_j}^{(j)}\in\mathscr{A}^{(j)}, j=1,2,\cdots,m\},$$

其中,对任何$(x_1,x_2,\cdots,x_m)\in\prod_{j=1}^{m}X_j$,有

$$\underset{\sim}{C}_{i_1 i_2\cdots i_m}(x_1,x_2,\cdots,x_m)=(\underset{\sim}{A}_{i_1}^{(1)}\cdot\underset{\sim}{A}_{i_2}^{(2)}\cdot\cdots\cdot\underset{\sim}{A}_{i_m}^{(m)})(x_1,x_2,\cdots,x_m)$$
$$\triangleq\underset{\sim}{A}_{i_1}^{(1)}(x_1)\cdot\underset{\sim}{A}_{i_2}^{(2)}(x_2)\cdot\cdots\cdot\underset{\sim}{A}_{i_m}^{(m)}(x_m).$$

称$\prod_{j=1}^{m}\mathscr{A}^{(j)}$为$\mathscr{A}^{(j)}(j=1,2,\cdots,m)$在$X_1\times X_2\times\cdots\times X_m$上的乘积基元组.

可证:正规基元组的乘积基元组仍是正规基元组.事实上,对任何$(x_1,x_2,\cdots,x_m)\in\prod_{j=1}^{m}X_j$,均有

$$\sum_{i_1}\sum_{i_2}\cdots\sum_{i_m}\underset{\sim}{C}_{i_1 i_2\cdots i_m}(x_1,x_2,\cdots,x_m)=$$
$$\sum_{i_1}\underset{\sim}{A}_{i_1}(x_1)\cdot\sum_{i_2}\underset{\sim}{A}_{i_2}(x_2)\cdot\cdots\cdot\sum_{i_m}\underset{\sim}{A}_{i_m}(x_m)=1.$$

因此所证结论是正确的.

定理 2 给定有界闭集$D\subset R^m$及连续函数$f:D\to R$;对任意给定的$\varepsilon>0$,必有D上一个乘积正规基元组$\mathscr{C}=\{\underset{\sim}{C}_{i_1 i_2\cdots i_m}\}$,使$f$在$\mathscr{C}$上的Fuzzy插值映射$f$能逼近$f$到给定的精度$\varepsilon$,亦即

$$\sup_{x\in D}|\hat{f}(x)-f(x)|\leqslant\varepsilon. \tag{3}$$

且就精度ε而言,f在D上的最大值,最小值可在$\mathscr{C}$的峰点集中寻找.

证 为了简便,不妨取维数$m=2$且$D=[0,1]^2$.任意给定$\varepsilon>0$,由于f在D上连续且D为有界闭集,故f在D上一致连续,从而必有$\delta>0$,使得对任意$(x_1,y_1),(x_2,y_2)\in D$,当$\sqrt{(x_1-x_2)^2+(y_1-y_2)^2}\leqslant\delta$,便有$|f(x_1,y_1)-f(x_2,y_2)|\leqslant\varepsilon/2$.自然可以找到一个自然数$N$,使$\delta\leqslant\sqrt{2}/N$,无妨取$\delta=\sqrt{2}/N$(图2).

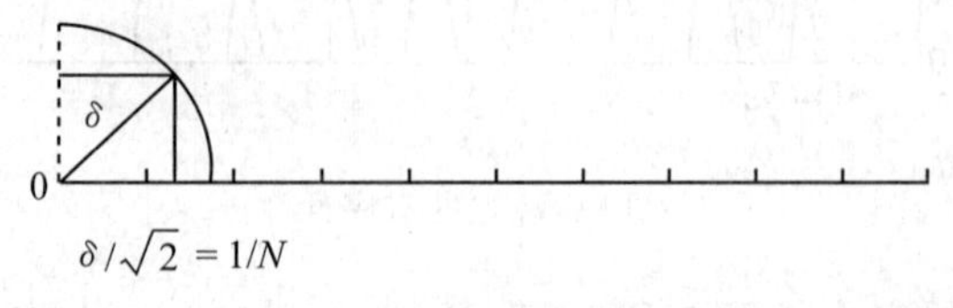

图2 δ的取法

在 x 轴上定义一个二相正规基元组 $\mathscr{A}=\{\underset{\sim}{A}_1 \mid i=0,1,2,\cdots,N\}$ 如下(见图 3):

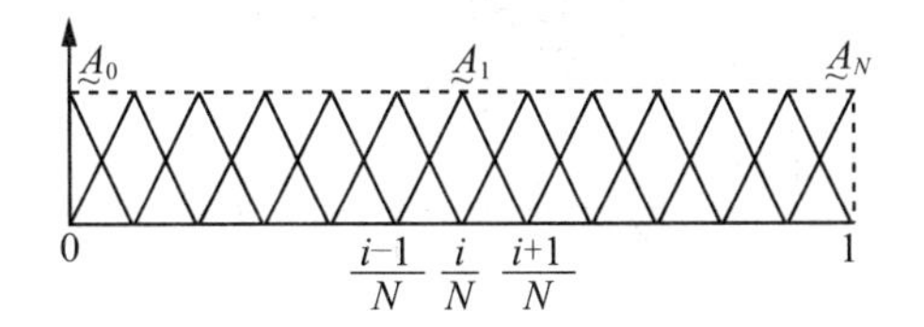

图 3　x 轴上的二相正规基元组

$$\underset{\sim}{A}_0(x)=\begin{cases}1-Nx, & 0\leqslant x\leqslant 1/N;\\ 0, & \text{其他},\end{cases}$$

$$\underset{\sim}{A}_1(x)=\begin{cases}Nx-i, & (i-1)/N\leqslant x\leqslant i/N;\\ i+1-Nx, & i/N<x\leqslant (i+1)/N;\\ 0, & \text{其他},(i=1,2,\cdots,N-1)\end{cases}$$

$$\underset{\sim}{A}_N(x)=\begin{cases}Nx-1, & (N-1)/N\leqslant x\leqslant 1;\\ 0, & \text{其他}.\end{cases}$$

类似地,在 y 轴上定义一个二相正规基元组

$$\mathscr{B}=\{\underset{\sim}{B}_j \mid j=0,1,2,\cdots,N\}.$$

在 D 上取乘积基元组 $\mathscr{C}=\mathscr{A}\times\mathscr{B}$,其峰点集为 $S=\{(i/N,j/N)\mid i,j=0,1,2,\cdots,N\}$. 取 $\hat{f}$ 为 f 在 $\mathscr{C}$ 上的 Fuzzy 插值映射:

$$\hat{f}(x,y)=\sum_{i=0}^{N}\sum_{j=0}^{N}f(i/N,j/N)\underset{\sim}{A}_i(x)\underset{\sim}{B}_j(y), \tag{4}$$

注意到 $\mathscr{A},\mathscr{B}$ 均为二相正规基元组,若置 $\Delta_i=[(i-1)/N,i/N]$, $\Delta_j=[(j-1)/N,j/N]$ $(i,j=1,2,\cdots,N)$,则当 $(x,y)\in\Delta_i\times\Delta_j$ 时,有

$$\begin{aligned}\hat{f}(x,y)=&f((i-1)/N,(j-1)/N)\underset{\sim}{A}_{i-1}(x)\underset{\sim}{B}_{j-1}(y)+\\ &f((i-1)/N,j/N)\underset{\sim}{A}_{i-1}(x)\underset{\sim}{B}_j(y)+f(i/N,(j-1)/N)\underset{\sim}{A}_i(x)\underset{\sim}{B}_{j-1}(y)+\\ &f(i/N,j/N)\underset{\sim}{A}_i(x)\underset{\sim}{B}_j(y).\end{aligned} \tag{5}$$

$\hat{f}$ 是逐片线性函数,在 $\Delta_i\times\Delta_j$ 上其形状如图 4 所示.

在 $\Delta_i\times\Delta_j$ 上,$\hat{f}$ 的曲面由 4 块曲面三角形拼接而成:$\underset{\sim}{\triangle}ABE$, $\underset{\sim}{\triangle}BCE$, $\underset{\sim}{\triangle}CDE$, $\underset{\sim}{\triangle}DAE$. 若置

$$a_1=\underset{\sim}{A}_{i-1}(x)\underset{\sim}{B}_{j-1}(y),\qquad a_2=\underset{\sim}{A}_{i-1}(x)\underset{\sim}{B}_j(y),$$

$$a_3=\underset{\sim}{A}_i(x)\underset{\sim}{B}_{j-1}(y),\qquad a_4=\underset{\sim}{A}_i(x)\underset{\sim}{B}_j(y),$$

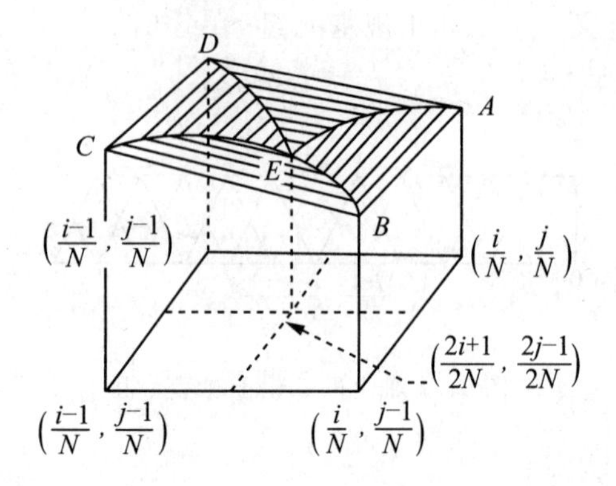

图 4　在 $\Delta_i \times \Delta_j$ 上的曲面

则从(5)式便有

$$\hat{f}(x,y)=a_1 f\left(\frac{i-1}{N},\frac{j-1}{N}\right)+a_2 f\left(\frac{i-1}{N},\frac{j}{N}\right)+a_3 f\left(\frac{i}{N},\frac{j-1}{N}\right)+a_4 f\left(\frac{i}{N},\frac{j}{N}\right). \tag{6}$$

现在我们转而证明 $a_1+a_2+a_3+a_4=1$，即所谓归一性. 事实上，

$$\begin{aligned} a_1+a_2+a_3+a_4 &= \underset{\sim}{A}_{i-1}(x)(\underset{\sim}{B}_{j-1}(y)+\underset{\sim}{B}_j(y))+\underset{\sim}{A}_i(x)(\underset{\sim}{B}_{j-1}(y)+\underset{\sim}{B}_j(y)) \\ &= (\underset{\sim}{A}_{i-1}(x)+\underset{\sim}{A}_i(x))(\underset{\sim}{B}_{j-1}(y)+\underset{\sim}{B}_j(y)), \end{aligned}$$

因 $\mathscr{A}$ 是二相正规基元组，当 $(i-1)/N\leqslant x\leqslant i/N$ 时（即 $x\in\Delta_1$），只有 $\underset{\sim}{A}_{i-1}(x)$，$\underset{\sim}{A}_i(x)$才有可能不为零，故由(1)式有 $\underset{\sim}{A}_{i-1}(x)+\underset{\sim}{A}_i(x)=\sum_{i=0}^{N}\underset{\sim}{A}_i(x)=1$. 同样道理，当 $y\in\Delta_j$ 时，亦有 $\underset{\sim}{B}_{j-1}(y)+\underset{\sim}{B}_j(y)=1$. 因此我们证得：$a_1+a_2+a_3+a_4=1$. 这一结论说明 $\hat{f}(x,y)$是相邻 4 个峰点所对应函数值按(x,y)对该四基元的隶属度而求的重心坐标值；不妨假定 $f(i/N,j/N)$与 $f((i-1)/N,j/N)$分别是相邻四峰点所对应函数值中的最大值与最小值，于是便有 $f((i-1)/N,j/N)\leqslant\hat{f}(x,y)\leqslant f(i/N,j/N)$. 由此立即得到

$$|\hat{f}(x,y)-f((i-1)/N,j/N)|\leqslant|\hat{f}(i/N,j/N)-f((i-1)/N,j/N)|.$$

因为$(i/N,j/N)$与$((i-1)/N,j/N)$之间的距离小于 δ，故有

$$|\hat{f}(x-y)-f((i-1)/N,j/N)|\leqslant\varepsilon/2.$$

亦因$((i-1)/N,j/N)$与(x,y)之间的距离小于 δ，我们有

$$|f(x,y)-f((i-1)/N,j/N)|\leqslant\varepsilon/2.$$

采用分析中常规的方法便有

$$|\hat{f}(x,y)-f(x,y)|=|\hat{f}(x,y)-f((i-1)/N,j/N)+$$

$$f((i-1)/N,j/N)-f(x,y)|\leqslant|\hat{f}(x,y)-f((i-1)/N,j/N)|+$$

$$|f((i-1)/N,j/N)-f(x,y)|\leqslant\varepsilon/2+\varepsilon/2=\varepsilon.$$

由(x,y)的任意性,可知(3)式为真,这就证明了定理的前半部分.

再考虑定理的后半部分.设(x_0,y_0)为f在D上的最大点,即$f(x_0,y_0)=\max\limits_{(x,y)\in D}f(x,y)$,不妨假定$(i-1)/N\leqslant x_0\leqslant i/N$,$(j-1)/N\leqslant y_0\leqslant j/N$,因$(x_0,y_0)$与相邻4个峰点的距离均小于$\delta$,因此,按精度$\varepsilon>0$的意义而言,可选这4个峰点中函数值最大的那一点来作为f在D上的最大点;最小点的选取雷同.

§2. 一个可操作的 Fuzzy 插值算法

定理2虽然从理论上保证了满足$\sum \underset{\sim}{A}_i(x)\leqslant 1$(此处更严,$\sum \underset{\sim}{A}_1(x)=1$)及$\|\hat{f}-f\|\leqslant\varepsilon$这2个条件的基是存在的,但在实用上还不甚令人满意,因为基元的个数太大了.下面,我们要给出一个算法,它所需要的基虽不能说是最少的,但也是相当少的.其基本思想是:尽量把基元限制在峰点及谷点上.

算法 (以$m=2$,$D=[0,1]^2$的情形来叙述):任意给定$\varepsilon>0$,取定$\delta>0$,使得对任意(x_1,y_1),$(x_2,y_2)\in D$,当$\sqrt{(x_1-x_2)^2+(y_1-y_2)^2}<\delta$时,便有

$$|f(x_1,y_1)-f(x_2,y_2)|\leqslant\varepsilon/3. \tag{7}$$

取$N=[\sqrt{2}/\delta]$,这里$[x]$表示x所包含的最大整数.将D划分为N^2个小格子.

第0步 对任意$0<i,j<N$,若满足条件:

$$f(i/N,j/N)\leqslant\min\{f((i-1)/N,j/N),f((i+1)/N,j/N),$$
$$f(i/N,(j-1)/N),f(i/N,(j+1)/N)\}, \tag{8}$$

或

$$f(i/N,j/N)\geqslant\max\{f((i-1)/N,j/N),f((i+1)/N,$$
$$f(i/N),(j-1)/N),f(i/N,(j+1)/N)\}, \tag{9}$$

则将$(i/N,j/N)$放入集合$S^{(0)}$.

当$(i/N,j/N)$在D的边界上时,去掉(8)(9)右端那些无意义的项,再进行同样的判别;例如,当$i=0$,$j=N$时,若$f(0,1)\leqslant\min\{f(1/N,1)$,

$f(0,(N-1)/N)\}$或 $f(0,1)\geqslant\max\{f(1/N,1),f(0,(N-1)/N)\}$,便将(0.1)放入 $S^{(0)}$.

注　$S^{(0)}$ 叫作极点集,在给定的精度之下,S^0 就是 f 在 D 上全体极大点与极小点的可能集合.

令 $k=0$,取 $\varphi^{(0)}(x,y)=f(x,y)$.

第 1 步　记

$$S_x^{(k)}=\{(i/N)0\leqslant i\leqslant N,(\exists(x,y)\in S^{(k)})(x=i/N)\},\tag{10}$$

$$S_y^{(k)}=\{(j/N)0\leqslant j\leqslant N,(\exists(x,y)\in S^{(k)})(y=j/N)\},\tag{11}$$

将 $S_x^{(k)},S_y^{(k)}$ 各按次序排列可得:

$$S_x^{(k)}:0=x_0^*<x_1^*<x_2^*<\cdots<x_p^*=1(p\leqslant N).\tag{12}$$

$$S_y^{(k)}:0=y_0^*<y_1^*<y_2^*<\cdots<y_q^*=1(q\leqslant N).\tag{13}$$

注　上面的 x_i^*,y_j^* 本应写为 $x_i^{*(k)},y_j^{*(k)}$,为了简便而省略(k).

在 x 轴上定义一个二相正规基元组 $\mathscr{A}^{(k)}=\{\underset{\sim}{A}_i^{(k)}\mid i=0,1,\cdots,p\}$如下:

$$A_i^{(k)}(x)\triangleq\begin{cases}(x_i^*-x)/(x_i^*-x_{i-1}^*),x_{i-1}^*\leqslant x\leqslant x_i^*;\\(x-x_i^*)/(x_{i+1}^*-x^*),x_i^*\leqslant x\leqslant x_{i+1}^*;\\0,\qquad\qquad\qquad 其他,\end{cases}$$

其中 $i=0,1,\cdots,p$,且无意义的项不取,见图 5.同样在 y 轴上定义二相正规基元组 $\mathscr{B}^{(k)}=\{\underset{\sim}{B}_j^{(k)}\mid j=0,1,2,\cdots,q\}$如下:

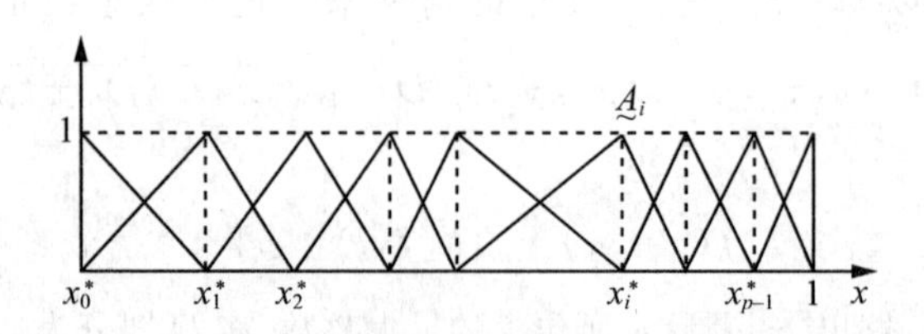

图 5　x 轴上的二相正规基元组

$$B_j^{(k)}(y)\triangleq\begin{cases}(y_j^*-y)/(y_j^*-y_{j-1}^*),\quad y_{j-1}^*\leqslant y\leqslant y_j^*;\\(y-y_j^*)/(y_{j+1}^*-y_j^*),\quad y_j^*\leqslant y\leqslant y_{j+1}^*;\\0,\qquad\qquad\qquad 其他,\end{cases}$$

其中 $j=0,1,2,\cdots,q$,且无意义的项不取.

第 2 步　作 $\varphi^{(k)}$ 在 $S_x^{(k)}\times S_y^{(k)}$ 上的 Fuzzy 插值映射 $\widehat{f}^{(k)}$:

$$\widehat{f}^{(k)}(x,y)=\sum_{i=0}^{N}\sum_{j=0}^{N}\underset{\sim}{A}_i^{(k)}(x)\underset{\sim}{B}_j^{(k)}(y)\varphi^{(k)}(x_i^*,y_j^*).\tag{14}$$

注　不难看出 $\widehat{f}^{(k)}(x,y)$有下列性质:

$$\hat{f}^{(k)}(x_i^*, y_j^*) = \varphi^{(k)}(x_i^*, y_j^*); \tag{15}$$

对任意 $x_{i-1}^* \leqslant x \leqslant x_i^*$，$y_{j-1}^* \leqslant y \leqslant y_j^*$，必有

$$m_{ij} \leqslant \hat{f}^{(k)}(x, y) \leqslant M_{ij}. \tag{16}$$

其中 m_{ij}，M_{ij} 分别为 $\varphi^{(k)}$ 在其 4 个相邻峰点上的最小值和最大值.

第 3 步 令 $\varphi^{(k+1)}(x,y) = \varphi^{(k)}(x,y) - \hat{f}^{(k)}(x,y)$. 对任意 $0 \leqslant i, j \leqslant N$，若 $(i/N, j/N) \notin S^{(k)}$，并且 $|\varphi^{(k+1)}(i/N, j/N)| > \varepsilon/3$，且若满足下列条件：

$$\begin{aligned}\varphi^{(k+1)}(i/N, j/N) \leqslant \min\{&\varphi^{(k+1)}((i-1)/N, j/N), \varphi^{(k+1)}((i+1)/N, j/N),\\ &\varphi^{(k+1)}(i/N, (j-1)/N), \varphi^{(k+1)}(i/N, (j+1)/N)\}\end{aligned} \tag{17}$$

或

$$\begin{aligned}\varphi^{(k+1)}(i/N, j/N) \geqslant \max\{&\varphi^{(k+1)}((i-1)/N, j/N), \varphi^{(k+1)}((i+1)/N, j/N),\\ &\varphi^{(k+1)}(i/N, (j-1)/N), \varphi^{(k+1)}(i/N, (j+1)/N)\}\end{aligned} \tag{18}$$

(其中要将无意义的项取消)便将 $(i/N, j/N)$ 放入 $E^{(k+1)}$. 取 $S^{(k+1)} = S^{(k)} \cup E^{(k+1)}$.

第 4 步 若 $E^{(k+1)} = \varnothing$(即 $S^{(k+1)} = S^{(k)}$)，则取

$$\hat{f}(x,y) = \hat{f}^{(0)}(x,y) + \hat{f}^{(1)}(x,y) + \cdots + \hat{f}^{k}(x,y). \tag{19}$$

如果 $E^{(k+1)} \neq \varnothing$，那么继续增添基元，返回第 1 步.

定理 3 若映射 f 在有界闭集 D 上连续，则上述算法所得到的 $\hat{f}$ 满足定理 2 所述的各项结论.

证 由(15)式可知，当 $(x,y) \in S_x^{(k)} \times S_y^{(k)}$ 时，必有 $\varphi^{(k+1)}(x,y) = \varphi^{(k)}(x,y) - \hat{f}^{(k)}(x,y) = 0$. 故在第 3 步中，若存在满足 $|\varphi^{(k+1)}(i/N, j/N)| > \varepsilon/3$ 的点 $(i/N, j/N)$，则必有满足(17)或(18)式的点，这是因为四周为零，中间有突起或凹下去的点，必为(17)或(18)型的点. 由此可证：当 $E^{(k+1)} = \varnothing$ 时，对所有 $(i/N, j/N) \in D$，均有 $|\varphi^{(k+1)}(i/N, j/N)| \leqslant \varepsilon/3$. 注意到，

$$\begin{aligned}\varphi^{(k+1)}(x,y) &= \varphi^{(k)}(x,y) - \hat{f}^{(k)}(x,y) = \varphi^{(k-1)}(x,y) - \hat{f}^{(k-1)}(x,y) - \hat{f}^{(k)}(x,y)\\ &= \varphi^{(k-1)}(x,y) - (\hat{f}^{(k-1)}(x,y) - \hat{f}^{(k)}(x,y)) = \cdots\\ &= \varphi^{(0)}(x,y) - (\hat{f}^{(0)}(x,y) + \cdots + \hat{f}^{(k)}(x,y) = f(x,y) - \hat{f}(x,y).\end{aligned}$$

因此，对任意 $0 \leqslant i, j \leqslant N$，有 $|\hat{f}(i/N, j/N) - f(i/N, j/N)| \leqslant \varepsilon/3$. 因为

“格子”划分得足够小,类似定理 2 的证明,可知对任意$(i-1)/N\leqslant x\leqslant i/N,(j-1)/N\leqslant y\leqslant j/N$. 便有

$$|\hat{f}(x,y)-f(x,y)|=|\hat{f}(x,y)-\hat{f}(i/N,j/N)+\hat{f}(i/N,j/N)+f(i/N,j/N)-f(i/N,j/N)-f(x,y)|\leqslant \hat{f}(x,y)-\hat{f}(i/N,j/N)|+|\hat{f}(i/N,j/N)-f(i/N,j/N)|+|f(i/N,j/N)-f(x,y)|\leqslant \varepsilon/3+\varepsilon/3+\varepsilon/3=\varepsilon.$$

注　该算法所提供的方法,是在平面上(或 n 维空间上)把峰点及谷点记录下来,再把它们投影到各个轴上,求得一维的二相正规基元组,然后生成乘积基元组;这样一来,可能会增加一些不必要的基元(见图 6).

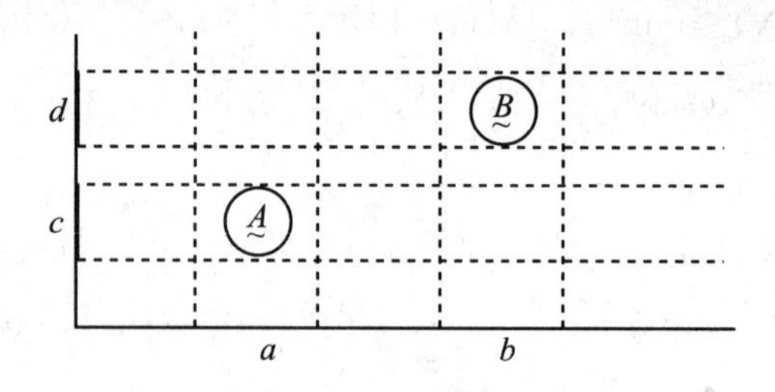

图 6　基元投影后会增加

如图 6 所示,由 A,B 两个二维基元经投影,叉乘以后会变成 4 个(a,b,c,d). 这样做的原因主要是为了绕过数学上的困难,因为高维的正规基元组是非常困难的一个数学问题.

参考文献

[1]汪培庄,李洪兴. Fuzzy 计算机的设计思想(1). 北京师范大学学报(自然科学版), 1995,31(2):189.

[2]汪培庄,李洪兴. Fuzzy 计算机的设计思想(Ⅱ). 北京师范大学学报(自然科学版), 1995,31(3):303.

[3]汪培庄,李洪兴. Fuzzy 计算机的设计思想(Ⅲ). 北京师范大学学报(自然科学版), 1995,31(3):308.

Abstract　All approach of fuzzy interpolation is introduced in detail. First a definition of fuzzy interpolation is given. Then properties on the fuzzy interpolation is considered. Finally an algorithm for Fuzzy interpolation is designed.

Keywords　Fuzzy computer; fuzzy computing; fuzzy interpolation

Journal of Chinese Fuzzy Systems Association
1995,1:29—38

Fuzzy Computing 的核心思想及其在非线性规划求解方面的一个应用

The Essential of Fuzzy Computing and Its Application on Nonlinear Programming

摘要 本文简述了 Fuzzy computing 的核心思想是在于不断的施行 Fuzzy 插值及 Fuzzy 浓缩化这样一对互逆的变换,它们把定性与定量两种信息源结合在一起,把数值计算与知识经验结合在一起,这不仅为 Fuzzy 现象的描述铺平道路,同时,它也回过头来对数值计算在突破时空局限性方面带来希望.作为例子,对非线性规划求解问题提出一个新的思路.

关键词 模糊演算;模糊内插;非线性规划

§1. Fuzzy computing 的核心思想

Fuzzy 理论与应用的迅速发展,使人们以更加关切的心情来探索有关这门学科的一些本质问题,于是,“Fuzzy computing”这个名词使越来越频繁地出现在有关的书籍和文献上,但是,究竟什么是 Fuzzy computing 呢?它的思想核心何在?对此,很少有明确回答.本文试图就此问题提出个人的一点不成熟的想法,并应用这种想法尝试对非线性规划提出一种新的解法.

Fuzzy computing 一词所要概括的应当是指那些从 computing 的角度看来在 Fuzzy 理论及应用中所含有的最本质的东西,笔者认为,非常本质的一件事情是,Fuzzy 技术总是在“定性”与“定量”二者之间实现某些变换.

给定一个直线段轴 X,它是一个由无限多个实数点所组成的集合,经

典数学是要将 X 分割成这无限多的实数点，Fuzzy 数学却是要将 X 分割成有限多个“Fuzzy 团块”(Fuzzy granules)或“Fuzzy 量子”(Fuzzy guantums)，它们构成一个集合 $X^*=\{A_i\}_{(i=1,2,\cdots,n)}$，一个由模糊的语言值(如“很大”“较大”…)所构成的论域，数学研究的核心是映射 $f:X\to Y$，若将它转换到 X^* 与 Y^* 所对应的空间，则如图 1 所示，它变为一组二维 Fuzzy 点：

$$f^*=\{(A_i,B_{j_i})\}_{(i=1,2,\cdots,n)}. \tag{1}$$

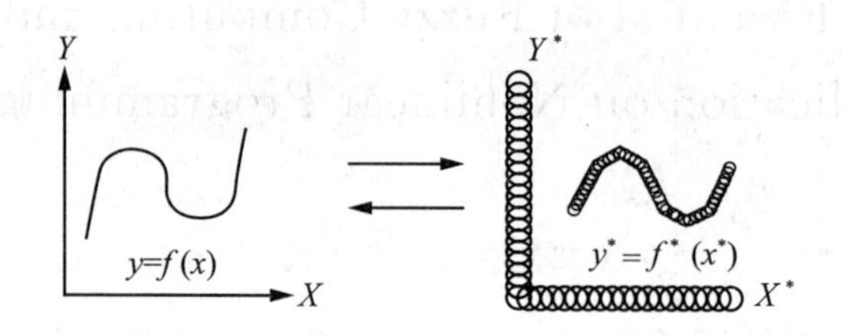

图 1　两种信息表示之间的变换

图 1 中左、右两方各自代表着两种不同轨迹的信息. 左方代表定量化的信息，右方代表定性化的信息，(1)中每一个二维 Fuzzy 点(A_i,B_{j_i})可以用语言表示成一条规则

$$\text{if}\quad x\quad \text{is}\quad A_i,\ \text{then}\quad y\quad \text{is}\quad B_{j_i}.$$

从左到右的变换是把无限集化为有限集，把数值计算化为语言规则，把定量化信息化为定性化信息. 这种变换体现了信息压缩或“智能节约”，但必有信息损失. 要问这种损失是否超越容许限度，还须考察逆向的变换，即从右到左的变换. 当然，以前所见的 Fuzzy 应用，如 Fuzzy 控制方面的应用，则是根据人的知识经验，直接从定性的信息源获得右方的一组规则 f^*，然后，经过从右到左的变换，得到实验控制曲线(面)f.

图 1 所形象表示的从左到右及从右到左的两种变换能够将定量与定性两种信息源有效地连接起来，在人脑和电脑之间搭起了桥梁，这是 Fuzzy computing 的一个核心思想.

在数学上，可以将从右到左的变换抽象为一种 Fuzzy 插值运算.

设 $X\subseteq\mathbf{R}^m$，称 $A\in\mathscr{F}(X)$为 X 上的 1 个 M 维 Fuzzy 点. 如果 $\mu=A(x)$是 X 上的一个凸曲线(面)，且至少存在一点 $x_0\in X$，使有 $A(x_0)=f$. 记

$$\text{peak}(A)=\frac{1}{2}(\inf\{x\mid x\in\mathbf{X},A(x)=1\}+\sup\{x\mid x\in X,A(x)=1\}), \tag{2}$$

这里 inf，sup 分别是向量的下、上确界；peak(A)叫作 A 的峰点.

称 $X^* = \{A_i\}$ $(i=1,2,\cdots,n)$ 为 X 的一个 Fuzzy 划分，如果 A_i $(i=1,2,\cdots,n)$都是 X 上的 Fuzzy 点且对任意 $x\in X$，总有一 A_i 使 $A_i(x)>0$. 称一个 Fuzzy 划分是正规的，如果

$$\sum_{i=1}^{n} A_i(x) \equiv 1, \quad (x \in X). \tag{3}$$

称一个正规 Fuzzy 划分为一个 k 相划分，如果对任意 $x\in X$，$\{A_i(x)\}(i=1,2,\cdots,n)$中至多只有 k 个非零项，且存在一个 x，使$\{A_i(x)\}$ $(i=1,2,\cdots,n)$中含有k 个非零项.

定义 1[8]　设 $X^*=\{A_i\}(i=1,2,\cdots,n)$为 X 上的一个 Fuzzy 划分. 给定 $f^*:X^*\to Y^*$. 称映射

$$f: X \to Y$$

$$f(x) = \frac{\sum_{i=1}^{n} A_i(x) \cdot \mathrm{peak}(f^*(A_i))}{\sum_{i=1}^{n} A_i(x)} \tag{4}$$

为 f^* 经由 Fuzzy 插值所诱导出来的映射，X^* 称为 Fuzzy 插值(4)的基，其中的 A_i 称为基元.

Fuzzy 控制器本质上说来是一种 Fuzzy 插值器[8]. 若将 X 的语言值所对应的 Fuzzy 集作成一个基，则按(4)所作的 Fuzzy 插值便等同于按重心法所作的 Defuzzification. 所以，从右到左的变换在实际应用中已是十分普遍的了. Fuzzy 控制器是从右到左的变换的典型实现. 从左到右的变换，在数学上可以抽象为一种 Fuzzy 浓缩.

定义 2　给定映射 $f:X\to Y$，若存在 X 与 Y 的两个 Fuzzy 划分 $X^*=\{A_i\}(i=1,2,\cdots,n)$，及 $Y^*=\{B_j\}(j=1,2,\cdots,m)$，又若存在映射$f^*:X^*\to Y^*$ 使满足

1) $f(\mathrm{peak}(A_i))=\mathrm{peak}(f^*(A_i)), (i=1,2,\cdots,n).$ (5)

2) 设 f'是 f^* 按基 X^* 所作的 Fuzzy 插值，都有

$$|f'(x)-f(x)|\leqslant\varepsilon, (x\in X), \tag{6}$$

则称 f^* 是 f 的一个(ε)Fuzzy 浓缩.

在实际应用中，最重要的是基 X^* 的提取问题.

定义 3　给定映射 $f:X\to Y$，若存在 X 的一个 Fuzzy 划分 $X^*=\{A_i\}(i=1,2,\cdots,n)$，使由它所定义的映射 $f':X\to Y$

$$f'(x) = \frac{\sum_{i=1}^{n} A_i(x) f(x)}{\sum_{i=1}^{n} A_i(x)} \tag{4'}$$

满足(6),则称 X^* 是 X 关于 f 的一个(ε)Fuzzy 裂缩. 这里,也称 f' 是 f 关于基 X^* 的 Fuzzy 插值.

Fuzzy 裂缩的问题在 Fuzzy 控制中就是规则提取问题. (4′)中所定义的插值函数又被称为 Fuzzy 基函数(FBF)[6]. 有不少作者探讨了 FBF 的普适性问题[1~2][5~6]. 即给定基元的类型,例如三角型 Fuzzy 数或正态 Fuzzy 数,问由(4′)所生成的 FBF 能否逼近任一连续函数 f? 这一问题关系到 Fuzzy 系统的理论基础,十分重要. 与此相平行,在神经网络(Neural networks)理论与应用中,出现了 RBFN(Radial basis function networks)[3]. 虽然来自不同领域,但 FBF 与 RBFN 却具有等价的功能. 笔者等人对简单乘积基的 FBF 普适性问题作了肯定性的回答并给出了相应的算法[9]. 所谓简单乘积基是指:

设 $X=[a,b]$,给定 X 中的点列 $a=x_0<x_1<\cdots<x_n=b$,定义

$$A_i=\begin{cases}\dfrac{x-x_{i-1}}{x_i-x_{i-1}}, & x_{i-1}<x\leqslant x_i,\\[2ex] \dfrac{x-x_{i+1}}{x_i-x_{i+1}}, & x_i<x\leqslant x_{i+1}, \quad (i=1,2,\cdots,n),\end{cases} \tag{7}$$

则称 $\{A_i\}(i=1,2,\cdots,n)$ 是 $X=[a,b]$ 上由点列 $a=x_0<x_1<\cdots<x_n=b$ 所生成的简单基. 易知简单基是二相正规基. 设 $\{A_i^{(k)}\}(i=1,2,\cdots,n)$ 是 $X^{(k)}=[a^{(k)},b^{(k)}]$ 上的简单基$(k=1,2,\cdots,m)$,记

$$A_{i_1\cdots i_m}(x_1,x_2,\cdots,x_m)=A_{i_1}^{(1)}(x_1)\cdot A_{i_2}^{(2)}(x_2)\cdots A_{i_m}^{(m)}(x_m),(i_k\leqslant n_k,k=1,2,\cdots,m) \tag{8}$$

则称 $\{A_{i_1\cdots i_m}\}(i_k\leqslant n_k,k=1,2,\cdots,m)$ 为 $X=\prod_{k=1}^{m}[a^{(k)},b^{(k)}]$ 上的一个简单乘积基. 易证,一个 m 维简单乘积基是一个 2^m 相正规基.

从左到右的变换,还有一个十分重要的要求,就是基元个数要尽可能的少. 一个基元对应着一条规则. 基元少,规则也少,用尽量少的规则来生成所要求的映射 f,这样就事半功倍.

简单乘积基相对于正态基有两个优点,一是构造方便,一是便于逐次逼近. 但所需用的基元仍嫌太多. 本文在此再提出一种新的基.

记 $\Delta_N^m=\{(x_1,x_2,\cdots,x_m)\mid x_k\geqslant 0(k\leqslant m),x_1+x_2+\cdots+x_m\leqslant N\}$,称为 $\mathbf{R}^m$ 中的 N-单位锥体. 设 $X\subseteq\Delta_N^m$,为简单计,不妨假定 $X=\Delta_N^m$. 给定 X 中的点阵 $\{x_{(p)}\}(p=0,1,2,\cdots,P)$,假定它包含 Δ_N^m 的 $m+1$ 个顶点,重新编号:

$$x^{(0)}=(0,0,\cdots,0),$$
$$x^{(1)}=(0,N,0,\cdots,0),$$
$$\vdots$$
$$x^{(m)}=(0,\cdots,0,N).$$

设 Δ_N^m 的重心为 a，在 $\{x_{(p)}\}(p=m+1,\cdots,P)$ 中寻找离 a 最近且在 Δ_N^m 内部(不在侧面上)的一点，重新编号为 $x^{(m+1)}$. 若同时有几点与 a 点的距离相等，则按字典次序取 $x^{(m+1)}$，由于它是 Δ_N^m 的内点，故用它可将 Δ_N^m 剖分为 $m+1$ 个子 m 维锥体. 它们瓜分了点阵 $\{x_{(p)}\}$ $(p=m+2,\cdots,P)$. 对每个子锥体，重复上述的分剖过程，直到点阵中的点被全部用完为止. 记最终分剖出来的锥体集合为 $\{\Delta^{(s)}\}(s=1,2,\cdots,S)$. 这种分剖过程是唯一确定的，且有

$$S\leqslant(P-m)(m+1). \tag{9}$$

对任意 $p\leqslant P$，若在最终分剖出来的锥体集 $\{\Delta^{(s)}\}(s=1,2,\cdots,S)$ 中至少有一个锥体集 Δ 以 $x^{(p)}$ 为其一个顶点，不妨记这个锥体的 $m+1$ 个顶点分别为 $x^{(p)}=(x_{01},\cdots,x_{0m})$；$x^{(p_k)}=(x_{k1},\cdots,x_{km})$，$(k=1,2,\cdots,m)$. 对这个锥上的任意一点 $x=(x_1,x_2,\cdots,x_m)$，定义基元 A_p 在 x 点的隶属函数为

$$A_p(x_1,x_2,\cdots,x_m)=1-\sum_{k=1}^{m}B_k/B \tag{10}$$

其中，B 是由 $x^{(p_1)},x^{(p_2)},\cdots,x^{(p_m)}$ 的坐标所组成的行列式：

$$B=\begin{vmatrix} x_{11} & x_{12} & \cdots & x_{1m} \\ x_{21} & x_{22} & \cdots & x_{2m} \\ \vdots & \vdots & & \vdots \\ x_{m1} & x_{m2} & \cdots & x_{mm} \end{vmatrix}$$

而 B_k 是用 $x-x^{(p)}$ 的坐标向量取代 B 中第 k 行而得的行列式.

当 $(x_1,x_2,\cdots,x_m)$ 不属于任何一个以 $x_{(p)}$ 为顶点的锥体时，令 $A_p(x_1,x_2,\cdots,x_m)=0$.

定义 4 如上定义的 Fuzzy 基 $\{A_p\}_{(p\leqslant P)}$ 叫作由点阵 $\{x^{(p)}\}$ $(p=0,1,\cdots,P)$ 所生成的 m 维简单基.

不难证明，m 维简单基是 $m+1$ 相基.

定理 1 给定在有界闭集 $X\subseteq\mathbf{R}^m$ 上连续的映射 $f:X\to\mathbf{R}^1$. 给定 $\varepsilon>0$，一定存在 X 上的 m 维简单基 $\{A_p\}(p=1,2,\cdots,P)$，使由之插值产生的 f' 满足(6)式.

证明从略，其大致思路是：取 f 在 X 上的局部极大、极小点所形成的点阵，定义相应的 m 维简单基 $\{A_p^{(1)}\}(p=1,2,\cdots,P_1)$，

$$f^{(1)}(x_1,x_2,\cdots,x_m)=\sum_{p=1}^{P_1}A_p^{(1)}(x_1,x_2,\cdots,x_m)f(x_1,x_2,\cdots,x_m)$$
$$((x_1,x_2,\cdots,x_m)\in X) \tag{11}$$

（因 $\{A_p^{(1)}\}(p=1,2,\cdots,P_1)$ 是正规基，故(11)中的分母恒为1.）

易知，

$$f^{(1)}(\mathrm{peak}(A_p^{(1)}))=f(\mathrm{peak}(A_p^{(1)})),\quad (p=1,2,\cdots,P_1) \tag{12}$$

令

$$\varphi^{(1)}(x_1,x_2,\cdots,x_m)=f^{(1)}(x_1,x_2,\cdots,x_m)-f(x_1,x_2,\cdots,x_m), \tag{13}$$

若

$$|\varphi^{(1)}(x_1,x_2,\cdots,x_m)|\leqslant\varepsilon((x_1,x_2,\cdots,x_m)\in X), \tag{14}$$

则已满足定理结论中所提出的要求. 否则，对 $\varphi^{(1)}$ 继续逼近，找出它在 X 中的局部极大、极小点，添加到原来的点阵中去得到第二个 m 维简单基 $\{A_p^{(2)}\}(p=1,2,\cdots,p_2)$，记

$$f^{(2)}(x_1,x_2,\cdots,x_m)=\sum_{p=1}^{p_2}A_p^{(2)}(x_1,x_2,\cdots,x_m)f(x_1,x_2,\cdots,x_m),$$
$$((x_1,x_2,\cdots,x_m)\in X) \tag{15}$$

易知，

$$f^{(2)}(\mathrm{peak}(A_p^{(2)}))=f(\mathrm{peak}(A_p^{(2)})),(p=1,2,\cdots,P_2) \tag{16}$$

因第二个点阵包含第一个点阵，故知 $f^{(2)}$ 与 f 相重的点比起 $f^{(1)}$ 与 f 相重的点来，是有增无减的. 如此迭代下去，由于 f 在有界闭集 X 上连续，使在 X 上一致连续. 利用这一性质，可证明出定理所要达到的结论.

§2.　转化非线性规划为线性规划的问题

给定一组变换

$$y_j=A_j(x_1,x_2,\cdots,x_m),$$
$$(x_1,x_2,\cdots,x_m)\in D\subseteq\Delta_N^m(j=1,2,\cdots,J), \tag{17}$$

记

$$R=\{(y_1,y_2,\cdots,y_j)\mid\exists(x_1,x_2,\cdots,x_m)\in D$$
$$使\ y=A_j(x_1,x_2,\cdots,x_m)(j=1,2,\cdots,J)\}. \tag{18}$$

又给定一个规划问题

$$\begin{cases}\max \quad f(x_1,x_2,\cdots,x_m), \quad ((x_1,x_2,\cdots,x_m)\in D) \\ \text{s. t.} \quad g_i(x_1,x_2,\cdots,x_m)\leqslant b_i,(i=1,2,\cdots,n) \\ x_k\geqslant 0.(k=1,2,\cdots,m)\end{cases} \tag{19}$$

设

$$f(x_1,x_2,\cdots,x_m)=\sum_{j=1}^{J}c_jA_j(x_1,x_2,\cdots,x_m), \tag{20}$$

$$g_i(x_1,x_2,\cdots,x_m)=\sum_{j=1}^{J}a_{i_j}A_j(x_1,x_2,\cdots,x_m), \tag{21}$$

又给定一个规划问题：

$$\begin{cases}\max\sum_{j=1}^{J}c_jy_j, \\ \text{s. t.}\sum_{j=1}^{J}a_{i_j}y_j\leqslant b_i,(i=1,2,\cdots,n)(y_1,y_2,\cdots,y_J)\in R.\end{cases} \tag{22}$$

若在(22)式中，“$(y_1,y_2,\cdots,y_J)\in R$”这一限制能以线性形式表出，则(22)是一线性规划.

定理 2 在(20)(21)式的条件下，规划(19)与(22)按下述意义是等价的：若(19)式有一解$(x_1^*,x_2^*,\cdots,x_m^*)$，则按(17)式所得$(y_1^*,y_2^*,\cdots,y_J^*)$必是(22)式的一个解，反之，若(22)式有一解$(y_1^*,y_2^*,\cdots,y_J^*)$，则必有一$(x_1^*,x_2^*,\cdots,x_m^*)$满足(17)式，它是(19)式的一个解.

证 设$(x_1^*,x_2^*,\cdots,x_m^*)$是(19)式的一个解，即

$$f(x_1^*,x_2^*,\cdots,x_m^*)=\min\{f(x_1,x_2,\cdots,x_m)\mid(x_1,x_2,\cdots,x_m)\in D, \\ g_i(x_1,x_2,\cdots,x_m)\leqslant b_i,(i=1,2,\cdots,n)\}, \tag{23}$$

考虑 $y_j^*=A_j(x_1,x_2,\cdots,x_m),(j=1,2,\cdots,J)$.

由(21)式知

$$\begin{aligned}\sum_{j=1}^{J}c_jy_j^* &= \sum_{j=1}^{J}c_jA_j(x_1^*,x_2^*,\cdots,x_m^*) \\ &= f(x_1^*,x_2^*,\cdots,x_m^*) \\ &= \min\{f(x_1,x_2,\cdots,x_m)\mid(x_1,x_2,\cdots,x_m)\in D, \\ &\qquad g_i(x_1,x_2,\cdots,x_m)\leqslant b_i,(i=1,2,\cdots,n)\}.\end{aligned}$$

注意

$$\{f(x_1,x_2,\cdots,x_m)\mid(x_1,x_2,\cdots,x_m)\in D,$$

$$g_i(x_1,x_2,\cdots,x_m)\leqslant b_i,(i=1,2,\cdots,n)\}$$

$$=\left\{\sum_{j=1}^{J}c_jy_j \mid (y_1,y_2,\cdots,y_J)\in R,\sum_{j=1}^{J}a_{ij}y_j\leqslant b_i,(i=1,2,\cdots,n)\right\} \tag{24}$$

故知

$$\sum_{j=1}^{J}c_jy_j^* = \min\left\{\sum_{j=1}^{J}c_jy_j \mid (y_1,y_2,\cdots,y_J)\in R,\sum_{j=1}^{J}a_{ij}y_j\leqslant b_i,(i=1,2,\cdots,n)\right\} \tag{25}$$

从而$(y_1^*,y_2^*,\cdots,y_J^*)$是(22)式的一个解.

反之,设$(y_1^*,y_2^*,\cdots,y_J^*)$是(22)式的一个解,即(25)式真.由于$(y_1^*,y_2^*,\cdots,y_J^*)\in R$,故必存在$(x_1^*,x_2^*,\cdots,x_m^*)$使$y_j^*=A_j(x_1^*,x_2^*,\cdots,x_m^*)$,$(j=1,2,\cdots,J)$.从而

$$\begin{aligned} f(x_1^*,x_2^*,\cdots,x_m^*) &= \sum_{j=1}^{J}c_jy_j^* \\ &= \min\left\{\sum_{j=1}^{J}c_jy_j \mid (y_1,y_2,\cdots,y_J)\in R,\right. \\ &\quad \left.\sum_{j=1}^{J}a_{ij}y_i\leqslant b_i(i=1,2,\cdots,n)\right\} \\ &= \min\{f(x_1,x_2,\cdots,x_m)\mid (x_1,x_2,\cdots,x_m)\in D, \\ &\quad g_i(x_1,x_2,\cdots,x_m)\leqslant b_i,(i=1,2,\cdots,n)\} \end{aligned}$$

故知$(x_1^*,x_2^*,\cdots,x_m^*)$是(19)式的一个解.证毕.

考虑近似计算,将(20)式改为

$$\left|f(x_1,x_2,\cdots,x_m)-\sum_{j=1}^{J}c_jA_j(x_1,x_2,\cdots,x_m)\right|\leqslant\frac{\varepsilon}{2},((x_1,x_2,\cdots,x_m)\in D) \tag{20'}$$

称$(x_1^*,x_2^*,\cdots,x_m^*)$为(19)式的一个ε-解,如果

$$\begin{aligned} f(x_1^*,x_2^*,\cdots,x_m^*)\leqslant \min\{&f(x_1,x_2,\cdots,x_m)\mid(x_1,x_2,\cdots,x_m)\in D, \\ &g_i(x_1,x_2,\cdots,x_m)\leqslant b_i(i=1,2,\cdots,n)\}+\varepsilon. \end{aligned} \tag{19'}$$

称$(y_1^*,y_2^*,\cdots,y_J^*)$为(22)式的一个ε-解,如果

$$\begin{aligned} \sum\nolimits_{j=1}^{J}c_jy_j^* \leqslant \min\Big\{&\sum_{j=1}^{J}c_jy_j \mid (y_1,y_2,\cdots,y_J)\in R, \\ &\sum_{j=1}^{J}a_{ij}y_j\leqslant b_i,(i=1,2,\cdots,n)\Big\}. \end{aligned} \tag{22'}$$

定理 3 将条件(20)式弱化成为(20′)式,在此前提下,若$(x_1^*,x_2^*,\cdots,x_m^*)$是(19)式的一个解,则由(17)式所确定的$(y_1^*,y_2^*,\cdots,y_J^*)$必是(22)式的一个 ε-解.反之,若$(y_1^*,y_2^*,\cdots,y_J^*)$是(22)式的一个解,则必有$(x_1^*,x_2^*,\cdots,x_m^*)$满足 $y_j^*=A_j(x_1^*,x_2^*,\cdots,x_m^*)(j=1,2,\cdots,J)$,它是(19)式的一个 ε-解.

证 设$(x_1^*,x_2^*,\cdots,x_m^*)$是(19)式的一个解,记 $y_j^*=A_j(x_1^*,x_2^*,\cdots,x_m^*)$.按(20′)式,有

$$\sum_{j=1}^{J}c_jy_j^*=\left(\sum_{j=1}^{J}c_jy_j^*-f(x_1^*,x_2^*,\cdots,x_m^*)\right)+f(x_1^*,x_2^*,\cdots,x_m^*)$$
$$\leqslant f(x_1^*,x_2^*,\cdots,x_m^*)+\varepsilon/2, \tag{26}$$

因$(x_1^*,x_2^*,\cdots,x_m^*)$是(19)式的一个解;故按(20′)式.又有

$$\begin{aligned}f(x_1^*,x_2^*,\cdots,x_m^*)&=\min\{f(x_1,x_2,\cdots,x_m)\mid(x_1,x_2,\cdots,x_m)\in\\&\quad D,g_i(x_1,x_2,\cdots,x_m)\leqslant b_i(i=1,2,\cdots,n)\}\\&\leqslant\min\left\{\sum_{j=1}^{J}c_jA_j(x_1,x_2,\cdots,x_m)+\varepsilon/2\mid(x_1,x_2,\cdots,x_m)\in D,\right.\\&\quad\left.\sum_{j=1}^{J}a_{ij}A_j(x_1,x_2,\cdots,x_m)\leqslant b_i,(i=1,2,\cdots,n)\right\}\\&=\min\left\{\sum_{j=1}^{J}c_jA_j(x_1,x_2,\cdots,x_m)\mid(x_1,x_2,\cdots,x_m)\in D,\right.\\&\quad\left.\sum_{j=1}^{J}a_{ij}A_j(x_1,x_2,\cdots,x_m)\leqslant b_i(i=1,2,\cdots,n)\right\}+\varepsilon/2,\end{aligned}$$

注意

$$\begin{aligned}&\left\{\sum_{j=1}^{J}c_jA_j(x_1,x_2,\cdots,x_m)\mid(x_1,x_2,\cdots,x_m)\in D,\right.\\&\quad\left.\sum_{j=1}^{J}a_{ij}A_j(x_1,x_2,\cdots,x_m)\leqslant b_i,(i=1,2,\cdots,n)\right\}\\&=\left\{\sum_{j=1}^{J}c_jy_j\mid(y_1,y_2,\cdots,y_J)\in R,\sum_{j=1}^{J}a_{ij}y_j\leqslant b_i,(i=1,2,\cdots,n)\right\},\end{aligned} \tag{27}$$

由(26)(27)式有

$$\sum_{j=1}^{J}c_jy_j^*\leqslant\min\left\{\sum_{j=1}^{J}c_jy_j\mid(y_1,y_2,\cdots,y_J)\in R,\right.$$
$$\left.\sum_{j=1}^{J}a_{ij}y_j\leqslant b_i,(i=1,2,\cdots,n)\right\}.$$

故知$(y_1^*,y_2^*,\cdots,y_J^*)$是(22)式的一个 ε-解.

反之，设$(y_1^*,y_2^*,\cdots,y_J^*)$是(22)式的一个解. 因$(y_1^*,y_2^*,\cdots,y_J^*)\in R$，故必有$(x_1^*,x_2^*,\cdots,x_m^*)$，使有$y_j^*=A_j(x_1^*,x_2^*,\cdots,x_m^*)$.

$$f(x_1^*,x_2^*,\cdots,x_m^*)=$$

$$\left(f(x_1^*,x_2^*,\cdots,x_m^*)-\sum\nolimits_{j=1}^{J}c_jy_j^*\right)+\sum_{j=1}^{J}c_jy_j^*\leqslant \varepsilon/2+\sum_{j=1}^{J}c_jy_j^*, \tag{28}$$

而

$$\sum_{j=1}^{J}c_jy_j^*=\min\left\{\sum_{j=1}^{J}c_jy_j \mid (y_1,y_2,\cdots,y_J)\in R,\right.$$
$$\left.\sum_{j=1}^{J}a_{ij}y_j\leqslant b_i,(i=1,2,\cdots,n)\right\}$$

由(27)(28)式知，

$$f(x_1^*,x_2^*,\cdots,x_m^*)$$
$$\leqslant\frac{\varepsilon}{2}+\min\left\{\sum_{j=1}^{J}c_jA_j(x_1,x_2,\cdots,x_m)\mid(x_1,x_2,\cdots,x_m)\in D,\right.$$
$$\left.\sum_{j=1}^{J}a_{ij}A_j(x_1,x_2,\cdots,x_m)\leqslant b_i,(i=1,2,\cdots,n)\right\}$$
$$\leqslant\varepsilon/2+\min\{f(x_1,x_2,\cdots,x_m)+\varepsilon/2\mid(x_1,x_2,\cdots,x_m)\in D,$$
$$g_i(x_1,x_2,\cdots,x_m)\leqslant b_i,(i=1,2,\cdots,n)\}$$
$$\leqslant\min\{f(x_1,x_2,\cdots,x_m)\mid(x_1,x_2,\cdots,x_m)\in D,$$
$$g_i(x_1,x_2,\cdots,x_m)\leqslant b_i,(i=1,2,\cdots,n)\}+\varepsilon,$$

故知$(x_1^*,x_2^*,\cdots,x_m^*)$是(19)式的一个$\varepsilon$-解. 证毕.

进一步，将(21)式改为

$$\left|g_i(x_1,x_2,\cdots,x_m)-\sum_{j=1}^{J}a_{ij}A_j(x_1,x_2,\cdots,x_m)\right|\leqslant\tau,$$
$$((x_1,x_2,\cdots,x_m)\in D,i=1,2,\cdots,n) \tag{21'}$$

这里τ是某一个大于零的实数. 称$(x_1^*,x_2^*,\cdots,x_m^*)$为(19)式的一个$\varepsilon$-$\tau$解，如果

$$f(x_1^*,x_2^*,\cdots,x_m^*)\leqslant\min\{f(x_1,x_2,\cdots,x_m)\mid(x_1,x_2,\cdots,x_m)\in D,$$
$$g_i(x_1,x_2,\cdots,x_m)\leqslant b_i+\tau\quad(i=1,2,\cdots,n)\}, \tag{19''}$$

称$(y_1^*,y_2^*,\cdots,y_J^*)$为(22)式的一个$\varepsilon$-$\tau$解，如果

$$\sum_{j=1}^{J} c_j y_j^* \leqslant \min\left\{ \sum_{j=1}^{J} c_j y_j \mid (y_1, y_2, \cdots, y_J) \in R, \right.$$

$$\left. \sum_{j=1}^{J} a_{ij} y_j \leqslant b_i + \tau, (i = 1,2,\cdots,n) \right\} + \varepsilon. \qquad (22'')$$

定理 4 在条件(20′)及(21′)式下,若$(x_1^*, x_2^*, \cdots, x_m^*)$是(19)式的一个解,取$y_j^* = A_j(x_1^*, x_2^*, \cdots, x_m^*)$,$(j=1,2,\cdots,J)$则$(y_1^*, y_2^*, \cdots, y_J^*)$是(22)式的一个$\varepsilon$-$\tau$解.反之,若$(y_1^*, y_2^*, \cdots, y_J^*)$是(22)式的一个$\varepsilon$-$\tau$解,则必有$(x_1^*, x_2^*, \cdots, x_m^*)$满足$y_j^* = A_j(x_1^*, x_2^*, \cdots, x_m^*)$,$(j=1,2,\cdots,J)$,它是(19)式的一个$\varepsilon$-$\tau$解.

证 设$(x_1^*, x_2^*, \cdots, x_m^*)$是(19)式的一个解

$$\sum_{j=1}^{J} c_j y_j^* = \left(\sum_{j=1}^{J} c_j y_j^* - f(x_1^*, x_2^*, \cdots, x_m^*) \right) + f(x_1^*, x_2^*, \cdots, x_m^*)$$

$$\leqslant \varepsilon/2 + f(x_1^*, x_2^*, \cdots, x_m^*), \qquad (29)$$

因$(x_1^*, x_2^*, \cdots, x_m^*)$是(19)式的解,故

$$f(x_1^*, x_2^*, \cdots, x_m^*) = \min\{ f(x_1, x_2, \cdots, x_m) \mid (x_1, x_2, \cdots, x_m) \in D,$$

$$g_i(x_1, x_2, \cdots, x_m) \leqslant b_i, (i=1,2,\cdots,n)\}.$$

由(21′)式知

$$\sum_{j=1}^{J} a_{ij} A_j(x_1, x_2, \cdots, x_m) \leqslant g_i(x_1, x_2, \cdots, x_m) + \tau, (i = 1,2,\cdots,n)$$

故有

$$\{(x_1, x_2, \cdots, x_m) \mid (x_1, x_2, \cdots, x_m) \in D, g_i(x_1, x_2, \cdots, x_m) \leqslant b_i,$$

$$(i = 1,2,\cdots,n)\} \supseteq \{(x_1, x_2, \cdots, x_m) \mid (x_1, x_2, \cdots, x_m) \in D,$$

$$\sum_{j=1}^{J} a_{ij} A_j(x_1, x_2, \cdots, x_m) \leqslant b_i + \tau, (i = 1,2,\cdots,n)\}$$

故有

$$f(x_1^*, x_2^*, \cdots, x_m^*) \leqslant \min\{ f(x_1, x_2, \cdots, x_m) \mid (x_1, x_2, \cdots, x_m) \in D,$$

$$g_i(x_1, x_2, \cdots, x_m) \leqslant b_i + \tau, (i = 1,2,\cdots,n)\}$$

$$\leqslant \min\left\{ \sum_{j=1}^{J} c_j A_j(x_1, x_2, \cdots, x_m) + \varepsilon/2 \mid (x_1, x_2, \cdots, x_m) \in D, \right.$$

$$\left. \sum_{j=1}^{J} a_{ij} A_j(x_1, x_2, \cdots, x_m) \leqslant b_i + \tau, (i = 1,2,\cdots,n) \right\}.$$

注意

$$\left\{\sum_{j=1}^{J} c_j A_j(x_1,x_2,\cdots,x_m) \mid (x_1,x_2,\cdots,x_m) \in D,\right.$$

$$\left.\sum_{j=1}^{J} a_{ij} A_j(x_1,x_2,\cdots,x_m) \leqslant b_i+\tau,(i=1,2,\cdots,n)\right\}$$

$$=\left\{\sum_{j=1}^{J} c_j y_j \mid (y_1,y_2,\cdots,y_J) \in R, \sum_{j=1}^{J} a_{ij} y_j \leqslant b_i+\tau,(i=1,2,\cdots,n)\right\}, \tag{30}$$

故

$$f(x_1^*,x_2^*,\cdots,x_m^*) \leqslant \left\{\sum_{j=1}^{J} c_j y_j \mid (y_1,y_2,\cdots,y_J) \in R,\right.$$

$$\left.\sum_{j=1}^{J} a_{ij} y_j \leqslant b_i+\tau,(i=1,2,\cdots,n)\right\}.$$

由(29)(30)式知,$(y_1^*,y_2^*,\cdots,y_J^*)$是(22)式的一个 ε-τ 解.

反之,设$(y_1^*,y_2^*,\cdots,y_J^*)$是(22)式的一个解,因$(x_1,x_2,\cdots,x_m)\in R$,故必有$(x_1^*,x_2^*,\cdots,x_m^*)\in D$,使 $y_j^*=A_j(x_1^*,x_2^*,\cdots,x_m^*)$,$(j=1,2,\cdots,J)$,

$$f(x_1^*,x_2^*,\cdots,x_m^*)=\left(f(x_1^*,x_2^*,\cdots,x_m^*)-\sum_{j=1}^{J} c_j y_j^*\right)+$$

$$\sum_{j=1}^{J} c_j y_j^* \leqslant \varepsilon/2+\sum_{j=1}^{J} c_j y_j^*. \tag{31}$$

因$(y_1^*,y_2^*,\cdots,y_J^*)$是(22)式的一个解,故

$$\sum_{j=1}^{J} c_j y_j^* = \min\left\{\sum_{j=1}^{J} c_j y_j \mid (y_1,y_2,\cdots,y_J) \in R,\right.$$

$$\left.\sum_{j=1}^{J} a_{ij} y_j \leqslant b_i,(i=1,2,\cdots,n)\right\}$$

$$=\min\left\{\sum_{j=1}^{J} c_j A_j(x_1,x_2,\cdots,x_m) \mid (x_1,x_2,\cdots,x_m) \in D,\right.$$

$$\left.\sum_{j=1}^{J} a_{ij} A_j(x_1,x_2,\cdots,x_m) \leqslant b_i,(i=1,2,\cdots,n)\right\},$$

由(21′)式知

$$g_i(x_1,x_2,\cdots,x_m) \leqslant \sum_{j=1}^{J} a_{ij} A_j(x_1,x_2,\cdots,x_m)+\tau,$$

故

$$\{(x_1,x_2,\cdots,x_m) \mid (x_1,x_2,\cdots,x_m) \in D,$$

$$g_i(x_1,x_2,\cdots,x_m) \leqslant b_i+\tau,(i=1,2,\cdots,n)\}$$

$$\subseteq \{(x_1,x_2,\cdots,x_m) \mid (x_1,x_2,\cdots,x_m) \in D,$$

$$\sum_{j=1}^{J} a_{ij} A_j(x_1, x_2, \cdots, x_m) \leqslant b_i + \tau, (i = 1, 2, \cdots, n)\},$$

故有

$$\sum_{j=1}^{J} c_j y_j^* \leqslant \min\left\{ \sum_{j=1}^{J} c_j A_j(x_1, x_2, \cdots, x_m) \mid (x_1, x_2, \cdots, x_m) \in D, \right.$$
$$\left. g_i(x_1, x_2, \cdots, x_m) \leqslant b_i + \tau, (i = 1, 2, \cdots, n) \right\}$$
$$\leqslant \min\{ f(x_1, x_2, \cdots, x_m) + \varepsilon/2 \mid (x_1, x_2, \cdots, x_m) \in D,$$
$$g_i(x_1, x_2, \cdots, x_m) \leqslant b_i + \tau, (i = 1, 2, \cdots, n)\}. \quad (32)$$

由(31)及(32)式有

$$f(x_1^*, x_2^*, \cdots, x_m^*) \leqslant \min\{ f(x_1, x_2, \cdots, x_m) \mid (x_1, x_2, \cdots, x_m) \in D,$$
$$g_i(x_1, x_2, \cdots, x_m) \leqslant b_i + \tau, (i = 1, 2, \cdots, n)\} + \varepsilon,$$

故$(x_1^*, x_2^*, \cdots, x_m^*)$是(19)式的一个解. 证毕.

§3. 非线性规划问题求解的一种新算法

给定

$$\begin{cases} \max & f(x_1, x_2, \cdots, x_m) \\ \text{s.t.} & g_i(x_1, x_2, \cdots, x_m) \leqslant b_i, (i = 1, 2, \cdots, n) \\ & x_k \geqslant 0, \quad (k = 1, 2, \cdots, m) \end{cases}$$

假定我们可以用FBF(Fuzzy基函数)或者神经网络中的RBFN方法将f及g_i表示成一组基$A_j(x_1, x_2, \cdots, x_m), (j = 1, 2, \cdots, J)$的线性组合,得到(20)(21)式或(20′)(21′)式. 然后按定理2,3,4,将上述非线性规划问题转化为规划问题(22)式. 当其中的限制"$(y_1, y_2, \cdots, y_J) \in R$"可以线性形式表出时,(22)式便是一个线性规划问题.

作为一种示例,本文在这里再提供一种算法. 因限于篇幅,只简述如下:

解的主要步骤:

1) 因f及$g_i (i = 1, 2, \cdots, n)$在$D$上连续,从而一致连续,对于给定的$\varepsilon > 0$及$\tau > 0$,必有$\delta > 0$. 当$p, p' \in D$, $\| p - p' \| < \delta$时,必有$|f(p) - f(p')| \leqslant \varepsilon/2$, $|g_i(p) - g_i(p') \leqslant \varepsilon$, $(i = 1, 2, \cdots, n)$.

在D中作网格L,使每一子格的最大长度不超过δ.

对任一$(x_{i_1}, x_{i_2}, \cdots, x_{i_m}) \in L$,记

$$f(x_{i_1},x_{i_2},\cdots,x_{i_m})=f_{i_1\cdots i_m},$$
$$g_i(x_{i_1},x_{i_2},\cdots,x_{i_m})=g^i_{i_1\cdots i_m},$$

记

$$C_{i_1\cdots i_m}=\{(i'_1,i'_2,\cdots,i'_m)\parallel(x'_{i_1},x'_{i_2},\cdots,x'_{i_m})\in L,$$
$$\exists k,\text{当 } j\neq k, i'_j=i_j \text{ 时；当 } j=k, i'_j=i_j+1 \text{ 或 } i_j-1(k=1,2,\cdots,m)\text{时}\},$$

记

$$\underline{f}_{i_1\cdots i_m}=\min\{f_{i'_1\cdots i'_m}\mid(i'_1,i'_2,\cdots,i'_m)\in C_{i_1\cdots i_m}\},$$
$$\overline{f}_{i_1\cdots i_m}=\max\{f_{i'_1\cdots i'_m}\mid(i'_1,i'_2,\cdots,i'_m)\in C_{i_1\cdots i_m}\},$$

记

$$L_f=\{(x_{i_1},x_{i_2},\cdots,x_{i_m})\in L\mid f_{i_1\cdots i_m}=\underline{f}_{i_1\cdots i_m} \text{ 或 } \overline{f}_{i_1\cdots i_m}, \text{且 } \underline{f}_{i_1\cdots i_m}<\overline{f}_{i_1\cdots i_m}\},\tag{33}$$

类似规定记号 $L_{g_i}(i=1,2,\cdots,n)$.

记

$$L^*=L_f\cup L_{g_1}\cup\cdots\cup L_{g_n}\cup\{P_0(0,\cdots,0),P_1(N,0,\cdots,0),\cdots,P_m(0,\cdots,0,N)\},\tag{34}$$

L^* 就是 f 与 $g_i(i=1,2,\cdots,n)$的峰、谷点及 Δ_N^m 尖的顶点所构成的集. 为简短计,假定用 L^* 就可以通过 Fuzzy 插值而逼近 f 及 g_i 到给定精度. 如其不然,再作迭代近似直到满意为止.

2) 用点阵 L^* 确定 m 维简单基$\{A_j\}_{(j=1,2,\cdots,J)}$使满足(20′)及(21′)式.

3) 在 L^* 选出那些满足 $g_i(x_1,x_2,\cdots,x_m)\leqslant b_i(i=1,2,\cdots,n)$的点集,记为 S.

4) 在 S 中选出 f 的最大点,设为 $p_{i_0}:f(p_{i_0})=\max\{f(p)\mid p\in S\}$. 若 p_{i_0} 是 f 的局部极大点,则 p_{i_0} 就是(19)式的一个 ε-τ 解. 如其不然,则按 f 在 p_{i_0} 点的最大梯度方向选出以 p_{i_0} 为顶点的一个按 L 分剖的终极 m 维锥体 Δ,记 Δ 的 $m+1$ 个顶点为 $p_{i_0},p_{i_1},\cdots,p_{i_m}$. 记与它们对应的基元为 $A_{ij}(j=0,1,\cdots,m)$,令

$$y_j=A_{i_j}(x_1,x_2,\cdots,x_m),(j=0,1,\cdots,m)\tag{35}$$

又记

$$f(p_{i_j})=c_j,\ g_i(p_{i_j})=a_{ij},\ (j=0,1,\cdots,m;i=1,2,\cdots,n)\tag{36}$$

又记

$$R=\{(y_0,y_1,\cdots,y_m)\mid\exists(x_1,x_2,\cdots,x_m)\in\Delta,$$

$$y_J = A_{i_j}(x_1, x_2, \cdots, x_m), (j=0,1,\cdots,m)\} \tag{37}$$

因 m 维简单基是 $m+1$ 相基，恒有

$\sum_{j=0}^{m} A_{i_j}(x_1, x_2, \cdots, x_m) \equiv 1$，故知

$$R = \left\{ (y_0, y_1, \cdots, y_m) \mid y_j \geqslant 0, \sum_{j=1}^{m} y_j = 1 \right\}. \tag{38}$$

故此时规划(22)式变为

$$\begin{cases} \max & \sum_{j=0}^{m} c_j y_j \\ \text{s. t.} & \sum_{j=0}^{m} a_{i_j} y_j \leqslant b_i, (i=1,2,\cdots,n), y_j \geqslant 0, \end{cases}$$

这是一个线性规划，所得解便是(19)式的 ε-τ 解.

若 S 有多个 f 的最大点，则都照 4)式处理，到最后再比较选择出(19)式的解.

参考文献

[1] Kosko B. Neural Networks and Fuzzy Systems. Prentice Hall, Englewood Cliffs, N J, 1992.

[2] Burkley J J and Hayashi Y. Numerical relationships between neural networks, continuous functions, and fuzzy systems. Fuzzy Sets and Systems, 1993, 60:1—8.

[3] Jang J S R and Sun C T. Functional equivalence between radial basis function networks and fuzzy inference system. IEEE Trans. Neural Networks, 1993, 4:156—159.

[4] Moody J and Darken C J. Fast learning in networks of locally tuned processing units. Neural Computation, 1989, 1:281—294.

[5] Tan S H, Yu Y and Wang P Z. Building fuzzy graphs from samples of nonlinear functions. Fuzzy Sets and Systems, 1998, 93(1):337—352.

[6] Wang I, X and Mendel J M. Fuzzy basis functions, universal approximation, and orthogonal least-squares learning. IEEE Trans. Neural Networks, 1992, 3:801—806.

[7] Wang P Z. Some researchable problems in advanced fuzzy theory. Proc. lst National Symp. Fuzzy Set Theory and Appl, Taipei, 1994, 5—20.

[8] Wang P Z, Lui H C, and Toh T H. Fuzzy controllers make interpolation

using fuzzy samples. Proc. of Workshop on Future Directions of Fuzzy Theory and Systems, Hong Kong, 1994.

[9] Wang P Z, Tan S H, Sang F and Liang P. Constructive theory for fuzzy systems. Fuzzy Sets and Systems, 1997, 88(2): 195—203.

Abstract This paper points out that the core idea of Fuzzy Computing is making fuzzy quantumization and fuzzy interpolation, a pair of transformations which are inverse each other. The pair of transformations transfer information between two kinds of resources: quantitative information resource and qualitative information resource. The essential role of fuzzy computing is filling gap between the two kinds of information resources.

This paper presents the simple bases and high dimension simple bases and shows that based on the simple bases or high-dimension simple bases, a continue mapping can be universally approximated.

The result can be used in non-linear programming, and the procedure has been introduced in this paper.

Keywords fuzzy computing; fuzzy interpolation; non-linear programming

Fuzzy Sets and Systems
1990,36:113－124

基于因素空间的知识描述①

A Factor Spaces Approach to Knowledge Representation

Abstract In this paper, a study of knowledge representation is presented based on factor spaces. Examples are presented to show the applications of factor spaces to the concepts of representation and pattern recognition. Some topics as approximate reasoning are studied also.

Keywords Factor spaces; knowledge representation; synthetic reasoning; pattern recognition

§ 1. Introduction

Although there is not a formal and popularly accepted definition for knowledge, it is undoubted that knowledge is an integrated collection of facts and relationships which, when exercised, produces competent performance[2]. According to this explanation, the most important pieces of knowledge are facts and relationships. How to obtain the facts and relations is the problem of knowledge acquisition, and to describe the facts and relationships is the problem of knowledge representation. The essential difficulty with these problems is not the lack of capacity of computers, but the lack of deep analysis of the knowledge structure.

① Received May 1988; Revised September 1988. Project supported by the National Natural Science Foundation of China.

The work of all AI research workers has led to many techniques and theories for knowledge representation, such as associative networks, object-attribute value triplets, rules, frames, logical expressions and so on [2]. Each method has advantages and disadvantages, and they are different from each other in some way. There is no universal method to represent knowledge because of the lack of a deep study on the structure of knowledge.

To keep the material within bounds, this paper had to be condensed as a survey of our work. The details are left to papers [5,6,13,14], specially [7].

In this paper, a study on structure of knowledge is presented based on factor spaces. Disregarding any hardware (or memory) handicap of digital computers, we will discuss the structure problem in a (in some way) universal method. Then some applications of the method to knowledge representation, pattern recognition and expert systems will be presented.

Human thinking, inference and decision-making are based on the using of concepts. Facts and rules in expert systems are relationships between several concepts, for example, the following simple facts:

Teachers teach, (1. 1)

Teachers are employees, (1. 2)

and the rule

If John is a teacher Then John works at school, (1. 3)

represent relationships between the concepts of teacher with work-type, employment-state and school, respectively. Concepts representation plays an important role in knowledge representation. L. A. Zadeh has emphasized the importance of the use of concepts in knowledge representation [9].

As is known, there are two kinds of forms for defining a concept: intension and extension. An extension of a concept c is an ordinary or fuzzy subset A of the objects universe U. For example, the concept 'old' can be described by a fuzzy subset A of a given group of persons U. $A(u)$ is the membership degree of u being 'old'.

In fuzzy sets theory, authors often concentrate attention to determining the membership function of a concept in a given universe, but neglect the more important question of how to select the universes to represent the concept. It is obvious that one concept can be described by several fuzzy sets in several different universes. For example 'old' can be described by a fuzzy subset A of the age-universe U, it also can be described by a fuzzy subset A of the face-universe U, and so on. Here 'age', 'face', … are not objects itself, but names or describing variables which can describe special aspects analytically and factorially. We call them factors.

Every factor α corresponds to a universe X_α which is the varying field, i. e., the set of possible values of the describing variable, and is called the state space of α. For example, $\alpha=$ sex and $X_\alpha=\{$male, female$\}$.

Factors are divided into two categories: simple factors and compound factors. A simple factor is the simplest, it cannot or need not be divided into two or more factors for the given problems. Every compound factor is a union of simple factors. If γ is the union of simple factors α and β, denoted by $\gamma=\alpha \vee \beta$, then the state space of X_γ is the Cartesian product of the state spaces of X_α and X_β:

$$X_\gamma = X_{\alpha\vee\beta} = X_\alpha \times X_\beta. \tag{1.4}$$

It should be noted that the concept of 'state space' here coincides with the same term in modem control theory. Of course, it coincides with the term 'phase space' in statistical physics and the term 'characteristic space' in pattern recognition. But we want to distinguish our idea from the mentioned approaches. We do not restrict ourselves to observing objects from a fixed point of view and to representing concepts in a fixed universe. We pay attention to the transformation and relationship between several factors.

In the next section, we will introduce the concept of factor spaces, which consists of a family of state spaces. Correspondingly, there is a family of factors with operators $\vee$, $\wedge$ and ^{c}, and forms a Boolean algebra.

§ 2. Factor spaces

In this section, the mathematical definition of factor spaces will be introduced briefly; details can be found in [5,7].

Since every compound factor is a union of simple factors, all factors concerning the given problem compose a Boolean algebra in spite of the uselessness of some compound factors for the sake of completion.

§ 2.1 Factor spaces

Definition 2.1[5] A factor space is a family of sets $\{X_\alpha\}$ $(\alpha \in L)$ with index set L, a Boolean algebra $L=(L, \vee, \wedge, ^c)$, satisfying

(1) $X_0=(\varnothing)$.

(2) If $T \subset L$ is independent, i. e., for any $t_1, t_2 \in T$, $t_1 \wedge t_2 = 0$ whenever $t_1 \neq t_2$, then

$$X_{\vee\{t|t\in T\}} = \prod_{t\in T} X_t, \tag{2.1}$$

where 0 and 1 are the smallest element and largest element of L respectively, and $\prod$ is Cartesian product operator.

We call $\alpha \in L$ a factor, X_α the corresponding state space, and X_1 the whole state space.

From the definition, for any factor α, the corresponding state space X_α can be projected to the state space X_β, if $\alpha \geqslant \beta$; the natural projective mapping $X_\alpha \to X_\beta$ is denoted by $i_{\alpha\beta}$,

Since a Boolean algebra L can be represented as a subset of the power set $\mathscr{P}(V)$ for some nonempty set V under a weak condition, generally there is a subset S of L such that any element $\alpha \in L \setminus \{0\}$ can be represented as the union of some elements of S, and $X_1 = \prod_{\alpha \in S} X_\alpha$. The elements of S are called simple factors or primitive factors.

For given problem or problems, there exists a factor space $\{X_\alpha\}$ $\{\alpha \in L\}$ *such that to any object of the universe* U corresponds a point in the state space X_α; the natural mapping $U \to X_\alpha$ is denoted by J_α, and we denote

$$A^\alpha = j_\alpha(A) = \{j_\alpha(u) \mid u \in A\} \quad (A \subset U). \tag{2.2}$$

If $\alpha \geqslant \beta \geqslant \gamma$, then we have $i_{\beta_\gamma} \circ i_{\alpha_\beta} = i_{\alpha_\gamma}$ and the mapping from U to X_1 can be described by the family of mappings $\{j_\alpha\}$ $(\alpha \in S)$, where S is the set of simple factors.

In applications, we will not use the whole Boolean algebra L as the factor set, but only an independent subset T of L to represent the facts and relations. Factors in T are those which can be measured directly and easily. We will discuss this problem in the following sections in more details.

§ 2.2 Rank of a set

Here we will give some definitions about factor spaces for the sake of simplicity in the following discussions.

Suppose $\{X_\alpha\}$ $(\alpha \in L)$ is a factor space, and U is the concerned universe.

Definition 2.2 A factor α in L is called a full factor, if $j_\alpha^{-1}(x_\alpha)$ is a single point set for every x_α of X_α. Naturally, we assume that factor 1 is full for concerned universe U.

For any subset $A \subset U$, $\beta \leqslant \alpha \leqslant \gamma$, we define the cylindrical extension of A from α to γ as

$$\uparrow_\alpha^\gamma A = A^\alpha \times X_{\gamma/\alpha}$$

and the projection of A from α to β as

$$\downarrow_\beta^\alpha A = \{x \mid x \in X_\beta \text{ and} (\exists y \in X_{\alpha\backslash\beta})(x, y) \in A^\alpha\}$$

where $\alpha \backslash \beta = \alpha \wedge \beta^c$.

Definition 2.3 For $A \subset U$, set

$$\tau(A) = \wedge \{\alpha \mid \downarrow_\alpha^1 A \times X_{\alpha^c} = A^1\}.$$

We call $\tau(A)$ the rank of A in the factor space $\{X_\alpha\}(\alpha \in L)$.

It is clear that $\downarrow_\alpha^1 A = j_\alpha(A) = A^\alpha$ and $\downarrow_\beta^\alpha A = i_{\alpha\beta}(A^\alpha)$. The properties on $\downarrow^{\alpha}_{\beta}$ and $\uparrow^{r}_{\alpha}$ have been published in[5]. And $\downarrow^{\alpha}_{\beta}$, $\uparrow^{\gamma}_{\beta}$ can be defined similarly for fuzzy sets:

$$\uparrow^{\gamma}_{\alpha}A: X_{\gamma}=X_{\alpha}\times X_{\gamma\backslash\alpha}\rightarrow[0,1],(x,y)\rightarrow A^{\alpha}(x)=\bigvee_{j_{\alpha}(u)=x}A(u) \quad (2.3)$$

$$\downarrow^{\alpha}_{\beta}A: X_{\beta}\rightarrow[0,1],x_{\beta}\rightarrow\bigvee_{y\in X_{\alpha\backslash\beta}}A^{\alpha}(x,y). \quad (2.4)$$

Definition 2.4 If A is a fuzzy subst on U, we define the rank of A as the rank of the support of A, i. e.,

$$\tau(A)=\tau(\mathrm{supp}(A)).$$

§ 3. Structure of knowledge

First, we will give an outline for a possible representation of concepts by using factor spaces. Then, we turn our attention to facts, inferences, rules, uncertainty and other topics in expert systems.

§ 3.1 Concepts and facts

A concept is a (fuzzy) classification in a concerned universe by an internal property. Since every element in the universe can be mapped into a factor space, a concept can be represented also on factor spaces.

For example, the concept of Healthy Person is a fuzzy subset of the universe of all persons. The Health of a person can be represented in various ways, that is, in various factors, such as, his blood pressure, his body temperature, his height-weight, etc. Here we encounter a compound factor height-weight, because a healthy person's height and weight should be well matched. In other words, compound factor height-weight in the representation of health person can be viewed as a primitive factor.

Suppose $\{X_{\alpha}\}$ $(\alpha\in L)$ is a factor space, U is the concerned universe, $i_{\alpha_{\beta}}$ and j_{α} are the mappings defined in Section 2, and concept C can be represented as a fuzzy set C of U,

$$C: U\rightarrow[0,1].$$

Then C can be represented in the factor space $\{X_{\alpha}\}(x\in L)$ by the mappings $j_{\alpha}: U\rightarrow X_{\alpha}(\alpha\in L)$. We use the symbol C^{α} to represent the concept c restricted to the factor α which makes the following diagram commuting

$$\begin{array}{ccc} U & \xrightarrow{j_\alpha} & X_\alpha \\ & C\searrow \quad \swarrow C^\alpha & \\ & [0,1] & \end{array}$$

That is to say, if α is full, then $C^\alpha = C \circ j_\alpha^{-1}$, and for any state $x_\alpha \in X_\alpha$,

$$C^\alpha(x_\alpha) = \bigvee_{j_\alpha(u)=x_\alpha} C(u) \tag{3.1}$$

(3.1) is an application of the extension principle. In this way, we get a collection of fuzzy sets $\{C^\alpha\}(\alpha \in L)$. The fuzzy set C can also be defined by the fuzzy sets $(C^\alpha)(\alpha \in L)$.

Theorem 3.1 *Suppose C is a fuzzy set of U, and C^α is defined by (3.1). Then C can be determined uniquely by $\{C^\alpha\}(\alpha \in L)$ conversely:*

$$C(u) = \bigwedge_{\alpha \in L} C^\alpha(x_\alpha)(u \in U), \tag{3.2}$$

where $x_\alpha = j_\alpha(u)$ $(\alpha \in L)$.

Proof For any u in U, suppose u can be represented by $(x_\alpha)(\alpha \in L)$, $x_\alpha \in X_\alpha$. Then

$$C^\alpha(x_\alpha) = \bigvee_{j_\alpha(u')=x} C(u') \geqslant C(u)$$

and

$$\bigwedge_{\alpha \in L} C^\alpha(x_\alpha) \geqslant C(u).$$

On the other hand, since 1 is a full factor, so that $u = j_1^{-1}(x_1)$, we have

$$\bigwedge_{\alpha \in L} C^\alpha(x_\alpha) \leqslant C^1(x_1) = C \circ j_1^{-1}(x_i) = C(u),$$

that is,

$$c(u) = \bigwedge_{\alpha \in L} C^\alpha(x_\alpha).$$ □

(3.1) is a generalization of projection of possibility distribution. If $U = U_1 \times U_2 \times \cdots \times U_n$, let $L = \mathscr{P}(\{1, 2, \cdots, n\})$ and $X_\alpha = U_{i_1} \times U_{i_2} \times \cdots \times U_{i_l}$ for any $\alpha = \{i_1, i_2, \cdots, i_l\} \in L$. Then the projection of C on X_α is just the C^α defined by (3.1) (see[10,11]).

There is another reason for the definition of (3.1), which can be seen from the following example.

Example 3.1 Suppose U = all persons in a group, and the factor space $\{X_\alpha\}(\alpha \in L)$, $L = \{0, 1, \alpha, \beta\}$, where α = age and β = sex. The concept of Young Person, Y, is a fuzzy set of U. Since Y is not concerned with sex, the restriction of Y on X_β must be X_β. From (3.1) we know that

$$Y^\beta(\text{male}) = \bigvee_{j_\beta(u)=\text{male}} Y(u) = 1,$$

and

$$Y^\beta(\text{female}) = \bigvee_{j_\beta(u)=\text{female}} Y(u) = 1,$$

since there are males and females who are young.

If YM represents Young Men, then

$$\text{YM}^\beta(\text{male}) = \bigvee_{j_\beta(u)=\text{male}} \text{YM}(u) = 1,$$

and

$$\text{YM}^\beta(\text{female}) = \bigvee_{j_\beta(u)=\text{female}} \text{YM}(u) = 0,$$

That is, the factor β= sex is not trivial for representing the concept of young men.

In [9], Zadeh introduced a method to represent complex and imprecise concepts by using a branching questionnaire and fuzzy relations. Atomic questions in [9] are, in our words, the following form of questions:

$$\text{Is } x_\alpha \in A^\alpha? \text{ (or simply, Is } u \in A^\alpha?) \tag{3.3}$$

where $j_\alpha(u) = x_\alpha$ and α is a primitive and cannot be divided into two or more subfactors and A^α is a fuzzy set from the state space X_α. One example is:

Is John's height tall? (or Is John tall?)

Although tall is a fuzzy set on the set of specific persons, it can be described in X_{height} since its rank is the factor height which is a primitive one. Composite questions are the following form of questions:

$$\text{Is } x_\alpha \in A^\alpha? \text{ (or simply, Is } u \in A^\alpha?) \tag{3.4}$$

where $x_\alpha = j_\alpha(u)$, α is a compound factor and A^α is a fuzzy set from X_α. Examples may be:

Is John fat?

Is the box large?

Here, fat is a fuzzy set on the state space of the compound factor height-weight and large is a fuzzy set on the state space of the compound factor length-width-height [9].

Facts are propositions which express existing or known relationships between concepts or objects in a concerned universe. The relationships between two concepts or objects can also be represented in factor spaces by relationships on factors.

Suppose c_1 and c_2 are two concepts in the universe U. Then they can be represented by the collection of fuzzy sets $\{C_1^\alpha\}$ $(\alpha \in L)$ and $\{C_2^\alpha\}(\alpha \in L)$ in the factor space $\{X_\alpha\}$ $(\alpha \in L)$. If the factor space $\{X_\alpha\}(\alpha \in L)$ is enough for our purpose, then the relationship between C_1 and C_2 should be represented by the relationships between C_1^α and $C_2^\alpha(\alpha \in L)$.

Definition 3.1 Concept C_1 is called a subconcept of C_2, if for every $\alpha \in L$, we have $C_1^\alpha \subset C_2^\alpha$.

Example 3.2 Young men YM is a subconcept of young person Y with the factor space defined in Example 3.1.

Theorem 3.2 *Suppose C_1 and C_2 are fuzzy sets of U, and $\{C_1^\alpha\}$ and $\{C_2^\alpha\}$ $(\alpha \in L)$ are defined as (3.1). If we define the operation of fuzzy sets $C_1 \cup C_2$ and $C_1 \cap C_2$ with max and min operators pointwise, then for every $\alpha \in L$,*

(1) $(C_1 \cap C_2)^\alpha \subset C_1^\alpha \cap C_2^\alpha$,

(2) $(C_1 \cup C_2)^\alpha = C_1^\alpha \cup C_2^\alpha$,

and if a is a full factor, then

(3) $(C_1 \cap C_2)^\alpha = C_1^\alpha \cap C_2^\alpha$.

Theorem 3.3 *Suppose C_1 and C_2 are fuzzy sets of U. Then*

$$\tau(C_1 \cup C_2) \leqslant \tau(C_1) \vee \tau(C_2) \tag{3.5}$$

Proof Since $(C_1 \cup C_2)^\alpha \times X_{\alpha^c} = C_1^\alpha \times X_{\alpha^c} \cup C_2^\alpha \times X_{\alpha^c}$, we have

$$C_1^\alpha \times X_{\alpha^c} = C_1^1 \text{ and } C_2^\alpha \times X_{\alpha^c} = C_2^1..$$

Hence

$$(C_1 \cup C_2)^\alpha \times X_{\alpha^c} = C_1^1 \cup C_2^1 = (C_1 \cup C_2)^1$$

and then, if $\alpha \geqslant \tau(C_1)$, $\alpha \geqslant \tau(C_2)$, it follows that $\alpha \geqslant \tau(C_1 \cup C_2)$. Therefore

$$\tau(C_1 \cup C_2) \leqslant \tau(C_1) \vee \tau(C_2). \qquad \square$$

An object is a special case of fuzzy set which takes a single value in every factor space. Generally a fact is a judgement like

$$A \text{ is } B, \tag{3.6}$$

i. e.

$$A \subset B \tag{3.7}$$

or

$$A^{\alpha} \text{ is } C \tag{3.8}$$

where A and B are fuzzy sets from the universe U and C is a fuzzy set from the factor set X_{α}.

For example, "students are young persons" is an implicit form of (3.8) since "students are young persons" may be interpreted as "the age of students is young".

§ 3.2 Rules and inference

Rules are conditional propositions which express the dependence relation of a fact on another. For example, rules may be:

$$\text{If } u \text{ is } A \text{ then } v \text{ is } B, \tag{3.9}$$

$$\text{If } j_{\alpha}(u) \text{ is } A^{\alpha} \text{ then } v \text{ is } B, \tag{3.10}$$

$$\text{If } u \text{ is } A \text{ then } j_{\beta}(v) \text{ is } B^{\beta}, \tag{3.11}$$

$$\text{If } j_{\alpha}(u) \text{ is } A^{\alpha} \text{ then } j_{\beta}(v) \text{ is } B^{\beta}, \tag{3.12}$$

where A and B are fuzzy sets from the universe U, and C^{α} is a fuzzy set from state space X_{α}.

Example 3.3 "If Tong is blond then he is not Chinese" may be interpreted as a form of (3.12) with the factor space $\{X_{\alpha}\}$ $(\alpha \in L)$, $L=\{0, 1, \alpha, \beta\}$, where $\alpha=$ Hair color, $\beta=$ Nationality, $X_{\alpha}=\{\text{blond, red, dark, white}, \cdots\}$ and $X_{\beta}=\{\text{Chinese}, \cdots\}$. If we set $A^{\alpha}=\{\text{blond}\}$, $B^{\alpha}=X_{\beta}\setminus\{\text{Chinese}\}$ and $u=$Tong, then the rule may be expressed as

$$\text{If } x_{\alpha} \text{ is } A^{\alpha} \text{ then } x_{\beta} \text{ is } B^{\beta}.$$

If $X_{\alpha}=\{\text{colors}\}$, then $A^{\alpha}=$ blond is a fuzzy set from X_{α}.

For a fuzzy set C from U, we often use or check the following rules:

$$\text{If } u \text{ is } C \text{ then } x_{\alpha} \text{ is } C^{\alpha} (\forall_{\alpha} \in L), \tag{3.13}$$

$$\text{If } x_\alpha \text{ is } C^\alpha \text{ then } x_\beta \text{ is } C^\beta? \tag{3.14}$$

(3.13)and(3.14) are roles used in daily life. By factor space analysis we find that the antecedent and the consequent must be related to some factors.

The compositional rule of inference concludes y is B^* from the rule

$$\text{If } u \text{ is } A \text{ then } v \text{ is } B$$

and the fact

$$u \text{ is } A^*$$

where A^* is, in some sense, an approximation to A, and $B^* = A^* \circ R$ with a translation of the rule to a fuzzy relation R.

In Zadeh[8], R is translated to be

$$R = (A \times B) \cup (A^c \times V) \tag{3.15}$$

where V is the universe of y. (3.15) is a generalization of modus ponens.

In[4], 15 kinds of definition of R are summarised and compared for generalized modus tollens. One of the reasons for the fact that there is no unified definition of R is that the complicated internal relations between u and v cannot be represented by membership functions of A and B. For this reason, the most suitable relation to make compositional inference is the internal relation of u and v.

Here we are interested in the following kind of rules:

$$\text{If } j_\alpha(u) \text{ is } A^\alpha \text{ then } u \text{ is } A, \tag{3.16}$$

where α is a factor, A^α is a fuzzy set from X_α and A is a fuzzy set from the universe U. This kind of rules may be used in pattern recognition and diagnosis systems provided that X_α is a compound characteristic space and α is enough complex.

In (3.16), α is generally a compound factor and the rule is represented by an approximation as:

$$\text{If} \left(\begin{array}{ll} & j_{\alpha_1}(u) \text{ is } A^{\alpha_1} \\ \text{and} & j_{\alpha_2}(u) \text{ is } A^{\alpha_2} \\ \vdots & \\ \text{and} & j_{\alpha_k}(u) \text{ is } A^{\alpha_k} \end{array} \right) \text{Then } u \text{ is } A, \tag{3.17}$$

where $\alpha_1, \alpha_2, \cdots, \alpha_k$ are those factors can be easily measured or sensed and $\alpha=\alpha_1 \vee \alpha_2 \vee \cdots \vee \alpha_k$. In expert systems, it is more easy to acquire knowledge of the following form than the form of (3.16) or (3.17):

$$\text{If } u \text{ is } A \text{ then } j_{\alpha_i}(u) \text{ is } A_{\alpha_i} \tag{3.18}$$

where $i=1,2,\cdots,k$.

The fuzzy sets A can be built by set-valued statistics[6] or other methods using inter-dialogue with experts.

We encounter an interesting problem of how to obtain the rule (3.17) from (3.18) and obtain (3.16) from (3.17). Generally speaking, since $\tau(A)=\alpha$, we only know that

$$j_\alpha(A)=A^\alpha \subset (\bigcap_i A^{\alpha_i} \times X_{\alpha\setminus\alpha_i})=\bigcap^i A_i \times X_{\alpha\setminus\alpha_i}. \tag{3.19}$$

Going from (3.16) to (3.18) is a process called synthesis. In the following, we will propose a reasoning method called synthetic reasoning.

Synthetic reasoning is a procedure which makes the consequent "u is A" from the facts $j_{\alpha_i}(u)$ is $B_i, i=1,2,\cdots,k$.
and the rules (knowledge): If u is A then $j_{\alpha_i}(u)$ is $B^{\alpha_i}, i=1,2,\cdots,k$, with

$$A^*(u)=\sum_i a_i(u)(B^{\alpha_i} \underset{*}{\wedge} B_i)(j_{\alpha_i}(u)) \tag{3.20}$$

where $(B^{\alpha_i} \underset{*}{\wedge} B_i)(j_{\alpha_i}(u))$ is the compatability degree of B^{α_i} and B_i at $j_{\alpha_i}(u)$ and a_i is a number belonging to $[0,1]$ depending on u (called weight of α_i at u). This procedure can be written as the following syllogistic form (generalized modus tollens):

Ant 1: If u is A then $j_{\alpha_i}(u)$ is $B^{\alpha_i}, 1 \leqslant i \leqslant k$

Ant 2: $j_{\alpha_i}(u)$ is B

Cons: u is A^* with $A^*=\sum_i a_i B^{\alpha_i} \underset{*}{\wedge} B$

The simplest definition of compatibility degree is the intersection degree at x_{α_i}:

$$(B^{\alpha_i} \underset{*}{\wedge} B_i)(x_{\alpha_i})=B^{\alpha_i}(x_{\alpha_i}) \wedge B_i(x_{\alpha_i}).$$

A suitable choice of $a_i (1 \leqslant i \leqslant k)$ would make reasonable results.

Example 3.4 U is $X_1=R^2=R_1 \times R_2=R_\alpha \times R_\beta$, the Euclidean space.

Suppose $A \subset U$ is the concept of unit disk, $A=\{(x,y) \mid x^2+y^2 \leqslant 1\}$; then $A^\alpha=[-1,1]$, $A^\beta=[-1,1]$. We have the rules

If $(x,y) \in A$ then $x \in A^\alpha$ and $y \in A^\beta$.

From facts $x \in B_1$ and $y \in B_2$ we can conclude that $(x,y) \in A^*$ where $A^*=\{(x,y) \mid a_1(x,y)(A^\alpha(x) \vee B_1(x))+a_2(x,y)(A^\beta(y) \vee B_2(y))=1\}$. Let

$$a_1(x,y)=\begin{cases} B_2(y)/(B_1(x)+B_2(y)) & \text{if } B_1(x)+B_2(y) \neq 0, \\ 0 & \text{otherwise,} \end{cases}$$

$$a_2(x,y)=\begin{cases} B_1(y)/(B_1(x)+B_2(y)) & \text{if } B_1(x)+B_2(y) \neq 0, \\ 0 & \text{otherwise,} \end{cases}$$

which are the simplest form of variable weights in [6].

If $B_1 \subset \overline{A}^\alpha$ or $B_2 \subset \overline{A}^\beta$ then we have $A^* \subset \overline{A}$. This fact shows that synthetic reasoning is a generalization of classical modus tollens.

The procedure in Example 3. 4 is also suitable to general cases. In other words, synthetic reasoning is a generalized modus tollens and it can be used for pattern recognition.

§ 4. Application to pattern recognition

Suppose $A_1, A_2, \cdots, A_n$ is a fuzzy partition of the universe, i. e., A is a fuzzy set from U and $\sum A_i(u)=1$ for every u in U. Furthermore, suppose we have the knowledge

$$\text{If } u \text{ is } A_i \text{ then } j_{\alpha_{ij}}(u) \text{ is } B_{ij}, j=1,2,\cdots,p_i; i=1,2,\cdots,n. \quad (4.1)$$

If the knowledge (4. 1) is complete and every B is not the whole state space X_1, then we know that

$$\tau(A_i)=\bigvee_{j=1}^{p_i} \alpha_{ij} \triangleq \alpha_i, i=1,2,\cdots,n.$$

For an object u of U, we have measured that

$$j_{\beta_i}(u) \text{ is } B_i, (1 \leqslant i \leqslant m), \quad (4.2)$$

where B_i is a fuzzy set on X_{β_i}. The problem is to determine the membership degrees $A_1(u), A_2(u), \cdots, A_n(u)$.

In order to use the rules(4. 1) we should interpret the facts (4. 2) to the following form:

$$j_{\alpha_{ij}}(u) \text{ is } B_{ijk}, j=1,2,\cdots,p_i; i=1,2,\cdots,n; k=1,2,\cdots,m. \quad (4.3)$$

Based on intuition, if $\alpha_{ij} \wedge \beta_k \neq 0$ then $B_{ijk} = \mathrm{Proj}_{\alpha_{ij}}((B_k \times y\beta_k) \vee (\alpha_{ij} \backslash \beta_k))$ and $B_{ijk} = \varnothing$ otherwise.

From(4.3) we can obtain $A_1(u), A_2(u), \cdots, A_n(u)$:

$$A_i(u) = \sum_{j,k} a_{jk}(B_{ijk} \underset{*}{\wedge} B_{ij})(j_{\alpha_{ij}}(u))$$

where a_{jk} is a variable weight depending on the fuzzy entropy of $\{A_1, A_2, \cdots, A_n\}$ and the information measure provided by (4.1) and (4.2). How to determine a_{jk} is a very difficult and interesting problem.

§ 5. Conclusions

A knowledge representation method is proposed in this paper. Although the whole set of factors is a Boolean algebra, we only need to use a small part of the factors, such as a set of primitive factors or a tree of factors. Other factors only form a bridge for our analysis of the structure of knowledge, such as the rank of a set and so on; all are connected with the middle factors. A tree of the factors can be used in synthetic evaluation, analysis of natural languages, decision-making and so on.

References

[1] Capocelli R M and De Luca A. Fuzzy sets and decision theory. Inform and Control. 1973, 23: 446—473.

[2] Harmon P and King D. Expert Systems: Artificial intelligence in Business. John Wiley & Sons, New York, 1985.

[3] Johnson L and Keravnou E T. Expert Systems Technology: A Guide. Abacus Press, Tunbridge Wells, 1985.

[4] Mizumoto M and Zimmermann H J. Comparison of fuzzy reasoning methods. Fuzzy Sets and Systems. 1982, 8: 253—283.

[5] Wang Peizhuang and Sugeno M. The factor fields and background structure for fuzzy subsets. Fuzzy Mathematics, 1982, 2(2): 45—54.

[6] Wang Peizhuang. Fuzzy Sets and Falling Shadows of Random Sets. Beijing

Normal University Press, Beijing, 1985.

[7] Kandel K, Peng X T, Cao Z Q and Wang P Z. Representation of concepts by factor spaces. Cybernetics and Systems, 1990, 21(1): 43—57.

[8] Zadeh L A. The concept of a linguistic variable, and its application to approximate reasoning. Parts 1, 2, and 3. Inform. Sci, 1975, 8: 199—249; 301—357; 1975, 9: 43—80.

[9] Zadeh L A. A fuzzy-algorithmic approach to the definition of complex and imprecise concepts. Internat. J. Man-Machine Stud., 1976, 8: 249—291.

[10] Zadeh L A. PRUF: A meaning respresentation language for natural languages. Internat. J. Man-Machine Stud., 1978, 10: 395—460.

[11] Zadeh L A. Fuzzy sets as a basis for a theory of possibility. Fuzzy Sets and Systems, 1978, 1: 3—28.

[12] Zadeh L A. The role of fuzzy logic in the management of uncertainty in expert systems. Fuzzy Sets and Systems, 1983, 11: 199—227.

[13] Zhang Hongmin, Zhang Fengming and Su Er. Ze. An expert system with thinking in images. Preprints of 2nd IFSA Congress, Tokyo, 1987.

[14] Zhang Hongmin and Wang Peizhuang. A fuzzy diagnosis expert system-FUDES. FAS, Presented at 7th NAFIPS Conference, San Francisco, CA, 1988.

Journal of Mathematical Analysis and Applications
1991,160(2):500－503

一个组合公式[①]

A Combinatorics Formula

§1.　Introduction

Let k, n, m be natural numbers. We shall consider a combination problem concerning the number of ways throwing k balls into $n \times m$ cells such that each row and each column contain at least one ball and each cell can contain at most one ball. Let I_n and J_m be the sets $\{1,2,\cdots,n\}$ and $\{1,2,\cdots,m\}$ respectively.

Definition　Let ${}^k\Delta = \{(i_s, j_s) \mid s=1,2,\cdots,k\}$ be a subset of $I_n \times J_m$. We call ${}^k\Delta$ fully-projected subset of $I_n \times J_m$, denoted by ${}^k\Delta \Subset I_n \times J_m$, if ${}^k\Delta$ satisfies the following condition:

$$\{i_s \mid s=1,2,\cdots,k\} = I_n \quad \text{and} \quad \{j_s \mid s=1,2,\cdots,k\} = J_m.$$

§2.　The Formula

Theorem　*Let $t^k_{n,m}$ denote the number of all fully-projected subsets of $I_n \times J_m$, that is,*

$$t^k_{n,m} = |\{{}^k\Delta \mid {}^k\Delta \Subset I_n \times J_m\}|$$

---

① Received May 17, 1990. 本文与 Lee E S 和 Tan S K 合作. Submitted by Stanley Lee E.

then

$$\sum_{k=1}^{nm}(-1)^{k-1}t_{n,m}^{k}=(-1)^{n+m}\quad(n,m\geqslant 1).$$

Proof

Let

$$Q=\{{}^k\Delta\mid {}^k\Delta\subseteq I_n\times J_m\},$$
$$A=\{{}^k\Delta\mid {}^k\Delta \subset - I_n\times J_m\},$$
$$B_i=\{{}^k\Delta\mid {}^k\Delta\subseteq(I_n\backslash\{i\}\times J_n)\},$$
$$C_j=\{{}^k\Delta\mid {}^k\Delta\subseteq I_n\times(J_n)\{j\}\}.$$

Then

$$A=Q\backslash(B_1\cup B_n\cup C_1\cup\cdots\cup C_m),$$

and

$$t_{n,m}^{k}=|A|=|Q|-|B_1\cup\cdots\cup B_n\cup C_1\cup\cdots\cup C_m|.$$

Obviously,

$$|Q|=C_{n,m}^{k}$$

where C_{nm}^{k} is the usual notation for the number of k-combinations of an nm set. Setting

$$B_i=D_i\quad(i\in I_n)\quad\text{and}\quad C_j=D_{n+j}\quad(j\in J_m),$$

and define

$$\alpha=|B_1\cup\cdots\cup B_n\cup C_1\cup\cdots\cup C_m|=|D_1\cup\cdots\cup D_{n+m}|$$

then

$$\alpha=\sum_{s=1}^{n+m}(-1)^{s-1}\sum_{SI\subseteq I_{n+m}}|\bigcap_{i\in {}^sI}D_i|\cdot$$

For any given s-element subset ${}^sI$ of I_{n+m}, let u,v be integers such that $u+v=s$, ${}^ul\subseteq I_n$, ${}^vJ\subseteq J_m$, and ${}^sI={}^vI\cup{}^vJ$. Then we have

$$\alpha=\sum_{\substack{0\leqslant u\leqslant n\\0\leqslant v\leqslant m\\1\leqslant u+v\leqslant n+m}}(-1)^{u+v+1}\sum_{{}^uI\subseteq I_n}\sum_{{}^vJ\subseteq J_m}\left|\left(\bigcap_{i\in{}^uI}B_i\right)\cap\left(\bigcap_{j\in{}^vJ}C_j\right)\right|.$$

For every ordered pair $(u,v)\in I_n\times J_m$, define

$$K_{(n-u)(m-v)}^{k}=\begin{cases}C_{(n-u)(m-v)}^{k}, & \text{if}\quad k\leqslant(n-u)(m-v),\\0, & \text{if}\quad k>(n-u)(m-v),\end{cases}$$

then

$$K_{(n-u)(m-v)}^{k}=\left|\left(\bigcap_{i\in{}^uI}B_i\right)\cap\left(\bigcap_{j\in{}^vJ}C_j\right)\right|$$

so that

$$\alpha = \sum_{\substack{0 \leqslant u \leqslant n \\ 0 \leqslant v \leqslant m \\ 1 \leqslant u+v \leqslant n+m}} (-1)^{u+v-1} C_n^u C_m^v K^k_{(n-u)(m-v)}.$$

Therefore, we have

$$t^k_{n,m} = C^k_{nm} - \alpha = \sum_{u=0}^{n} \sum_{v=0}^{m} (-1)^{u+v} C_b^u C_m^v K^k_{(n-u)(m-v)}.$$

Let

$$\begin{aligned} \chi &= \sum_{k=1}^{nm} (-1)^{k-1} t^k_{n,m} \\ &= \sum_{k=1}^{nm} (-1)^{k-1} \sum_{u=0}^{n} \sum_{v=0}^{m} (-1)^{u+v} C_n^u C_m^v K^k_{(n-u)(m-v)} \\ &= \sum_{u=0}^{n} \sum_{v=0}^{m} (-1)^{u+v} C_n^u C_m^v \sum_{k=1}^{nm} (-1)^{k-1} K^k_{(n-u)(m-v)}. \end{aligned}$$

Note that when $u<n$ and $v<m$, we have

$$\begin{aligned} &\sum_{k=1}^{nm} (-1)^{k-1} K^k_{(n-u)(m-v)} \\ &= \sum_{k=1}^{(n-u)(m-v)} (-1)^{k-1} C^k_{(n-u)(m-v)} \\ &= -\sum_{k=0}^{(n-u)(m-v)} (-1)^k C^k_{(n-u)(m-v)} - (-1)^0 C^0_{(n-u)(m-v)} \\ &= -(1-1)^{(n-u)(m-v)} - (-1) \\ &= 1. \end{aligned}$$

When $u=n$ or $v=m$, we have

$$K^k_{(n-u)(m-v)} = 0.$$

Consequently,

$$\begin{aligned} \chi &= \sum_{u=0}^{n-1} \sum_{v=0}^{m-1} (-1)^{u+v} C_n^u C_m^v \\ &= \sum_{u=0}^{n-1} (-1)^u C_n^u \sum_{v=0}^{m-1} (-1)^v C_m^v \\ &= (-1)^{n+m}. \end{aligned}$$

This formula plays a crucial role in the proof of the extension theorem in the theory of falling random subsets in fuzzy statistics[1].

References

[1] Wang P Z and Xu H Q. An extention theorem on the lattice additive functions. J. Beijing Normal Univ. (Natur. Sci.)1985,(3):13-18.

[2] Wang P Z. Fuzzy Sets and Random Falling Shadows. Beijing Normal University, Beijing, 1985.

Journal of Mathematical Analysis and Applications
1991,159(1):72－87

格线性规划与模糊关系方程①

Latticized Linear Programming and Fuzzy Relation Inequalities

A logical linear programming problem, the latticized linear programming, is proposed based on fuzzy lattice and fuzzy relation inequalities. The proposed problem is essentially an optimization problem which will be useful under certain logical "if…, then…" situations. To illustrate the proposed approach, numerical examples are shown.

§ 1. Introduction

A new kind of optimization theory, latticized linear programming, was proposed in [9]. The proposed approach provides an alternative way of programming under logical considerations with a problem defined by fuzzy lattices. A formal definition can be given as follows [1～4,7]:

Definition 1.1 Let L be a lattice. A latticized linear programming on L is defined as

$$\max f = E \circ \boldsymbol{x}, \tag{1.1}$$

$$\text{Subject to } B \leqslant A \circ \boldsymbol{x} \leqslant D, \tag{1.2}$$

① Received February 26, 1990. This work is supported by the Chinese Science Foundation. 本文与 Zhang D Z, Sanchez E 和 Lee E S 合作. Submitted by E. Stanley Lee.

where A is a $m\times n$ matrix, E and $\boldsymbol{x}$ are n-vectors, B and D are m-vectors, and $\circ$ denotes the latticized product which is essentially the max-min composition. Instead of the maximum operation, the dual programming is:

$$\min f=R\circ \boldsymbol{x}. \tag{1.3}$$

When $L=[0,1]$, the constraints in (1.2) become fuzzy relation inequalities which were discussed in [9]. The logical programming problem is very useful in practice for solving the following type of problems:

"if $\boldsymbol{y}$ is expected within the boundary of…, then $\boldsymbol{x}$ must be…,"

where $\boldsymbol{y}$ is caused by $\boldsymbol{x}$.

The proposed latticized linear programming problem is essentially an optimization problem with fuzzy relation equality, it could be called "fuzzy linear programming subjected to fuzzy relation inequality." The algorithm of latticized linear programming is closely related to the theory of fuzzy relation inequality.

We will firstly discuss fuzzy relation inequality based on the characteristic method in Section 2. The latticized linear programming presented in Definition 1.1 will be solved in Section 3 based on the results in Section 2.

§ 2. Fuzzy Relation Inequality

Let L be a distributive lattice in $[0,1]$, and $a_i, b\in L$ such that

$$(\forall j)a_j<b \Rightarrow \bigvee_{j=1}^{n} a_j<b. \tag{2.1}$$

This implies that

$$\bigvee_{j=1}^{n} a_j\geqslant b \Rightarrow (\exists j)a_j\geqslant b \tag{2.2}$$

and

$$\bigvee\{a_j\in L\mid j\in\varnothing\}=0 \quad \text{and} \quad \bigwedge\{a_j\in L\mid j\in\varnothing\}=1. \tag{2.3}$$

We shall discuss fuzzy relation inequalities on L for a simple case, consider the fuzzy relation inequality

$$\bigvee_{j=1}^{n} (x_j\wedge a_{ij})\geqslant b_i \quad (i=1,2,\cdots,m) \tag{2.4}$$

under the restriction

$$1 \geqslant b_1 \geqslant b_2 \geqslant \cdots \geqslant b_m \geqslant 0. \tag{2.5}$$

Let

$$\boldsymbol{x}_1 = \{\boldsymbol{x} \mid A \circ \boldsymbol{x} \leqslant D\},\ \boldsymbol{x}_2 = \{\boldsymbol{x} \mid A \circ \boldsymbol{x} \geqslant B\}, \text{and } \boldsymbol{x}_3 = \boldsymbol{x}_1 \cap \boldsymbol{x}_2 \tag{2.6}$$

Then the order relation of L can be induced as

$$A \geqslant B \Leftrightarrow (\forall i, j) \quad a_{ij} \geqslant b_{ij}, \tag{2.7}$$

where $A, B \in M_{m\times n}(L)$, and $M_{m\times n}(L)$ denotes the set of all the $m \times n$ L-matrices. Let

$$\dot{\boldsymbol{x}} = \{Z \mid Z \in M_{m\times 1}(L), Z \geqslant \boldsymbol{x}\}, \boldsymbol{x} = \{Z \mid Z \in M_{m\times 1}(L), Z \leqslant \boldsymbol{x}\}, \tag{2.8}$$

where $M_{m\times 1}(L)$ denotes the set of all the $m \times 1$ L-vectors. Then we can form the following lemma:

Lemma 2.1

$$\boldsymbol{x} \in \boldsymbol{\chi}_1 \Rightarrow x_{.} \subseteq \chi_1; \tag{2.9}$$

$$\boldsymbol{x} \in \boldsymbol{\chi}_2 \Rightarrow x^{\cdot} \subseteq \chi_2. \tag{2.10}$$

Proof　Since L is a distributive lattice, we have that

$$a \leqslant b \Rightarrow a \vee b = b \Rightarrow (a \wedge c) \vee (b \wedge c)$$
$$= (a \vee b) \wedge c = b \wedge c \Rightarrow (a \wedge c) \leqslant (b \wedge c),$$

similarly

$$a \leqslant b \Rightarrow (a \vee c) \leqslant (b \vee c),$$

where $a, b, c \in L$ and the rest of the proof is obvious. ■

If the elements a_{ij} belong to $\{0, 1\}$ then A is called a Boolean matrix defined on L.

(a) The Relation Inequality $A \circ \boldsymbol{x} \leqslant D$

The characteristic matrix of a fuzzy relation inequality is defined as:

Definition 2.1　Given a fuzzy relation inequality $A \circ \boldsymbol{x} \leqslant D$, its characteristic matrix is a Boolean matrix defined by

$$C^{(1)} = [c_{ij}^{(1)}],\ c_{ij}^{(1)} = \begin{cases} 1, & a_{ij} \leqslant d_i, \\ 0, & \text{otherwise.} \end{cases} \tag{2.11}$$

If there is an index j such that $c_{ij} = 1$, then set

$$\bar{x}_j = \wedge \{d_i \mid c_{ij} = 1\}, \tag{2.12}$$

It is clear from (2.3) that if there is no such an index j, then $\bar{x}_j=1$. According to Sanchez'@-composition [6], we have that

$$\bar{x}_j=[A@D]_j=\left[\bigwedge_{i=1}^{m}(a_{ij}\,\alpha d_i)\right], \tag{2.13}$$

where

$$a\alpha d=\begin{cases}1, & \text{if } a\leqslant d,\\ d, & \text{otherwise.}\end{cases}$$

In addition, Sanchez obtained the following theorem:

Theorem 2.1 [6]

$$\boldsymbol{\chi}_1=\{\boldsymbol{x}\mid\boldsymbol{x}\leqslant\bar{\boldsymbol{X}}\}=(\bar{\boldsymbol{x}})^{\cdot}. \tag{2.14}$$

The following example is an illustration:

Example 2.1 Given $L=[0,1]$ consider the fuzzy relation inequality

$$\begin{pmatrix}0.8 & 0.9 & 0.0 & 1.0\\ 1.0 & 0.7 & 0.9 & 0.5\\ 0.5 & 0.6 & 0.6 & 0.7\\ 0.3 & 0.2 & 0.2 & 0.3\\ 0.3 & 0.4 & 0.1 & 0.0\end{pmatrix}\circ\begin{pmatrix}x_1\\ x_2\\ x_3\\ x_4\end{pmatrix}\leqslant\begin{pmatrix}0.9\\ 0.8\\ 0.7\\ 0.3\\ 0.4\end{pmatrix}.$$

The characteristic matrix of the above fuzzy relation inequality can be got according to (2.11):

$$\boldsymbol{C}^{(1)}=\begin{pmatrix}0 & 0 & 0 & 1\\ 1 & 0 & 1 & 0\\ 0 & 0 & 0 & 0\\ 0 & 0 & 0 & 0\\ 0 & 0 & 0 & 0\end{pmatrix}.$$

Furthermore, using Eq. (2.13), the maximal solution is

$$\bar{\boldsymbol{x}}=(0.8,1.0,0.8,0.9).$$

(b) The Relation Inequality $\boldsymbol{A}\circ\boldsymbol{x}\geqslant\boldsymbol{B}$.

Definition 2.2 The characteristic matrix of $\boldsymbol{A}\circ\boldsymbol{x}\geqslant\boldsymbol{B}$ is a Boolean matrix, denoted by $\boldsymbol{C}^{(2)}=[c_{ij}^{(2)}]$ is defined as

$$c_{ij}^{(2)}=\begin{cases}1, & \text{for } a_{ij}\geqslant b_i,\\ 0, & \text{otherwise.}\end{cases} \tag{2.15}$$

Omit (2), write $\boldsymbol{C}^{(2)}=\boldsymbol{C}$ in the rest. The ith row and the jth column of $\boldsymbol{C}$

are denoted respectively by

$$C_{i\cdot}=e_i^{\mathrm{T}}C,\quad C_{\cdot j}=Ce_j \tag{2.16}$$

Denote

$$(C_{i\cdot})=\{j\mid c_{ij}=1\},(C_{\cdot j})=\{i\mid c_{ij}=1\} \tag{2.17}$$

We have that

$$|C_{i\cdot}|=\sum_{j=1}^{n}c_{ij},\ |C_{j\cdot}|=\sum_{i=1}^{m}c_{ij}. \tag{2.18}$$

Definition 2.3 For a Boolean matrix $C=[c_{ij}]$,

$$p=(p(1),p(2),\cdots,p(m)), \tag{2.19}$$

where $p(i)\in\{1,2,\cdots,n\}$ for $1\leqslant i\leqslant m$, is called a path of Boolean matrix C if $p(i)\in\{C_{i\cdot}\}$ for $i=1,2,\cdots,m$. The set of paths is denoted as

$$\mathrm{W}(C)=\{p:\{1,2,\cdots,m\}\Rightarrow\{1,2,\cdots,n\}\mid\forall i,\ C_{ip(i)}=1\}. \tag{2.20}$$

We have that

$$|W(C)|=\prod_{i=1}^{m}|C_{i\cdot}| \tag{2.21}$$

and

$$\mathrm{W}(C)\neq\varnothing\Leftrightarrow(\forall i)|C_{i\cdot}|\neq 0. \tag{2.22}$$

It is obvious that

$$p\in W(C)\Leftrightarrow(\forall i)\ c_{ip(i)}=1\Leftrightarrow(\forall i)\ a_{i(p)i}\geqslant b_i. \tag{2.23}$$

Theorem 2.2 *For a path of Boolean matrix C, $p=(p(1),p(2),\cdots,p(m))$, define*

$$x_j^p=\begin{cases}\vee\{b_i\mid p(i)=j\}, & if\{b_i\mid p(i)=j\}\neq\varnothing,\\ 0, & otherwise.\end{cases} \tag{2.24}$$

For the simple case (2.5),

$$\chi_2=\cup\{\chi^p\mid p\in W(C)\}. \tag{2.25}$$

Proof First, we prove

$$\chi_2\subseteq\cup\{\chi^p\mid p\in W(C)\}. \tag{2.26}$$

Suppose that x is a solution of $A\circ\chi\geqslant B$, then according to (2.2), we have

$$(\forall i)\ \bigvee_{j=1}^{n}(a_{ij}\wedge x_j)\geqslant b_i\Rightarrow(\forall i)\ \exists j_i\quad\text{such that } a_{ij}\wedge x_j\geqslant b_i.$$

Let $p(i)=j_i(i=1,2,\cdots,m)$. There exists the relationships

$$a_{ip(i)}\geqslant b_i\quad\text{and}\quad x_{p(i)}\geqslant b_i\quad(i=1,2,\cdots,m)$$

$\Rightarrow p \in W(C), \quad x_j \geqslant \vee \{b_i \mid p(i)=j\} = x_j^p$

$\Rightarrow$ (2.26) is true.

Second, we prove

$$\chi_2 \supseteq \cup \{x^p \mid p \in W(C)\}, \tag{2.27}$$

since

$$p \in W(C) \Rightarrow (\forall i)\ a_{ip(i)} \geqslant b_i,$$

but

$$x_{p(i)}^p = \vee \{b_k \mid p(k)=p(i)\} \geqslant b_i$$

$$\Rightarrow (\forall i)\ a_{ip(i)} \wedge x_{p(i)} \geqslant b_i \Rightarrow A \circ x^p \geqslant B$$

$$\Rightarrow x^p \in \chi_2 \Rightarrow (x^p)^{\cdot} \subseteq \chi_2.$$

$\Rightarrow$(2.27) is true.

Since x_2 is the set of all solutions of (b), we have [5,8]

$$\chi_2 = \{x\} \exists\ p \in W(C) \text{ such that } x = x^p. \tag{2.28}$$

It should be noted that (2.28) is not the set of lower solutions of $A \circ x \geqslant B$. It is called the set of quasi-lower solutions. Of course, we could first calculate all quasi-lower solutions and the lower solutions can be obtained by comparison. However, the number of quasi-lower solutions is very large even for moderate values of m and n. Several different approaches have been proposed to find the lower solutions. The first algorithm was presented by Xu in 1978[10]. After that, Wang restated Xu and other authors' algorithm in 1984[8], which is briefly reviewed as follows:

Definition 2.4[8] A path $p=(p(1), p(2), \cdots, p(m))$ of Boolean matrix C is called conservative when for any $2 \leqslant k \leqslant m$, if $\{p(1), p(2), \cdots, p(k-1)\} \cap \{C_k\} \neq \varnothing$ and j is the first element encountering $\{C_k\}$ in $(p(1), p(2), \cdots, p(k-1))$, then $p(k)=j$ holds. When $m=1$, every path of C is conservative. The set of all conservative paths of C is denoted by $W^c(C)$.

It can be proved that the number of lower solutions of $A \circ x \geqslant B$ is equal to the number of conservative paths of C. Furthermore, lower solutions are completely determined by conservative paths of the characteristic matrix for the simple situation of Eq. (2.5). Miyakoshi and Shimbo[5] have summarized Wang's algorithm for obtaining conservative paths without statement in detail here.

Theorem 2.3 *$\underline{x}_2$ be the set of lower solutions.*

$$X(W^c(\boldsymbol{C}))\triangleq\{\boldsymbol{x}\mid p\in W^c(\boldsymbol{C}),\boldsymbol{x}=\boldsymbol{x}^p\} \tag{2.29}$$

then we have

$$X(W^c(\boldsymbol{C}))=\underline{x}_2. \tag{2.30}$$

Proof First, we prove

$$X(W^c(\boldsymbol{C}))\supseteq\underline{x}_2. \tag{2.31}$$

Suppose that $\boldsymbol{x}$ is a lower solution. According to (2.25)

$$\exists\, q\in W(\boldsymbol{C}) \quad \text{such that} \quad \boldsymbol{x}\geqslant x^q.$$

Then there is $p\in W^c(\boldsymbol{C})$ such that

$$\boldsymbol{x}\geqslant\boldsymbol{x}^q\geqslant\boldsymbol{c}^p.$$

But $\boldsymbol{x}$ is a lower solution; thus $\boldsymbol{x}=\boldsymbol{x}^p$ and (2.31) is true.

Secondly, we prove

$$X(W^c(\boldsymbol{C}))\subseteq\underline{x}_2. \tag{2.32}$$

For a conservative path p, take $k\geqslant m$ arbitrarily and set

$$x_k<x_k^p,\ x_j=x_j^p\,(j\neq k).$$

We need to prove that

$$\boldsymbol{x}\notin X_2. \tag{2.33}$$

That is,

$$x_k^p>x_k\Rightarrow x_k^p>0 \Rightarrow \{t\mid p(t)=k\}\neq\varnothing.$$

Otherwise

$$x_i^p=\bigvee\{b_t\mid p(t)=k\}=0.$$

Let $t_l=\min\{t\mid p(t)=k\}$. To prove (2.33), we have to prove

$$(\mathrm{A}\circ x)_{t_l}=\bigvee_{j=1}^{n}(a_{ij}\wedge x_j)<b_{t_l}. \tag{2.34}$$

If we set

$$\bigvee_{j=1}^{n}(a_{ij}\wedge x_j)=\alpha\vee\beta\vee\gamma,$$

where

$$\alpha=a_{ik}\wedge x_k,$$

$$\beta=V\{a_{ij}\mid j\in(C_i),\ j\neq k\},$$

$$\gamma=V\{a_{ij}\mid j\notin(C_i),\ j\neq k\}.$$

Since

(1) $x_k^{p^c}=b \Rightarrow \alpha<b$.

(2) t_l is the least element of $p(i)$ encountering $(\boldsymbol{C}_k)$. There is no $t<t_l$ such that $p(t)$ belongs to $(\boldsymbol{C}_{t_l})$.

Thus we have

$$j\in \boldsymbol{C}_i \text{ and } j\neq k \Rightarrow x_j=x_j^{p^c}=\vee\{b_i \mid p(i)=j\}$$
$$\leqslant \vee\{b_i \mid i>t_l\}=b_{i_l+1}(\text{or } 0 \text{ for } t_l=m)<b_{i_l}\Rightarrow \beta<b_{t_l}.$$

(3) $j\notin C_i \Rightarrow a_{ij}<b_i \Rightarrow \gamma<b_i$.

Thus (2.34) is true.

Example 2.2 Given $L=[0,1]$ and

$$\begin{pmatrix} 0.8 & 0.9 & 0.0 & 1.0 \\ 1.0 & 0.7 & 0.9 & 0.5 \\ 0.5 & 0.6 & 0.6 & 0.7 \\ 0.3 & 0.2 & 0.2 & 0.3 \\ 0.3 & 0.4 & 0.1 & 0.0 \end{pmatrix} \circ \begin{pmatrix} x_1 \\ x_2 \\ x_3 \\ x_4 \end{pmatrix} \geqslant \begin{pmatrix} 0.9 \\ 0.7 \\ 0.6 \\ 0.3 \\ 0.2 \end{pmatrix}.$$

This inequality satisfies the simple case, Eq. (2.5). According to Definition 2.2, the characteristic matrix is

$$\boldsymbol{C}=\begin{pmatrix} 0 & 1 & 0 & 1 \\ 1 & 1 & 1 & 0 \\ 0 & 1 & 1 & 1 \\ 1 & 0 & 0 & 1 \\ 1 & 1 & 0 & 0 \end{pmatrix}.$$

The number of paths is equal to $|\boldsymbol{W}(\boldsymbol{C})|=2\times3\times3\times2\times2=72$. But there are only 6 conservative paths in $\boldsymbol{C}$, which can be calculated by mentioned algorithm:

way name	$p(1)$	$p(2)$	$p(3)$	$p(4)$	$p(5)$
p_1^c	2	2	2	1	2
p_2^c	2	2	2	4	2
p_3^c	4	1	4	4	1
p_4^c	4	2	4	4	2
p_5^c	4	3	4	4	1
p_6^c	4	3	4	4	2

As mentioned before, the number of lower solutions is equal to the number of conservative paths. The corresponding lower solutions can be obtained by Eq. (2.14).

$$\underline{x}_1=(0.3,0.9,0.0,0.0),\qquad \underline{x}_2=(0.0,0.9,0.0,0.3),$$
$$\underline{x}_3=(0.7,0.0,0.0,0.9),\qquad \underline{x}_4=(0.0,0.7,0.0,0.9),$$
$$\underline{x}_5=(0.2,0.0,0.7,0.9),\qquad \underline{x}_6=(0.0,0.2,0.7,0.9).$$

(c) The Relation Inequality $\boldsymbol{B}\leqslant\boldsymbol{A}\circ\boldsymbol{x}\leqslant\boldsymbol{D}$.

Definition 2.5 The characteristic matrix of $\boldsymbol{B}\leqslant\boldsymbol{A}\circ\boldsymbol{x}\leqslant\boldsymbol{D}$ is defined as

$$\boldsymbol{C}^{(3)}=[c_{ij}^{(3)}],c_{ij}^{(3)}=1 \text{ if and only if } a_{ij}\geqslant b_i\geqslant\bar{x}_j. \tag{2.35}$$

We have that

$$(\boldsymbol{C}^{(3)})\subseteq(\boldsymbol{C}),\ W(\boldsymbol{C}^{(3)})\subseteq W(\boldsymbol{C}),W^c(\boldsymbol{C}^{(3)})\subseteq W^c(\boldsymbol{C}). \tag{2.36}$$

Theorem 2.4 *In the simple case of* (2.5), *we have*

$$\underline{x}_3=X\{W^c(\boldsymbol{C})\} \tag{2.37}$$

$$x_3=x_1\cap\{\cup\{\boldsymbol{x}^p\mid p\in W^c(\boldsymbol{C})\}\} \tag{2.38}$$

$$x_3\neq\varnothing\Leftrightarrow\boldsymbol{B}\leqslant\boldsymbol{D}\quad\text{and}\quad W(\boldsymbol{C}^{(3)})\neq\varnothing. \tag{2.39}$$

Proof Based on (2.25), to prove (2.37) we only need to check

$$\boldsymbol{x}^p\leqslant\boldsymbol{x}\quad(\boldsymbol{x}^p\in X(W^c(\boldsymbol{C})),\boldsymbol{x}\in\chi_3 \tag{2.40}$$

Indeed,

$$p\in W(C)\Leftrightarrow(\forall i)a_{ip(i)}\geqslant b_{p(i)}$$

and

$$\begin{aligned}\boldsymbol{x}^p\leqslant\bar{\boldsymbol{x}}&\Leftrightarrow(\forall j)\vee\{b_i\mid p(i)=j\}\leqslant\bar{X}_j\\&\Leftrightarrow(\forall j)(p(i)=j\Leftrightarrow b_i\leqslant\bar{x}_j)\\&\Leftrightarrow b_j\leqslant\bar{x}_{p(i)}.\end{aligned}$$

But from (2.33) we know

$$\boldsymbol{p}\in W(\boldsymbol{C})\Leftrightarrow(\forall i)\ a_{p(i)}\geqslant b_i\text{ and } b_i\leqslant\bar{x}_{p(i)},$$

thus (2.37) is true. The rest of proof is trivial and is omitted. ■

Example 2.3 Given $L=[0,1]$, and

$$\begin{pmatrix}0.9\\0.7\\0.6\\0.3\\0.2\end{pmatrix}\leqslant\begin{pmatrix}0.8&0.9&0.0&0.1\\1.0&0.7&0.9&0.5\\0.5&0.6&0.6&0.7\\0.3&0.2&0.2&0.3\\0.3&0.4&0.1&0.0\end{pmatrix}\circ\begin{pmatrix}x_1\\x_2\\x_3\\x_4\end{pmatrix}\leqslant\begin{pmatrix}0.9\\0.8\\0.7\\0.4\\0.3\end{pmatrix}.$$

Note that it is in the simple case. The maximal solution of the fuzzy relation inequality has been obtained in Example 2.1, that is,

$$\bar{x}=(0.8,1.0,0.8,0.9).$$

The characteristic matrix can be calculated as

$$\begin{pmatrix} 0 & 1 & 0 & 1 \\ 1 & 1 & 1 & 0 \\ 0 & 1 & 1 & 1 \\ 1 & 0 & 0 & 1 \\ 1 & 1 & 0 & 0 \end{pmatrix}.$$

Note that it is the same as the one obtained in Example 2.2. The solutions obtained by conservative paths from the characteristic matrix will be the same as those obtained in Example 2.2. Now, an important concept is introduced in the following definition:

Definition 2.6 A conservative decreasing submatrix (CDS) of a Boolean matrix $\boldsymbol{C}$ is a series of submatrices defined as

$$\boldsymbol{C}^1(=\boldsymbol{C}),\boldsymbol{C}^2,\cdots,\boldsymbol{C}^s,\boldsymbol{C}^{s+1}(=\varnothing), \tag{2.41}$$

where $\boldsymbol{C}=\boldsymbol{C}^1\supseteq\boldsymbol{C}^2\supseteq\cdots\supseteq\boldsymbol{C}^s\supseteq\boldsymbol{C}^{s+1}=\varnothing$. For any $1\leqslant t\leqslant s$, $\boldsymbol{C}^{t+1}$ can be obtained from C^t as follows: First, select j^t with $c_{ij}^{(t)}=1$ from the 1st row of $\boldsymbol{C}^t$, then delete the ith rows from $\boldsymbol{C}^t$ if i is conserved in the j^tth column of $\boldsymbol{C}^t$, i. e., $i\in(\boldsymbol{C}^t_{\cdot j})$.

Denote this CDS as $S=S[j^1,j^2,\cdots,j^s]$ and the set of all CDS of $\boldsymbol{C}$ as $\boldsymbol{W}^*(C)$. Denote the kth row of C^t as $i_k^{(t)}$, where the value of $i_k^{(t)}$ is equal to the original row-number of this row in matrix $\boldsymbol{C}$. Thus all rows of $\boldsymbol{C}^t$ can be numbered as

$$i_1^{(t)},i_2^{(t)},\cdots,i_{m_t}^{(t)}, \tag{2.42}$$

If $t=1$, then $i_1^{(i)}=1$, $i_2^{(i)}=2,\cdots,$ $i_{m_1}^{(i)}=m_1=m$. Obviously, (2.42) indicates a subset of $\{1,2,\cdots,m\}$. Furthermore,

$$C_1^t=C_{i_1}^{(t)},C_2^t=C_{i_2}^{(t)},\cdots,C_{m_t}^{(t)}=C_{i_{m_t}}^{(t)}. \tag{2.43}$$

Algorithm 2.1 For any $S=S[j^1,j^2,\cdots,j^s]$ in $\boldsymbol{W}^*(\boldsymbol{C})$, its solution $\boldsymbol{X}^*(\boldsymbol{S})$ is given as

$$x_1^*=b_{j_1}^{(1)},x_2^*=b_{j_2}^{(2)},\cdots,x_j^*=b_{js}^{(s)},$$
$$\text{and } x_j^*=0\quad(\text{for } j\neq j^1,j^2,\cdots,j^s). \tag{2.44}$$

Theorem 2.5 *In the simple case of* (2.5), *we have*

$$\underline{x}_3=\{\underline{X}^*(S)\mid S\in W^*(\boldsymbol{C})\}. \tag{2.45}$$

Proof Equation (2.45) means that the CDSs completely correspond to the conservative paths. To prove this, set a mapping r such that

$$r: W^*(\boldsymbol{C}) \to W^c(\boldsymbol{C})$$
$$S=[j^1, j^2, \cdots, j^s] \mapsto r(S)=p:$$
$$p(i)=j^i, \text{if } i\in\{i_1^{(i)}, \cdots, i_2^{(i)}, \cdots, i_{m_t}^{(i)}\}$$

and check p in $W^c(\boldsymbol{C})$, that is,

$$(\forall k)(\{p(1), p(2), \cdots, p(k-1)\}\cap C_k\neq\varnothing)$$
$$\Rightarrow \exists\, l=\min\{i\mid \{p(1), p(2), \cdots, p(k-1)\}\cap C_k\neq\varnothing\}\leqslant k$$
$$\Rightarrow \exists\, t \quad \text{such that } l, k\in\{i_1^{(t)}, i_2^{(t)}, \cdots, i_{m_t}^{(t)}\}$$
$$\Rightarrow p(k)=p(t)=j^t$$
$$\Rightarrow p=p^c\in W^c(\boldsymbol{C}).$$

Note that mapping r is both injection and surjection. Indeed, for a given conservative way p^c, we can get a CDS, $S[j^i, \cdots, j^s]$ satisfies $j^1=p(1)$, $j^2=p(i_1^{(2)}), \cdots, j^s=p(i_1^{(s)})$. Thus $r(S)=p^v$. ■

Example 2.4 Reconsider Example 2.3. We can also obtain the lower solutions by means of the CDS approach. Consider the first row of $\boldsymbol{C}$. There are two choices here, i.e., $j^1=2$ or 4. For instance, take $j^1=2$ in $\boldsymbol{C}=\boldsymbol{C}^1$. Check the second column of $\boldsymbol{C}$. Since $c_{12}=c_{22}=c_{32}=c_{52}=1$, we delete row 1, row 2, row 3, and row 5 from $\boldsymbol{C}=\boldsymbol{C}^1$, then we get

$$\boldsymbol{C}^2=(1,0,0,1).$$

Now, we still have two choices, $j^2=1$ or 4. If select $j^2=1$, then no row can be further deleted. Thus the CDS is $S=(2,1)$. According to Algorithm 2.1, we can calculate the lower solution as

$$X^*(S)=(0.3, 0.9, 0.0, 0.0)=\underline{x}_3.$$

§ 3. Latticized Linear Programming

Based on the above results for fuzzy relation inequalities, we now can solve the latticized linear programming with certain restrictions. Let us first consider the following theory.

Theorem 3.1 *The solution of the latticized linear programming* *problem* (1.1) *is equal to the maximal solution of the fuzzy relation inequality* (1.2).

Note that $X \leqslant Y$ leads to $\mathbf{E} \circ \boldsymbol{x} \leqslant \mathbf{E} \circ \mathbf{y}$, the proof is obvious.

For the latticized linear programming problem in the form of (1.3), suppose, that

$$e_1 \leqslant e_2 \leqslant \cdots \leqslant e_n, \tag{3.1}$$

where e_j is the jth element of the vector E. Let

$$h(i,j) = b_i \wedge e_j,\ i=1,2,\cdots,m, j=1,2,\cdots,n. \tag{3.2}$$

Note that $h(i,j)$ is a decreasing function with respect to i and an increasing function with respect to j based on (2.5) and (3.1).

Lemma 3.1 *Let p be a path of* $\mathbf{C}$. *Denoting $f(p) = f(x^p) = \mathbf{E} \circ x^p$, we have that*

$$\begin{aligned} f(p) &= \max_i \{h(i, p(i))\} \\ &= \text{the maximum of } h \text{ along the path } p. \end{aligned} \tag{3.3}$$

Proof

$$\begin{aligned} f(p) &= \bigvee_{j=1}^{n} (e_j \wedge b_j) \\ &= \bigvee_{j=1}^{n} (e_j \wedge (\vee \{b_i \mid p(i)=j\})) \\ &= \bigvee_{j=1}^{n} (\vee \{b_i \wedge e_j \mid p(i)=j\}). \end{aligned}$$

Here L is assumed to be distributive. ■

Lemma 3.2 *For two paths p and q in* $\mathbf{W}(\mathbf{C})$,

$$\forall i: p(i) \leqslant q(i) \Rightarrow f(p) \leqslant f(q). \tag{3.4}$$

The proof is obvious.

Based on Lemma 3.1 and Lemma 3.2, we can easily get the following theorem:

Theorem 3.2 *Given a path w in* $\mathbf{W}(\mathbf{C})$, *formulated as*

$$w(i) = \min_i \{j \mid c_{ij} = 1\} \tag{3.5}$$

whose solution X_w is equal to the solution of the latticized linear programming problem (1.3).

According to Algorithm 2.1, we can get a conservative path u from path w. This leads to the following theorem:

Theorem 3. 3 *In the simple case* $\mathbf{x}_u$ *is a lower solution of the latticized linear Programming problem* (1. 3).

Proof Since u is a conservative path drawn up from path w, we have $X_u \leqslant X_w$ and then

$$f(x^u) \leqslant f(x^w). \tag{3. 6}$$

But X_w minimizes f, thus X_u minimizes f also.

Let

$$M = \max\{h(1,w(1)),\cdots,h(m,w(m))\}. \tag{3. 7}$$

Since h is a monotone function for i and j respectively, there exist an i^* and a j^* to satisfy

$$h(i,j) > m \quad \text{if and only if} \quad i < i^*,\ j > j^*. \tag{3. 8}$$

Let

$$G = [g_{ij}], \tag{3. 9}$$

where $g_{ij}=1$ if and only if $C_{ij}=1$, and ($i \geqslant i^*$ or $j \leqslant j^*$). Then the set of lower solutions of the fuzzy relation inequality (1. 2) can be obtained from a conservative path g in G, that is

Theorem 3. 4 *In the simple case under* (2. 5) *with the assumption* (3. 1), *the set of lower solutions of the fuzzy relation inequality* (1. 2) *is*

$$\underline{x} = \{X^g \mid g \text{ is a conservative way of } G\}. \tag{3. 10}$$

Proof Note that M is the minimum of f subjected to the fuzzy relation inequality constraint (1. 2), From (3. 6) for any path p, $f(X^p) > M$ if and only if the path of p encounters the region

$$\{(i,j) \mid i < i^*, j > j^*\}.$$

The consequence of the theorem is obvious. ■

Finally, let us consider the following simple example.

Example 3. 1 Given $L=[0,1]$, consider the latticized linear programming problem

$$\begin{aligned} \min f(x) &= \mathbf{E} \circ \mathbf{x} \\ &= (0.1 \wedge x_1) \vee (0.4 \wedge x_2) \vee (0.6 \wedge x_3) \vee (0.8 \wedge x_4) \end{aligned}$$

subject to

$$\begin{pmatrix}0.9\\0.7\\0.6\\0.3\\0.2\end{pmatrix} \leqslant \begin{pmatrix}0.8 & 0.9 & 0.0 & 1.0\\1.0 & 0.7 & 0.9 & 0.5\\0.5 & 0.6 & 0.6 & 0.7\\0.3 & 0.2 & 0.2 & 0.3\\0.3 & 0.4 & 0.1 & 0.0\end{pmatrix} \circ \begin{pmatrix}x_1\\x_2\\x_3\\x_4\end{pmatrix} \leqslant \begin{pmatrix}0.9\\0.8\\0.7\\0.3\\0.4\end{pmatrix}.$$

whose characteristic matrix has been obtained in Example 2.3 as

$$\boldsymbol{C}=\begin{pmatrix}0 & 1 & 0 & 1\\1 & 1 & 1 & 0\\0 & 1 & 1 & 1\\1 & 0 & 0 & 1\\1 & 1 & 0 & 0\end{pmatrix}.$$

The $H(i,j)$ matrix can also be obtained easily as

$$\boldsymbol{H}=\begin{pmatrix}0.1, & 0.4, & 0.6, & 0.8\\0.1, & 0.4, & 0.6, & 0.7\\0.1, & 0.4, & 0.6, & 0.6\\0.1, & 0.3, & 0.3, & 0.3\\0.1, & 0.2, & 0.2, & 0.2\end{pmatrix}.$$

From $w(i)=\min_j\{j\mid c_{ij}=1\}$, we obtain

$$w(1)=2,\quad w(2)=1,\quad w(3)=2,\quad w(4)=1,\quad w(5)=1,$$

which leads to

$$\boldsymbol{X}^w=(0.7, 0.9, 0.0, 0.0)$$

which yields the minimum value to the objective,

$$f_m=(0.1\wedge 0.7)\vee(0.4\wedge 0.9)\vee(0.6\wedge 0.0)\vee(0.8\wedge 0.0)=0.4.$$

To make $h(i,j)>0.4$, we can easily find from the matrix H that $i^*=4$ and $j^*=2$, which has been indicated in H.

From the definition of G, we can calculate the elements of G as

$$\boldsymbol{G}=\begin{pmatrix}0 & 1 & 0 & 0\\1 & 1 & 0 & 0\\0 & 1 & 0 & 0\\1 & 0 & 0 & 1\\1 & 1 & 0 & 0\end{pmatrix}.$$

It is clear that there are two conservative ways in $\boldsymbol{G}$, that is,

$$p_1^c=(2,2,2,1,2)$$

$$p_2^c=(2,2,2,4,2).$$

The corresponding lower solutions to p_1^c and p_i^c have been obtained in Example 2.2, that is,

$$x_1^{p^c}=(0.3,0.9,0.0,0.0),$$

$$x^{p^c}=(0.0,0.9,0.0,0.3).$$

Both of them minimize f.

References

[1] A Di Nola, W Pedryct, S Sessz and Wang Peizhuang. Fuzzy relation equations under a class of triangular norms: A survey and new results. Stochastica, 1984, 8: 99—145.

[2] Li Hongxing. Structure of set solution by generalized fuzzy relation equation, Fuzzy Math, 1984, 4(4): 59—60.

[3] Li Xing Hau. Fuzzy similarity matrix equation of varied order. Fuzzy Math, 1984, 4(1): 67—72.

[4] Luo Chengzhong. Reachable equation of a fuzzy relation equation. J. Math. Anal. Appl., 1984, 103: 524—532.

[5] Miyakoshi M and Shimbo M. Sets of solution-set-invariant coefficient matrices of simple fuzzy relation equations. Fuzzy Sets and Systems, 1987, 21: 59—83.

[6] Sanghez E. Resolution of composite fuzzy relation equations. Inform and Control, 1976, 30: 38—48.

[7] Wang Peizhuang. Fuzzy Sets Theory and Its Applications. Shanghai Science and Technology Press, 1983.

[8] Wang Peizhuang, Sessa S, Di Nola A, and Pedrycz W. How many lower solutions does a fuzzy relation equation have? BUSEFAL, 1984, 18: 67—74.

[9] Wang Peizhuang and Zhang Dazhi. Fuzzy Decision Making, Beijing Normal University Lectures, 1987.

[10] Wen Lixu, Fuzzy relation equation, in: Reports on Beijing Fuzzy Math. Meeting, 1978.

Fuzzy Engineering toward Human Friendly System
in:Proceeding of IFES'95 Conference

模糊落影理论下的模糊集运算[①]

Fuzzy Set-Operations Represented by Falling Shadow Theory

Abstract It is known that how to select the fuzzy set(logic)operations from dozens formulae in order to appropriate a special situation in use is an important open problem still. Based on the falling shadow representation theory, we introduce a new approach to unifiedly define and rationally select the operation formulae in this paper. It is emphasized that the result of an operation of two fuzzy subsets is not only depends on the two membership functions themselves, but also depends on the relationship between them. For interesting examples, if the couple of operations($\cup$, $\cap$) is adapted the formula of max-min, or bounded sum-difference, or probability sum-product depends if the relationship between the two operated subsets is completely linear related, or completely negative related, or independent respectively.

§ 1. Introduction

There are dozens of formulae for fuzzy set-operations or fuzzy predicate operations presented by authors. We recognize each of them by no means of reason, deduction or explaining. How do we select them? Why do we use one from them? In which situation do we use the one? No author has explained to us. The bigger the number of fuzzy set-operation formulae,

① 本文与 Zhang H M, Ma X W 和 Xu W 合作.

the more puzzling in application. We have opened a new approach to overcome this problem in Falling Shadows Representation Theory[1][4]. There is a general definition to getting union and intersection of fuzzy sets by means of viewing fuzzy subsets as the falling shadows of random clouds, and a unified method for selecting a set-operation formula based on the joint degrees distribution[6] will be given in the following section of paper.

§ 2. Falling shadows representation of fuzzy sets

Roughly speaking, any fuzzy set on a universe U under discussion can be viewed as the covering function of a random set on U. The random set are called *clouds*, and the fuzzy set is called the (*falling*) *shadow* of the clouds. Like the sun shines vertically down, the thicker the cloud, the higher the darkness of the shadow of the cloud.

Suppose that $(U,\mathscr{B})$ is a measurable space and $(\Omega,\mathscr{F},p)$ is a probability field, for any element u in U, denote that

$$\underline{u}=\{A\in\mathscr{B}\mid u\in A\in\mathscr{B}\}$$

and

$$\underline{C}=\{\underline{u}\mid u\in C\}\qquad \text{for any } C\in\mathscr{P}(U).$$

$\underline{\mathscr{B}}$ is called a *hyper σ-field* on U if it is an σ-field on $\mathscr{P}(U)$, and it contains $\underline{U}$. A mapping $\xi:\Omega\longrightarrow\mathscr{P}(U)$ is called a *random set* on U if it is $\mathscr{F}-\underline{\mathscr{B}}$ measurable. i. e., For any $\mathscr{A}$ in $\underline{\mathscr{B}}$ we have that

$$\xi^{-1}(\mathscr{A})=\{\omega\mid\xi(\omega)\in\mathscr{A}\}\in\mathscr{F}$$

The requirement of measurability of ξ ensures that a probability distribution can be induced on $\underline{\mathscr{B}}$ from p on $\mathscr{F}$ through the mapping ξ:

$$P(\mathscr{A})=P(\xi^{-1}(\mathscr{A}))\qquad(\mathscr{A}\in\underline{\mathscr{B}}),$$

Because of that $\underline{\mathscr{B}}\supset\underline{U}$, so that for any $u\in U$, the event

$$\mathscr{A}=\{\omega\mid\xi(\omega)\in\underline{u}\}=\{\omega\mid\xi(\omega)\ni u\}$$

is a measurable event and has a determinate probability denoted as

$$P(\mathscr{A})=P\{\omega\mid\xi(\omega)\ni u\}.$$

It is called the *covering probability* of ξ to u. The value of which depends on u, then forms a mapping from U to $[0,1]$. It is the *covering function* of ξ. It can be viewed as the membership function of fuzzy subset A_ξ, which is called the *falling shadow* of ξ:

$$\mu_{A_\xi}(u)=P\{\omega \mid \xi(\omega)\ni u\}.$$

Given a fuzzy subset A_ε on U, there are infinite clouds which take A as its falling shadow. The most natural selection is the *cut-cloud* which has been presented by Goodman[7] in first and was renamed by us later. Each random set has its fundamental space Ω. When it transfers the probability distribution from $\mathscr{F}$ to $\underline{\mathscr{B}}$, the probability distribution can be always converted onto the degree interval $[0,1]$. So that we can choose $([0,1],\mathscr{B}^0,m)$ as the natural probability field, where $\mathscr{B}^0$ be the $[0,1]$ constraint of the Borel field on the real line and m be the Lebesgue measure on real line. Suppose that the membership function of A is $\mathscr{F}$-measurable, then define

$$\xi(s)=A_s, \qquad (s\in[0,1])$$

while A_s be the cut set of A:

$$A_s=\{u\in U \mid \mu_A(u)\geqslant s\},$$

It is not difficult to prove that ξ is a random set on $[0,1]$. This random set is called the *cut-cloud* of A.

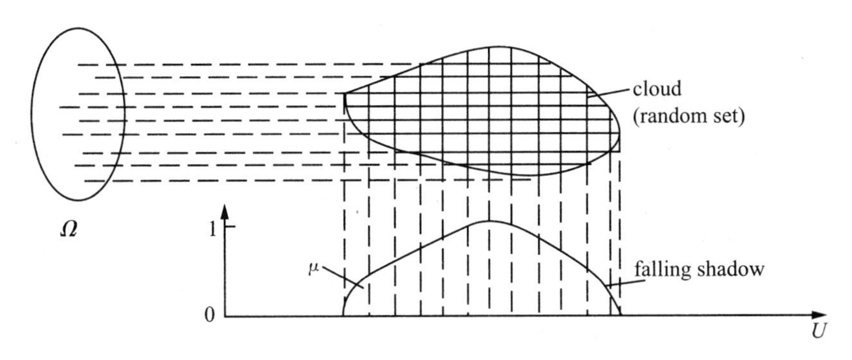

Fig. 1

Let A and B be two fuzzy subsets on the universe U. Let $\xi_i(i=1,2)$ be the cut clouds of them respectively. Because of the variety of relationships between ξ_1 and ξ_2, it is best that they are laid on different probability fields$(X_i,\mathscr{B}_i^0,m_i)(i=1,2)$. Where $X_i=[0,1]$, $\mathscr{B}_i^0=\mathscr{B}^0$ and $m_i=m$ for $i=1,2$.

As shown in Fig. 2, there is a product measurable space$([0,1]^2,\mathscr{B}^{o2})$. Suppose that the joint probability field is$([0,1]^2,\mathscr{B}^{o2},p)$, we can redefine $\xi_i(i=1,2)$ on the united probability field as follows:

$$\xi_1':[0,1]^2 \dashrightarrow \mathscr{P}(U)$$

$$(s,t)\,|\text{-----}> s\,|\text{-----}> \xi_1(s)=A_s,$$

$$\xi_2':[0,1]^2 \dashrightarrow \mathscr{P}(U)$$

$$(s,t)\,|\text{-----}> t\,|\text{-----}> \xi_2(s)=B_t,$$

In brief, we still denote ξ_i' as $\xi_i(i=1,2)$.

We can find out the images of ξ_1 and ξ_2 on the diagonal of U^2:

$$\xi_1(s,t)=A_s=(a,b),\ \xi_2(s,t)=B_t=(c,d).$$

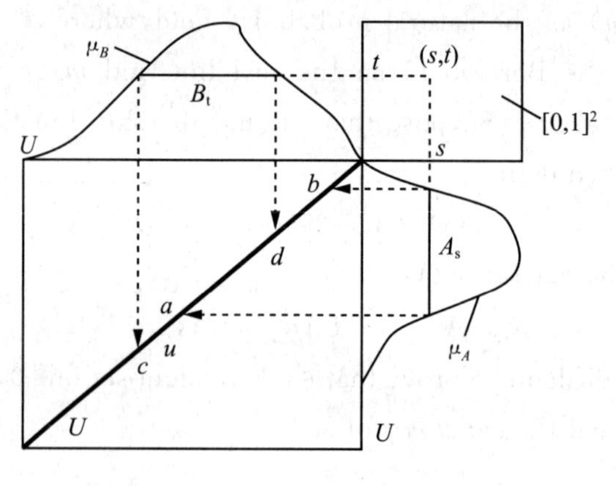

Fig. 2

They are two ordinary subsets, then we can take ordinary set-operation to get their union and intersection on the diagonal. Because of the equivalence between the diagonal of U^2 and U, they are subsets of U. When we vary the pair (s,t), the resulted sets will also be varied. They form random sets on U. By this way, we get the union and intersection of random sets ξ_1 and ξ_2. It comes the following definition.

Definition The union and intersection of random sets ξ_1 and ξ_2, denoted as $\xi_1 \cup \xi_2$, $\xi_1 \cap \xi_2$ respectively, is defined as follows:

$$[\xi_1 \cup \xi_2](s,t)=\xi_1(s,t)\cup \xi_2(s,t)=A_s \cup B_t,$$

$$[\xi_1 \cap \xi_2](s,t)=\xi_1(s,t)\cap \xi_2(s,t)=A_s \cap B_t.$$

It is not difficult to prove that $\xi_1 \cup \xi_2$ and $\xi_1 \cap \xi_2$ defined above are indeed random sets on U.

We have promoted fuzzy subsets A, B from U, the '*underground*' to $\mathscr{P}(U)$, the '*sky*', and we have made union, intersection operations in the sky. If we consider their falling shadows on U, then we can get the natural way of defining union and intersection of fuzzy subsets.

Definition The union and intersection of A and B are defined as the falling shadows of random sets $\xi_1 \cup \xi_2$ and $\xi_1 \cap \xi_2$ respectively. i. e. ,

$$\mu_{A\cup B}(u)=p((s,t)\mid \xi_1 \cup \xi_2(s,t)\ni u)=p((s,t)\mid u\in A_s\cup B_t),$$

$$\mu_{A\cap B}(u)=p((s,t)\mid \xi_1 \cup \xi_2(s,t)\ni u)=p((s,t)\mid u\in A_s\cap B_t),$$

§ 3. The joint degrees distributed square

How to calculate the probability $p((s,t)\mid u\in A_s\cup B_t)$ and the probability $p((s,t)\mid u\in A_s\cap B_t)$? Note that

$$\xi_1(s)\ni u \Leftrightarrow s\in \mu_A(u) \Leftrightarrow s\in[0,\mu_A(u)],$$

$$\xi_2(t)\ni u \Leftrightarrow t\in \mu_B(u) \Leftrightarrow t\in[0,\mu_B(u)],$$

$$\xi_1\cup\xi_2(s,t)\ni u \Leftrightarrow \xi_1(s)\ni u \text{ or } \xi_2(t)\ni u \Leftrightarrow s\in[0,\mu_A(u)] \text{or } t\in[0,\mu_B(u)],$$

$$\xi_1\cap\xi_2(s,t)\ni u \Leftrightarrow \xi_1(s)\ni u \text{ and } \xi_2(t)\ni u \Leftrightarrow s\in[0,\mu_A(u)] \text{and } t\in[0,\mu_B(u)].$$

So we have that

$$\mu_{A\cup B}(u)=p([0,\mu_A(u)]\times[0,1]\cup[0,1]\times[0,\mu_B(u)]),$$

$$\mu_{A\cap B}(u)=p([0,\mu_A(u)]\times[0,1]\cap[0,1]\times[0,\mu_B(u)]),$$

Then we can get a convenient method to calculate $\mu_{A\cup B}(u)$ and $\mu_{A\cap B}(u)$ shown in Fig. 3. They are concern with the joint probability distribution on $[0,1]^2$.

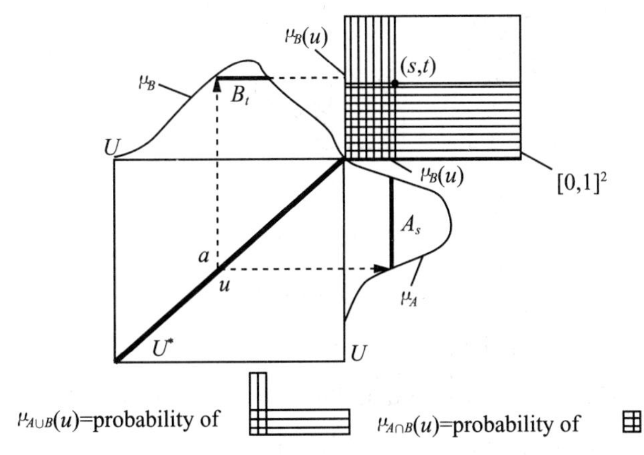

Fig. 3

As mentioned above, $([0,1]^2, \mathscr{B}^{o2}, p)$ is the *joint probability field* of probability fields $(X_i, \mathscr{B}_i^0, m_i)(i=1,2)$ where $X_i=[0,1]$, $\mathscr{B}_i^0=\mathscr{B}^0$ and $m_i=m$ for $i=1,2$. In which m is the *joint probability distribution* satisfying the conditional that:

$$p(A\times[0,1])=m_1(A);p([0,1]\times A)=m_2(A)(A\in\mathscr{B}^0).$$

Note that there are infinite possibilities to assign such joint distribution. For examples:

(1) Total probability is uniformly distributed on the diagonal of $[0,1]^2$. (Fig 4(a))

(2) Total probability is uniformly distributed on the anti- diagonal of $[0,1]^2$. (Fig. 4(b))

(3) Total probability is uniformly distributed on $[0,1]^2$. (Fig. 4(c))

(4) Two pieces of probability with value 0.5 are uniformly distributed on the shadow-subsquares shown in Fig. 4. d respectively. (Fig. 4 (d))

(5) Two pieces of probability with value 0.5 are uniformly distributed on the shadow-subsquares shown in Fig. 4. e respectively. (Fig. 4(e))

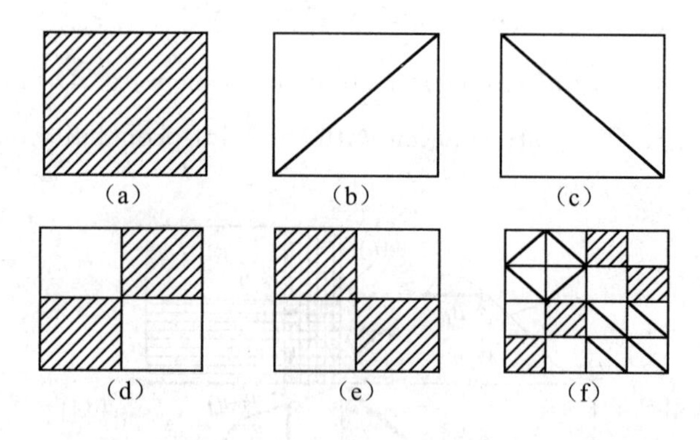

Fig. 4

(6) Four pieces of probability with value 1/16 are uniformly distributed on the shadow-subsquares shown in and 16 pieces of probability with value 1/32 are uniformly distributed on the diagonals or anti-diagonals of subsquares shown in Fig. 4. f respectively.

There are infinite joint distributions might have uniformly marginal distributions. They are named *marginal-uniform joint distributions* (MUJD). It is obviously that the linear combinations of MUJD are also a MUJD. As a unusual example of MUJD is given By X. W. Ma and P. Z. Wang as Follows: Ma-Wang MUJD density (see Fig. 5):

$$f(x,y)=\begin{cases}1-c(y-0.5), & \text{if } x<\min(y,1-y),\\ 1-c(x-0.5), & \text{if } y<x<1-y,\\ 1+c(x-0.5), & \text{if } 1-y<x<y,\\ 1+c(y-0.5), & \text{if } x>\max(y,1-y),\end{cases}$$

where c is a positive parameter.

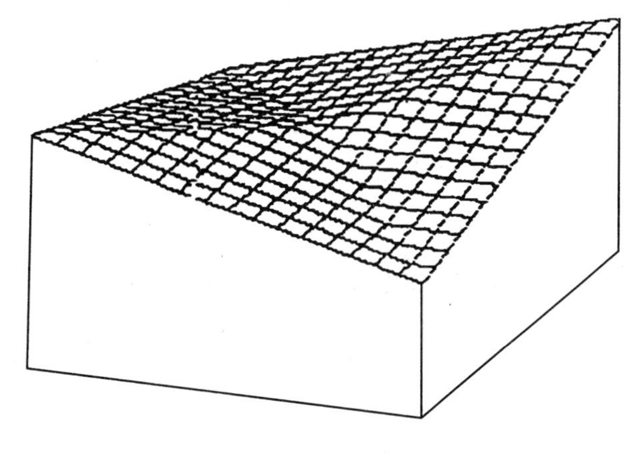

Fig. 5

§ 4. Completely linear related case

Definition We call A and B are *completely linear related* if their joint probability distribution is concentrated in the diagonal of $[0,1]^2$.

Theorem *If A and B are completely linear related then we have that*

$$\mu_{A\cup B}(u)=\max(\mu_A(u),\mu_B(u)),$$

$$\mu_{A\cap B}(u)=\min(\mu_A(u),\mu_B(u)),$$

Proof Let U^* be the diagonal of $[0,1]^2$, and the intersection of $[0,\mu_A(u)]\times[0,1]$, $[0,1]\times[0,\mu_B(u)]$ and U^* are denoted as line-segments QI, OJ respectively (see Fig. 6(a)). Because of the distribution of the MUJD is concentrated in U^*, so we have that

$$\mu_{A\cup B}^{(u)}=p(\underline{OI}\cup\underline{OJ})$$
$$=\begin{cases}p(\underline{OI}), & \text{if } \mu_A(u)\geqslant\mu_B(u),\\ p(\underline{OJ}), & \text{if } \mu_B(u)\geqslant\mu_A(u)\end{cases}$$
$$=\begin{cases}\mu_A(u), & \text{if } \mu_A(u)\geqslant\mu_B(u),\\ \mu_B(u), & \text{if } \mu_B(u)\geqslant\mu_A(u)\end{cases}$$
$$=\max(\mu_A(u),\mu_B(u)).$$
$$\mu_{A\cap B}^{(u)}=p(\underline{OI}\cap\underline{OJ})$$
$$=\begin{cases}p(\underline{OJ}), & \text{if } \mu_A(u)\geqslant\mu_B(u),\\ p(\underline{OI}), & \text{if } \mu_B(u)\geqslant\mu_A(u)\end{cases}$$
$$=\begin{cases}\mu_B(u), & \text{if } \mu_A(u)\geqslant\mu_B(u),\\ \mu_A(u), & \text{if } \mu_B(u)\geqslant\mu_A(u)\end{cases}$$
$$=\min(\mu_A(u),\mu_B(u)).$$

Finished

§ 5. Completely negative related case

Definition We call A and B are *completely negative related* if the joint probability distribution is concentrated on the anti-diagonal of $[0,1]^2$.

Theorem *If A and B are completely negative related then we have that*

$$\mu_{A\cup B}(u)=\min(\mu_A(u)+\mu_B(u),\ 1),$$
$$\mu_{A\cap B}(u)=\max(\mu_A(u)+\mu_B(u)-1,\ 0),$$

Proof Let U^{**} be the anti-diagonal of $[0,1]^2$, the intersection of $[0,\mu_A(u)]\times[0,1]$, $[0,1]\times[0,\mu_B(u)]$ and U^{**} are denoted by line-segments $\underline{SI}$, $\underline{RJ}$ respectively(see Fig. 6(b)). Because of the distribution of the MUJD is concentrated in U^{**}, so we have that

$$\mu_{A\cup B}(u)=p(\underline{SI}\cup\underline{RJ})$$
$$=\begin{cases}p(\underline{SI}+\underline{RJ}), & \text{if } \mu_A(u)+\mu_B(u)\leqslant 1,\\ p(\underline{SR}), & \text{if } \mu_B(u)+\mu_A(u)\geqslant 1.\end{cases}$$
$$=\begin{cases}\mu_A(u)+\mu_B(u), & \text{if } \mu_A(u)+\mu_B(u)\leqslant 1,\\ 1, & \text{if } \mu_B(u)+\mu_A(u)\geqslant 1.\end{cases}$$

$$=\min(\mu_A(u)+\mu_B(u),\ 1).$$

$$\mu_{A\cap B}(u)=p(\underline{SI}\cap\underline{RJ}).$$

$$=\begin{cases}p(\varnothing), & \text{if } \mu_A(u)+\mu_B(u)\leqslant 1,\\ p(\underline{JI}), & \text{if } \mu_B(u)+\mu_A(u)\geqslant 1.\end{cases}$$

$$=\begin{cases}0, & \text{if } \mu_A(u)+\mu_B(u)\leqslant 1,\\ \mu_A(u)-(1-\mu_B(u)), & \text{else.}\end{cases}$$

$$=\max(\mu_A(u)+\mu_B(u)-1,0).$$

Finished

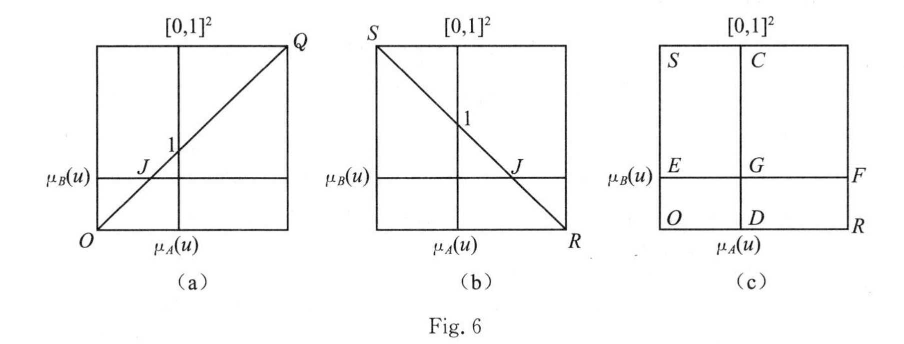

Fig. 6

§ 6. Independent case

Definition We call A and B are *irrelevant* if the joint probability distribution is uniformly distributed concentrated in the square $[0,1]^2$.

Theorem If A and B are independent, then we have that

$$\mu_{A\cup B}(u)=\mu_A(u)+\mu_B(u)-\mu_A(u)\mu_B(u),$$

$$\mu_{A\cap B}(u)=\mu_A(u)\mu_B(u).$$

Proof From Fig. 6. c we can see that $\mu_A(u)=p(\underline{OSCD})$, and $\mu_B(u)=p(\underline{OEFR})$,

$$\mu_{A\cap B}(u)=p(\underline{OSCD}\cap\underline{OEFR})=p(\underline{OEGD})=\mu_A(u)\mu_B(u)$$

$$\begin{aligned}\mu_{A\cup B}(u)&=p(\underline{OSCD}\cup\underline{OEFR})\\&=p(OSCD)+p(OEFR)-p(\underline{OEGD})\\&=\mu_A(u)+\mu_B(u)-\mu_A(u)+\mu_B(u)\\&=2\mu_B(u).\end{aligned}$$

Finished

§ 7. Conclusion

Set-operations closely rely on the relationship between operated subsets. Falling shadow representation theory shows us the way of selections rely on the joint distributions. It is reasonable and convenient approach for the theoretical development and the practical applications of fuzzy sets and fuzzy logic.

Reference

[1] Wang P Z, Sanchez E. Treating a fuzzy subset as a projectable random set. In: Gupta M M, Sanchez E eds. , Fuzzy Information and Decision. Pergamon Press, 1982, 212—219.

[2] Wang P Z. From the fuzzy statistics to the falling random sets. In: Paul P Wang ed. Advance in Fuzzy Sets Theory and Applications. Pergamon Press, 1983, 81—95.

[3] Wang P Z. Fuzzy Sets and Falling Shadows of Random Sets. Beijing Normal University Press, 1985.

[4] Wang P Z. Random sets and fuzzy sets. International Encyclopedia on Systems and Control. Pergamon Press, 1987.

[5] Wang P Z, Zhang D Z, Zhang H M, Yau K C. Degree analysis and its application in decision making. Proceedings of the Second International Workshop on Artificial Intelligence in Economics and Management, Singapore, 1989.

[6] Wang P Z. Fuzziness vs. randomness — Falling shadow theory. Report on 1990's Meeting of Chinese Natural Science United Project "Fuzzy Information Processing and Fuzzy Computing"; Submitted to BASEFAL, 1991.

[7] Goodman I R. Fuzzy sets as equivalent classes of random sets. In: R Yager. ed. , Recent Developments in Fuzzy Sets and Possibility Theory. Pergamon Press, New York, 1982.

[8] Zadeh L A. Fuzzy sets as a basis for a theory of possibility, Fuzzy Sets and Systems, 1978, 1: 3—28.

Fifth IFSA World Congress
1993,683－686

因素空间与模糊表

Factor Spaces and Fuzzy Tables

Abstract This is a brief interpretation of factor space theory. A intuitive background of why do we need to study factor spaces theory can be found in paragraph 1. The basic mathematical definitions about factor spaces are introduced in paragraph 2. In paragraph 3, as an example, we can see how to use factor space theory to represent concepts towards to concept automatic generation. Finally, the concept of fuzzy table is introduced in paragraph 4.

§ 1. Introduction

Concept is the base of thinking, to describe concepts, there three main approaches:

Signification Searching the relationship between a concept and its properties. So called *intension* of a concept α consists of those properties who are essentially occupied by α which is the definition of α.

Connotation Searching the relationship between a concept and other concepts.

Denotation Searching the relationship between a concept and objects from real world.

So called *extension* of a concept α consists of those objects who are indicated by α.

Existent methods on conceptual representation in AI belong to the first and second approaches. Along them, computer cannot automatically generate new concept outside the closure of known concepts. If we want to make a computer automatically generate new concepts like brain creates a new concept whenever it catches a new class of objects, we have to consider the third approach.

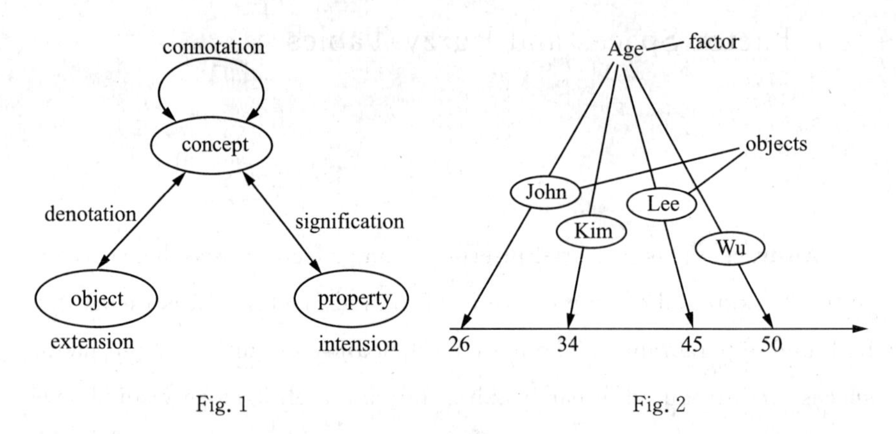

Fig. 1　　　　Fig. 2

In mathematics, a concept α is described by means of a subset A in a related universe of discussion. The subset A is exactly the extension of concept α. Unfortunately, this approach cannot be received by computer scientists, because the objects cannot be directly reflected and stored into computers from the real world. Factor spaces theory aims to provide a framework to construct generalized coordinate systems to describe real objects, then to represent concepts along both three approaches such that we can enable computer automatically generate new concepts.

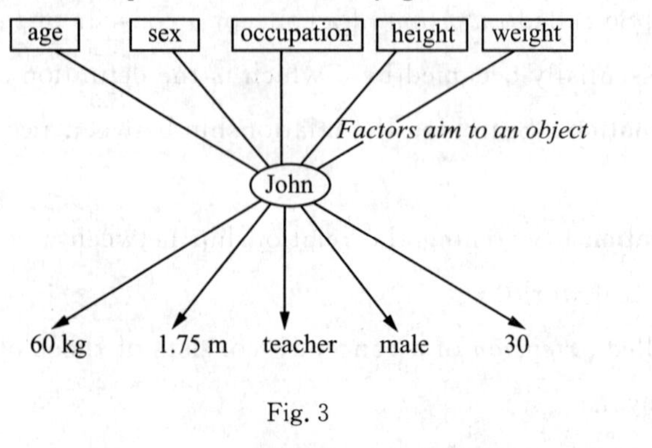

Fig. 3

As shown in Fig 4, a person can be viewed as a point in a generalized Cartesian coordinate system provided we can put down appropriate axes in there. The names of those axes are called *factors*.

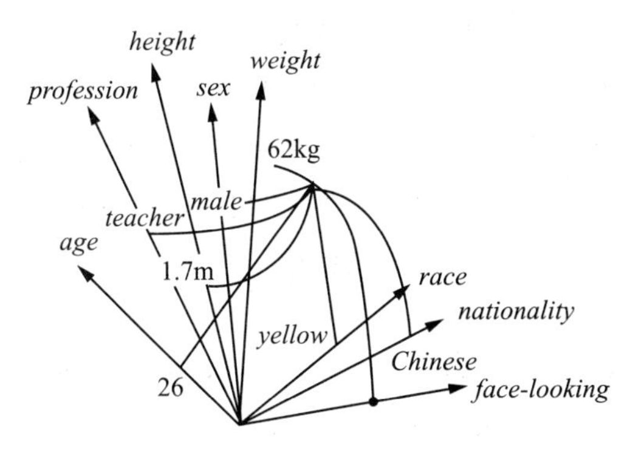

Fig. 4

A factor is an aspect by which we can analytically recognize an object. Like genes are the analytical elements of living's organs, factors are the analytical dements of human being's thinking (Fig. 5).

When we consider an object as a result, we have to master those factors who cause the result; when we consider an object as an element occupied by a concept, we have to master those factors who represent the concept.

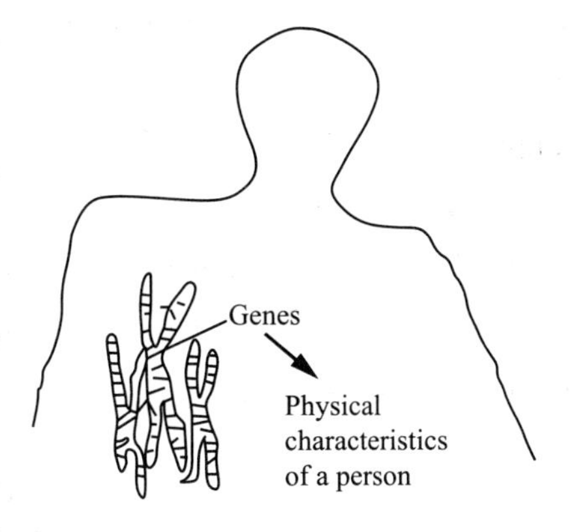

Genes are the analytical elements of living's organs what is the analytical elements of thinking?

—It Is the *factor*!

Fig. 5

A factor f is a mapping, which maps an object o to f(o), a phase or a state. The range of f is called the *phase space* or *state space* of factor f and denoted as X_f (Fig. 2). This is an analytical process. An object can be aimed by several factors, to collect those phases of it is a synthetic process (Fig. 3). Factor space theory indeed reflects the analytical-synthetic process in human being's thinking.

Concept comes from comparison. Comparison comes from difference, not only difference, but the difference with comparable base. A piece of cake and a mountain are different, but they have no common base to make comparison. We can compare red with yellow, because, they are not only different but they have common base: they are both color. Color is a factor who bounds different colors. Factor is the identity in variety, is the invariety in variety, it is the name of variables.

From the view of measurement, there are main five-kinds of factors:

(1) Measurable factors (variables). Length, Weight, Time, Area, Volume, Velocity, Acceleration, … for examples. (2) Image factors. Shape, Face, … for examples. (3) Degree factors. Satisfying. Necessary, Possibility, Creativity for examples. (4) Desecrate factors. Profession, Nationality, Race for examples. (5) Binary factors. Sex, Marriage, for examples.

From the view of meaning, there are eight categories of factors: Form, Content, Relationship, Causality, System, Action, Process, Interest. They are combined from three more basic factors: Ex-interior, Sub-objective, and Quiet-movable (Fig. 6).

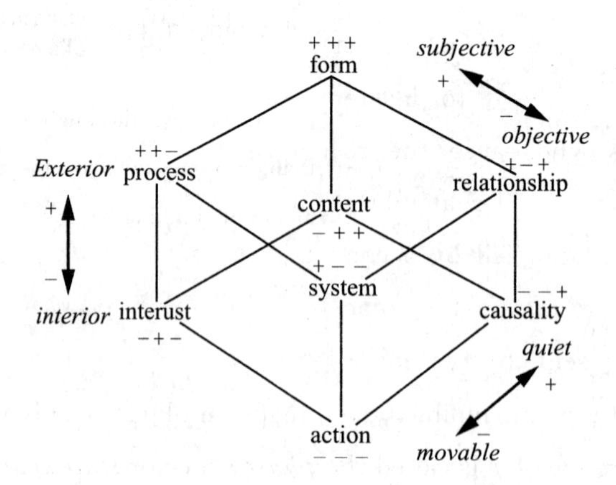

Fig. 6

§ 2. Factor space

There are some basic relations and operations within a class of factors can be founded

(1) Sub-factor The factor Height is a sub-factor of the factor Shape when we observe a person.

(2)A factor is called a *zero factor* if it is a sub-factor of any factor involved. We denote the zero factor by 0. In practice, zero factor is an empty factor, but it is very useful in mathematical analysis. As an exception, we promise that: The state space of 0 includes only one element:

$$X_o = \{ \# \},$$

where # denotes a delete-able symbol, for any finite or numeral sequence$(x, y, z, \cdots)$we promise that

$$(\#, x, y, z, \cdots) = (x, y, z, \cdots).$$

It means that the Cartesian product space of X_o and Y is equal to Y:

$$X_o \times Y = Y,$$

(3)Meet Factor f is called the *meet* of factors g and h, denoted as

$$f = g \wedge h,$$

if f is sub-factor of both g and h and any other common sub-factor of g and h is a sub-factor of f. For example, x-coordination is the meet of factors bird's-eye view and side view, y-coordination is the meet of factors bird's-eye view and front view, z-coordination is the meet of factors front view and side view.

(4)Irrelevant A family of factors$\{f_t\}_{(t \in T)}$is called irrelevant if the meet of any pair of factors in this family is always the zero factor.

(5)Join Factor f is called the *join* of factors g and h, denoted by

$$f = g \wedge h,$$

if g and h are both sub-factor of f, and f is sub-factor of other factor for which g and h are both sub-factor, For example, bird's-eye view is the union of factors x-coordination and y-coordination, side view is the union of factors x-coordination and z-coordination, front view is the union of factors y-coordination and z-coordination.

(6) Subtraction and complementary. Suppose that factor h is a sub-factor of g, we call f the *subtraction* of g, denoted as

$$f=g-h$$

if h and f are irrelevant, and the join of f and h is g. We call 1 the complete factor with respect to F, a set of factors, if every factor in F is a sub-factor of it. Giving a factor f in F, denoting

$$f^c=1-f$$

Which is called the *complementary* of f with respect to 1 We can get an axiomatic definition of factor space as follows:

Definition　A *factor space* is a family of sets $\{X(f)\}_{(f\in F)}$ where F is a complete Boolean algebra $F=(F, v, \wedge, {}^c. 1, 0)$ satisfying

F. 1)　$$X_o=\{\#\};$$

F. 2)　For any $f. g \in F$, if $f\wedge g=o$, then

$$X(f\vee g)=X(f)\times X(g),$$

where $\times$ is the Cartesian product operator.

The concept of factor space generalize the concepts of the states space in control theory, the feature space, character space or parameter space in pattern recognition, and the phase space in physics, and so on, but a factor space is not constrained in a fixed states space, it is a family of state spaces. Factor space theory emphasizes the variety of dimension of state space; A factor space can be viewed as a state space with variable dimension. This is an essential progress in constructing a description systems for knowledge description.

§ 3. Conceptual description and conceptual automatically generation

Let O be a class of objects, it concerns with a factor space $\{X(f)\}_{(f\in F)}$. For each f in F, there corresponds a mapping

$$\rho_f: O\rightarrow X_f$$

$$\rho_f(o)=\text{the state of o.}$$

ρ_f is called the *representation mapping* on O.

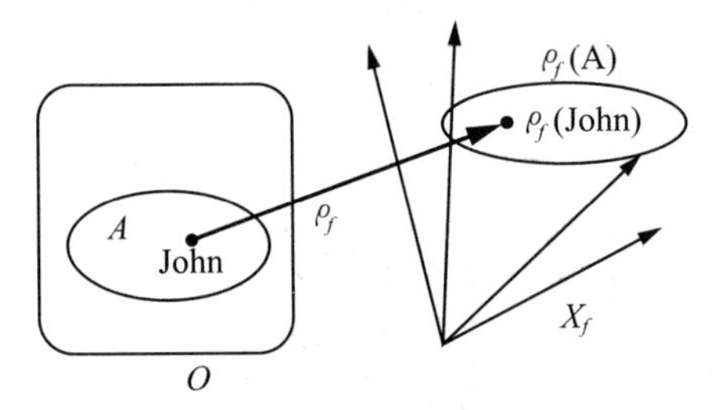

Fig. 7

Suppose that $f, g \in F$ and $f > g$. Since $f = g + (f - g)$, any point z in X_f can be written as $z = (x, y)$ where $x \in X_g$ and $y \in X_{f-g}$. Define the mapping

$$\downarrow_g^f : \chi_f \to \chi_g,$$
$$\downarrow_g^f (z) = x,$$

it is called the *projecting mapping* from f to g.

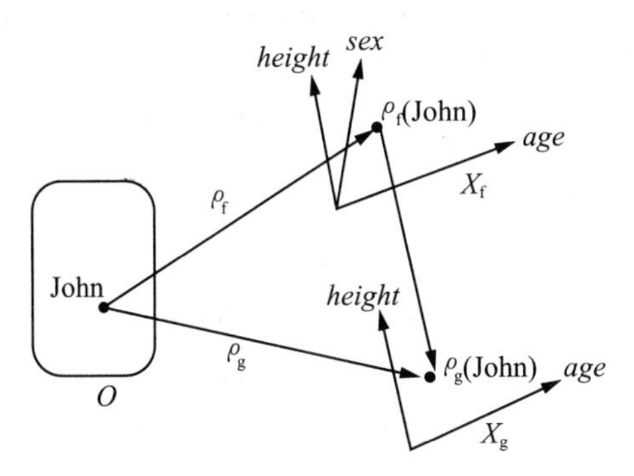

Fig. 8

Any concept α can be represented as a subset of an appropriate universe U which consists of objects concerned. By means of representation mappings, a concept can be viewed as a (fuzzy or non-fuzzy) subset in a factor space.

Recognition is indeed taken on an appropriate factor space. The higher the dimension, the easier to distinguish. But, the higher the dimension, the more expensive in information. How to select an appropriate factor to recognize an object is the most important problem.

We call that factor f is *surplus* for concept A under factor g if

$$\rho_{f\vee g}^{(A)} = \uparrow_{g}^{f\vee g}\rho_{g}^{(A)} = \{(x,y)\mid x\in X_f, y\in \rho_g(A)\},$$

Factor g is called *sufficient* for A if g is surplus for A under g.

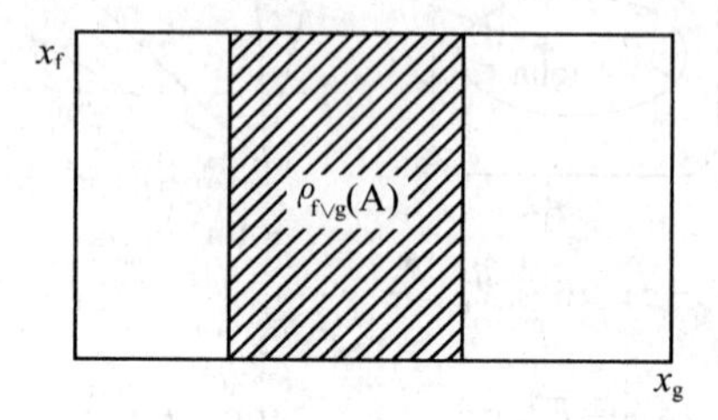

Fig. 9

Definition Factor

$$r(A) = \wedge\{g\mid g \text{ is sufficient for } A\}$$

is called the *rank* of concept A. It is the minimum of dimension conserving complete information about A.

In actual applications, $r(A)$ requires too high for dimension, there is an axiomatic definition of sufficiency measure:

Definition A mapping $s: F\times F(U)\to[0,1]$ is called a *sufficient measure* if it satisfies:

(s. 1) $(\forall f\in F)(\rho_f(A)\in P_o(X_f)\Rightarrow s(f,A)=1)$;

(s. 2) $(\forall f\in F)(\rho_f(A)\equiv 0.5\Rightarrow s(f,A)=0)$;

(s. 3) $(\forall f\in F)(s(f,A)=s(f,A^c))$;

(s. 4) $(\forall f,g\in F)(f\geqslant g\Rightarrow s(f,A)\geqslant s(g,A))$.

here $P_o(U)=P(U)\backslash\{U,\varnothing\}$

Two concrete examples:

Amplitude measure

$sa(f,A)=1/2[\vee\{[\rho_f(A)](x)\mid x\in x_f\}-\wedge\{[\rho_f(A)](x)\mid x\in X_f\}]+1/2[\vee\{[\rho_f(A^c)](x)\mid x\in X_f\}-\wedge\{[\rho_t(A^c)](x)\mid x\in x_f\}]$.

Entropy measure(H. M. Zhang)

$se(f,A)=$

$$1+1/M\int\left[\mu_{\rho_f(A)}(x)\log_2\left(\mu_{\rho_f(A)}(x)\right)+\left(1-\mu_{\rho_f(A)}(x)\right)\log_2\left(1-\mu_{\rho_f(A)}(x)\right)\right]dx.$$

An extension of a concept gives us a conceptual image. Conceptual image generates conceptual intension statements. It concerns concept auto-generating.

Select those factors whose sufficient degree are enough high. Put the extension of a concept α into the appropriate factor space. If the conceptual image of concept a is a hyper-rectangle, then we can state the *intension of a* as follows:

If x_1 is A_1 and x_2 is A_2 and…and x_k is A_k

then $(x_1, x_2, \cdots, x_k)$ obeys concept α.

If the conceptual image is an union of hyper-rectangles, then we can state the definition of α as follows:

If x_1 is A_{11} and x_2 is A_{12} and…and x_k is A_{1k}.

x_1 is A_{n1} and x_2 is A_{22} and…and x_k is A_{2k}.

…

x_1 is A_{n1} and x_2 is A_{n2} and…and x_k is A_{nk},

then $(x_1, x_2, \cdots, x_k)$ obeys concept α.

Factor space theory can unify intension and extension of a concept

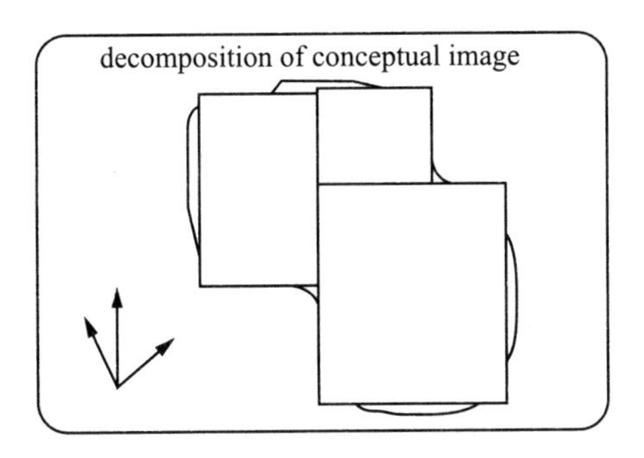

Fig. 10

§ 4. Fuzzy tables

Whenever we try to apply factor space theory in computer's applications, we have to mathematically constrain ourselves in finite universes. In this case, the concept of fuzzy table play a very important role.

Giving two groups of linguistic variables $x_i(i=1,2,\cdots,n)$ and $y_j(j=1,2,\cdots,m)$, denote the concerned phase spaces as $X=X_1\times X_2\times\cdots\times X_n$ and $Y=Y_1\times Y_2\times\cdots\times Y_m$ respectively. For each i, let U_i be file set of linguistic values with respect to x_i i. e., $U_i=\{A_{ik}\}(k=1,2,\cdots,K_i)$ with $A_{ik}\in F(X_i)$, and for each j, let V_j be the set of linguistic values with respect to y_j, i. e., $V_j=\{B_{js}\}(s=1,2,\cdots,S_j)$ with $B_{js}\in F(Y_j)$. A mapping $T:D\to V_1\times V_2\times\cdots\times V_m$ with $D\subseteq U_1\times U_2\times\cdots\times U_n$ is called a *fuzzy table* from X to Y.

A fuzzy table is a table with linguistic values as its dements. The table of fuzzy rules in a fuzzy controller is a fuzzy table; The tables in use of fuzzy decision making can be viewed as fuzzy tables; The tables in use of fuzzy relation data base are fuzzy tables; A group of fuzzy sample points in fuzzy aggregation can be viewed as a fuzzy table. A fuzzy relation matrix can be also viewed as a fuzzy table.

Several interested topic including fuzzy interpolation, fuzzy information compress, operations of fuzzy tables…. etc… can be found in fuzzy table theory.

Reference

[1] Wang P Z, Sugeno M. The factors fields and the background structures of fuzzy subsets. Fuzzy Mathematics, 1982, 2(2): 45—54.

[2] Wang P Z, Sanchez E. Treating a fuzzy subset as a projectable random set. In: Gupta M M, Sanchez E eds. Fuzzy Information and Decision. Pergamon Press, 1982; 212—219, Memor No. UCB/ERL, M82/35(1982) Univ. of California, Berkeley.

[3] Chen Y Y, Liu Y F, Wang P Z. The model of synthesis evaluation. Fuzzy Mathematics, 1983, 3(1): 43—54.

[4] Zhang D Z, Wang P Z. On the mathematical description of concepts, judgments, and reasonings(in Chinese). Si Wei Ke Xue Tong Xue, Beijing Institute of Technology, 1985, 39—49.

[5] Wang P Z, Chuan K, Zhang D Z. Degree analysis and its application in plan choosing problem in the construction of hyperpower stations. In: Reports of

Seminar on Soft Science Models, Beijing, 1986.

[6] Wang P Z, Liu X H, Sanchez E. Set-valued statistics and its applications to earthquake engineering. Fuzzy Sets and Systems, 1986, 18: 347—356.

[7] Wang P Z. Factor space and knowledge representation. In: Verdegay and Delgado eds. Approximate Reasoning Tools for Artificial Intelligence, Verlag T U Rheinland, 1990, 62—79.

[8] Wang P Z. A factor spaces approach to knowledge representation. Fuzzy Sets and Systems, 1990, 36: 113—124.

[9] Kandel A, Peng X T, Cao Z Q, Wang P Z. Representation of concepts by factor spaces. Cybernetics and Systems: An International Journal, 1990, 21, 43—57.

[10] Peng X T, Kandel A, Wang P Z. Concepts, rules, and fuzzy reasoning: a factor space approach. IEEE-SMC, 1991, 21, (1): 194—205.

[11] Yuan X H, Wang P Z, Lee E S. Factor space and its algebraic representation theory. J. of Mathematical Analysis and Applications, 1992, 171 (1): 256—276.

[12] Zadeh L A. Fuzzy sets as a basis for a theory of possibility. Fuzzy Sets and Systems, 1978, 1: 3—28.

The Journal of Fuzzy Mathematics
1993,1(1):223－231

概率论与模糊数学的双赢策略①

Win-Win Strategy for Probability and Fuzzy Mathematics

Abstract　We suggest a win-win strategy for probabilitists and fuzzy mathematicians which is shown in the two principles as follows:

1. Recognition of independence each other;

2. Association each other.

The first principle is built based on the fact that they have different areas to be investigated, the two essentially different phenomena in the real world: randomness and fuzziness.

The second principle is built based on the duality between the forms of mathematically modeling randomness and fuzziness: the former can be viewed as "a fixed circle with a moving point", while the latter can be viewed as "a moving circle with a fixed point". By means of the principle, we can treat the membership function of a fuzzy subset as the falling shadow of some random set(see[1])and define operations of fuzzy subsets in a strict approach; Inversely, fuzzy mathematician can help probabilitists to overcome the most fuzzy problems in probability: how to describe the word 'condition'? Any probability of an event is determined under a certain condition, how to determine the probabilities under fuzzy condition? We will answer it in this paper.

---

① Received February 1993.

本文与 Lui H C, Zhang X H, Zhang H M 和 Xu W 合作.

However, a fuzziness phenomena in U, the 'ground', there is always concerned with a randomness phenomena in the 'sky', the power set of U.

Keywords Possibility, probability; randomness, fuzziness; random sets; random variables; falling shadow of random sets

§ 1. Two independent fields: randomness and fuzziness

Facing several arguments and contentions between probabilitists and fuzzy mathematicians, we suggest a win-win strategy for both sides in order to facilitate the developments of new spheres of learning. The first principle of it is:

Recognize the independence of the opposite side by each other.

Now there are some probabilitists still condemning fuzzy mathematicians. They ask if there is any value for the existence of fuzzy sets theory?

We would like to say that fuzzy sets theory cannot be replaced by probability, any branch of science has its own area of investigation and research. Probability investigates and deals with the random phenomenon, but fuzzy theory investigates and deals with the fuzzy phenomenon from the real world. They belong to two different categories respectively.

Randomness intends to break the law of causality. For example, throw a coin on a table, which side of it will occur? To answer this question, we can gather those factors which have influences to the result such as *Shape of thrown matter*, *Action of hand*, *Characteristics of table*… etc… Each factor has its own *state space* which consists of all possible states with respect to it. Then the Cartesian product space of their state spaces can be used to represent the *fundamental space* Ω termed in probability theory, which is the domain of the *hidden causal variable* ω, any fixed point of it requires a determination of the state with respects to all factors. Here we can set a **deterministic hypothesis**: For each point ω in Ω, there is one and only one result corresponded, *head* or *tail* in this example. If it is not so, then there are definitely some factors having influences to the result but being lost in consideration. They can be added into the fundamental space such that the hypothesis is eventually held.

By this hypothesis, the possible results, 'head' or 'tail' in the example, form a clear division of Ω. The so called *condition* is a constrain on the domain of hidden variable ω. It can be considered as S, a subset of Ω. Let the set of ω which causes the result of occurring head is denoted as A, When $S \subseteq A$ or $S \cap A = \varnothing$ (see Fig. 1), the result is unique whenever the variable ω varies within S, and there is no randomness! In this case we say that the condition S is *sufficient* for the result. Sufficient condition causes the results of *causality*. So called an *insufficient condition* S means that $S \cap A \neq \varnothing$ and $S \cap A^c \neq \varnothing$ (see Fig. 1). In this case, ω can belong to either A or A^c, and then we cannot predict if head or tail will occur. This is the *randomness* occurs in the process when the condition is not sufficient.

Fuzziness intends to break the law of excluded middle. It is not caused by the lack of causality but of the hardness on conceptual division. For example, if the coin mentioned above is too old to be distinguished between its two sides, then even though the coin we faced has been thrown, we also do not know which side of it occurs. This is a new kind of uncertainty. Any concept comes from comparing and dividing. As the division of men and women forms clearly the concepts MAN and WOMAN, a hard division makes clear boundary between the extensions of a concept and its opposite. Unfortunately, most of conceptual divisions are not hard but soft. For example, the division between HEALTHY and NOT HEALTHY is soft. Somebody who is not completely healthy and is not completely not healthy is in a middle state between the two poles. This situation breaks the law of excluded middle; this is the *fuzziness*. It occurs not in the process of predication but recognition.

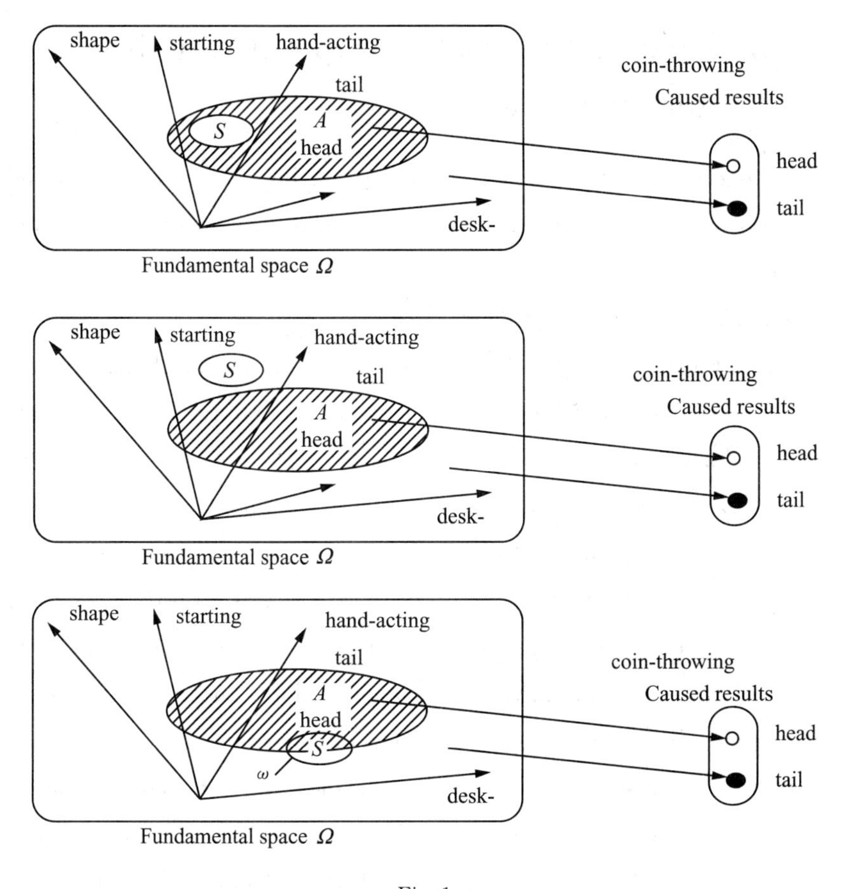

Fig. 1

Randomness and fuzziness are two kinds of uncertainties. Probability theory deals with randomness phenomenon by means of grasping concept 'probability', the certainty within randomness, and then it represents the generalized law of causality; Fuzzy sets theory deals with fuzziness phenomenon by means of grasping concept 'membership degree', the clearness within fuzziness, and then it represents the generalized law of excluded middle.

§ 2. What is the relationship between fuzziness and randomness?

Even though there is essential difference between randomness and fuzziness, there is closed relationship between them still. The second principle is:

Associate the opposite side by each other.

Based on the practical effect of Zhang Nanlun's *fuzzy Statistics experiments*[15], Wang and Sanchez[1] initiated the Falling Shadow Representation Theory for fuzzy sets. It deals with the relations and operations of fuzzy sets by means of viewing the membership function of a fuzzy subset of U as the *falling shadow*, or *covering function* of a class of random sets on U. Zhang treated a fuzzy subset as an ordinary subset with a movable boundary. For example, the extension of the fuzzy concept YOUNG in the age-universe can be viewed as a movable interval on the age-axis. He made statistics for the movable interval and accounted its covering frequency for a fixed age, then used it to estimate the membership degree of this age respect to YOUNG. He had taken a lot of experiments and successfully found out the law of stability of covering frequency. Viewing intervals in his statistics as the realization of random sets, and promoted his experiments into theoretical analysis, Wang presented the *set-valued statistics and falling shadow theory*. [1~6]

The relationship between randomness and fuzziness is a kind of duality. Roughly speaking, a probabilistic statistic experiment is made of '*a fixed circle and a moved point*', where the circle stands for an event A, and a point stands for a hidden variable ω; While a fuzzy statistics experiment is made of '*a fixed point and a movable circle*', where the point stands for an object and the circle stands for a concept. (see Fig. 2)

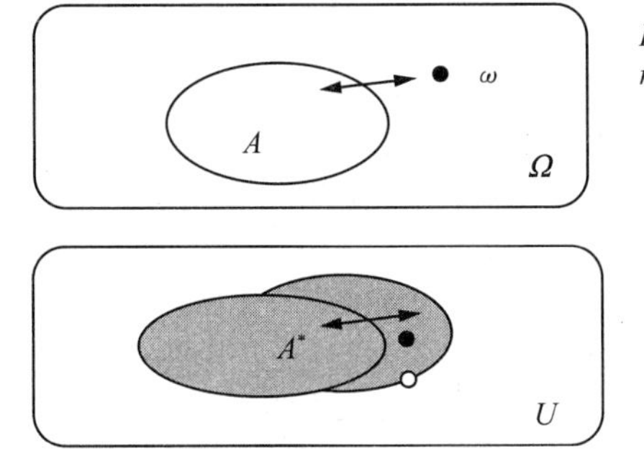

Fig. 2

§ 3. Falling shadow representation of fuzzy sets

The outline of Falling Shadow Representation of fuzzy sets can be stated briefly as follows: Suppose that $(u, \mathscr{B})$ is a measurable space, and (Ω, F, p) is a probability field. For any element u in U, denote that

$$\underline{u}=\{A\in\mathscr{B} \mid u\in A\in\mathscr{B}\}$$

and

$$\underline{C}=\{\underline{u} \mid u\in C\}.$$

$\mathscr{B}$ is called a *hyper σ-field* on $P(u)$, and it contains $\underline{U}$. A mapping $\xi: \Omega \to P(u)$ is called a *random set* on U if it is F-$\mathscr{B}$ measurable. Because of $B \supseteq \underline{u}$, for any $u \supseteq U$, the event

$$A=\{\omega \mid \xi(\omega)\in\underline{u}\}=\{\omega \mid \xi(\omega)\ni u\}$$

is a measurable event and has a determinate probability. It forms a mapping from U to $[0,1]$, the *covering function* of ξ which can be viewed as the membership function of fuzzy subset A_ξ. The later is called the *falling shadow* of ξ. (see Fig. 3)

Random sets can be viewed as clouds. When the sun shines vertically down, the thicker the cloud, the higher the darkness of the shadow. Given a fuzzy subset A on U, there are infinite number of clouds which take A as its falling shadow. The most natural selection is the *cut-cloud*. Each random set has its fundamental space Ω. When it transfers the probability distribution from F to B, the probability distribution can al-

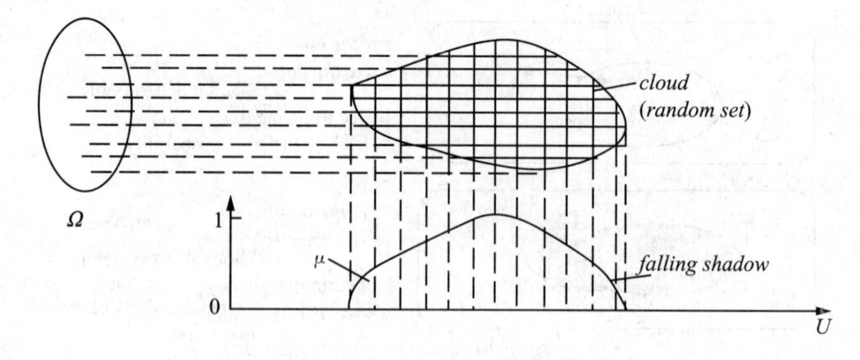

Fig. 3

ways be converted onto the degree interval [0,1], so that we can chose ([0,1], $\mathscr{B}^0$, m) as the natural probability field, where $\mathscr{B}^0$ be the Borel field on[0,1]. Suppose that the membership function of A is F-measurable, then define

$$\xi(s)=A_s,(s\in[0,1])$$

while A_s be the cut set of A:

$$A_s=\{u\in U\mid\mu_A(u)\geqslant s\}.$$

It is not difficult to prove that ξ is a random set on [0,1]. This random set is called the *cut-cloud* of A(see Fig. 4).

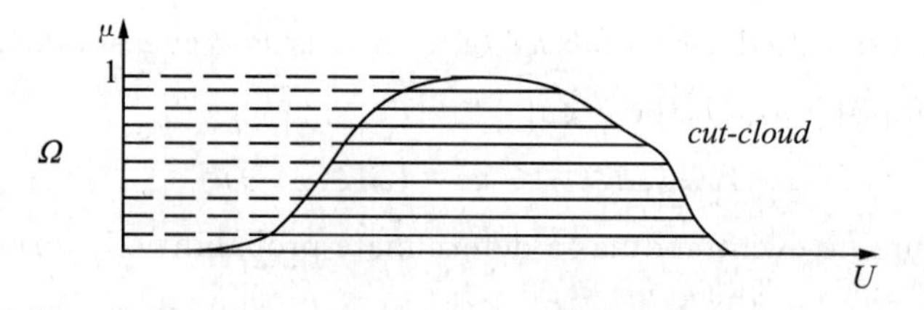

Fig. 4

Based on the falling shadow representation theory, we can define fuzzy operations and answer the question of how to select a formula from dozens formulae about one fuzzy operation(see[11]).

§ 4. The explanation of Zadeh's possibility/probability consistency principle

Prof. L. A. Zadeh gave a possibility/probability consistency principle in his famous paper[14]. It stated that a lessening of the possibility of an event tends to lessening its probability — but not vice versa.

Note that the possibility is equal to the relative membership degree, then by means of falling shadow representation theory, probability distribution is a special case of possibility distribution; when a random set degenerated into a random variable, i. e. , each realization of it is always a singleton, then the falling shadow of it becomes a probability distribution. Hence we can see a possibility distribution is a generalized form of probability distribution; and a probability distribution is a specific form of possibility distribution. Therefore possibilities always cover relative probabilities.

For example, the process of electing three committee members from candidates can be viewed as a set-valued statistics experience. Each ballot ticket records the result of a trial, from which we get a subset, not a point, of universe U consisted of all candidates. Suppose that three are 10 ballot tickets shown in following table(see Fig. 5). Counting the voting frequency, i. e. , covering frequency of each candidate, we get his membership degree to be elected as a committee member. The summation of membership degrees is not equal 1 but 3. Because the election does not hold the exclusiveness: Mr. Zhao being elected in a ticket does not mean other candidate cannot be elected in the same ticket; in each ticket three candidates can be elected.

Suppose that in this example, the voter also elects a chairman from the candidates; and suppose that the voter must select only one of the committee member candidate as chairman, then the process of electing one chairman from candidates is a classical probability statistics, from which we get a probability distribution on U. The result of electing chairman is shown in the right column in the tables of Fig. 5. The summary of frequencies is equal to 10 and then the whole probability is equal to 1.

The classical probability statistics is a special form of set-valued statistics. When we elect committee members, we face the set-valued statistics; when we elect a chairman we face the classical probability statistics. What is the difference between electing committee members and electing a chairman? The former does not hold the exclusiveness; each trial gets a subset, multiple points of U. Hence the summation does not normalized to 1. While the later process holds exclusiveness, each trial only gets a singleton, or a point from U, then it degenerates to a classical statistics.

In those tickets, the chairman is elected as a committee member, hence the membership degree is larger than the probability. We can see that the possibility is always larger than the probability. This is an explanation of Zadeh's possibility/probability consistency principle.

candidates	committee members	chairman
Li		
Ding		
Zhao	○	
Bei		○
Yu	○	
Wang	○	
Hao		

candidates	committee members	chairman
Li		
Ding	○	
Zhao		
Bei	○	○
Yu		
Wang	○	
Hao		

candidates	committee members	chairman
Li		
Ding		
Zhao	○	
Bei		
Yu	○	○
Wang	○	
Hao		

candidates	committee members	chairman
Li		
Ding		
Zhao	○	
Bei	○	
Yu	○	○
Wang		
Hao		

candidates	committee members	chairman
Li	○	
Ding		
Zhao	○	○
Bei	○	
Yu		
Wang		
Hao		

candidates	committee members	chairman
Li		
Ding		
Zhao	○	
Bei		
Yu	○	○
Wang	○	
Hao		

candidates	committee members	chairman
Li		
Ding	○	
Zhao	○	○
Bei	○	
Yu		
Wang		
Hao		

candidates	committee members	chairman
Li		
Ding	○	
Zhao	○	○
Bei		
Yu	○	
Wang		
Hao		

candidates	committee members	chairman
Li		
Ding	○	
Zhao	○	○
Bei	○	
Yu		
Wang		
Hao		

candidates	committee members	chairman
Li		
Ding	○	
Zhao		
Bei	○	○
Yu	○	
Wang		
Hao		

candidates	committee members		chairman	
	freq.	memb. d.	freq.	probabilities
Li	1	0.1	0	0.0
Ding	5	0.5	0	0.0
Zhao	8	0.8	4	0.4
Bei	6	0.6	3	0.3
Yu	6	0.6	3	0.3
Wang	4	0.4	0	0.0
Hao	0	0.0	0	0.0
Σ	30	3.0	10	1.0

Fig. 5

§ 5. The probabilities of fuzzy events under fuzzy conditions

As another result of association of fuzzy and probability, we consider a randomness situation mixed with fuzziness phenomenon. There are two main cases;

(1) A fuzzy event A on a probability field $(\Omega, \mathscr{B}, p)$.

To define the $p(A)$, we see A as the falling shadow of cut-cloud A_λ, where λ is a random variable uniformly distributed in $[0,1]$. Then A is an ordinary event in the product probability field $(\Omega \times I, \mathscr{B} \times \mathscr{B}_0, p \times m)$, where $I=[0,1]$, $\mathscr{B}_0$ be the Borel field on I and m be the Lebesgue measure. By the Fubini's theorem, we get that

$$p(A) = \iint x_A(\omega, x) p(\mathrm{d}\omega) \times m(\mathrm{d}x) = \int_0^1 P(A_x)\mathrm{d}x = \int \mu_A(\omega) P(\mathrm{d}\omega).$$

The second formula is very simple: the probability of the fuzzy event $\mathscr{A}$ is the average of probabilities of cuts of $\mathscr{A}$. The third one is coincident with Zadeh's definition.

(2) An ordinary event $\mathscr{A}$ with fuzzy condition S.

In this case, we see S as the falling shadow of cut-cloud S_λ, where λ is a random variable uniformly distributed in $[0,1]$. Then S is an ordinary condition in the product probability field $(\Omega \times I, \mathscr{B} \times \mathscr{B}_o, p \times m)$, by the Fubini's theorem, we get that

$$P(A \mid S) = \frac{\iint x_{A \cap S_x}(\omega, x) P(\mathrm{d}\omega) \times m(\mathrm{d}x)}{\iint x_{S_x}(\omega, x) P(\mathrm{d}\omega) \times m(\mathrm{d}x)} = \int_0^1 P(A \mid S_x)\mathrm{d}x.$$

Reference

[1] Wang P Z, Sanchez E. Treating a fuzzy subset as a projectable random set. In: Gupta M M, Sanchez E eds. Fuzzy Information and Decision. Pergamon Press, 1982, 212—219.

[2] Wang P Z, Zhang P Z. Falling space-the probabilistic description of fuzzy subsets.

J. of Mathematical Research and Exposition(Chinese),1982,3(1):163—178.

[3] Wang P Z. From the fuzzy statistics to the falling random sets. In:Wang P P ed. Advance in Fuzzy Sets Theory and Applications. Pergamon Press,1938, 81—95.

[4] Wang P Z,Liu X H. Set-valued statistics. Gongcheng Shuxue Xuebao(Chinese),1984,1(1):43—54.

[5] Wang P Z. Fuzzy Sets and Falling Shadows of Random Sets. Beijing Normal University Press,1985.

[6] Wang P Z. Random sets and fuzzy sets. International Encyclopedia on Systems and Control. Pergamon Press,1987.

[7] Wang P Z. Dynamic description of net-inference process and its stability. Zhengjiang Chuanpuo Xueyuan Xuebao(Chinese),1988,2(2—3):156—163.

[8] Wang P Z. Factor space and knowledge representation. In:Verdegay and Delgado eds. Approximate Reasoning Tools for Artificial Intelligence. Verlag T U Rheinland,1990,62—79.

[9] Wang P Z. A factor spaces approach to knowledge representation. Fuzzy Sets and Systems,1990,36:113—124.

[10] Kandel A,Peng X T,Cao Z Q,Wang P Z. Representation of concepts by factor spaces. Cybernetics and Systems:An lnternational Journal,1990,21:43—57.

[11] Wang P Z,Zhang H M,Ma X W,Xu W. Fuzzy set-operations represented by falling shadow theory. In:Fuzzy Engineering toward Human Friendly Systems. Proceedings of the International Fuzzy Engineering Symposium'91, Yokohama,Japan,1991,1:82—90.

[12] Wang P Z,Zhang D Z,Zhang H M,Yau K C. Degree analysis and its application in decision making. Proceedings of the Second International Workshop on Artificial Intelligence in Economics and Management,Singapore,1989.

[13] Wang P Z. The applied principle of fuzzy mathematics. In:Wu W J ed. The Advances of Modem Mathematics(Chinese). Anhui Scientific and Technical Press,1989,166—180.

[14] Zadeh L A. Fuzzy sets as a basis for a theory of possibility. Fuzzy Sets and Systems,1978,1:3—28.

[15] Zhang Nanlun,The membership and probability characteristic of random appearance(Chinese). Journal of Wuhan Institute of Building Materials,1981,(1):11—18.

Fuzzy Sets and Systems
1995,72:221－238

真值流推理的数学理论①

Mathematical Theory of Truth-Valued Flow Inference

Abstract Inference problem is one of the main research topics in the AI field. So far there have been proposed various inference systems some have been applied in various problems according to different features. In particular, the concepts of inference channel and truth-valued flow inference (TVFI)(Wang, 1988) have been used-in building fuzzy inference machines. In this paper, we discuss the basic concepts of TVFI channel lattice, background graph, the confidence degree of channels, and knowledge combination, etc.

Keywords fuzzy inference; measure theory

§ 1. Information source of reasoning

There are two kinds of implications:

1) same variable:

if x is P then x is Q;

2) different variables:

if x is P then y is Q.

---

① This paper is also supported by The Natural Science Foundation of China.

本文与 Zhang X H, Lui H C, Zhang H M 和 Xu W 合作.

In the first case, an implication essentially stands for the meaning as same as that described by the word *contained by*:

$$P(x) \to Q(x) \Leftrightarrow P \subseteq Q \tag{1}$$

In our image, it seems that the variety of the relation *contained by* is much dull than that of inference. This is not true! The relation *contained by* brings us various pictures, especially, when the underground is not whole universe X, but a subset S. Then there comes the *conditional contained by*. An inference channel $P \to Q$ is a pair of concepts which satisfies the relation of *conditionally contained by* shown as follows(Fig. 1):

$$P \to Q(\text{under } S) \Leftrightarrow P \cap Q(\text{under } S) \Leftrightarrow P \cap S \subseteq Q \cap S. \tag{2}$$

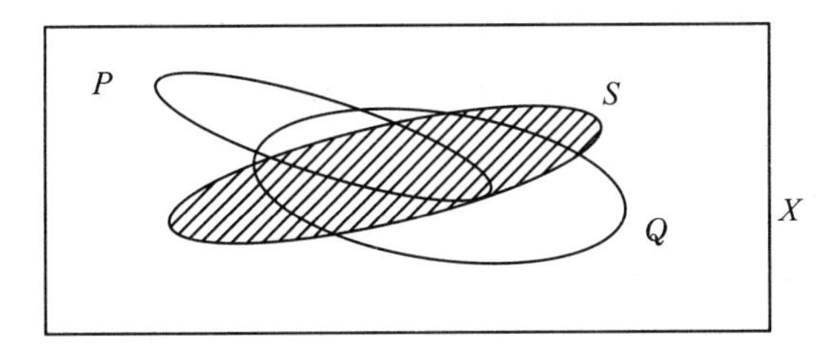

Fig. 1. Conditional contained.

In the second case, what does an implication mean? Here, we have to emphasize that if there is no relationship between variables x and y then no inference can be taken from x to y. For example, let x = height of somebody, y = weight of somebody, if the word 'somebody' does not indicate the same person in both expressions of x and y, then no implication can be taken from x to y. We cannot say: "If John's height is high then Mary's weight is heavy". Instead of this sentence we have to say: "If John's height is high then John's weight is heavy". Here *height* and *weight* are two factors, denoted as f, g, respectively, for example, they have their own phase spaces $X = X_f$ and $Y = X_g$. According to the factor space theory[4], a factor can be viewed as a mapping from U, a universe of objects to its phase space. So x, y are two variables varying in X, Y, respectively but they are corresponding to a same variable o varying in universe O:

$$x = f(o), y = g(o) \quad (o \in O). \tag{3}$$

$X\times Y$, the Cartesian product space of X and Y, is the phase space of $f\vee g$, the joint factor height-weight and

$$(x,y)=[f\vee g](o) \quad (o\in O). \tag{4}$$

Note that O, the class of objects, plays a very important role in inference, even though it is usually unknown and omitted in statements. $[f\vee g](O)$, the whole range of O, is a subset of $X\times Y$, it is the co-existence relation of (x,y) with respect to class O, we call it the *inference relation* between x and y, denoted as

$$R=[f\vee g](O). \tag{5}$$

Fig. 2 illustrates the basic mappings in factor spaces. We have seen that the meaning of an implication in the first case is 'contained by'. In the second case, because P, Q are in different universes, they are not comparable. So we have to put them into a common universe, the Cartesian product space $X\times Y$. Then, we can compare their cylindrical extensions $P\times Y$ and $X\times Q$. Be careful, it is not meaningful for any point in $X\times Y$, but for those points who is located within the inference relation area R. Therefore, P and Q become P^* and Q^*, respectively, where P^*, Q^* are defined as the intersections of P, Q and R, respectively:

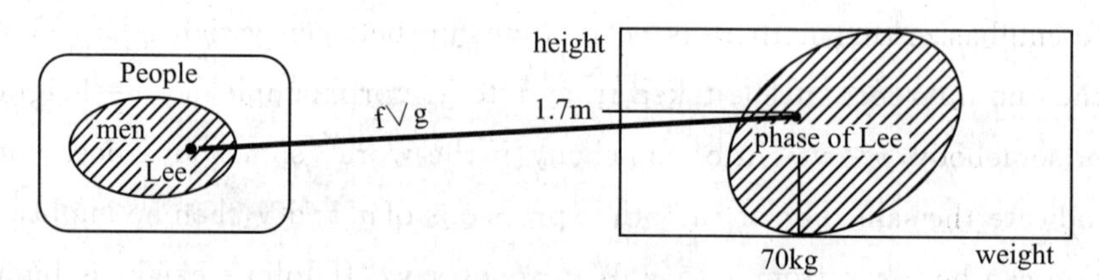

Fig. 2. Basic mappings in factor spaces.

$$P^*=P\times Y\cap R,\ Q^*=X\times Q\cap R. \tag{6}$$

Therefore, in the second case, we have that

$$P(x)\rightarrow Q(y)\Leftrightarrow P^*\subseteq Q^*. \tag{7}$$

Note that (7) is a generalization of (2), we can say that the essential meaning of an implication is *conditionally contained by*. The condition is the inference relation, a co-existence relation R which is the very concept that Zadeh's inference theory based on.

The inference relation R is the information source of inferences.

When R is known, then we can get all implications from it.

Definition 1 We call a rectangle $P \times Q (\subseteq X \times Y)$ an *information piece* of inference if we promise that such an information is always carried out through it:

If variable x comes into P, then variable y has to go out from Q.

P, Q are called *enter*, *exit* of information piece, respectively.

Definition 2 Given an inference relation R, we call an information piece $P \times Q$ clips R (Fig. 3) if

$$\downarrow_y P^* = \downarrow_y (P \times Y \cap R) \subseteq Q, \tag{8}$$

where $\downarrow_y$ is projection symbol, i. e., $\downarrow_y P^* = \{y \mid \exists x, (x, y) \in P^*\}$.

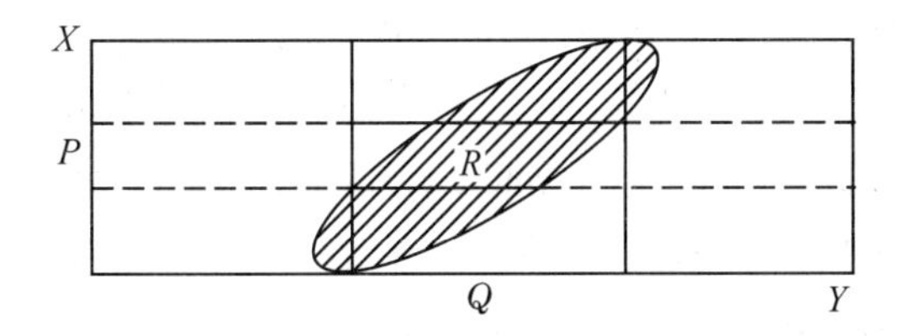

Fig. 3. $P \times Q$ clips inference relation R.

It is clear that

$$P \times Q \text{ clips } R \Leftrightarrow P^* \subseteq Q^*. \tag{9}$$

Comparing formulae (9) with (7), we can find out that all implications can be obtained from the inference relation R, which is the information source of inferences.

§ 2. Truth-valued flow inferences

Truth-valued flow inferences (TVFI) theory is motivated by such a view point: Inference is a process in which truth values flow among propositions. A proposition is a sentence "u is A" to be judged (may be false). For example, "John is tall" or "John's height is tall" are propositions. Each proposition can be decomposed into two parts: A — a concept, a subset (crisp or non-crisp) of a universe U; u — an object or its phase respect to some factor, a point of U. If u stands for an object, like John, Mary, ⋯, we usually denote the discussion universe U as O which consists of objects; if u stands for some phase of an object, like height, weight…, we usually denote the discussion universe as X_f, which is the states space of factor f(Fig. 4)(see[4]).

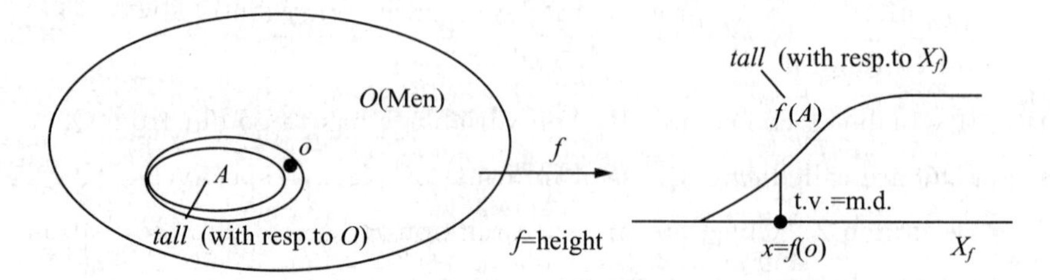

Fig. 4. Concept representation in factor spaces.

A concept *Tall*, for example, can be represented as a fuzzy subset in a universe U. But U is not uniquely selected, it can be selected as O or X_f. Each concept can be represented by not only one but a class of membership functions; how to make a selection depends on what is the universe X or what is the variable x. So that, the combination of a concept A and a variable x, denoted as $A(x)$, determines a conceptual representation. When x is fixed it is the proposition 'x is A'; when x is varying, it is called a *predicate* A, corresponding to a fuzzy subset in X indicated by x.

$A(x)$ offers us making judgment: What about the truth of it? It comes the truth value $T(A,(x))$, the truth degree of proposition 'x is A', which is equal to the membership degree $\mu_A(x)$. The form of truth values can be real numbers in $[0,1]$ or linguistic values such as RATHER TRUE, VERY FAIL, …, which are described as fuzzy subsets of $[0,1]$.

$A(x)$ also provides us a piece of information about the variable x: where does it occur? In this sense, truth value $T(A(x))$ is the *possibility* of x under the constraint A. By means of the Falling Shadow Theory[5] a possibility distribution can be expressed as the covering function of a random set. While the probability distribution of a discrete random variable is also the covering function of it, so that we can view possibility as a generalization of probability as that: Possibility is probability if variable x has to have exclusiveness, i. e., a random set is degenerated into a random variable.

Why can we view the inference processes as truth values flowing among propositions? Let us consider the syllogism inference as follows:

If x is a tall man, then x is a candidate.

John is a tall man,

so that John is a candidate.

Write it in the familiar form:

$(\forall x)P(x) \longrightarrow Q(x)$	Implication
P(John)	Fact
Q(John)	Consequence

Where $P = Tall\ man$, $Q = Candidate$, $x = John$. The fact is: John is a tall man, the truth value of P(John) is equal to 1: $T(P(\text{John})) = T(\text{tall man(John)}) = 1$. While the implication says that "if x is a tall man, then it is a candidate". If the truth value of the proposition P(John) is equal to 1 then the truth value of the proposition Q(John) is also equal to 1. Combining the fact and the implication we get the consequence: $T(Q(\text{John})) = T(\text{candidate(John)}) = 1$, i. e., John is a candidate.

We denote this implication as $P(\text{John}) \rightarrow Q(\text{John})$, here, we can see that the implication plays a role of channel which transfers truth value from a proposition to another. Since that John is not a special object who can monopolize the parentheses; any body x, a variable, can fill in there according to the real meaning of the implication, so that an implication ought to be written in the form as

$$(\forall x)P(x) \rightarrow Q(x).$$

Because of the arbitrariness of x, we can omit x from the parentheses and rewrite it as $P \rightarrow Q$. This is a very important idea. An implication can be represented by a channel (Fig. 5) which does not connect two propositions $P(x)$ and $Q(x)$, but two concepts P and Q, called head and tail of channel, respectively.

If an inference channel is designed to connect two propositions, then the channel's function will be unclear and restricted; if an inference channel is designed to connect two concepts, then the channel's function will be clear and strong. The basic reason is: We have to distinguish the two things and separate them, they are: (1) The generation of truth values, (2) The transferring of truth values. Truth value is generated only if there is an object x and there is a concept P. After matching them, and getting a proposition $P(x)$, we judge 'if it is true?', then comes a truth value. If an inference channel is designed to connect two concepts, then there is no information about how much truth value does the head have. So the function of an inference channel is only to transfer truth values. We do not know if a non-zero truth value has arrived to the head of a channel. We only know that whenever a piece of truth value comes as an input to its head it will immediately transfer the truth value into its tail. If truth value 1 is the input of its head then the truth value of output of the tail of a certainty inference channel is also 1, it consists with the syllogism. Fig. 6 illustrates the transferring truth values (t. v.) by a channel.

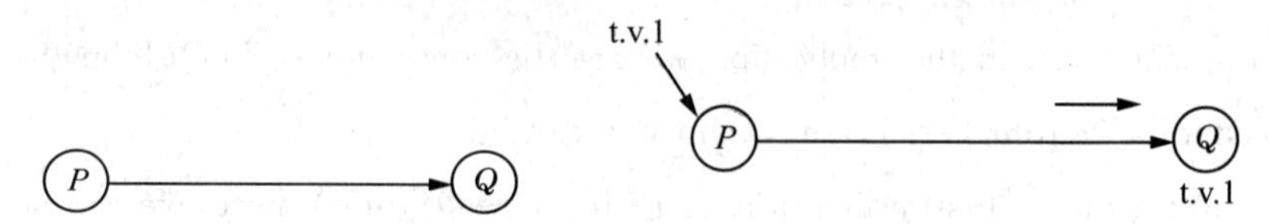

Fig. 5. Inference channel. Fig. 6. Transferring t. v. by a channel.

If $P(x)$ is false, the input of the head is t. v. 0. Hence the output of the tail is also t. v. 0. Do not worry about that this expression may bring us any confusion. For example, may we get an implication $\neg P(x) \rightarrow \neg Q(x)$ from the implication $P(x) \rightarrow Q(x)$? No, bringing a zero truth value to a tail Q of a channel does not mean the truth value of Q is equal to zero. Then may be other channels can bring non-zero truth values to Q from their heads.

However, the function of a channel is to transfer a piece of truth value from its head to its tail. About the generation of truth value (Fig. 7), it depends on the special fact, especially, depends on what the object is concerned with. Therefore, the generation of truth values is not the very function of a channel, it is only achieved after we have faced a fact or matched an object x with the concept located at the head. The function of a channel is only transferring truth values. Since the object x is variable, so a channel can receive not only a fixed but variable truth value in its head. There we can find out much wider scope of inference theory when we make channels connecting concepts instead of propositions. From this, the essential relationship hidden behind the inferences can be discovered.

Fig. 7. Generation of t. v.

Of course, the truth values can be a real number between 0 and 1 or a linguistic value such as RATHER TRUE, VERY TRUE, …, the inference channel also transfers them from its head to its tail at a similar way which represents the fuzzy inferences. We will treat it in detail later. However, it is important that when we view inference process as t. v. flow among propositions, how do we investigate the mathematical structure of the set of inference channels?

§ 3. Channel lattices (non-fuzzy case)

In the first place, we consider the simple case, in which the head and tail of channels are all ordinary subsets. There are some basic properties of inference channels. An ordinary subset of universe X is a point of $P(X)$, the power of X, which is defined as the set of all subsets of X:

$$P(X)=\{A \mid A \subseteq X\}. \tag{10}$$

It is shown in Fig. 8 that each channel $P \rightarrow Q$ can be drawn as an arrow from a point of $P(X)$ to a point of $P(Y)$.

We now discuss the properties of channels. As mentioned in Section 1, an implication is also represented by the information piece $P \times Q$. $P \rightarrow Q$ is a channel if and only if $P \times Q$ clips inference relation R. From the properties of clipping, we can get the properties of channels as follows.

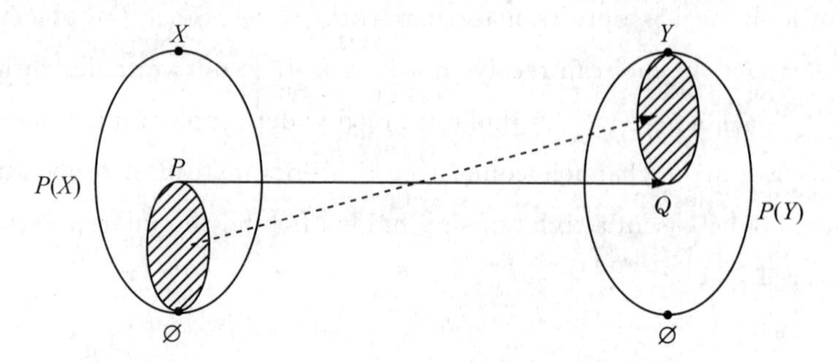

Fig. 8. Channels drawing between powers of universes.

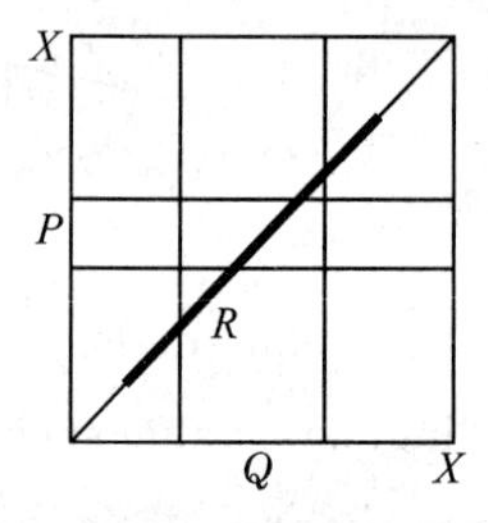

Fig. 9. Clipping in $X \times X$.

Note that when $X = Y$, the inference relation(co-existence relation of $x = x$) R has to be a subset of the diagonal of $X \times X$. As shown in Fig. 9, $P \times Q$ clips R if $P \subseteq Q$. So we get following property.

Property 1 *If $P \subseteq Q$ then $P \rightarrow Q$ is a channel with respect to R.*

By a similar approach but rather trivial statements, one obtains:

Property 2 *If $P \rightarrow Q$ and $Q \rightarrow S$ are channels with respect to R, then $P \rightarrow S$ is also a channel with respect to R.*

From Properties 1 and 2, we can easily get Property 3:

Property 3 *If $P \rightarrow Q$ is a channel with respect to R, $P' \subseteq P$ and $Q' \supseteq Q$, then $P' \rightarrow Q'$ is also a channel with respect to R.*

Especially, we promise that $\varnothing \rightarrow Q$ for any Q and $P \rightarrow Y$ for any P are always channels with respect to R, they are called *trivial channels*.

Fig. 10 shows the property of clipping which can be transferred into Property 3. The narrower the P and the wider the Q, the more easy to clip R. Correspondingly it shows in Fig. 8 that if $P \rightarrow Q$ is a channel then the dashed arrow $P' \rightarrow Q'$, which starts from the shadow area below point Q and ends in the shadow area above the point Q, is also a channel. Property 3 tells us that, the smaller the head and the bigger the tail, the more true that it is a channel. For example, "if x is a professor, then y, his age, is greater than 20" is an implication, we can enlarge arbitrarily the tail and get a new implication such as "if x is a professor, then y, his age, is greater than 15". But we are not sure an implication is still held when we narrow its tail. We can narrow arbitrarily the head and get a new implication such as "if x is a biology professor, then y, his age, is greater than 20". But we are not sure an implication is still held when we enlarge its head.

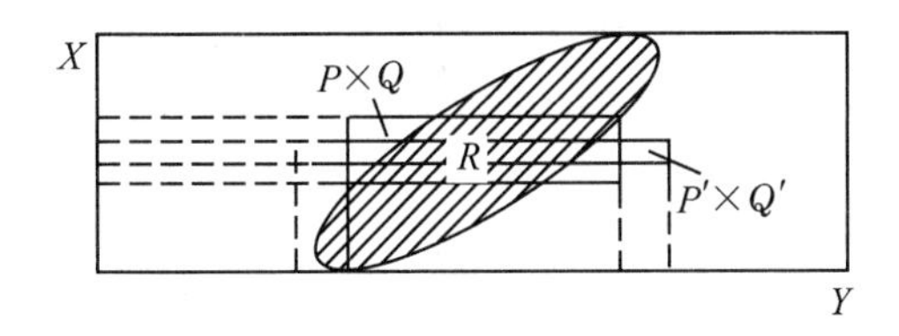

Fig. 10. The narrower entry, wider exit, the more easy to clip.

Property 4 *If $P \to Q$ and $P' \to Q$ are channels with respect to R, then $P \cup P' \to Q$ is also a channel with respect to R.*

If $P \to Q$ and $P \to Q'$ are channels with respect to R, then $P \to Q \cap Q'$ is also a channel with respect to R.

The proof can be aroused from Fig. 11.

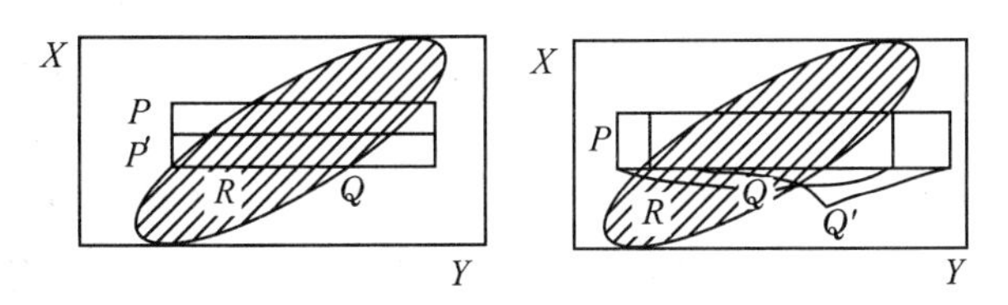

Fig. 11. Entry-union and exit-meet clipping.

Property 5 *If $P \to Q$ and $P' \to Q'$ are channels with respect to R, then*

$$P \cup P' \to Q \cup Q' \text{ and } P \cap P' \to Q \cap Q'$$

are also channels with respect to R.

Proof The proof can be aroused from Fig. 12, but can be also deduced from Properties 3 and 4 as follows:

Suppose that $P \to Q$ and $P' \to Q'$ are channels with respect to R. Because of $Q \subseteq Q \cup Q'$ and $Q' \subseteq Q \cup Q'$, by means of Property 3, we have that $P \to Q \cup Q'$ and $P' \to Q \cup Q'$ are channels with respect to R. By Property 4, $P \cup P' \to Q \cup Q'$ is a channel with respect to R. Because of $P \cap P' \subseteq P$ and $P \cap P' \subseteq P'$, by means of Property 3, we have that $P \cap P' \to Q$ and $P \cap P' \to Q'$ are channels with respect to R. By Property 4, $P \cap P' \to Q \cap Q'$ is a channel with respect to R (see Fig. 13). □

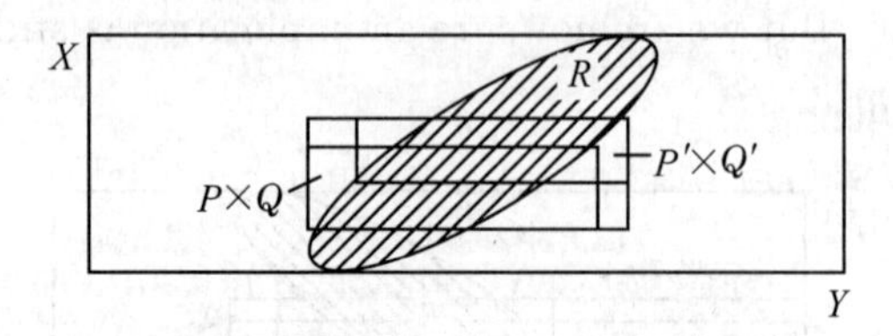

Fig. 12, Entry and exit union and meet clipping.

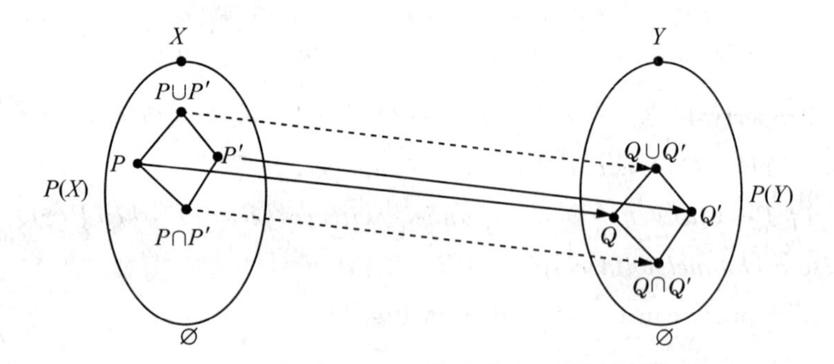

Fig. 13. Lattice operations of channels.

Property 6 *If $P_t \to Q_t\ (t \in T)$ are channels with respect to R, then*

$$\bigcup\{P_t \mid t \in T\} \to \bigcup\{Q_t \mid t \in T\} \quad \text{and} \quad \bigcap\{P_t \mid t \in T\} \to \bigcap\{Q_t \mid t \in T\}$$

are also channels with respect to R.

Properties 5 and $6'$ tell us that the set of channels forms a mathematical structure named lattice. We state it as a theorem as follows:

Theorem 1 *Let $C(X,Y)$ be the set of all channels generated from an inference relation R, then $C(X,Y)$ forms a complete lattice called a (inference) channels lattice with the order $\supseteq$, a binary relation on $C(X,Y)$, defined as follows:*

$$(P,Q) \supseteq (P',Q') \text{ if and only if } P \supseteq P' \text{ and } Q \supseteq Q', \tag{11}$$

where (P,Q) stands for a element of $C(X,Y)$, which is another notation of channel $P \to Q$. The relation $\supseteq$ is called wider than.

The proof is omitted.

§ 4. Background graph of a channel lattice

We know that for a given inference relation R, we can get an inference channel lattice $C(X,Y)$. Inversely, can we determine R through $C(X,Y)$? Usually, we do not know what is the essential inference relation in the real world, we are only able to get a channel lattice generated by a group of rules which are taken from experts' experiences, how do we describe the inference relation in background?

For any $x \in X$, set

$$\bigcap \{P \mid P \to Q \in C(X,Y), P \ni x\} = P_x, \tag{12}$$

$$\bigcap \{Q \mid P \to Q \in C(X,Y), P \ni x\} = Q_x, \tag{13}$$

Definition 3 Let $C(X,Y)$ be a complete channel lattice. Set

$$G = \bigcup \{\{x\} \times Q_x \mid x \in X\}, \tag{14}$$

it is called the fuzzy *background graph* of lattice C.

Example 1 Let C^* be the lattice generated from one channel $P \to Y$ and another trivial channel $P^c \to Y$, the background graph of G^* is

$$G^* = P \times Q + P^c \times Y, \tag{15}$$

G^* is called the *implication relation* (Fig. 14) of channel $P \to Q$.

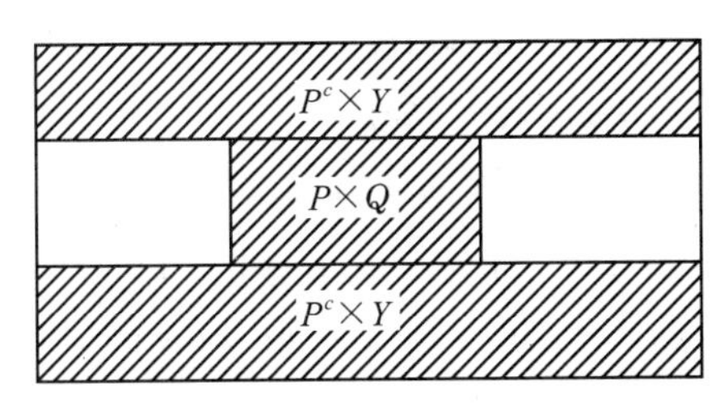

Fig. 14. Implication relation.

Theorem 2 *Lattice $C(X,Y)$ can be determined uniquely by its background graph G. $P \to Q$ is a channel in $C(X,Y)$ if and only if*

$$P^* \subseteq Q^*, \tag{16}$$

where

$$P^* = P \times Y \cap G, Q^* = X \times Q \cap G. \tag{17}$$

Proof Suppose that $P \to Q$ is a channel in $C(X,Y)$, then for any $x \in P$, according to (13), we have that $Q \supseteq Q_x$. Therefore for any $(x,y) \in P^*$, i. e.,

$x \in P$ and $y \in Q_x$, we have that $y \in Q$, then $(x, y) \in X \times Q$. Since $P^* = P \times Y \cap G$, so that $(x, y) \in G$, and then $(x, y) \in X \times Q \cap G = Q^*$.

To prove the rest part, given $P \in P(X)$, $Q \in P(Y)$, suppose that $P^* \subseteq Q^*$. For any fixed point $x \in P$, set $Q(x) = \{y \mid (x, y) \in Q^*\}$, we can say that $Q(x) \supseteq Q_x$. Indeed, if it is not true, then there is a point y such that $y \in Q_x$ and $y \notin Q(x)$. $y \in Q_x$ means that $(x, y) \in G$, and $x \in P$ means that $(x, y) \in P \times Y$, so that $(x, y) \in P^*$; but $y \notin Q(x)$ means that $(x, y) \notin Q^*$. This is a contradiction with the assumption of $P^* \subseteq Q^*$. Note that $\{x\} \to Q_x$ is a channel of $C(X, Y)$, because of $Q(x) \supseteq Q_x$, so that $\{x\} \to Q(x)$ is also a channel of $C(X, Y)$ according to Property 3. It is obvious that $Q(x) \subseteq Q$, so that $\{x\} \to Q$ is also a channel of $C(X, Y)$ for any $x \in P$. Because of $P = U\{\{x\} \mid x \in P\}$, and $C(X, Y)$ is a complete lattice, so that $P \to Q \in C(X, Y)$. □

The theorem tells us a very important fact: The whole information involved in a knowledge is carried out by the background graph.

It is not difficult to prove that the wider the background graph G, the more difficult it is clip, the smaller the corresponding channel lattice C. This is stated without proof as follows:

Theorem 3 *Suppose that G, G' are background graphs of latices C, C' respectively, then we have that*

$$G' \supseteq G \Leftrightarrow C' \subseteq C. \tag{18}$$

Fig. 15 illustrates the knowledge testing. The relationship of G and R can be explained as follows: R is the one who reflects directly the relationship between x and y from the real world; while G is the one who conjectures indirectly the relationship between x and y from knowledge. R can be made by means of statistics (probability statistics or set-valued statistics), or by means of scientific laws, formulae, tables; while G can be made by means of specifying a group of rules from experts' knowledge and experiences. To check if our knowledge is perfect, we can compare G and R. If $R \setminus G$ is not empty then there are some rules in knowledge which may be false; if $G \setminus R$ is not empty then the knowledge is not complete. The wider the area of $R \setminus G$, the more faults included in the knowledge; the wider the area of $R\setminus G$, the more incomplete the knowledge. The best case is $G=R$. Generally speaking: to avoid faults occurring in knowledge, it has to satisfy that

$$G\supseteq R, \tag{19}$$

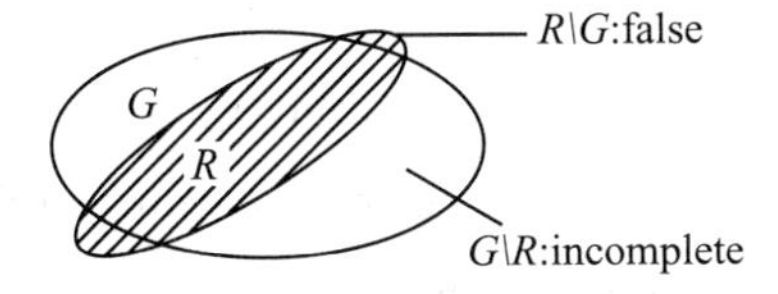

Fig. 15. Knowledge testing.

to get perfect knowledge, it has to satisfy that

$$G\downarrow R. \tag{20}$$

§ 5. Confidence degree and information value

Note that the order relation *wider than* defined in Section 3 does not consist in the increasing or decreasing of information values or confidence degree. For comparison, we can define another order relation on a channel class.

Definition 4 Define a relation on $C(X,Y)$:

$$(P',Q')\geqslant(P,Q) \quad \text{if and only if } P'\supseteq P \text{ and } Q'\subseteq Q, \tag{21}$$

the relation $\geqslant$ is called *more valuable than*. If $(P',Q)\geqslant(P,Q)$, we call the *information value* of channel (P',Q') is *higher than* that of (P,Q).

It is easy to prove that $(C(X,Y),\geqslant)$ is a poset, unfortunately it is not a lattice.

Two different concepts must be distinguished: (1) the *confidence degree* of a channel, (2) the *information value* of a channel. They are opposite to each other and are often confused by us. The larger the tail, the larger the confidence, but the smaller the information value of a channel. When we enlarge the tail to Y, the whole possible universe, we get a sentence which is always true but has no valuable information, e. g. , "if x is a man, then he has a mouth". The more narrow the tail, the larger the information value, but the smaller the confidence of a channel. When we narrow the tail to a point, we get a very meaningful and precise information. Unfortunately, in daily life they are not always true.

Consider the so-called Paradox of Pettish:

$$\mathrm{TYP}_{\text{pettish}}(\text{goldfish}) > \text{or} < \mathrm{TYP}_{\text{fish}}(\text{goldfish})?$$

From the aspect concerned with confidence degrees we have that

confidence degree of (goldfish→pettish) < confidence degree of (goldfish→fish).

But from the aspect concerned with information value we have that

Inform. value of(goldfish→pettish) > Inform. value of(goldfish→fish).

So that "Pettish" is not a paradox when we distinguish the confidence degree with the information value of a channel.

§ 6. Fuzzy channels and their background graphs

It is obvious that an inference relation R on $X \times Y$ is generally not non-fuzzy but fuzzy. How do we define the channels lattice $C(X, Y)$ based on a fuzzy inference relation? Of course, it is not a non-fuzzy but a fuzzy subset on $U = P(X) \times P(Y)$. For each element (P, Q) in U, there corresponds a membership degree $\lambda \in [0, 1]$ which indicates the degree of that $P \to Q$ is qualified to be a channel. In other words, considering a concept "*Confident Channel*", representing it on the universe $U = P(X) \times P(Y)$ as a fuzzy subset $C = C(X, Y)$, we get the meaning as follows:

$$C(P,Q)=\lambda \Leftrightarrow \text{membership degree of "}(P \to Q)\text{ is a confident channel"}=\lambda$$
$$\Leftrightarrow \text{confidence of } P \to Q = \lambda.$$

The main problem is: How to define or determine the membership degree λ? The best way is to apply the Shadow Representation Theory [5]. Suppose that $(U, \mathscr{B})$ is a measurable space, and (Ω, F, p) is a probability field. For any element u in U, denote that

$$\underline{u} = \{A \in \mathscr{B} \mid u \in A \in \mathscr{B}\} \tag{22}$$

and for any $C \subseteq U$,

$$\underline{C} = \{\underline{u} \mid u \in C\}, \tag{23}$$

$\mathscr{B}$ is called a *hyper σ-field* on U if it is a σ-field on $\mathscr{P}(U)$, and it contains $\underline{U}$. A mapping $\xi: \Omega \to \mathscr{P}(U)$ is called a *radom set* on U if it is F-$\mathscr{B}$ measurable. Because of that $U \in \mathscr{B}$, so that for any $u \in U$, the event

$$A = \{\omega \mid \xi(\omega) \in \underline{u}\} = \{\omega \mid \xi(\omega) \ni u\} \tag{24}$$

is a measurable event and has a determinate probability, it forms the membership function of a fuzzy subset A_ξ:

$$\mu_{A_\xi}(u) = P\{\omega \mid \xi(\omega) \ni u\}. \tag{25}$$

A_ξ is called the *falling shadow* of the random set ξ(Fig. 16). Like the sun shines vertically down, a random set can be viewed as a piece of cloud, the thicker the cloud, the higher the darkness of its shadow. Given a fuzzy subset A on U, there are infinite pieces of clouds being able to take A as its falling shadow. The most natural one can be selected is the *cut-cloud*(Fig. 17), which is a random set ξ defined on the fundamental space $\Omega = ([0,1], \mathscr{B}_0, m)$:

$$\xi: \Omega \to P(U), \xi(s) = A_s \quad (s \in [0,1]) \tag{26}$$

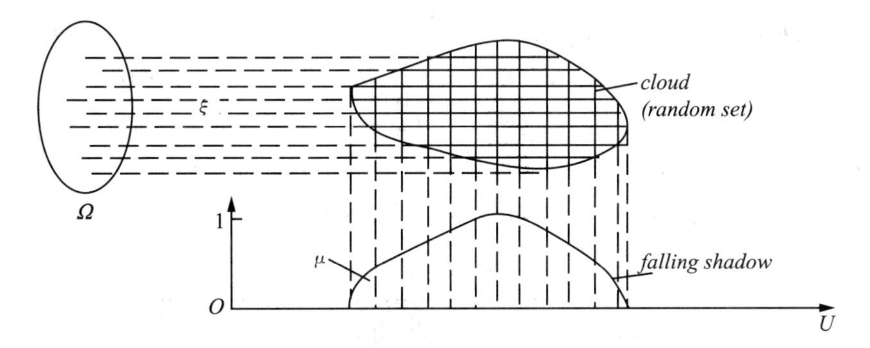

Fig. 16. Falling shadow of a random set.

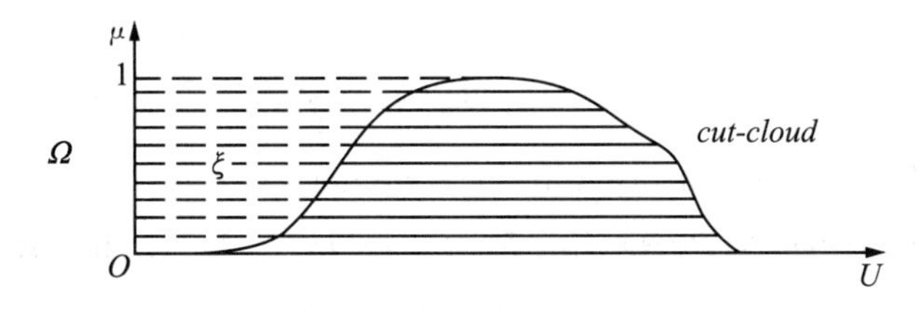

Fig. 17. Cut-cloud.

where $\mathscr{B}_0$ be the Borel field and m be the Lebesgue measure on $[0,1]$, while A_s be the cut set of A:

$$A_s = \{u \in U \mid \mu_A(u) \geqslant s\}. \tag{27}$$

Now we consider the cut-cloud of the fuzzy inference relation R, which is the mapping defined as follows:

$$\xi:\Omega=([0,1],\mathscr{B}_0,m)\to\mathscr{P}(X\times Y),\xi(s)=R_s(s\in[0,1]). \tag{28}$$

According to Theorem 3, we can define the membership function of "confidence channel" as follows:

Definition 5 For any $(P,Q)\in\mathscr{P}(X)\times\mathscr{P}(Y)$, set

$$C(P\to Q)=m(s\mid P\times Q \text{ clips } R_{s+}), \tag{29}$$

which is called the *confident degree* of channel $P\to Q$, where $R_{s+}=\{(x,y)\mid R(x,y)>\lambda\}$ is the open λ-cut of R. The fuzzy subset $C=C(X,Y)$ on $\mathscr{P}(X)\times\mathscr{P}(Y)$,

$$\mu_c(P,Q)=C(P\to Q), \tag{30}$$

is called the fuzzy *class of confident channels* corresponding to R. According to our simple denotation, (30) can be written as follows:

$$C(P,Q)=C(P\to Q). \tag{31}$$

Theorem 4 *Suppose that $C(X,Y)$ is a fuzzy class of confident channels, for any threshold $\lambda\in[0,1]$, C_λ, the λ-cut of $C(X,Y)$ is a channel lattice generated by the background graph G_λ, which is defined as the $1-\lambda$ open cut of fuzzy inference relation R (Fig. 18) i. e.,*

$$G_\lambda=R_{(1-\lambda)+}=\{(x,y)\mid R(x,y)>1-\lambda\}. \tag{32}$$

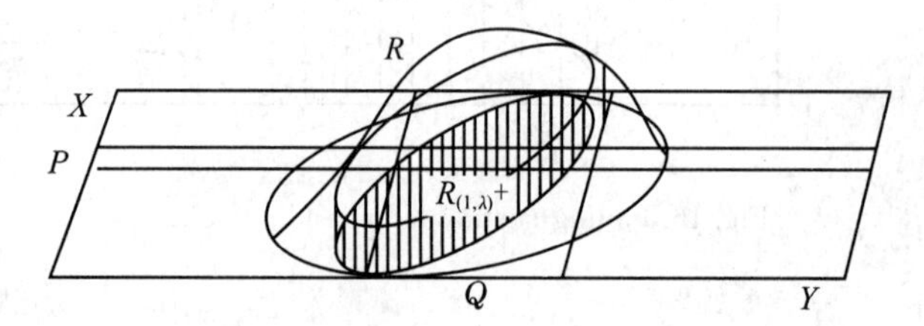

Fig. 18. Fuzzy inference relation.

Proof According to Definition 5, we have that

$$\begin{aligned}C(P,Q)&=m(s\mid P\times Q \text{ clips } R_{s+})=1-\inf(s\mid P\times Q \text{ clips } R_{s+})\\&=\sup(1-s\mid P\times Q \text{ clips } R_{s+})=\sup(s\mid P\times Q \text{ clips } R_{(1-s)+})\\&=\sup(s\mid P\times Q \text{ clips } G_s).\end{aligned}$$

Then we have that

$$\begin{aligned}P\to Q\in C_\lambda&\Leftrightarrow C(P,Q)\geqslant\lambda\\&\Leftrightarrow \sup(s\mid P\times Q \text{ clips } G_s)\geqslant\lambda.\end{aligned}$$

Set $L = \{ s \mid P \times Q \text{ clips } G_s \}$, which is an interval, and it is obvious that

$$\lambda \in L \Rightarrow \sup L \geqslant \lambda; \qquad \sup L > \lambda \Rightarrow \lambda \in L.$$

When $\sup L = \lambda$, since R_{s+} is continued from above, i. e.,

$$\lim_{s \downarrow t} R_{s+} = R_{t+s},$$

then G_s is continued from below, i. e.,

$$\lim_{s \uparrow t} G_s = G_t,$$

so that $\lambda \in L$. Therefore we have proved that

$$\sup L \geqslant \lambda \Leftrightarrow \lambda \in L,$$

i. e.,

$$\sup(s \mid P \times Q \text{ clips } G_s) \geqslant \lambda \Leftrightarrow P \times Q \text{ clips } G_\lambda.$$

This shows that G_λ is the background graph of C_λ, and then C_λ is a channel lattice. □

To make the concept of confidence degree of channels more concrete, we introduce an important theorem as follows:

Theorem 5 *Corresponding to a fuzzy inference relation R, the membership function of C can be expressed by a formula as follows:*

$$C(P \to Q) = 1 - \vee \{ \vee \{ R(x,y) \mid y \notin Q \} \mid x \in P \}. \tag{33}$$

Proof This theorem can be proved by following steps:

$$\begin{aligned} C(P \to Q) \geqslant \lambda \Leftrightarrow P \to Q \in C_\lambda & \Leftrightarrow P \times Q \text{ clips } R_{(1-\lambda)+} \\ & \Leftrightarrow \forall x \in P, R_{1-\lambda+}(x) \subseteq Q \\ & \Leftrightarrow \forall x \in P, (R(x,y)) > 1 - \lambda \Rightarrow (y \in Q) \\ & \Leftrightarrow \forall x \in P, \forall_y \notin Q; R(x,y) \leqslant 1 - \lambda \\ & \Leftrightarrow \vee \{ \vee \{ R(x,y) \mid y \notin Q \} \mid x \in P \} \leqslant 1 - \lambda \\ & \Leftrightarrow 1 - \vee \{ \vee \{ R(x,y) \mid y \notin Q \} \mid x \in P \} \geqslant \lambda. \end{aligned}$$

The theorem is proved. ■

§ 7. Fuzzy channels with fuzzy heads and tails

There are two approaches to define confidence degree for fuzzy channels.

1) *Fuzzy clipping*

Definition 6 Giving $R \in F(X \times Y)$ and $(P, Q) \in F(X) \times F(Y)$, the *confidence degree* of (P, Q) with resp. to R is defined as follows:

$$C(P,Q) = 1 - \bigvee \{R(x,y) \wedge P(x) \wedge (1 - Q(y)) \mid (x,y) \in X \times Y\}. \tag{34}$$

2) *Shadow representation*: Let $\xi_i\,(i=1,2)$ be the cut-clouds of P, Q, respectively. Because of the variety of relationships between ξ_1 and ξ_2, it is the best that they are laid on different probability fields $(X_i, \mathscr{B}_{0i}, m_i)$ $(i=1,2)$, where $X_i = [0,1]$, $\mathscr{B}_{0i} = \mathscr{B}_0$ and $m_i = m$ for $i = 1, 2$.

As viewed in Fig. 19, there is a product measurable space $([0,1]^2, \mathscr{B}_0^2)$. Suppose that the joint probability field is $([0,1]^2, \mathscr{B}_0^2, p)$, we can redefine $\xi_i\,(i=1,2)$ on the united probability field as follows:

$$\begin{aligned} &\xi_1' : [0,1]^2 \to \mathscr{P}(U), \\ &(s,t) \to s \to \xi_1(s) = P_s, \\ &\xi_1' : [0,1]^2 \to \mathscr{P}(U), \\ &(s,t) \to t \to \xi_2(t) = Q_t. \end{aligned} \tag{35}$$

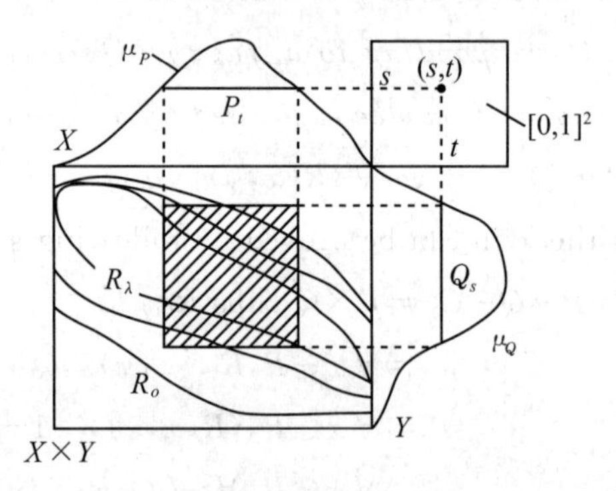

Fig. 19. Fuzzy background graph.

In brief, we still denote ξ_i' and $\xi_i\,(i=1,2)$. We can find out the images of ξ_1 and ξ_2 on the diagonal of U^2:

$$\xi_1(s,t) = P_s = (a,b),\ \xi_2(s,t) = Q_t = (c,d), \tag{36}$$

they are two ordinary subsets. Then we can consider if $P_s \times Q_t$ clips the inference relation R. This is a random event, so we have to consider the joint probability distribution p on $[0,1]^2$, where p satisfies the following conditions:

$$p(A\times[0,1])=m(A);p([0,1]\times B)=m(B)\qquad (A,B\in\mathscr{B}_0),$$

which is called *marginal-uniform joint distributions* (MUJD), where m is the Lebesgue measure. There are three main kinds of MUJD:

1) p is uniformly distributed on the diagonal of $[0,1]^2$, in this case, we call p is in *perfect positive correlation*,

2) p is uniformly distributed on the anti-diagonal of $[0,1]^2$, in this case, we call p is in *perfect negative correlation*,

3) p is uniformly distributed on $[0,1]^2$, in this we call p is in *independent correlation*.

Definition 7 Giving $R\in F(X,Y)$ and $(P,Q)\in F(X)\times F(Y)$, the *confidence* of fuzzy head/tail channels is defined as follows:

$$C(P,Q)=\int_{X\times Y}C(P_s,Q_t)p(\mathrm{d}s,\mathrm{d}t).\tag{37}$$

Theorem 6 *When p is perfect positive correlation, we have that*

$$C(P,Q)=\int_X C(P_s,Q_s)m(\mathrm{d}s).\tag{38}$$

When p is perfect negative correlation, we have that

$$C(P,Q)=\int_X C(P_s,Q_{1-s})m(\mathrm{d}s).\tag{39}$$

When p is independent correlation, we have that

$$C(P,Q)=\int_{X\times Y}C(P_s,Q_t)\mu(\mathrm{d}s)\times m(\mathrm{d}t).\tag{40}$$

This theorem can be obtained by the obvious proof.

§ 8. Operations of background graphs

Let $C(X,Y)$ be a fuzzy channel lattice, G_λ is background graph of C_λ. Since $\{G_\lambda\}_{\lambda\in[0,1]}$ are monotonic increasing, i. e.,

$$\lambda<\delta\Rightarrow G_\lambda\subseteq G_\lambda,\tag{41}$$

we set $G'_\lambda=G_{1-\lambda}$ and denote

$$G=\{G'_\lambda\}(\lambda\in[0,1]).\tag{42}$$

Definition 8 G defined in (42) is called the *fuzzy background graph* of the fuzzy channel lattice R.

By means of formula(32), we have that

$$G=R. \tag{43}$$

Unfortunately, since our knowledge is not always correct and complete, formula(43) is not held in applications. We have to emphasize that R is the one who reflects directly the relationship between x and y from the real world; while G is the one who conjectures indirectly the relationship between x and y from some knowledge. G is usually determined by some knowledge K, while K is expressed by means of specifying a group of rules from experts' experiences. Those rules can be completed as a channel lattice C, then we get the background graph G. Along this line, the formed background graph G does not immediately come from R through (42). As mentioned in (19) and (20) before, we can get very important information from comparing R and G whenever we know what R is.

Definition 9 Let $(X\times Y,\boldsymbol{B})$ be a measurable space, and m be a measure on it with $m(X\times Y)=1$, set

$$Z(K)=Z(C)=1-\int[0\wedge(R(x,y)-G(x,y))]m(\mathrm{d}x\mathrm{d}y), \tag{44}$$

$$W(K)=W(C)=1-\int[0\wedge(G(x,y)-R(x,y))]m(\mathrm{d}x\mathrm{d}y), \tag{45}$$

they are called the *correctness* and *completeness* of K or C, respectively.

How to put different knowledges into a united data base? Under the same inference relation R, there are several channel lattices, or equivalently, several background graphs. How to put them into a united channel lattice or a united background graph?

Definition 10 Suppose that $C_i(X,Y)(i=1,2)$ are both channel lattices with respect to an inference relation R, and $G_i\ (i=1,2)$ are their background graphs, respectively. Let K_i be the knowledges corresponding to $C_i(X,Y)(i=1,2)$. We call

$$G=G_1\cap G_2\ (G=G_1\cup G_2), \tag{46}$$

the *AND(OR) coupling* of G_1 and G_2. Call $C(X,Y)$ generated by graph $G_1\cap G_2(G_1\cup G_2)$ the *AND(OR) coupling* of $C_1(X,Y)$ and $C_2(X,Y)$. Call K corresponding to G the *AND(OR) coupling* of K_1 and K_2.

§ 9. The operations of implications

Let σ be the mapping which maps a channel to its implication graph, and denote its inverse mapping as τ, i. e.,

$$\sigma(P\to Q)=P\times Q+P^c\times Y, \tag{47}$$

$$\tau(P\times Q+P^c\times Y)=P\to Q. \tag{48}$$

According to the AND and OR operations of background graphs, we give the definition of the AND and OR operations of channels or implications as follows:

Definition 11 Let $C(X,Y)$ be a channel lattice, for any two channels $P_1\to Q_1$ and $P_2\to Q_2$, we define

$$(P_1\to Q_1)\wedge(P_2\to Q_2)=\tau(\sigma(P_1\to Q_1)\cap\sigma(P_2\to Q_2)), \tag{49}$$

$$(P_1\to Q_1)\vee(P_2\to Q_2)=\tau(\sigma(P_1\to Q_1)\cup\sigma(P_2\to Q_2)), \tag{50}$$

call them the *AND* and *OR operations* of $P_1\to Q_1$ and $P_2\to Q_2$, respectively(Fig. 20).

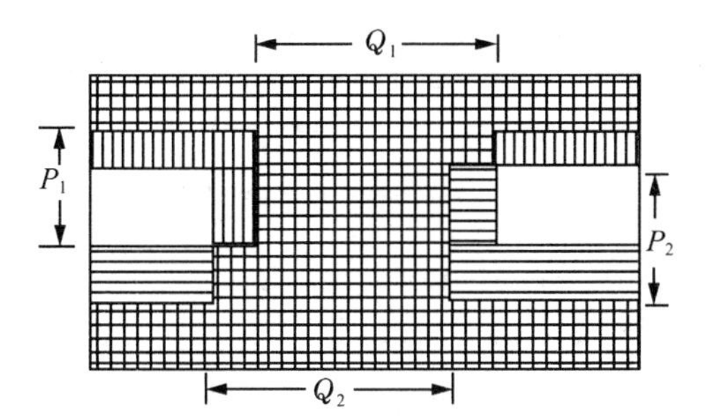

Fig. 20. Operations of implications.

Theorem 7 *Let $C(X,Y)$ be a channel lattice, for any two channels $P_1\to Q_1$ and $P_2\to Q_2$, we have that*

$$\sigma(P_1\to Q_1)\cap\sigma(P_2\to Q_2)$$
$$=(P_1\backslash P_2)\times Q_1+(P_1\cap P_2)\times(Q_1\cap Q_2)+(P_2\backslash P_1)\times Q_2+(P_1\cup P_2)^c\times Y, \tag{51}$$

$$\sigma(P_1\to Q_1)\cup\sigma(P_2\to Q_2)=(P_1\cap P_2)\times(Q_1\cup Q_2)+(P_1\cap P_2)^c\times Y, \tag{52}$$

$$(P_1 \to Q_1) \wedge (P_2 \to Q_2)$$
$$= ((P_1 \backslash P_2) \to Q_1) \wedge ((P_1 \cap P_2) \to (Q_1 \cap Q_2)) \wedge ((P_2 \backslash P_1) \to Q_2), \tag{53}$$

$$(P_1 \to Q_1) \vee (P_2 \to Q_2) = (P_1 \cap P_2) \to (Q_1 \cup Q_2). \tag{54}$$

From this theorem we can get the operations between co-head channels and co-tail channels as the following theorem:

Theorem 8 *The operations between co-head channels and co-tail channels (Fig. 21) are listed as follows:*

$$(P \to Q_1) \wedge (P \to Q_2) = P \to (Q_1 \cap Q_2), \tag{55}$$

$$(P_1 \to Q) \wedge (P_2 \to Q) = (P_1 \cup P_2) \to Q, \tag{56}$$

$$(P \to Q_1) \vee (P \to Q_2) = P \to (Q_1 \cap Q_2), \tag{57}$$

$$(P_1 \to Q) \vee (P_2 \to Q) = (P_1 \cap P_2) \to Q. \tag{58}$$

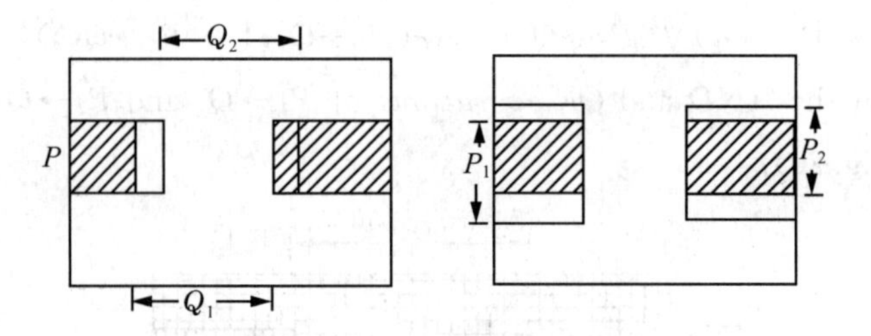

Fig. 21. Co-head/tail operations.

Note Some mistakes that occurred in papers or in applications are:

$$(P \to Q_1) \wedge (P \to Q_2) = P \to (Q_1 \cap Q_2), \tag{59}$$

$$(P_1 \to Q) \wedge (P_2 \to Q) = (P_1 \cap P_2) \to Q, \tag{60}$$

$$(P \to Q_1) \vee (P \to Q_2) = P \to (Q_1 \cup Q_2), \tag{61}$$

$$(P_1 \to Q) \vee (P_2 \to Q) = (P_1 \cup P_2) \to Q, \tag{62}$$

Consequence Truth-valued flow inference (TVFI) theory treats fuzzy inferences as the processes of the truth values flowing among propositions, and focus intention to the analysis of structures of inference channels. In this paper we have given a survey to TVFI theory, in which the basic concepts of channel lattice and background graph, the essential reason of reasoning, the formula of how to determine the confidence degree of channels, and the idea of how to combine knowledge from different sources such as, experts' experience, statistics, rules, and causality laws, etc. , have been introduced.

References

[1] Dubois D and Prade H. Necessity measures and the resolution principle. IEEE Trans. Systems Man Cybernet, SMC-17, 1987, 474—478.

[2] Sharer G. A Mathematical Theory of Evidence. Princeton University Press, Princeton, N J, 1976.

[3] Wang P Z. Dynamic description of net-inference process and its stability. Zhengjiang Chuanbo Xueyuan Xuebao, 1988, 2(2—3); 156—163.

[4] Wang P Z. A factor spaces approach to knowledge representation. Fuzzy Sets and Systems, 1990, 36: 113—124.

[5] Wang P Z and Sanchez E. Treating a fuzzy subset as a projectable random set. In: Gupta M M, Sanchez E eds. Fuzzy Information and Decision. Pergamon, New York, 1982, 212—219.

[6] Wang P Z and Zhang H M. Truth-valued flow inference and its dynamic analysis, Beijing Shifan Daxue Xuebao, 1989, (1): 1—12.

[7] Wang P Z and Zhang H M. Truth-valued flow inference theory and its applications. In: Wang P Z, Loc K F, eds. Advances in Fuzzy Systems: Applications and Theory. World Scientific, Singapore, 1993.

[8] Wang P Z, Zhang H M, Peng X T and Xu W. Truth-valued-flow inference. BUSEFAL 1989, (38): 130—139.

[9] Zadeh L A. Fuzzy sets as a basis for a theory of possibility. Fuzzy Sets and Systems, 1978, 1: 3—28.

Fuzzy Sets and Systems
1997,88:195－203

模糊系统的构造理论①

Constructive Theory for Fuzzy Systems

Abstract In this paper, a constructive theory is developed to establish the fact that we can build a fuzzy system to approximate any continuous function on a compact set within a prescribed error bound. Based on the theory, an algorithm is described that can actually construct a near minimum fuzzy system for a given function to a desired accuracy.

Keywords Fuzzy systems; analysis; constructive theory; universal approximation

§ 1. Introduction

Given a nonlinear function, we are interested in constructing a fuzzy system that can approximate the function to a prescribed accuracy. This is obviously a problem that has important theoretical and practical implications.

The existence of an approximating fuzzy system for a nonlinear function has been examined recently with the help of neural networks [1,2]. The idea underlying these approaches is that the entire fuzzy system operation of fuzzification, fuzzy inference and defuzzification is embedded into a properly designed neural network. Then the universal approxi-

① 本文与 Tan Shaohua, Song Fengming 和 Liang Ping 合作.

mation theorem derived for the neural network can be used to establish the existence of a fuzzy system to fit an arbitrary (but continuous) function [3,4,6,7].

Important though, such result only ascertains the existence of a fuzzy system. It does not provide a hint as to how an approximating fuzzy system can be built. Lacking a constructive theory, finding a fuzzy system for a given nonlinear function appears to be approached as a neural net training problem. Since the neural net training involves heuristic elements, such as the determination of the number of hidden neurons, etc., the resulting fuzzy system tends to be heuristic as well. There is, in general, no guarantee that the fuzzy system resulted at the end of training is able to meet the error requirement. Besides, by transforming the construction problem into that of a neural net training, additional complex issues (like the issue of local minima) are brought up that appear to blur the nature of fuzzy systems.

The purpose of this paper is to develop a constructive theory for fuzzy systems. Such a theory can be seen as a constructive proof of the universal approximation theorem of fuzzy systems. Naturally, the theory is not only useful for the construction of approximating fuzzy system, it also reveals more structural features of fuzzy systems as well.

Indeed, developing the theory amounts to finding a constructive procedure to build a fuzzy system for a given function. Such a procedure is expected to reveal exactly how fuzzy systems approximate nonlinear functions.

At a deeper level, developing the theory can be seen as finding a way to transform a nonfuzzy functional relationship in a nonfuzzy space into a corresponding fuzzy functional relationship in a fuzzy space. In this regard, a constructive theory should lead to a better understanding of the nature of fuzzy systems, which in turn can contribute to better analysis and synthesis of fuzzy systems. In fact, this paper represents an attempt to clarify the nonfuzzy-fuzzy transformation which is viewed by us as the essence of fuzzy computation [8,9].

Practically, a constructive theory offers the basis for efficient algorithms to be developed for applications such as data compression. It also builds a link between numerical data obtained from measurement and fuzzy data that are often available in the form of knowledge and experience. Such a link tends to enhance both our understanding of the application problem and the way we approach it.

The rest of the paper is organized as follows. Section 2 provides the key definitions, and builds the constructive theory on the basis of the definitions. An algorithm is presented in Section 3 for a near minimum construction of a fuzzy system for a given nonlinear function along with detailed discussions and interpretations. Conclusions are given in Section 4.

§ 2. A constructive theorem

To begin with, let us introduce a few basic definitions to characterize precisely the fuzzy systems we will consider in this paper.

Let $\mathscr{X} \subseteq R$ be a given domain, and $E(x)$ be a function defined on $\mathscr{X}$. Then $E(x)$ is called a *normal peak function* if there exists a unique peak point $x^* \in \mathscr{X}$ such that $E(x) \leqslant E(x^*) = 1$ for any $x \in \mathscr{X}$. For convenience, x^* is called a peak point for $E(x)$.

A normal peak function $E(x)$ can be seen as defining a fuzzy set on $\mathscr{X}$ with $E(x)$ as its membership function. Intuitively, a set of properly introduced normal peak functions can lead to a fuzzification of $\mathscr{X}$. This intuition is formalized in the following definitions.

Definition 1 A set of functions $\alpha = \{A_i(x), i = 0, 1, 2, \cdots, n\}$ (all defined on $\mathscr{X}$) is said to be a normal basis set if for each i ($0 \leqslant i \leqslant n$), $A_i(x)$ is a normal peak function and

$$\sum_{i=0}^{n} A_i(x) = 1 \tag{1}$$

for any $x \in \mathscr{X}$.

The next definition links up the normal basis set with the familiar notions of fuzzification and membership function.

Definition 2 A normal basis set $\alpha=\{A_i(x), i=0,1,2,\cdots,n\}$ defined on $\mathscr{X}$ is said to define a fuzzification on $\mathscr{X}$. In this fuzzification, each function $A_i(x)$ in α, called a basis function, is said to define a fuzzy set on $\mathscr{X}$ with $A_i(x)$ as its membership function ($i=0,1,2,\cdots,n$). $\mathscr{X}$ is also called the universe of the fuzzification.

For simplicity in our later constructive theory, we are particularly interested in a subclass of all the normal basis sets called 2-*phase normal basis set* (or simply 2-phase set for short). The following definition characterizes la 2-phase set.

Definition 3 A normal basis set is called 2-phase if for any $x\in\mathscr{X}$ there are at most two adjacent normal peak functions $A_i(x)$ and $A_{i+1}(x)$ in the set such that

$$A_i(x)\neq 0\neq A_{i++}(x), \quad i=0,1,2,\cdots,n.$$

With the preceding definitions, we can now introduce the important concept of fuzzy interpolation for nonlinear functions.

Definition 4 For a given function $f:\mathscr{X}\to R$ and a normal basis set $\alpha=\{A_i(x), i=0,1,2,\cdots,n\}$, the function $\hat{f}:\mathscr{X}\to R$ defined as

$$\hat{y}=\hat{f}(x)=\sum_{i=0}^{n} f(x_i^*)A_i(x) \tag{2}$$

is called a fuzzy interpolation for f over α. x_i^* in (2) is the peak point for $A_i(x)$.

The fuzzy interpolation introduced in the preceding definition is just another way of describing the functional relationship embedded in the whole process of fuzzification, fuzzy inference, and defuzzification in a fuzzy system. Observe that Eq. (2) will result if the fuzzy inference rule is chosen to be product-sum and the defuzzification to be center-of-gravity for output singletons. Eq. (2) can also be seen as a special case of what is known as the Takagi-Sugeno model (see [5] for a comprehensive description of this model). The following lemma describes a few features of this fuzzy interpolation.

Lemma 1 *Let $\alpha=\{A_i(x), i=0,1,2,\cdots,n\}$ be a normal basis set and x_i^* be the peak point for $A_i(x)$. Then*

(i) *for any x_i^* we have*

$$\hat{f}(x_i^*)=f(x_i^*);\tag{3}$$

(ii) *for any $x\in\mathscr{X}$ we have*

$$\min_i f(x_i^*)\leqslant\hat{f}(x)\leqslant\max_i f(x_i^*);\tag{4}$$

(iii) *if α is 2-phase, then the following holds for all i:*

$$\begin{aligned}\min\{f(x_i^*),f(x_{i+1}^*)\}&\leqslant\hat{f}(x)\\&\leqslant\max\{f(x_i^*),f(x_{i+1}^*)\},\end{aligned}\tag{5}$$

$$\textit{where } x_i^*\leqslant x\leqslant x_{i+1}^*.$$

Proof (i) As $Ai(x_i^*)=1$, it follows from (1) that $A_j(x_i^*)=0$ for $j\neq i$. Substituting this result into (2) leads to (3).

(ii) Letting $p_i=A_i(x)$, (2) can be expanded into

$$\begin{aligned}(\sum_i pi)\min_i\{f(x_n^*)\}&\leqslant\hat{f}(x)\\=\sum_i pif(x_i^*)&\leqslant(\sum_i pi)\max_i\{f(x_n^*)\}.\end{aligned}$$

As $\sum_i pi=1$ (following from (1)), (4) follows.

(iii) When α is 2-phase, (4) reduces to (5). □

In the above, the normal basis set is only defined in one-dimensional domains. In fact, it is straightforward to generalize it to domains of higher dimension as shown in the following definition.

Definition 5 Let $\alpha^j=\{A_i^j(x_j), i=0,1,2,\cdots,n_j\}$ be a normal basis set on $\mathscr{X}_j\subset R, j=1,2,\cdots,m$. Then,

$$\begin{aligned}\prod_{j=1}^m\alpha^j=\{C_{i_1i_2\cdots i_m}(x_1,x_2,\cdots,x_m)\mid &C_{i_1i_2\cdots i_m}(x_1,x_2,\cdots,x_m)\\&=A_{i_1}^1(x_1)A_{i_2}^2(x_2)\cdots A_{i_m}^m(x_m),\\&A_{i_j}^j(x_j)\in\alpha^j, x_j\in\mathscr{X}_j(j=1,2,\cdots,m)\}\end{aligned}\tag{6}$$

is called a product basis set on $\mathscr{X}_1\times\mathscr{X}_2\times\cdots\times\mathscr{X}_m$ of $\alpha^j(j=1,2,\cdots,m)$.

An interesting property of the product basis set as defined above is characterized in the following lemma.

Lemma 2 *A product basis set of normal basis sets remains to be a normal basis set.*

Proof To prove the assertion, we simply have to verify that (1) holds for the product basis set defined in (6). For this purpose, note that

$$\sum_{i_1}\sum_{i_2}\cdots\sum_{i_m} C_{i_1,i_2,\cdots,i_m}(x_1,x_2,\cdots,x_m)$$
$$=\sum_{i_1} A_{i_1}(x_1)\sum_{i_2} A_{i_2}(x_2)\cdots\sum_{i_m} A_{i_m}(x_m)=1.$$

(1) is therefore true. □

A product basis set can obviously be linked to fuzzification in high-dimensional space as in Definition 2, and used to define fuzzy interpolation for high-dimensional functions as in Definition 4.

With all these preparations, we are ready to present the following theorem that shows constructively that a fuzzy system can be built to approximate any continuous multivariate function to a prescribed accuracy.

Theorem 1 *Let a function* $f:\mathscr{X}\rightarrow R$ *be continuous on* $\mathscr{X}$ *which is a compact (bounded and closed) subset in* R^m. *Then, for an arbitrary* $\varepsilon>0$, *there exists a product basis set on D, call it* $\Theta=\{C_{i_1 i_2\cdots i_m}(x_1,x_2,\cdots,x_m)\}$, *such that the fuzzy interpolation* $\hat{f}$ *of* f *over* Θ *satisfies*

$$\sup_{x\in\mathscr{X}}|\hat{f}(x)-f(x)|\leqslant\varepsilon. \tag{7}$$

Moreover, the extrema (maxima and minima) of f *on* $\mathscr{X}$ *can be obtained from the set of peak points of* Θ *to within the error* ε.

Proof For simplicity, we assume that the dimension m equals 2, and $\mathscr{D}=[0,1]^2$. The proof for the general case follows from exactly the same idea, although it may look messy notationally.

As f is continuous on $\mathscr{D}$, it must be uniformly continuous on $\mathscr{D}$. Therefore, for a given $\varepsilon>0$ there exists a $\delta>0$ such that whenever $\sqrt{(x_1-x_2)^2+(y_1-y_2)^2}\leqslant\delta$ we will have $|f(x_1,y_1)-f(x_2,y_2)|\leqslant\varepsilon/2$, where $(x_1,y_1),(x_2,y_2)\in\mathscr{D}$.

Let us partition the interval $[0,1]$ into N equal sub-intervals. Then, when N is sufficiently large, we can assume that $\delta=\sqrt{2}/N$ (see Fig. 1).

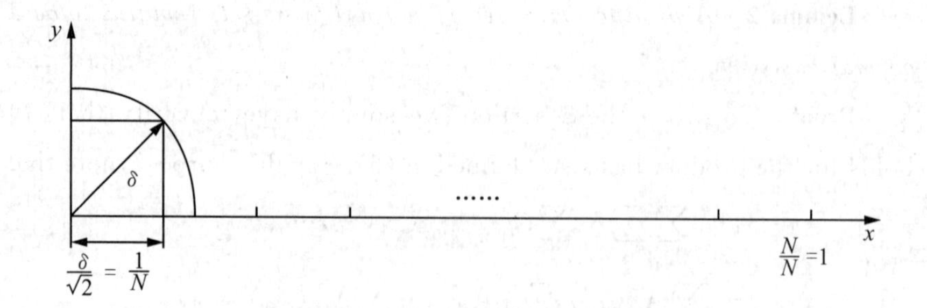

Fig. 1. The illustration of δ and N in the two-dimensional space.

Based on the same partition, we can define the following normal basis set $\alpha = \{A_i(x), i = 0, 1, 2, \cdots, N\}$ along the x-axis:

$$A_i(x) = \begin{cases} Nx - i + 1, & \text{when } \frac{i-1}{N} \leqslant x \leqslant \frac{i}{N}, \\ i + 1 - Nx, & \text{when } \frac{i}{N} \leqslant x \leqslant \frac{i+1}{N}, \\ 0, & \text{elsewhere} \end{cases}$$

for $i = 1, 2, \cdots, N-1$, and

$$A_0(x) = \begin{cases} 1 - Nx, & \text{when } 0 \leqslant x \leqslant \frac{1}{N}, \\ 0, & \text{elsewhere}, \end{cases}$$

$$A_N(x) = \begin{cases} Nx + 1 - N, & \text{when } \frac{N-1}{N} \leqslant x \leqslant 1, \\ 0, & \text{elsewhere} \end{cases}$$

at $i = 0, N$. Fig. 2 depicts the normal basis set α over the interval $[0, 1]$ along the x-axis.

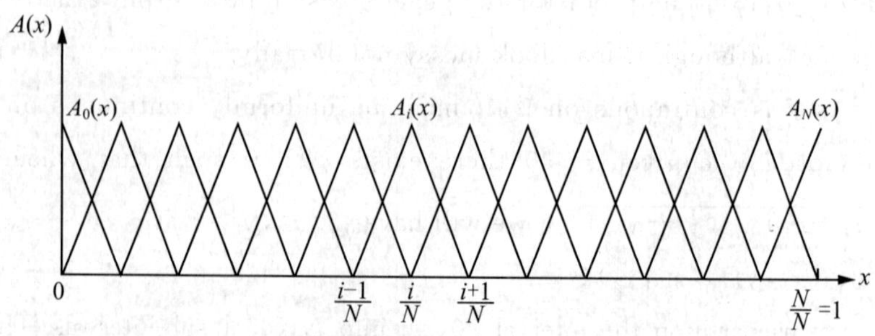

Fig. 2. The chosen normal basis set a along the x-axis.

Similarly, the interval $[0,1]$ along the y-axis is also partitioned into N subintervals, ahd exactly the same normal basis set $\beta=\{B_j(y), j=0,1,\cdots,N\}$ based on the partition can be constructed, i. e. , $B_j(y)=A_j(y)$, $j=0,1,\cdots,N$. Observe that α and β introduced this way are both 2-phase. Moreover, the set of peak points for both α and β is $\{i/N\}, 0\leqslant i\leqslant N$.

Using α and β to form a product set γ on the domain $\mathcal{D}$, we have $\gamma=\{C_{ij}(x,y)\mid C_{ij}(x,y)=A_i(x)B_j(y), i,j=0,1,\cdots,N\}$. Obviously, the set of peak points for γ is $S=\{(i/N,j/N), 0\leqslant i,j\leqslant N\}$. It follows from Definition 3 that a fuzzy interpolation $\hat{f}$ for f over γ can be written as

$$\hat{f}(x,y)=\sum_{i=0}^{N}\sum_{j=0}^{N} f\left(\frac{i}{N},\frac{j}{N}\right)A_i(x)B_j(y). \tag{8}$$

As both α and β are 2-phase, the preceding equation reduces to

$$\hat{f}(x,y)=f\left(\frac{i-1}{N},\frac{j-1}{N}\right)A_{i-1}(x)B_{j-1}(y)+f\left(\frac{i-1}{N},\frac{j}{N}\right)A_{i-1}(x)B_j(y)+ f\left(\frac{i}{N},\frac{j-1}{N}\right)A_i(x)B_{j-1}(y)+f\left(\frac{i}{N},\frac{j}{N}\right)A_i(x)B_j(y), \tag{9}$$

for $(i-1)/N\leqslant x\leqslant i/N$ and $(j-1)/N\leqslant y\leqslant j/N, 0\leqslant i,j\leqslant N$.

Geometrically, $\hat{f}$ is a 2-dimensional piecewise quadratic surface over the four neighboring points $((i-1)/N,(j-1)/N)$, $((i-1)/N,j/N)$, $(i/N,(j-1)/N)$, and $(i/N,j/N)$ as shown in Fig. 3.

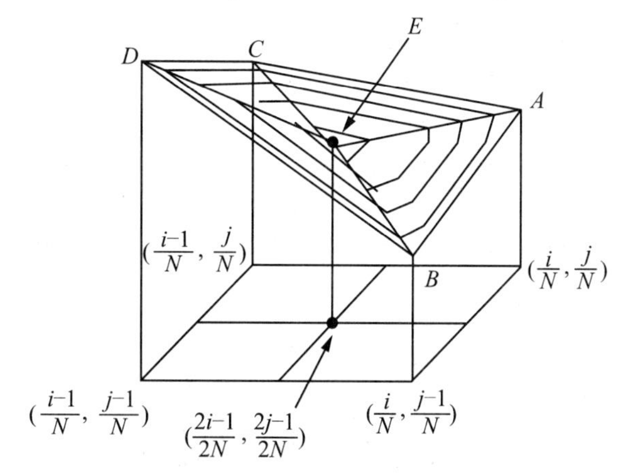

Fig. 3. The two-dimensional piecewise quadratic surface in between the four neighboring points.

We can see clearly in the figure that at the specified locality the surface is pieced together by four quadratically shaped triangles: $\triangle ABE$, $\triangle BDE$, $\triangle DCE$, and $\triangle CAE$.

Let

$$a_1 = A_{i-1}(x)B_{j-1}(y), \quad a_2 = A_{i-1}(x)B_j(y),$$
$$a_3 = A_i(x)B_{j-1}(y), \quad a_4 = A_i(x)B_j(y),$$

Then

$$a_1 + a_2 + a_3 + a_4 = [A_{i-1}(x) + A_i(x)][B_{j-1}(x) + B_j(x)].$$

Since both α and β are all 2-phase, we know that $A_{i-1}(x) + A_i(x) = \sum_{i=0}^{N} A_i(x) = 1$ for $(i-1)/N \leqslant x \leqslant i/N$, and $B_{j-1}(y) + B_j(y) = \sum_{j=0}^{N} B_j(y) = 1$ for $(j-1)/N \leqslant y \leqslant j/N$. Thus,

$$a_1 + a_2 + a_3 + a_4 = 1. \tag{10}$$

With the new notation, (9) becomes

$$\hat{f}(x,y) = a_1 f\left(\frac{i-1}{N}, \frac{j-1}{N}\right) + a_2 f\left(\frac{i-1}{N}, \frac{j}{N}\right) + a_3 f\left(\frac{i}{N}, \frac{j-1}{N}\right) + a_4 f\left(\frac{j}{N}, \frac{j}{N}\right). \tag{11}$$

Without loss of generality, let us assume that $f(i/N, j/N)$ and $f((i-1)/N, j/N)$ are the maximum, respectively, the minimum among the four neighboring points. Then it follows from (11) that

$$(a_1 + a_2 + a_3 + a_4) f\left(\frac{i-1}{N}, \frac{j}{N}\right) \leqslant \hat{f}(x,y) \leqslant (a_1 + a_2 + a_3 + a_4) f\left(\frac{i}{N}, \frac{j}{N}\right). \tag{12}$$

This, along with (10), leads to

$$\left| \hat{f}(x,y) - f\left(\frac{i-1}{N}, \frac{j}{N}\right) \right| \leqslant \left| f\left(\frac{i}{N}, \frac{j}{N}\right) - f\left(\frac{i-1}{N}, \frac{j}{N}\right) \right|.$$

As the distance between $(i/N, j/N)$ and $((i-1)/N, j/N)$ is less than δ, we must have

$$\left| \hat{f}(x,y) - f\left(\frac{i-1}{N}, \frac{j}{N}\right) \right|$$
$$\leqslant \left| f\left(\frac{i}{N}, \frac{j}{N}\right) - f\left(\frac{i-1}{N}, \frac{j}{N}\right) \right| \leqslant \frac{\varepsilon}{2}.$$

Similarly, as the distance between $((i-1)/N, j/N)$ and (x,y) is also less than δ, we have

$$\left|f(x,y)-f\left(\frac{i-1}{N},\frac{j}{N}\right)\right|\leqslant\frac{\varepsilon}{2}.$$

Combining the preceding two inequalities leads to

$$|\hat{f}(x,y)-f(x,y)|\leqslant\varepsilon.$$

This inequality along with the fact that (x,y) is an arbitrary point in $\mathscr{D}$ proves the first part of the theorem.

To prove the second part of the theorem, let (x_0, y_0) be a point where f attains its maximum, i. e.,

$$f(x_0, y_0)=\max_{(x,y)\in\mathscr{D}}f(x,y).$$

With the partition introduced above, this point can be located as $((i-1)/N\leqslant x_0\leqslant i/N, (j-1)/N\leqslant y_0\leqslant j/N)$. As N can be chosen such that the distance between (x_0, y_0) and any of the four neighboring points is less than δ. It follows therefore that with accuracy of ε, one of these neighboring points that gives the maximum f value can be used to approximate $f(x_0, y_0)$. The proof is thus complete. □

The preceding theorem guarantees theoretically that for an arbitrary continuous function, there indeed exists a normal basis set that can be used to build a fuzzy interpolation for the function to within the desired accuracy. But the actual construction of the normal basis set as suggested in the proof of the theorem may not be entirely practical as it may result in a basis set that contains too many basis functions. There is therefore a need to develop a construction algorithm that can generate a near minimum normal basis set. This algorithm is described and analyzed in the next section.

§ 3. An algorithm

In this section, an algorithm is described that will produce a normal basis set for fuzzy interpolation with near minimum number of basis functions. The idea of the algorithm is to let the basis functions to be chosen close to the extrema of f.

Algorithm

For clarity, the algorithm is only described for two-dimensional function on the domain $\mathscr{D}=[0,1]^2$. The general case can be described in exactly the same manner.

Let $f:\mathscr{D}\rightarrow R$ be a given continuous function. Choosing an arbitrary ε, we can find a δ such that when $\sqrt{(x_1-x_2)^2+(y_1-y_2)^2}<\delta$, the following holds:

$$|f(x_1,y_1)-f(x_2,y_2)|\leqslant\frac{\varepsilon}{3} \tag{13}$$

where (x_1,y_1), (x_2,y_2) are two arbitrary points in $\mathscr{D}$. As f is continuous, this choice of δ is always possible.

Based on δ, we choose an integer N to be

$$N=\left(\frac{\sqrt{2}}{\delta}\right) \tag{14}$$

where $[x](x\geqslant 0)$ denotes the largest positive integer that is less than x. With N, we can grid $\mathscr{D}$ into N^2 small squares.

Here is the iteration steps of the algorithm:

Step 0 Based on the griding, we can initialize the so-called extrema set S as follows. For $0<i,j<N$, if

$$f\left(\frac{i}{N},\frac{j}{N}\right)\leqslant\min\left\{f\left(\frac{i-1}{N},\frac{j}{N}\right),f\left(\frac{i+1}{N},\frac{j}{N}\right),f\left(\frac{i}{N},\frac{j-1}{N}\right),f\left(\frac{j}{N},\frac{j+1}{N}\right)\right\}, \tag{15}$$

or

$$f\left(\frac{i}{N},\frac{j}{N}\right)\geqslant\max\left\{f\left(\frac{i-1}{N},\frac{j}{N}\right),f\left(\frac{i+1}{N},\frac{j}{N}\right),f\left(\frac{j}{N},\frac{j-1}{N}\right),f\left(\frac{i}{N},\frac{j+1}{N}\right)\right\}, \tag{16}$$

then put $(i/N,j/N)$ into S^0 (the superscript signifies the number of iterations). In case that $(i/N,j/N)$ is at the boundary of $\mathscr{D}$, both (15) and (16) will have to be modified accordingly to drop those terms that are not meaningful. For example, for $i=0$ and $j=N$, (15) and (16) reduce to

$$f(0,1)\leqslant\min\left\{f\left(\frac{1}{N},1\right),f\left(0,\frac{N-1}{N}\right)\right\},$$

respectively,

$$f(0,1) \geqslant \max\left\{f\left(\frac{1}{N},1\right), f\left(0,\frac{N-1}{N}\right)\right\}.$$

When either of the above inequalities holds, the point $(0,1)$ is put into S^0.

Remark that S^0 is the extrema set for f at the beginning of the iteration. Within the accuracy of ε/N, S^0 can be regarded as containing all the minima and maxima of f in $\mathscr{D}$.

Let k denote the number of iterations, and $\varnothing^k(x,y)$ the error function at iteration k. To start, set $k=0$ and $\varnothing^0(x,y)=f(x,y)$.

Step 1 Set $k=k+1$, and introduce

$$\begin{aligned} S_x^k &= \left\{x^* = \frac{i}{N} \mid 0 \leqslant i \leqslant N, (x^*, y^*) \in S^k\right\}; \\ S_y^k &= \left\{y^* = \frac{j}{N} \mid 0 \leqslant j \leqslant N, (x^*, y^*) \in S^k\right\}. \end{aligned} \tag{17}$$

Suppose that S_x^k and S_y^k contain $p+1$, respectively, $q+1$ elements. Then, these elements in each of the two sets can be ordered as

$$\begin{aligned} S_x^k &: 0 \leqslant x_0^* \leqslant x_1^* \leqslant \cdots x_p^* \leqslant 1 \quad (0 \leqslant p \leqslant N); \\ S_y^k &: 0 \leqslant y_0^* \leqslant y_1^* \leqslant \cdots y_q^* \leqslant 1 \quad (0 \leqslant q \leqslant N). \end{aligned} \tag{18}$$

For notational simplicity, the dependency on k of the elements in S_x^k and S_y^k are dropped.

Using these ordered extrema, we build a 2-phase basis set $\alpha^k = \{A_i^k(x), i=0,1,\cdots,p\}$ along the x-axis as

$$A_i^k(x) = \begin{cases} \dfrac{x - x_{i-1}^*}{x_i^* - x_{i-1}^*}, & \text{when } x_{i-1}^* \leqslant x \leqslant x_i^*, \\ \dfrac{x_{i+1}^* - x}{x_{i+1}^* - x_i^*}, & \text{when } x_i^* \leqslant x \leqslant x_{i+1}^*, \\ 0, & \text{elsewhere}, \end{cases} \tag{19}$$

where $i=0,1,\cdots,p$ (see Fig. 4).

Similarly, we build a 2-phase basis set $\beta^k = \{B_j^k(y), j=0,1,\cdots,q\}$ along the y-axis, as

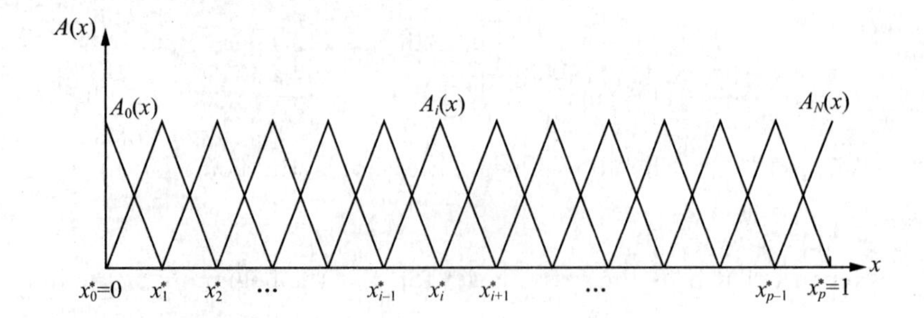

Fig. 4. The 2-phase basis set α^k defined on the interval [0,1] along the x-axis.

$$B_j^k(y)=\begin{cases}\dfrac{y-y_{j-1}^*}{y_j^*-y_{j-1}^*}, & \text{when } y_{j-1}^*\leqslant y\leqslant y_j^*,\\ \dfrac{y_{j+1}^*-y}{y_{j+1}^*-y_i^*}, & \text{when } y_j^*\leqslant y\leqslant y_{j+1}^*,\\ 0, & \text{elsewhere},\end{cases} \tag{20}$$

where $j=0,1,\cdots,q$.

Step 2 Use α^k and β^k to build a fuzzy interpolation $\hat{f}^k$ for $\phi^k(x,y)$ on $S_x^k\times S_y^k$ as follows:

$$\hat{f}^k(x,y)=\sum_{i=0}^{p}\sum_{j=0}^{q}\phi^k(x_i^*,y_j^*)A_i^k(x)B_j^k(y). \tag{21}$$

Remark that the following two properties hold for the above fuzzy interpolation. The first is that

$$\hat{f}^k(x_i^*,y_j^*)=\phi^k(x_i^*,y_j^*). \tag{22}$$

The second is that for an arbitrary point (x,y) with $x_{i-1}^*\leqslant x\leqslant x_i^*$ and $y_{j-1}^*\leqslant x\leqslant y_j^*$ we have

$$m_{ij}\leqslant\hat{f}^k(x,y)\leqslant M_{ij}, \tag{23}$$

where m_{ij} and M_{ij} are the minimum, respectively, the maximum of $\phi^k(x,y)$ at the four neighboring grid points.

Step 3 Set

$$\phi^{k+1}(x,y)=\phi^k(x,y)-\hat{f}^k(x,y), \tag{24}$$

and update S^k as follows. For any $0\leqslant i,j\leqslant N$, if $(i/N,j/N)\notin S^k$ and

$$\left|\phi^{k+1}\left(\frac{i}{N},\frac{j}{N}\right)\right|>\frac{\varepsilon}{3}, \tag{25}$$

and moreover,

$$\phi^{k+1}\left(\frac{i}{N},\frac{j}{N}\right)\leqslant\min\left\{\phi^{k+1}\left(\frac{i-1}{N},\frac{j}{N}\right),\phi^{k+1}\left(\frac{i+1}{N},\frac{j}{N}\right),\right.$$
$$\left.\phi^{k+1}\left(\frac{i}{N},\frac{j-1}{N}\right),\phi^{k+1}\left(\frac{i}{N},\frac{j+1}{N}\right)\right\},\tag{26}$$

or

$$\phi^{k+1}\left(\frac{i}{N},\frac{j}{N}\right)\geqslant\max\left\{\phi^{k+1}\left(\frac{i-1}{N},\frac{j}{N}\right),\phi^{k+1}\left(\frac{i+1}{N},\frac{j}{N}\right),\right.$$
$$\left.\phi^{k+1}\left(\frac{i}{N},\frac{j-1}{N}\right),\phi^{k+1}\left(\frac{i}{N},\frac{j+1}{N}\right)\right\},\tag{27}$$

then put $(i/N,j/N)$ into E^{k+1}, and $S^{k+1}=S^k\cup E^{k+1}$.

Step 4 If E^{k+1} is an empty set (or equivalently, $S^{k+1}=S^k$), then let the fuzzy interpolation $\hat{f}$ for f be

$$\hat{f}(x,y)=\hat{f}^0(x,y)+\hat{f}^1(x,y)+\cdots+\hat{f}^k(x,y)\tag{28}$$

and stop. If E^{k+1} is not an empty set, then go back to Step 1.

We still need to prove that the fuzzy interpolation generated by the preceding algorithm will indeed satisfy the given approximation accuracy ε. The more precise statement of this fact and its proof are stated in the following theorem.

Theorem 2 *If f is continuous on a compact domain $\mathcal{D}$, then the fuzzy interpolation $\hat{f}$ generated by the preceding algorithm will lead to the same conclusion as stated in Theorem 1.*

Proof Assume that the algorithm iteration has stopped (at the kth round) so that $\hat{f}$ is produced as a result. We will show that this $\hat{f}$ is such that the following inequality holds:

$$|\hat{f}-f|\leqslant\varepsilon.$$

It follows from (22) that for $(x,y)\in S_x^k\times S_y^k$ we have $\phi^{k+1}(x,y)=\phi^k(x,y)-\hat{f}(x,y)=0$. Then, in Step 3, if there is a point $(i/N,j/N)$ satisfying (25), there must exist points that satisfy (26) or (27). The iteration will therefore continue. Otherwise, E^{k+1} will be an empty set, implying that every $(i/N,j/N)\in\mathcal{D}$ satisfies

$$\left|\phi^{k+1}\left(\frac{i}{N},\frac{j}{N}\right)\right|\leqslant\frac{\varepsilon}{3}.$$

As

$$\begin{aligned}\phi^{k+1} &= \phi^k - \hat{f}^k \\ &= \phi^{k-1} - (\hat{f}^{k-1} + \hat{f}^k) \\ &= \phi^0 - (\hat{f}^0 + \hat{f}^1 + \cdots + \hat{f}^k) \\ &= f - \hat{f},\end{aligned}$$

the following is, therefore, true for all $0 \leqslant i, j \leqslant N$:

$$\left| \hat{f}\left(\frac{i}{N}, \frac{j}{N}\right) - f\left(\frac{i}{N}, \frac{j}{N}\right) \right| \leqslant \frac{\varepsilon}{3}.$$

For any (x, y) such that $(i-1)/N \leqslant x \leqslant i/N, (j-1)/N \leqslant y \leqslant j/N$, when the grid is sufficiently fine (i. e. N is sufficiently large), we must have

$$|\hat{f}(x,y) - f(x,y)| \leqslant$$

$$\left| \hat{f}(x,y) - \hat{f}\left(\frac{i}{N}, \frac{j}{N}\right) \right| + \left| \hat{f}\left(\frac{i}{N}, \frac{j}{N}\right) - f\left(\frac{i}{N}, \frac{j}{N}\right) \right| + \left| f\left(\frac{i}{N}, \frac{j}{N}\right) - f(x,y) \right|$$

$$\leqslant \frac{\varepsilon}{3} + \frac{\varepsilon}{3} + \frac{\varepsilon}{3} = \varepsilon.$$

Theorem is proved. □

The basic idea of the algorithm is: search and record the extremal points of the function f on the grid, and then project them onto each individual axis to obtain a suitable 2-phase basis set. All the 2-phase basis sets are then combined to form a product basis set that is used to build the final fuzzy interpolation. Although it leads to a near minimum product basis set in the present framework, this procedure is built on one-dimensional basis functions, and thus may still be waster than the use of high-dimensional basis functions directly. This point is illustrated in Fig. 5. As shown in the figure, we need to use 4, rather than 2 one-dimensional basis functions to produce the 2 two-dimensional basis functions A and B. The reason for building the theory on one-dimensional basis functions is to avoid the mathematical difficulties usually associated with high dimensional basis functions. This, however, is done at the expense of the increase in memory size.

One final remark is that the proposed algorithm should be treated more as a theoretical constructive procedure than an actually computa-

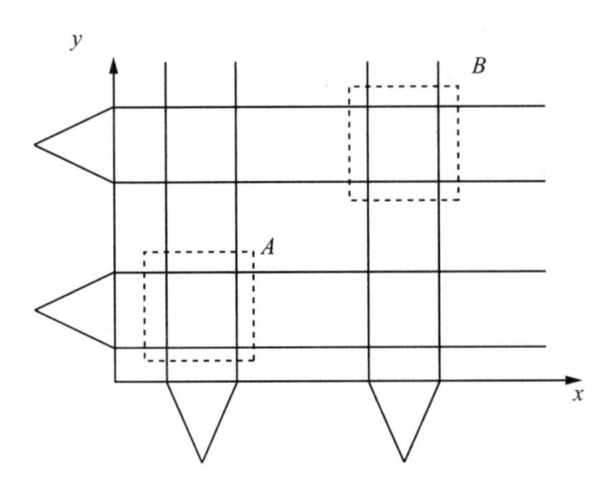

Fig. 5. The representation of 2 two-dimensional basis functions A and B by 4 one-dimensional fuzzy sets, A_x, A_y and B_x, B_y along the two axes.

tional algorithm. For efficient computation, the issues of selecting certain parameters, such as δ, in the algorithm will have to be thoroughly addressed. However, the algorithm developed in this paper sets up the basis for devising practical computational algorithms.

§ 4. Conclusions

Using function approximation to interpret and analyze fuzzy systems is a recent trend. At the heart of this trend lies the recognition (often implicit though) that for every nonfuzzy function defined in a nonfuzzy space, there is a corresponding fuzzy mapping defined in a fuzzy space. When defuzzified, the fuzzy mapping approximates the nonfuzzy one within a prescribed accuracy.

With this view as the basis, the contribution of the paper can be seen as offering a constructive theory that establishes directly the fuzzy mapping within a fuzzy space for a given nonfuzzy counterpart. Theorem 1 presents the key results in this regard. It shows constructively that for a given function it is always possible to build a fuzzy space (in the form of normal basis set) and the fuzzy mapping (in the form of a set of fuzzy rules) within a given error bound. What is more, the algorithm along with Theorem 2 also states that it is also possible to explore the geometrical nature of a given function (looking at its extrema) so that the normal basis set (thus the set of fuzzy rules) is determined close to the minimum.

Reference

[1] Buckley J J and Hayasbi Y. Numerical relationships between neural networks, continuous functions, and fuzzy systems. Fuzzy Sets and Systems, 1993, 60: 1—8.

[2] Horikawa S, Furuhashi T and Uchikawa Y. On fuzzy modeling using fuzzy neural networks with the back-propagation algorithm. IEEE Trans. Neural Networks, 1992, 3: 801—806.

[3] Hornik K. M Stinchcombe and H White. Multilayer feedforward networks are universal approximators. Neural Networks, 1989, 2: 359—366.

[4] Kosko B. Fuzzy systems as universal approximators. Proc. 1992 IEEE Internat. Conf. Fuzzy Syst(FUZZ-IEEE'92), San Diego, 1992, 1 153—1 162.

[5] Kruse R, Gebhardt J and Klawonn F. Foundations of Fuzzy Systems. Wiley, Chichester, 1994.

[6] Park J and Sandberg I W. Universal approximation using radial-basis-function networks. Neural Comput, 1990, 3: 246—257.

[7] Wang L X. Fuzzy systems are universal approximators. Proc. 1992 IEEE Internat. Conf Fuzzy Syst(FUZZ-IEEE'92)San Diego, 1992, 1 163—1 170.

[8] Wang P Z. Some researchable problems in advanced fuzzy theory. Proc. 1st Natl. Syrup. Fuzzy Set Theory and Appl., Taipei, 1994, 5—20.

[9] Wang P Z, Lui H C and Goh T H. Fuzzy controllers make interpolation using fuzzy samples. Proc. Workshop on Future Directions of Fuzzy Theory and Systems. Hongkong, 1994.

Soft Computing
2001,5:208－214

模糊线性基的凸多面体表现①

Polyhedral Representation of Fuzzy Linear Bases

Abstract In [15], we introduced the concepts of fuzzy bases, fuzzy linear interpolation and fuzzy polygon of four-component fuzzy linear bases. In [16], these concepts were used in the maximal profile of the set of polygons generated from a set of break points for each variable dimension. The concept was operationalized in a fuzzy linear basis algorithm (FLBA) for nonlinear separable programming problems involving no more than a finite number of discontinuities. The FLBA provides a platform for parallel processing of the fuzzy linear sub-problems included in the finite FLB-chain. In this paper we extend the theory of fuzzy linear bases from the set of polygons to a polyhedral representation of four-component fuzzy linear bases defined on a closed subset of the real line.

Keywords fuzzy linear bases; fuzzy interpolation; maximal profile; polygon of fuzzy linear bases; polyhedral representation; nonlinear separable programming

§ 1. Introduction

Fuzzy mathematical programming originates from the early 1970s,

① 本文与 Östermark R, Alex R 和 Tan S H 合作.

following the pathbreaking work by Bellman and Zadeh[2] and Zimmermann [17]. Significant contributions have been made to fuzzy multiobjective linear programming (FMOLP) problems (cf., e. g., [1,10] on the stability of multiobjective NLPs, and [5] on temporal interdependence in FMOLP-problems), modelling of nonlinear systems [4,17] and solution methods for fuzzy programming [3]. However, solutions to NLPs by adherence to fuzzy set theory are presently scarce (cf. [12～15]).

In [15], we introduced the concepts of fuzzy bases, fuzzy linear interpolation and fuzzy polygon of four-component fuzzy linear bases. In [16], these concepts were used in the maximal profile of the set of polygons generated from a set of break points for each variable dimension. The concept was operationalized in a fuzzy linear basis algorithm (FLBA) for nonlinear separable programming problems involving a finite number of discontinuities. All discontinuities are equipped with a break point, whereby the fuzzy linear basis theory is applicable to separable NLPs with a finite number of discontinuities. The maximal profile is divided into adjacent convex sub-intervals. on which the nonlinear problem is transformed into a sequence of fuzzy linear sub-problems. We have proved that the solution to the original nonlinear problem is included in the sequence of fuzzy linear sub-problems at the prespecified accuracy $\varepsilon>0$. FLBA provides a platform for parallel processing of the fuzzy linear sub-problems included in the finite FLB-chain (cf., e. g., [6～9]). In this paper we extend the theory of fuzzy linear bases from the set of polygons to a polyhedra representation of four-component fuzzy linear bases defined on the closed subset $[a,b]$ on the real line. The practical implication of our study is that: A difficult non-linear separable programming problems can be transformed into fuzzy linear programming formulations using not only distinct fuzzy bases, but any suitable linear combination of four-component bases.

The study is organized as follows. In the next chapter 1, the concept of the simplest fuzzy basis is defined following [15]. In Section 2, any linear combination of a reduced number of triangular fuzzy bases can be used to approximate separable nonlinear functions. The principles are illustrated by a simple example. Chapter 4 concludes.

§ 2. The simplest fuzzy basis

In this section we define the simplest fuzzy basis and introduce the concept of fuzzy interpolation based on $K+1$ triangular fuzzy bases. We summarize a set of theorems stating that the mapping between the original function space and the interpolation space is unique. The theorems indicate that any nonlinear separable function can be represented by fuzzy interpolation at accuracy ε. The theorems have been proved in Wang et al. [1998b].

Definition 2.1 Let

$$\Delta: a=e_0<e_1<\cdots<e_K=b \tag{2.1}$$

be a group of division points on an interval $[a, b]$. Let $B=\{B_k(x)\}(k=0,1,\cdots,K)$ be a group of fuzzy subsets of $X=[a,b]$. B is called a fuzzy basis of X with respect to Δ if

(1)
$$\sum_{k=0}^{K} B_k(x) \equiv 1\ ; \tag{2.2}$$

(2) For each $k\in\{0,1,\cdots,K\}$, e_k is the single peak point of $B_k(x)$, i. e.,

$$B_k(e_k)=\max_x B_k(x). \tag{2.3}$$

Definition 2.2 Let

$\rho:\Delta\to Y$

$$\rho(e_k)=p_k \quad (k=0,1,\cdots,K) \tag{2.4}$$

be a mapping. Denote the set of break points by

$$\Phi=\{(e_k, p_k)\} \quad (k=0,1,\cdots,K), \tag{2.5}$$

We call

$$f(x)=\sum_{k=0}^{K} p_k B_k(x) \tag{2.6}$$

the fuzzy Φ-interpolation of ρ on Δ based on B. Denote

$$G = G(B,\Phi) = \left\{\left(x, \sum_{k=0}^{K} p_k B_k(x)\right) \middle| x \in [a,b]\right\} \tag{2.7}$$

which is called the graph of interpolation.

Definition 2.3 The fuzzy basis of X with respect to Δ, $B(e_0, e_1, \cdots, e_K)$, is called the simplest fuzzy basis or fuzzy linear basis with respect to Δ:

$$B_0(x)=\begin{cases}1, & x=0,\\ \dfrac{e_1-x}{e_1-a}, & 0<x\leqslant e_1,\\ 0, & x\geqslant e_1.\end{cases}$$

$$B_k(x)=\begin{cases}0, & x\leqslant e_{k-1},\\ \dfrac{x-e_{k-1}}{e_k-e_{k-1}}, & e_{k-1}<x\leqslant e_k,\\ 1, & x=e_k;(k=1,2,\cdots,K-1)\\ \dfrac{e_{k+1}-x}{e_{k+1}-e_k}, & e_k<x\leqslant e_{k+1},\\ 0, & x>e_{k+1}.\end{cases}$$

$$B_k(x)=\begin{cases}0, & x\leqslant e_{k-1},\\ \dfrac{x-e_{k-1}}{b-e_{k-1}}, & e_{k-1}<x\leqslant b,\\ 1, & x=b.\end{cases} \tag{2.8}$$

Note that the simplest fuzzy basis is completely determined by the division points Δ. The simplest fuzzy basis consists of a set of triangular fuzzy numbers (cf. Fig. 1). Their membership functions are the broken lines

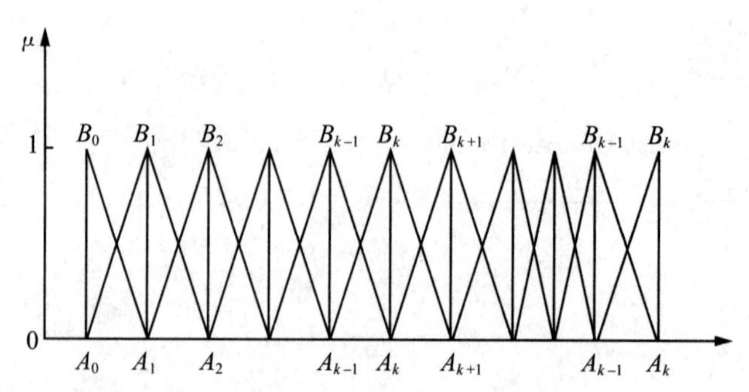

Fig. 1. Illustration of the simplest fuzzy basis.

$$(B_0A_1\cdots A_K),(A_0B_1A_2\cdots A_K),\cdots,$$
$$(A_0\cdots A_{k-1}B_kA_{k+1}\cdots A_K),\cdots,(A_0\cdots A_{K-1}B_K).$$

Given $K\geqslant 2$, let

$$\begin{aligned}I&=I_K\\&=\{\mu=(\mu_0,\mu_1,\cdots,\mu_K)\mid \exists k\in\{1,2,\cdots,K\},\mu_{k-1}\geqslant 0,\mu_k\geqslant 0,\\&\qquad \mu_{k-1}+\mu_k=1,\mu_j=0(j\neq k,k-1)\}.\end{aligned}\tag{2.9}$$

Theorem 2.1 *Given Δ in (2.1) and the simplest fuzzy basis $B(e_0, e_1,\cdots,e_K)=\{B_k(x)\}(k=0,1,\cdots,K)$. For any $x\in[a,b]$, we have that*

$$\mu=(\mu_0,\mu_1,\cdots,\mu_K)=(B_0(x),B_1(x),\cdots,B_K(x))\in I\tag{2.10}$$

and

$$\sum_{k=0}^{K}e_kB_k(x)\equiv x.\tag{2.11}$$

Theorem 2.2 *Given Δ in (2.1), $B(e_0,e_1,\cdots,e_k)=\{B_k(x)\}(k=0, 1,\cdots,K)$ in (1.8). For any $\mu\in I_K$ we have that*

$$\mu_k=B_k(e_0\mu_0+e_1\mu_1+\cdots+e_K\mu_K)\quad(k=0,1,\cdots,K).\tag{2.12}$$

Remark The validity of Theorem 2.2 can be realized intuitively as follows:

By (2.8)～(2.10), $\mu\in I$ implies that $\mu_k=B_k(x)$. By (2.10) and (2.11),

$$\sum_{k=0}^{K}e_kB_k(x)=\sum_{k=0}^{K}e_k\mu_k=x.$$

(2.12) holds.

Theorem 2.1 and theorem 2.2 state that the sub-space of convex combination coefficients, I can be represented by the simplest fuzzy basis $B(e_0,e_1,\cdots,e_K)$.

Theorem 2.3 *Given the set of break points Φ on Δ and $B=B(e_0, e_1,\cdots,e_K)$ in (2.8), the fuzzy interpolation of $f(x)$ based on B is a broken line passing through Φ.*

Theorem 2.4 *Given break points Φ on Δ and*

$$B=B(e_0,e_1,\cdots,e_K)\ \text{in (2.8). Let}\ G=G(B,\Phi)\tag{2.13}$$

be the graph of interpolation of $\varnothing$ based on B. For any $\mu\in I$, there is *one and only one point* $P=P(x,y)$ *in* G, *such that*

$$x=\sum_k e_k\mu_k.\quad y=\sum_k p_k\mu_k \tag{2.14}$$

Inversely, for any point $P=P(x,y)\in G$, *there is one and only one* $\mu\in I$ *such that* (2.14) *is true.*

§ 3. Polyhedral representation of fuzzy bases

§ 3.1　The polygon of B

Theorems (2.1)~(2.4) are based on $K+1$ triangular fuzzy bases (cf. Definition (2.3)). Wang et al. [1998] proved that an analogous representation can be achieved by four fuzzy bases, using the following sub-division of Δ:

$$\Delta_{ij}: a\leqslant e_i<e_j\leqslant b. \tag{3.1}$$

The corresponding set of fuzzy linear bases is defined as:

$$B(ae_ie_jb)=\{B_0^*(x), B_i^*(x), B_j^*(x), B_K^*(x)\} \tag{3.2}$$

$$B_0^*(x)=\begin{cases}\dfrac{e_j-x}{e_i-a}, & a<x\leqslant e_i,\\ 0, & e_i<x\leqslant b.\end{cases}$$

$$B_i^*(x)=\begin{cases}\dfrac{x-a}{e_i-a}, & a\leqslant x\leqslant e_i,\\ \dfrac{e_j-x}{e_j-e_i}, & e_i<x\leqslant e_j,\\ 0, & e_i<x\leqslant b.\end{cases}$$

$$B_j^*(x)=\begin{cases}0, & a\leqslant x\leqslant e_i,\\ \dfrac{x-e_i}{e_j-e_i}, & e_i<x\leqslant e_j,\\ \dfrac{b-x}{b-e_j}, & e_j<x\leqslant b.\end{cases}$$

$$B_K^*(x)=\begin{cases}0, & a\leqslant x\leqslant e_j,\\ \dfrac{x-e_j}{b-e_j}, & e_j<x\leqslant b.\end{cases}$$

$B(ae_ie_jb)$ consists of four fuzzy subsets. Due to the sub-division in (3.1), $B(\Delta_{ij})$ is completely determined by the indexes i and j. $B(\Delta_{ij})$ is illustrated in Fig. 2.

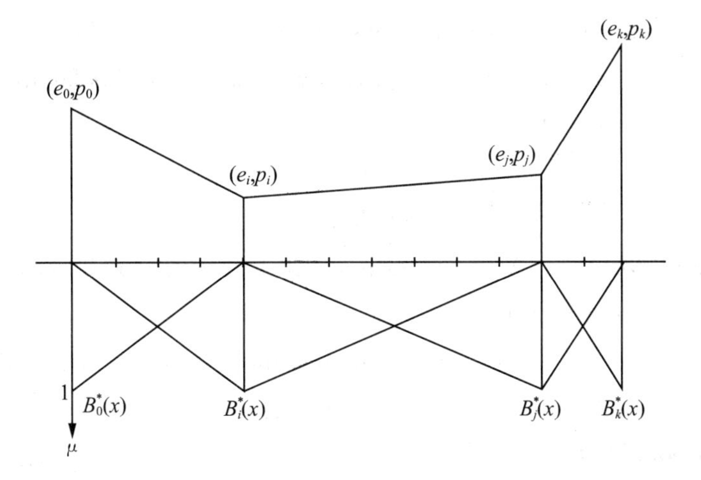

Fig. 2. Mapping the linearization of $f(x)$ on fuzzy linear bases

Let

$$\mathscr{B}_K^0=\{B(\Delta_{ij})\mid 0\leqslant i\leqslant j\leqslant K\} \quad \text{and} \tag{3.3}$$

$$L_K^0=\{\mu=(\mu_0,\mu_1,\cdots,\mu_K)\mid \mu_k\geqslant 0 \quad (k=0,1,\cdots,K);\\ \exists\, i,j:\mu_i+\mu_j=1;\mu_k=0 \quad (k\neq i,j)\}. \tag{3.4}$$

$\mathscr{B}_K^0$ is the set of all four-component fuzzy linear bases defined on Δ. The relationship between L^0 and $\mathscr{B}_K^0$ is unique (cf. Wang et al. [1988a], Theorem 2.2 and Wang et al. [1988b], Theorems 3.1 and 3.2),

Let

$$\Gamma^0=\Gamma_K^0(\mathscr{B}_K^0,\Phi)=\bigcup\{G(B,\Phi)\mid B\in\mathscr{B}_K^0\}, \tag{3.5}$$

Γ^0 is the set of all graphs $G(.)$ of fuzzy interpolation of $f(x)$ generated by the set of break points Φ. Γ_K^0 is the polygon generated from Φ (cf. Wang et al. [1988b] Theorem 2.3).

§ 3.2 The polyhedron of $\mathscr{B}$

Definition 3.1 Assume that $B_j=\{B_{jk}(x)\}(k=0,1,\cdots,K)(j=1,2,\cdots,n)$ are $n(K+1)$-component fuzzy bases on the partition Δ. Let $\lambda_j\geqslant 0(j=1,2,\cdots,n)$, $\lambda_1+\lambda_2+\cdots+\lambda_n=1$. The n-convex combination of the $(K+1)$-dimensional basis vectors is

$$B=\{B_k(x)\}, \text{where}$$

$$B_k(x)=\sum_{j=1}^{n}\lambda_j B_{jk}(x) \qquad (k=0,1,\cdots,K). \tag{3.6}$$

Obviously, B is also a fuzzy basis with respect to Δ. We call the set of all convex combinations ($\lambda_j\in[0,1]$, $\forall j$, $\lambda'\lambda=1$) of this family a convex closure, denoted by $\mathscr{H}\{B\}$.

Let

$$\mathscr{B}_K=\mathscr{H}\{B\mid B\in\mathscr{B}_K^0\} \tag{3.7}$$

Definition 3.2 Any $B\in\mathscr{B}_K$ is called a fuzzy linear basis with respect to the partition Δ.

$\mathscr{B}_K$ is the set of all convex combinations of the set of four-dimensional fuzzy linear bases (2.3) defined on Δ.

Example 3.1 Consider the following two 3-component fuzzy bases on the partition $\Delta: a=e_0<e_1<e_2=b$. (The partition satisfies (2.3) with $i=1$ and $j=K=2$).

$$A(e_0e_1e_2)=\{A_0(x),A_1(x),A_2(x)\},$$

$$C(e_0e_1e_2)=\{C_0(x),C_1(x),C_2(x)\}, \text{where}$$

$$A_0(x)=\frac{e_2-x}{e_2-e_0},\quad e_0\leqslant x\leqslant e_2,$$

$$A_1(x)=0,\quad e_0\leqslant x\leqslant e_2,$$

$$A_2(x)=\frac{x-e_0}{e_2-e_0},\quad e_0\leqslant x\leqslant e_2,$$

and

$$C_0(x)=\begin{cases}\dfrac{e_1-x}{e_1-e_0} & e_0\leqslant x\leqslant e_1,\\ 0, & e_1\leqslant x\leqslant e_2,\end{cases}$$

$$C_1(x)=\begin{cases}\dfrac{x-e_0}{e_1-e_0} & e_0\leqslant x\leqslant e_1,\\ \dfrac{e_2-x}{e_2-e_1}, & e_1\leqslant x\leqslant e_2,\end{cases}$$

$$C_2(x)=\begin{cases}0, & e_0\leqslant x\leqslant e_1,\\ \dfrac{x-e_1}{e_2-e_1}, & e_1\leqslant x\leqslant e_2.\end{cases}$$

The convex closure of $\{A(e_0e_1e_2),C(e_0e_1e_2)\}$ (cf. 2.7) is

$\mathscr{B}_2 = \mathscr{H}\{B \mid B \in \mathscr{B}_2^0\} = \{B_0^\lambda(x), B_1^\lambda(x), B_2^\lambda(x) \mid x \in \Delta\}$, where

$$B_0^\lambda(x) = \begin{cases} \lambda \dfrac{e_2 - x}{e_2 - e_0} + (1+\lambda)\dfrac{e_1 - x}{e_1 - e_0}, & e_0 \leqslant x \leqslant e_1, \\ \lambda \dfrac{e_2 - x}{e_2 - e_0}, & e_1 \leqslant x \leqslant e_2. \end{cases}$$

$$B_1^\lambda(x) = \begin{cases} (1-\lambda)\dfrac{x - e_0}{e_1 - e_0}, & e_0 \leqslant x \leqslant e_1, \\ (1-\lambda)\dfrac{e_2 - x}{e_2 - e_1}, & e_1 \leqslant x \leqslant e_2 \end{cases} \tag{3.8}$$

$$B_2^\lambda(x) = \begin{cases} \lambda \dfrac{x - e_0}{e_2 - e_0}, & e_0 \leqslant x \leqslant e_1, \\ \lambda \dfrac{x - e_0}{e_2 - e_0} + (1-\lambda)\dfrac{x - e_1}{e_2 - e_1}, & e_1 \leqslant x \leqslant e_2. \end{cases}$$

If $e_1 - e_0 = e_2 - e_1$, then $e_2 - e_0 = 2(e_1 - e_0)$ and $B_0^\lambda(e_1) = B_2^\lambda(e_1) = \dfrac{\lambda}{2}$, $B_1^\lambda(e_1) = 1 - \lambda$.

We illustrate $\mathscr{B}_2$ in Fig. 3.

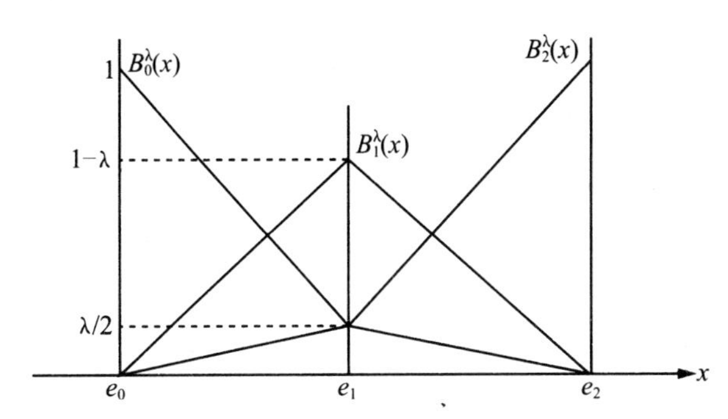

Fig. 3. Illustration of $\mathscr{B}_2$

Let

$$L = L_K = \left\{ \mu = (\mu_0, \mu_1, \cdots, \mu_K) \mid \mu_K \geqslant 0 (k = 0, 1, \cdots, K), \sum_k \mu_k = 1 \right\} \tag{3.9}$$

Theorem 3.1 *For any* $B \in \mathscr{B}_K$, $B = \{B_k(x)\}$ $(k = 0, 1, \cdots, K)$, $x \in [a, b]$, *we have that*

$$\mu = (B_0(x), B_1(x), \cdots, B_K(x)) \in L \tag{3.10}$$

and

$$\sum_{k=0}^{K} e_k B_k(x) = x.$$

Proof Since $B=\{B_k(x)\}(k=0,1,\cdots,K)$ is a fuzzy basis, we have

$$B_k(x) \geqslant 0, \sum_{k=0}^{K} B_k(x) = 1$$

so that (3.10) holds. Since $B \in \mathscr{B}_K$, B is a convex combination of $\{B_j\}$ $(j=1,2,\cdots,n)$, where $B_j = \{B_{jk}(x)\}_{(k=0,1,\cdots,K)} \in \mathscr{B}_K^0$. By Wang et al. [1998] (Theorem 3.1),

$$\sum_{k=0}^{K} e_k B_{ij}(x) = x.$$

Thus,

$$\begin{aligned}\sum_{k=0}^{K} e_k B_k(x) &= \sum_{k=0}^{K} e_k \Big(\sum_{j=1}^{n} \lambda_j B_{jk}(x)\Big) \\ &= \sum_{j=1}^{n} \lambda_j \Big(\sum_{k=0}^{K} e_k B_{jk}(x)\Big) \\ &= \sum_{j=1}^{n} \lambda_j x = x \sum_{j=1}^{n} \lambda_j = x,\end{aligned}$$ ■

Theorem 3.2 *For any $\mu \in L_K$, (L_K is defined in (3.9)) there is a $B=\{B_k(x)\}_{(k=0,1,\cdots,K)} \in \mathscr{B}_K$ such that*

$$\mu_k = B_k(e_0 u_0 + e_1 u_1 + \cdots + e_K \mu_K) \qquad (k=0,1,\cdots,K) \qquad (3.11)$$

Proof Apply mathematical induction on K.

(1) Theorem 3.2 is true when $K=1$

Indeed, in this case $\mathscr{B}_K = \mathscr{B}_1^0$ consists of a single fuzzy linear basis $B(e_0 e_1)$. Therefore, $\mu_k = B_k(e_0\mu_0 + e_1\mu_1)$, where $\mu_k \in L_1^0 (k=0,1)$ and $e_0\mu_0 + e_1\mu_1 = x$ by theorem 3.1.

(2) Assume that Theorem 3.2 is true for $K \leqslant n$. We are going to prove that it is true for $K=n+1$. We consider the following situations:

(2.1) $\mu_i = 0$, $\exists\, i \in \{0,1,\cdots,n+1\}$

(2.2) $\mu_k \neq 0$, $\forall\, k \in \{0,1,\cdots,n+1\}$

(2.1) If $\mu_i = 0$, $\exists\, i \in \{0,1,\cdots,n+1\}$, then

$\mu' = (\mu_0, \mu_1, \cdots, \mu_{i-1}; \mu_{i+1}, \cdots, \mu_{n+1}) \in L_n$. There is a

$B = \{B_0(x), B_1(x), \cdots, B_{i-1}(x); B_{i+1}(x), \cdots, B_{n+1}(x)\} \in \mathscr{B}_n$

such that, for

$$x^{*}=e_0\mu_0+e_1\mu_1+\cdots+e_{i-1}\mu_{i-1}+e_{i+1}\mu_{i+1}+\cdots+e_{n+1}\mu_{n+1},$$

we have $B_k(x^{*})=\mu_k(k\in\{0,1,\cdots,n+1\},k\neq i)$. But since $\mu_i=0$,

$$x=e_0\mu_0+e_1\mu_1+\cdots+e_{n+1}\mu_{n+1}=x^{*}.$$

Adding $B_i(x)\equiv 0$ to B gives $B'=B\cup\{B_i(x)\}\in\mathscr{B}_{n+1}$, where

$$B_k(x)=B_k(x^{*})=\mu_k(k\in\{0,1,\cdots,n+1\},k\neq i)$$

$B_i(x)=0=\mu_i$, implying that (3.11) is true.

(2.2) Assume next that $\mu_k\neq 0$, $\forall k\in\{0,1,\cdots,n+1\}$

The proof is divided into branches depending on the following assumptions:

(i) $\exists i\in\{0,1,\cdots,n+1\}$,

$$e_0\mu_0+\cdots+e_i\mu_i+\cdots+e_{n+1}\mu_{n+1}=e_i,$$

(ii) $e_i<\sum_k e_k\mu_k=x^{*}<e_{i+1}$,

(iia) $t=\mu_i/\lambda=\mu_{i+1}/(1-\lambda)$,

(iib) $t=\mu_i/\lambda<\mu_{i+1/}(1-\lambda)$,

(iic) $t=\mu_i/\lambda<\mu_{i+1/}(1-\lambda)$.

(i) $\exists i\in\{0,1,\cdots,n+1\}$,

$$e_0\mu_0+\cdots+e_i\mu_i+\cdots+e_{n+1}\mu_{n+1}=e_i,$$

Then

$$e_0\mu_0+\cdots+e_{i-1}\mu_{i-1}+e_{i+1}\mu_{i+1}+\cdots+e_{n+1}\mu_{n+1}=\sum_k e_k\mu_k-e_i\mu_i=(1-\mu_i)e_i.$$

Let

$$\mu'_k=\frac{\mu_k}{(1-\mu_i)},\quad (k\in\{0,1,\cdots,n+1\},k\neq i)$$

Then, $\sum_{k\neq t}\mu'_k e_k=e_i$.

Since Theorem 3.2 is true for $K=n$, there is a

$$B^{*}=\{B_k^{*}(x)\}_{(k=0,1,\cdots,n+1,k_i)}\in\mathscr{B}_n\text{, such that}$$

$$B_k^{*}(ei)=\mu'_k=\frac{\mu_k}{1-\mu_i}\quad (k=0,1,\cdots,n+1;k\neq i),$$

Now, let $A=\{A_k(x)\}_{(k=0,1,\cdots,n+1)}\in\mathscr{B}_{n+1}$, where

$$A_k(x)=B_k^*(x)(k=0,1,\cdots,n+1;k\neq i),$$

$A_i(x)=0$ $(k=i)$ and

$C=\{C_k(x)\}_{(k=0,1,\cdots,n+1)}\in\mathscr{B}_{n+1}$, where

$$C_0(x)=\begin{cases}\dfrac{e_i-x}{e_i-e_0}, & e_0\leqslant x\leqslant e_i,\\ 0, & e_i<x\leqslant e_{n+1}.\end{cases}$$

$$C_i(x)=\begin{cases}\dfrac{x-e_0}{e_i-e_0}, & e_0\leqslant x\leqslant e_i,\\ \dfrac{e_{n+1}-x}{e_{n+1}-e_i}, & e_i<x\leqslant e_{n+1}.\end{cases}$$

$$C_{n+1}(x)=\begin{cases}0, & e_0<x\leqslant e_i,\\ \dfrac{x-e_i}{e_{n+1}-e_i}, & e_i\leqslant x\leqslant e_{n+1}.\end{cases}$$

Let $B=\{B_k(x)\}_{(k=0,1,\cdots,n+1)}\in\mathscr{B}_{n+1}$, where

$B=(1-\mu_i)A+\mu_iC$. The Components of B are

$$B_0(x)=\mu_1C_0(x)+(1-\mu_i)B_0^*(x),$$

$$B_k(x)=\mu_iC_k(x)+(1-\mu_i)B_k^*(x),$$

$$B_i(x)=\mu_iC_i(x),$$

$$B_{n+1}(x)=\mu_iC_{n+1}(x)+(1-\mu_i)B_{n+1}^*(x).$$

Thus,

$$\begin{aligned}B_0\Big(\sum_{k\neq i}e_k\mu'_k\Big)&=B_0(e_i)=\mu_0C_0(e_i)+(1-\mu_0)B_0^*(e_i)\\&=(1-\mu_0)B_0^*(e_i)=\mu_0,\\ B_i\Big(\sum_{k\neq i}e_k\mu'_k\Big)&=B_i(e_i)=\mu_iC_i(e_i)=\mu_i,\\ B_k\Big(\sum_{k\neq i}e_k\mu'_k\Big)&=B_k(e_i)=(1-\mu_i)B_k^*(e_i)\\&=\mu_k(k\in\{1,2,\cdots,n\},k\neq i),\\ B_{n+1}\Big(\sum_{k\neq i}e_k\mu'_k\Big)&=B_{n+1}(e_i)\\&=\mu_iC_{n+1}(e_i)+(1-\mu_i)B_{n+1}^*(e_i)\\&=(1-\mu_i)B_{n+1}^*(e_i)=\mu_{n+1}.\end{aligned}$$

Since (3.11) is true.

(iia) $e_i < \sum_k e_k\mu_k = x^* < e_{i+1}$ and

$$t=\mu_i/\lambda=\mu_{i+1}/(1-\lambda),$$

Then

$x^*=\lambda e_i+(1-\lambda)e_{i+1}$ and

$$\begin{aligned}
&e_0\mu_0+\cdots+e_{i-1}\mu_{i-1}+e_{i+2}\mu_{i+2}+\cdots+e_{n+1}\mu_{n+1}\\
&=\sum_k e_k\mu_k-(e_i\mu_i+e_{i+1}\mu_{i+1})\\
&=x^*-(e_i\mu_i+e_{i+1}\mu_{i+1})\\
&=x^*-(e_i\lambda t+e_{i+1}(1-\lambda)t)=(1-t)x^*.
\end{aligned}$$

There exists an $A^*=\{A_k^*(x)\}_{(k\in\{0,1,\cdots,n+1\},k\neq i,i+1)}\in\mathscr{B}_n$, such that

$$A_k^*(x^*)=\frac{\mu_k}{1-t}\quad(k\in\{0,1,\cdots,n+1\},k\neq i,i+1),$$

let $A=\{Ak(x)\mid(k=1,2,\cdots,n+1)\in\mathscr{B}_{n+1}$, where.

$$Ak(x)=A_k^*(x)\quad(k\in\{0,1,\cdots,n+1\},k\neq i,i+1),$$

$$A_i(x)=A_{i+1}(x)\equiv 0;$$

Let $B(e_0e_ie_{i+1}e_{n+1})=\{C_0^*(x^*),C_i^*(x^*),C_{i+1}^*(x^*),C_{n+1}^*(x^*)\}$, where

$$C=\{C_k(x)\}_{(k=0,1,\cdots,n+1)}\in\mathscr{B}_{n+1};$$

$$C_k(x)=C_k^*(x),k\notin\{0,n+1\},$$

$$C_k(X)\equiv 0,k\in\{0,n+1\}.$$

Let $B=\{B_k(x)\}_{(k=0,1,\cdots,n+1)}\in\mathscr{B}_{n+1}:B=(1-t)A+tC$

The components of B are (recall that $t=\mu_i/\lambda$)

$$\begin{aligned}
B_0(x^*)&=(1-t)A_0^*(x^*)+tC_0^*(x^*)\\
&=(1-t)A_0^*(x^*)=(1-t)\frac{\mu_0}{1-t}=\mu_0,
\end{aligned}$$

$$\begin{aligned}
B_1(x^*)&=(1-t)A_i^*(x^*)+tC_i^*(x^*)\\
&=tC_i^*(x^*)=t\frac{e_{i+1}-x^*}{e_{i+1}-e_i}\\
&=t\frac{e_{i+1}-(\lambda e_i+(1-\lambda)e_{i+1})}{e_{i+1}-e_i}\\
&=\frac{\mu_i}{\lambda}\frac{\lambda(e_{i+1}-e_i)}{e_{i+1}-e_i}=\mu_i,
\end{aligned}$$

$$B_{i+1}(x^*)=tC_{i+1}^*(x^*)=\frac{\mu_{i+1}}{1-\lambda}\frac{x^*-e_i}{e_{i+1}-e_i}$$

$$=\frac{\mu_{i+1}}{1-\lambda}\frac{\lambda_{ei}+(1-\lambda)e_{i+1}-e_i}{e_{i+1}-e_i}=\mu_{i+1},$$

$$B_k(x^*)=(1-t)A_k^*(x^*)=(1-t)\frac{\mu_k}{1-t}$$

$$=\mu_k,(k\neq 0,i,i+1,n+1)$$

$$B_{n+1}(x^*)=(1-t)A_{n+1}^*(x^*)=(1-t)\frac{\mu_{n+1}}{1-t}=\mu_n,$$

$\therefore$(3.11) holds.

(iib) $e_i<\sum_k e_k\mu_k=x^*<e_{i+1}$ and

$$t=\mu_i/\lambda<\mu_{i+1}/(1-\lambda).$$

In this case, we can define

$$(e_0\mu_0+\cdots+e_{n+1}\mu_{n+1})-\left(e_i\mu_i+e_{i+1}\frac{1-\lambda}{\lambda}\mu_i\right)$$

$$=x^*-\left(\mu_i e_i-\frac{1-\lambda}{\lambda}\mu_i e_{i+1}\right)$$

$$=x^*-\frac{\mu_i}{\lambda}(\lambda e_i+(1-\lambda)e_{i+1})=(1-t)x^*.$$

There exists an $A^*=\{A_k^*(x)\}_{(k\in\{0,1,\cdots,n+1\},k\neq i)}\in\mathscr{B}_n$, such that

$$A_k^*(x^*)=\frac{\mu_k}{1-t}\quad(k\in\{0,1,\cdots,n+1\}\quad k\neq i,i+1)$$

$$A_{i+1}^*(x^*)=\frac{\lambda\mu_{i+1}-(1-\lambda)\mu_i}{\lambda(1-t)}.$$

Let $C=\{C_k(x)\}_{(k\in\{0,1,\cdots,n+1\})}\in\mathscr{B}_{n+1}$:

$$C_k(x)=C_k^*(x),k\in\{0,i,i+1,n+1\},$$

$$C_k(x)\equiv 0,k\notin\{0,i,i+1,n+1\},$$

$$A=\{A_k(x)\}_{(k=1,2,\cdots,n+1)}\in\mathscr{B}_{n+1}:$$

$$A_k(x)=A_k^*(x),k\in\{i,i+1\},$$

$$A_i(x)=0,k\notin\{i,i+1\},$$

Define $B=\{B_k(x)\}_{(k=0,1,\cdots,n+1)}\in\mathscr{B}_{n+1}$: $B=(1-t)A+tC$, with the components

$$B_0(x^*)=(1-t)A_0^*(x^*)+tC_0^*(x^*)=(1-t)A_0^*(x^*)=\mu_0,$$

$$B_i(x^*)=tC_i^*(x^*)=t\frac{e_{i+1}-x^*}{e_{i+1}-e_i}$$

$$=t\frac{e_{i+1}-(\lambda e_i+(1-\lambda)e_{i+1})}{e_{i+1}-e_i}=\lambda t=\mu_i,$$

$$B_k(x^*)=(1-t)A_k^*(x^*)=(1-t)\frac{\mu_k}{1-t}$$

$$=\mu_k, k\notin\{0,i,i+1,n+1\},$$

$$B_{i+1}(x^*)=(1-t)A_{i+1}^*(x^*)+tC_{i+1}^*(x^*)$$

$$=(1-t)\frac{\lambda\mu_{i+1}-(1-\lambda)\mu_i}{\lambda(1-t)}+t\frac{\lambda e_i+(1-\lambda)e_{i+1}-e_i}{e_{i+1}-e_i}$$

$$=\frac{\lambda\mu_{i+1}-(1-\lambda)\mu_i}{\lambda}+\mu_i\frac{\lambda e_i+(1-\lambda)e_{i+1}-e_i}{\lambda(e_{i+1}-e_i)}$$

$$=\frac{\lambda\mu_{i+1}e_{i+1}-\lambda\mu_{i+1}e_i-(1-\lambda)\mu_ie_{i+1}+(1-\lambda)\mu_ie_i+\lambda\mu_ie_i+(1-\lambda)\mu_ie_{i+1}-\mu_ie_i}{\lambda(e_{i+1}-e_i)}$$

$$=\frac{\lambda\mu_{i+1}(e_{i+1}-e_i)}{\lambda(e_{i+1}-e_i)}=\mu_{i+1},$$

$$B_{n+1}(x^*)=(1-t)A_{n+1}^*(x^*)+tC_{n+1}^*(x^*)$$

$$=(1-t)A_{n+1}^*(x^*)=(1-t)\frac{\mu_{n+1}}{1-t}=\mu_n,$$

Since (3. 11) is true.

(iic) $e_i<\sum_k e_k\mu_k=x^*<e_{i+1}$ and $t=\mu_i/\lambda>\mu_{i+1}/(1-\lambda)$,

This case can be proved analogously to (iib). ■

Theorems 3. 1 and 3. 2 demonstrate that there is a functional relationship between L_K and $\mathscr{B}_K$. We can also represent this relationship through the graph of fuzzy interpolation.

Let

$$\begin{aligned}\Gamma&=\Gamma_K(\Phi)\\&=\mathscr{H}\{(x,y)\mid\exists y_1,y_2:(x,y)\in\Gamma_K^0(\Phi),y_1\leqslant y\leqslant y_2\},\end{aligned}\tag{3.12}$$

Theorem 3. 3 *Given break points Φ on Δ, we have*

$$\Gamma=\Gamma_K(\Phi)=\bigcup\{G(B,\Phi)\mid B\in\mathscr{B}_K\}.\tag{3.13}$$

Proof Suppose that $(x,y)\in\bigcup\{G(B,\Phi)\mid B\in\mathscr{B}_K\}$, i. e., there is a $B\in\mathscr{B}_K$, such that $(x,y)\in G(B,\Phi)$. This means that $x\in[a,b]$ and $y=\sum_{k=0}^{K}p_kB_k(x)$. Since $B\in\mathscr{B}_K$, B is a convex combination of simplest fuzzy bases in $\mathscr{B}_K^0$:

$$B_k(x) = \sum_{j=1}^{n} \lambda_j B_{jk}(x) \quad (k = 0,1,\cdots,K) \quad \left(\lambda_j \geqslant 0, \sum_j \lambda_j = 1\right),$$

where $B_j = \{B_{jk}\}_{(k=0,1,\cdots,K)} \in B_K$.

For any $j \in \{1,2,\cdots,n\} \left(x, \sum_{k=0}^{K} p_k B_{jk}(x)\right) \in \Gamma_K^0(\Phi)$,

Let

$$y_i = \sum_{k=0}^{K} p_k B_{jk}(x), (j = 1,2,\cdots,n),$$

$$y = \sum_{k=0}^{K} p_k B_k(x) = \sum_{k=0}^{K} p_k \left(\sum_{j=1}^{n} \lambda_j B_{jk}(x) \right)$$

$$= \sum_{j=1}^{n} \lambda_j \left(\sum_{k=0}^{K} p_k B_{jk}(x) \right) = \sum_{j=1}^{n} \lambda_j y_j.$$

By (3.12), $\{y_1 < y < y_2\} \Rightarrow (x,y). \in \Gamma_K^0(\Phi)$.

Inversely, assume that $(x,y) \in \Gamma_K^0(\Phi)$ for $y_1 \leqslant y \leqslant y_2$. By (3.12), there are two simplest fuzzy bases $\{B_1, B_2\} \in \mathscr{B}_K^0(\Phi)$ such that

$$y_i = \sum_{k=0}^{K} p_k B_{ik}(x), \quad (i = 1,2),$$

Let $y = \lambda y_1 + (1-\lambda) y_2$ and $B = \lambda B_1 + (1-\lambda) B_2$, where $B_i = \{B_{ik}(x)\}$, $k \in \{0,1,\cdots,K\}, i \in \{1,2\}$ Then

$$y = \sum_{y=1}^{2} \lambda_j y_j = \sum_{y=1}^{2} \lambda_j \left(\sum_{k=0}^{K} p_k B_{jk}(x) \right)$$

$$= \sum_{k=0}^{K} p_k \left(\sum_{j=1}^{2} \lambda_j B_{jk}(x) \right) = \sum_{k=0}^{K} p_k B_k(x).$$

Now $B \in \mathscr{B}_K \Rightarrow (x,y) \in G(B,\Phi)$. Hence $(x,y) \in \bigcup \{G(B,\Phi) \mid B \in \mathscr{B}_K\}$.

■

Theorem 3.4 *For any $\mu \in L_K$, there exists one and only one point $P = P(x,y) \in \Gamma_K$, such that*

$$x = \sum_{k=0}^{K} e_k \mu_k, y = \sum_{k=0}^{K} p_k \mu_k. \tag{3.14}$$

Inversely, for any point $P = P(x,y) \in \Gamma_K$, there corresponds a class of $\mu \in L_K$ satisfying (3.14).

Proof The proof follows from Theorems (3.1~3.3). ■

§ 4. Conclusion

In [15], we introduced the concepts of fuzzy bases, fuzzy linear interpolation and fuzzy polygon of four-component fuzzy linear bases. In [16], these concepts were used in the maximal profile of the set of polygons generated. from a set of break points for each variable dimension. The concept was operationalized in a FLBA for nonlinear separable programming problems involving no more than a finite number of discontinuities. The FLBA provides a powerful platform for parallel processing of the fuzzy linear sub-problems included in the finite FLB-chain. In this paper we extend the theory of fuzzy linear bases from the set of polygons to a polyhedral representation of four-component fuzzy linear bases defined on the closed subset of the real line. The practical implication of our study is that a nonlinear separable programming problem can be transformed into fuzzy linear programming formulations using not only distinct fuzzy bases, but any suitable linear combination of four-component bases.

The theory of fuzzy linear bases provides suggestions for future research. First, the possibility to extend the theory from separable problems to simultaneous equation systems should be considered. The gradient hyperplane of the objective function might give a basis for further research. Another important issue is the question whether the fuzzy linear basis theory could be extended from triangular membership functions to other types composed of linear sub-segments, such as the trapezoidal membership functions. Third, the possibility to solve the sub-problems in the FLP-relaxation brings efficient utilization of parallel programming techniques for finding the optimal solution. Since the FLP-technique is robust, it always guarantees a solution at the given level of accuracy. Finally, an initial solution is generated through a coarse FLP-relaxation and then an appropriate nonlinear technique is invoked to find the solution to the original problem.

References

[1] Amman E E, Kassem A E-H. On stability analysis of multivariate LP problems with fuzzy parameters. Fuzzy Sets and Systems, 1996, 83: 331－334.

[2] Bellman R, Zadeh L A. Decision-making in a fuzzy environment. Management Science, 1970, 17B: 141－164.

[3] Buckley J J. Joint solution to fuzzy programming problems. Fuzzy Sets and Systems, 1995, 72: 215－220.

[4] Narazaki H, Watanabe T. A case-based approach for modelling nonlinear systems. Fuzzy Sets and Systems, 1996: 77－86.

[5] Östermark R. Temporal interdependence in fuzzy MCDM problems. Fuzzy Sets and Systems, 1997, 88(1): 69－79.

[6] Östermark R, Saarinen M. Practical aspects and experiences. Parallel implementation of a VARMAX algorithm. Parallel Computing, 1994, 20: 1 711－1 720.

[7] Östermark R, Saarinen M. A multiprocessor interior point algorithm. Kybernetes, 1996, 25(4): 84－100.

[8] Östermark R. A flexible multicomputer algorithm for artificial neural networks. Neural Networks, 1996, 9(1): 169－178.

[9] Östermark R. A flexible multicomputer algorithm for elementary matrix operations. CSC News, High Performance Computing and Networking in Finland. 1997, 25－28.

[10] Saad O M. Stability on multiobjective linear programming problems with fuzzy parameters. Fuzzy Sets and Systems, 1995, 74: 207－215.

[11] Wang P Z. The essential of fuzzy computing and its applications on nonlinear programming. Journal of Chinese Fuzzy System Association, 1995, 1: 29－38.

[12] Wang P Z, Tan S H, Song F, Liang P. Constructive theory for fuzzy systems. Fuzzy set and Systems, 1997, 88: 195－203.

[13] Wang P Z, Tan S K, Tan S H. Toward a framework for fuzzy dynamic systems, IEEE Expert Intelligent Systems and Applications, 1994, 9 (4): 39－40.

[14] Wang P Z, Zhang D Z, Sanchez E, Lee E S. Latticized linear programming and fuzzy relation inequalities. Journal of Mathematical Analysis and Applications, 1991, 159(1): 72－87.

[15] Wang P Z, Ralf Östermark, Rajan Alex, Tan S H. Using fuzzy bases to re-

solve nonlinear programming problems. Fuzzy sets and Systems, 2001, 171 (1): 81－93.

[16] Wanb P Z, Ralf Östermark, Rajah Alex, Tan S H. A Fuzzy Linear Basis Algorithm for Nonlinear Separable Programming Problems.

[17] Zimmermann H-J. Fuzzy programming and linear programming with several objective functions. Fuzzy Sets and Systems, 1978, 1: 45－55.

Statistical Modeling, Analysis and Management of Fuzzy Data
Bertoluzza C, Gil M A, Ralescu Dan A eds.
Physica-Verlag HD 2002, New York, 145—154

始于交系的测度扩张定理及落影测度表现[①]

Measure Extension from Meet-Systems and Falling Measures Representation

Abstract A renewed measure extension theorem is presented in this paper which extends measure from a meet-system M to B, the σ-algebra generated from M. Based on it, the falling measures representation theorems are given.

§ 1. Introduction

Through random sets to deal with fuzzy theory and applications has been developed several years. Among this flow there is the Failing Shadow Representation theory presented by the authors (see papers by Wang et al. in References), which aims to treat fuzzy information and fuzzy data by means of random sets and set-valued statistics. It does not mean from the theory that the fuzziness can be totally transferred into and covered by the randomness; The fuzziness is much different from the rendomness. But we also believe that there are some relationships between them. Usually, "a phenomena with fuzziness in the 'ground' U can be treaded as a phenomena with randomness in the 'sky', the power of U" (see Wang, 1985). Fuzzy theory and probability can benefit each other. From this aspect, many interested results have been found. Based on the

① 本文与 Chen Y C 和 Low B T 合作.

author's work (Wang,1985), in this paper we will introduce one of the foundations of the Falling Shadow Representation theory. That is the measures' extension theorem extending measure starting from meet-systems. The result is not only important for falling measures' representation, it can be also shared in the researches of probability and measure theory.

In Section 2, a renewed measure extension theorem which extending measures from meet-systems will be given. In Section 3, the representation theorems for the four kinds of falling measures will be introduced. Finally, a simple conclusion can be found in Section 4.

§ 2. Measure extension from meet-systems

A non-negative, σ-additive set-function m with $m(\varnothing)=0$ is called a measure. The classical measure-extension theorem told us that a measure can be extended from $\mathscr{F}$, an algebra (or field) to $\mathscr{B}$, the σ-algebra generated from $\mathscr{F}$. $\mathscr{F}$ is the start-point of extension. Most of the non-additive set functions used in the researches of subjective measurements are always concerned with some additive measures on the "sky", the power of the universe of discussion $\mathscr{P}(X)$. In these cases, the classical measure extension theory is not competent enough to fit the practical needs excepted we can move the start-point to the simple structure: meet-systems. In this section we will give a renewed measure extension theorem which will extend a finitely additive measure from $\mathscr{M}$ to $\mathscr{F}$, and extend a "measure" from $\mathscr{M}$ to $\mathscr{B}$, the σ-algebra generated from $\mathscr{M}$.

A *meet-system* on X is a non-empty group of subsets $\mathscr{M}\subseteq\mathscr{P}(X)$ satisfies:

1. $X\in\mathscr{M}$;

2. If $A,B\in\mathscr{M}$, then $A\cap B\in\mathscr{M}$.

From a meet-system M going to an algebra $\mathscr{F}$ needs to pass through the following steps:

1. $\mathscr{M}_{\cup}=[\mathscr{M}]_{\cup}=\{\cup_{i\in I}A_i:|I|\geqslant 0,A_i\in\mathscr{M}\}$,

2. $\mathscr{D}=\mathscr{M}(\backslash)[\mathscr{M}]_{\cup}=\{A\backslash U_{i\in I}B_i:|I|\geqslant 0,A,B_i\leqslant\mathscr{M}\}$,

3. $\mathscr{F}=[\mathscr{D}]_{\cup}=\{\bigcup_{i\in I}D_i: |I|\geqslant 1, D_i\in\mathscr{D}\}$.

$\mathscr{F}$ is the algebra generated from $\mathscr{M}$.

To simplify, we only talk about the extension of probability, which is a kind of measures with $p(X)=1$.

For easy to typing, we write $m[n]$, $m[n+1]$ to denote the double index m_n, m_{n+1}, and so on. We promise that $I_n=\{1,2,\cdots,n\}$, $J_m=\{1,2,\cdots,m\}$ in this paper.

The 2-*ary additive property* of a probability on $\mathscr{F}$ is represented as:

$$p(B_1\cup B_2)=p(B_1)+p(B_2)-p(B_1\cap B_2). \tag{1}$$

When $A\supseteq B_1\cup B_2$, $p(A)\geqslant p(B_1\cup B_2)$, so that

$$p(A)-(p(B_1)+p(B_2))+p(B_1\cap B_2)\geqslant 0. \tag{2}$$

The formula (2) reflects the additive property and the monotony of probability together. For any $A, B_1, B_2\in\mathscr{F}$, we have that $A\supseteq(B_1\cup B_2)\cap A=(B_1\cap A)\cup(B_2\cap A)$, then (2) becomes

$$p(A)-p(B_1\cap A)+p(B_2\cap A)+p(B_1\cap B_2\cap A)\geqslant 0. \tag{2'}$$

The generalized formulae of (1) and (2′) can be written as follows:

$$p(\bigcup_{i\in I_n}B_i)=\sum_{\varnothing\neq I\subseteq I_n}(-1)^{|I|-1}p(\bigcap_{i\in I_n}B_i) \tag{3}$$

which is the generalization of (1) and is called the *recurrent additive property* of probability. For any $A, B_1, \cdots, B_n\in\mathscr{F}$,

$$\sum_{I\subseteq I_n}(-1)^{|I|}p(\bigcap_{i\in I}B_i\cap A)\geqslant 0 \tag{4}$$

which is the generalization of (2′) where $\bigcap_{i\in I}B_i=X$ whenever $I=\varnothing$. (4) is the same as

$$p(A)-\sum_{\varnothing\neq I\subseteq I_n}(-1)^{|I|-1}p(\bigcap_{i\in I}B_i\cap A)\geqslant 0. \tag{4'}$$

On the algebra, the 2-ary additive property (1) implies the recurrent additive property (3). Unfortunately, on a meet-system, the later cannot be deduced from the former. So we need some definition for describing the character of probability when it is just defined on a meet-system.

Definition 1 Let $\mathscr{M}$ be a meet-system on X. The mapping $P^0:\mathscr{M}\to[0,1]$ is called a *proba* on $\mathscr{M}$ if $P^0(X)=1$, and (3) and (4) hold, i.e., for any $A, B_1, \cdots, B_n\in\mathscr{F}$,

$$\sum_{I\subseteq I_n}(-1)^{|I|}P^0(\bigcap_{i\in I}B_i\cap A)\geqslant 0,$$

and "=" is taken whenever $A=B_1\cup B_2\cup\cdots\cup B_n$. A proba is called a *probabi* on $\mathscr{M}$ if it is continuous, i. e., for any monotone sequence $B_n\subseteq\mathscr{M}$. $\lim\limits_{n\to\infty}B_n=A\in\mathscr{M}$, we have that

$$P^0(B_n)\to P^0(A)\quad(\text{as } n\to\infty).$$

To get the renewed measure extension theorem, at first, we need to prove a lemma which just consider a finite meet-system on X.

Suppose that $C=\{C_1,C_2,\cdots,C_n\}\subseteq\mathscr{P}(X)$, and $X\in C$. Set

$$d(C)=\{\alpha_1\cap\alpha_2\cap\cdots\cap\alpha_n:\ \alpha_i=C_i\text{ or }C_i^c, i=1,2,\cdots,n\},$$

Which is called the(X)*division* generated by C. Set

$$a(C)=\left\{\sum_{i\in I}D_i:|I|\geqslant 0;D_i\in d(C)\right\},$$

which is the algebra generated from C, and where

$$\sum_{i\in I}D_i=\varnothing\text{ when }|I|=0.$$

A mapping $P^*:d(C)\to[0,1]$ satisfying that

1. $P^*(\varnothing)=0$ if $\varnothing\in C$,

2. $\sum\limits_{D\in d(C)}P^*(D)=1$,

is called a *basic distribution* on $d(C)$, by which a probability p can be uniquely determined on $a(C)$ as follows:

$$p\left(\sum_{i\in I}D_i\right)=\sum_{i\in I}P^*(D_i)\quad(D_i\in d(C)).$$

Lemma 1 *For any $n\geqslant 1$, let $C=\{C_1,C_2,\cdots,C_n,\}\subseteq P(X)$ be a meet-system consists of n subsets of X. Let P^0 be a proba on C. Then, P^0 can be uniquely extended to a probability defined on C, the algebra generated from C.*

Proof Use the method of mathematical induction. If $n=1$: $C=\{X\}$, $d(C)=\{X,\varnothing\}$, $a(C)=\{X,\varnothing\}$. There is one and only one way to define a probability p on $a(C)$:

$$p(X)=P^0(X)=1;\quad p(\varnothing)=0,$$

hence Lemma 1 is true.

If $n=2$: $C=\{X,A\}$, $d(C)=\{A,A^c,\varnothing\}$, $\mathscr{F}=\{A,A^c,X,\varnothing\}$. There is one and only one way to define a probability p on $a(C)$:

$$p(A)=P^0(A), p(A^c)=1-P^0(A), p(X)=P^0(X)=1, p(\varnothing)=0,$$

whence Lemma 1 is true.

Suppose that Lemma is true for n, and consider $n+1$. Let $C=\{C_1, C_2, \cdots, C_n, C_{n+1}\}\subseteq\mathscr{P}(X)$ be a meet-system on X with $n+1$ members. Set $S=\{C_1, C_2, \cdots, C_n\}\subseteq C$ and make that $X\in S$. S is a meet-system on X. Let $d_{.1}$ and $a_{.1}$ be the (X) division and the algebra generated from S, respectively. Set $\mathscr{N}=\{C_1\cap C_{n+1}, \cdots, C_n\cap C_{n+1}\}\subseteq C$, which is a meet-systems on $X'=X\cap C_{n+1}=C_{n+1}$. Let $d_{.2}$ and $a_{.2}$ be the (X') division and the algebra generated from $\mathscr{N}$ in the space X', respectively. Let p^0 be a proba defined on C. According to the assumption, Lemma 1 is true for S and $\mathscr{N}$, then there are determinate probability $p_{.i}$ defined on $a_{.i}(i=1,2)$, respectively, which are both extended from P^0.

The (X) division generated from C is

$$d=d(C)=\{D\cap\alpha : D\in d_{.1},\ \alpha=C_{n+1} \text{ or } C^c_{n+1}\}$$

It is clear that $d_{.2}=\{D\cap C_{n+1}: D\leqslant d_{.1}\}$, so that $D\cap C_{n+1}\leqslant d_{.2}$ when $D\leqslant d_{.1}$.

Define mapping $P^*: d\to[0,1]$

$$P^*(D\cap C_{n+1})=p_{.2}(D\cap C_{n+1})(D\in d_{.1}),$$

$$P^*(D\cap C^c_{n+1})=p_{.1}(D)-p_{.2}(D\cap C_{n+1})(D\in d_{.1}).$$

We have that

$$\begin{aligned}\sum_{D\in d}P^*(D) &= \sum_{D\in d_{.1}}P^*(D\cap C_{n+1})+\sum_{D\in d_{.1}}P^*(D\cap C^C_{n+1}) \\ &= \sum_{D\in d_{.1}}(P^*(D\cap C_{n+1})+P^*(D\cap C^C_{n+1})) = \sum_{D\in d_{.1}}p_{.1}(D)=1.\end{aligned}$$

So that P^* is a basic distribution on d which determines a probability P on $a(C)$. Since $P^*(D)=p_{.i}(D), (D\in d_{.1})$, then $P(C)=p_{.i}(C)$, $(C\in a_{.i}), (i=1,2)$.

But $p_{.i}$ are extensions of P^0, so that P is an extension of P^0. It is clear that P is the only possible one probability extended from P^0. ■

Let us go to the first part of the renewed probability extension theorem:

Theorem 1 (Extension Theorem-Part 1) *Suppose that $\mathscr{M}$ is a non-*

empty meet-system on X. P^0 is a proba on $\mathscr{M}$, then P^0 can be uniquely extended to a finite probability P defined on $\mathscr{F}$, the algebra generated from $\mathscr{M}$.

Proof **Step 1** Extending P^0 from $\mathscr{M}$ to $\mathscr{M}_{\cup}$.

Define $P: \mathscr{M}_{\cup} \to [0,1]$

$$P(\bigcup_{i\in I_n} C_i) = \sum_{\varnothing \neq I \subseteq I_n} (-1)^{|I|-1} P^0(\bigcap i \in I C_i) \quad (C_i \in \mathscr{M}). \tag{5}$$

It is obvious that $P(C)=P^0(C)$, $(C\in\mathscr{M})$. The definition of P is determinate and P is additive on $\mathscr{M}_{\cup}$. Indeed, consider any two subsets $B=B_1\cup B_2\cup\cdots\cup B_n$ and $C=C_1\cup C_2\cup\cdots\cup C_m$ in $\mathscr{M}_{\cup}$. Set

$$\mathscr{M}^* = \{(\bigcap_{i\in I} B_i\}\cap(\bigcap_{j\in J} C_j): |I|\geqslant 0, |J|\geqslant 0, I\subseteq I_n, J\subseteq J_m\}\subseteq \mathscr{M}.$$

$P^0|_{\mathscr{M}_{\cup}}$, the constraint of P^0 *on* $\mathscr{M}^*$, is a proba. By Lemma 1, which uniquely determines a probability P' on $\mathscr{F}^*$, the algebra generated from $\mathscr{M}^*$. Since a probability on $\mathscr{F}^*$ satisfies the recurrent additive property. So that P' satisfies the equation (3), which coincides with the definition of P. So that $P'(C)=P(C)$, $(C\in\mathscr{F}^*\cap\mathscr{M}_{\cup})$. Note that $B=B_1\cup B_2\cup\cdots\cup B_n$, $C=C_1\cup C_2\cup\cdots\cup C_m\in\mathscr{F}^*\cup\mathscr{M}_{\cup}$

$$B\cup C=B_1\cup B_2\cup\cdots\cup B_n\cup C_1\cup C_2\cup\cdots\cup C_m\in\mathscr{F}^*\cap\mathscr{M}_{\cup},$$

$$B\cap C=(B_1\cap C_2)\cup\cdots\cup(B_n\cap C_m)\in\mathscr{F}^*\cap\mathscr{M}_{\cup}.$$

We have that $P'(B\cup C)=P'(B)+P'(C)-P'(B\cap C)$, so that $P(B\cup C)=P(B)+P(C)-P(B\cap C)$. It means that P is finitely additive.

From logical consideration, we should take $B=C$ in the beginning. When $B=C$, we have that

$$B_1\cup B_2\cup\cdots\cup B_n=(B_1\cap C_1)\cup\cdots\cup(B_n\cap C_m)=C_1\cup C_2\cup\cdots\cup C_m.$$

Since $P'(B_1\cup B_2\cup\cdots\cup B_n)=P'((B_1\cap C_1)\cup\cdots\cup(B_n\cap C_m))=P'(C_1\cup C_2\cup\cdots\cup C_m)$.

We have that

$$\begin{aligned} P(B_1\cup B_2\cup\cdots\cup B_n) &= P((B_1\cap C_1)\cup\cdots\cup(B_n\cap C_m)) \\ &= P(C_1\cup C_2\cup\cdots\cup C_m). \end{aligned}$$

It means that the definition of P is determinate.

Step 2 Generating a proba $P^{\wedge}$ on $\mathscr{D}$.

Note that $\mathscr{D}$ is a meet-system. Indeed,

$$(A\backslash(B_1\cup B_2\cup\cdots\cup B_n))\cap(A'\backslash(B_1'\cup\cdots\cup B_m'))$$
$$=(A\cap B_1^C\cap\cdots\cap B_n^C)\cap(A'\cap B_1'^C\cap\cdots\cap B_m'^C)$$
$$=(A\cap A')\cap(B_1^C\cap\cdots\cap B_n^C\cap B_1'^C\cap\cdots\cap B_m'^C)$$
$$=(A\cap A')\backslash(B_1\cup\cdots\cup B_n\cup B_1'\cup\cdots\cup B_m')\in D.$$

Define mapping $P^\wedge: D\to[0,1]$.

$$P^\wedge(A\backslash(B_1\cup B_2\cup\cdots\cup B_n))=P^0(A)-P(\cup_{i\in I_n}(B_i\cap A))$$
$$=P^0(A)-\sum_{\varnothing\neq I\subseteq I_n}(-1)^{|I|-1}P^0(\cap_{i\in I}(B_i\cap A)).$$

Since P^0 is a proba on $\mathscr{M}$, according to (4′) we have that $P^\wedge(A\backslash(B_1\cup B_2\cup\cdots\cup B_n))\geqslant 0$. This definition is determine and $P^\wedge$ is a proba on $\mathscr{D}$. The proof is similar to the proof in Step 1.

Step 3 Extension to $\mathscr{F}$.

Since $P^\wedge$ is a proba on the meet-system $\mathscr{D}$, by the consequence proved in Step 1, $P^\wedge$ can be uniquely extended to a finite probability P defined on $\mathscr{F}$, the algebra generated from $\mathscr{M}$. The proof of the first part of the theorem is completed. ■

To get the second part of the theorem, we need to consider the continuity.

Suppose that $\{A_n\}$, $\{B_n\}$ are two monotone increasing (decreasing) sequences. Write $\{A_n\}\prec\{B_n\}$ ($\{A_n\}\succ\{B_n\}$) if for any $n\geqslant 1$, there is an $N(n)$ such that $B_k\supseteq A_n$ ($B_k\subseteq A_n$) whenever $k\geqslant N(n)$. Note that "$\prec$", "$\succ$" are not inverse each other.

We say $\{B_n\}$ *is asymptotically chased* by $\{A_n\}$ if either $\{A_n\}\prec\{B_n\}$ or $\{A_n\}\succ\{B_n\}$.

Definition 2 A monotone decreasing sequence $\{B_n\}(\subseteq\mathscr{M}_\cup)$ having a limit $A=A_1\cup A_2\cup\cdots\cup A_m\in\mathscr{M}_\cup$ is called *regular* if for each $i\in\{1,2,\cdots,m\}$, there are two monotone decreasing sequences $\{A_n^{(i)}\}$, $\{V_n^{(i)}\}(\subseteq\mathscr{M})$ with $A_n^{(i)}\downarrow A_i$ and $V_n^{(i)}\backslash A_n^{(i)}\downarrow\varnothing$, such that $\{B_n\}$ is asymptotically chased by $\{A_n^{(1)}\cup\cdots\cup A_n^{(m)}\cup V_n^{(1)}\cup\cdots\cup V_n^{(m)}\}$. A monotone increasing sequence $\{B_n\}(\subseteq\mathscr{M}_\cup)$ having a limit $A=A_1\cup A_2\cup\cdots\cup A_m\in\mathscr{M}_\cup$ is called *regular* if for each $i\in\{1,2,\cdots,m\}$, there is a monotone increasing sequence

$\{A_n^{(i)}\}(\subseteq \mathscr{M})$ converging to A_i such that $\{B_n\}$ is asymptotically chased by $\{A_n^{(1)} \cup \cdots \cup A_n^{(m)}\}$. A meet-system $\mathscr{M}$ is called a regular meet-system on X if for any monotone sequence $\{B_n\}(\subseteq \mu_u)$ having a limit $A = A_1 \cup A_2 \cup \cdots \cup A_m \in \mathscr{M}_\cup$ is a regular sequence.

Theorem 2 (Extension Theorem-Part 2) *Suppose that $\mathscr{M}$ is a regular meet-system on X. If P^0 is a probabi on $\mathscr{M}$, then P^0 can be uniquely extended to a probability on B, the σ-algebra generated from $\mathscr{M}$.*

Proof Since P^0 is a probabi on $\mathscr{M}$, then P^0 is a proba on $\mathscr{M}$, then by the first part of this extension theorem, it can be uniquely extended to a finite probability P defined on $\mathscr{F}$, the algebra generated from $\mathscr{M}$. To prove the second part of the theorem, we only need to prove that P is continuous on $\mathscr{F}$.

We are going to prove that P is continuous from below. Suppose that $C, C_k \in \mathscr{F}$, $C_k \uparrow C (n \to \infty)$ where

$$C = (A_1 \setminus (B_{11} \cup \cdots \cup B_{1n[1]})) \cup \cdots \cup (A_m \setminus (B_{m1} \cup \cdots \cup B_{mn[m]}))$$
$$= A_1 B_{11}^C \cdots B_{1n[1]}^C\, U \cdots \cup A_m B_{m1}^C \cdots B_{mn[m]}^C.$$

Here we omit the symbol "$\cap$" between those subsets which are taking intersection. Set $B_{io} = A_i^C (i = 1, 2, \cdots, m)$

$$C = (B_{10} \cup B_{20} \cup \cdots \cup B_{m0}) \cap [\cap \{\cup_{i=1}^m B_{ij[i]}^C : \text{at least one } i : j[i] \neq 0\}]$$
$$= (B_{10} \cup B_{20} \cup \cdots \cup B_{m0}) \cap [\cup \{\cap_{i=1}^m B_{ij[i]} : \text{at least one } i : j[i] \neq 0\}]^c$$
$$= (A_1 \cup A_2 \cup \cdots \cup A_m) \setminus [\cup \{\cap_{i=1}^m B_{ij[i]} : \text{at least one } i : j[i] \neq 0\}]$$
$$= \alpha \setminus (\beta_1 \gamma_1 \cup \cdots \cup \beta_t \gamma_t),$$

where $\alpha = A_1 \cup A_2 \cup \cdots \cup A_m$, β_h are intersections of some members from $\{B_{ij}\}$, and for each s, γ_s is a complementary of a union of some members from $\{A_i\}$.

$$C_k = (A_i^{(k)} \setminus (B_{11}^{(k)} \cup \cdots \cup B_{1n[i]}^{(k)})) \cup \cdots \cup (A_m^{(k)} \setminus (B_{m1}^{(k)} \cup \cdots \cup B_{mn[m]}^{k}))$$
$$= \alpha^{(k)} \setminus (\beta_1^{(k)} \gamma_1^{(k)} \cup \cdots \cup \beta_t^{(k)} \gamma_t^{(k)}),$$

where $\alpha^{(k)} = A_1^k \cup \cdots \cup A_{m[k]}^k$, $\beta_h^{(k)}$ are intersections of some members from $\{B_{ij}^{(k)}\}$, and for each s, $\gamma_s^{(k)}$ is a complementary of a union of some members from $\{A_i^{(k)}\}$. For any $i \in \{1, 2, \cdots, m\}$, consider that

$$C_k \cap A_i = (\alpha^{(k)} \cap A_i) \setminus ((\beta_1^{(k)} \cap A_i) \gamma_1^{(k)} \cup \cdots \cup (\beta_t^{(k)} \cap A_i) \gamma_t^{(k)}).$$

$C_k \uparrow C(k\to\infty)$ implies that

1. $(\alpha^{(k)} \cap A_i) \uparrow A_i (k\to\infty)$;

2. $((\beta_1^{(k)} \cap A_i)\gamma_1^{(k)} \cup \cdots \cup (\beta_t^{(k)} \cap A_i)\gamma_t^{(k)})(B_{i1} \cup \cdots \cup B_{im[i]})$ $(k\to\infty)$.

Without trivial proof we can see that 2) implies

2'. $(\beta_1^{(k)} \cap A_i) \cup \cdots \cup (\beta_t^{(k)} \cap A_i) \downarrow (B_{il} \cup \cdots \cup B_{im[i]})$ $(k\to\infty)$.

Since $\mathscr{M}$ is a regular meet-system, and

$\alpha^{(k)} \cap A_i, (\beta_1^{(k)} \cap A_i) \cup \cdots \cup (\beta_t^{(k)} \cap A_i), B_{ij} \cup \cdots \cup B_{in[i]} \in \mathscr{M}_{\cup}$

so that there are monotone sequences

$$\{F_i^{(k)}\}, \text{and} \{G_{i1}^{k}\}, \cdots, \{G_{im[i]}^{(k)}\}, \{V_i^{(k)}\}, \cdots, \{V_{im[i]}^{(k)}\} \subseteq \mathscr{M},$$

$$F_i^{(k)} \uparrow A_i, \text{and } G_{i1}^{(k)} \downarrow B_{i1} \cap A_i, \cdots, G_{im[i]}^{(k)} \downarrow G^{(k)}{}_{im[i]} \cap A_i, (k\to\infty).$$

And $\{(\alpha^{(k)} \cap A_i)\}$, $\{(\beta_1^{(k)} \cap A_i) \cup \cdots \cup (\beta_t^{(k)} \cap A_i)\}$ are asymptotically chased by $\{F_i^{(k)}\}$, $\{G_{i1}^{(k)} \cup \cdots \cup G_{im[i]}^{(k)} \cup V_{i1}^{(k)} \cup \cdots \cup V_{im[i]}^{(k)}\}$, respectively. Where $V_{ij}^{(k)} \backslash G_{ij}^{(k)} \downarrow \varnothing$ $(j=1,2,\cdots,m[i])$. Since P^0 is continuous on $\mathscr{M}$, so that

$$\lim_{k\to\infty} P^0(F_i^{(k)}) = P^0(A_i).$$

Denote that $G_{i1}^{(k)} \cup \cdots \cup G_{im[i]}^{(k)} = R_i^{(k)}$, $V_{i1}^{(k)} \cup \cdots \cup V_{im[i]}^{k} = W_i^{(k)}$ and since that $V_{ij}^{(k)} \backslash G_{ij}^{(k)} \downarrow \varnothing$, so that $W_i^{(k)} \backslash R_i^{(k)} \downarrow \varnothing$. Without trivial statement we have that $\lim\limits_{k\to\infty} P(W_i^{(k)} \backslash R_i^{(k)}) = 0$. So that

$$\begin{aligned}
\lim_{k\to\infty} P(R_i^{(k)} \cup W_i^{(k)}) &= \lim_{k\to\infty} P(R_i^{(k)}) + \lim_{k\to\infty} P(W_i^{(k)} \backslash R_i^{(k)}) \\
&= \lim_{k\to\infty} P(R_i^{(k)}) \\
&= \lim_{k\to\infty} \sum_{\varnothing \neq J \subset J_{m[i]}} (-1)^{|J|-1} P^0(\cap_{j\in J} G_{ij}^{(k)}) \\
&= \sum_{\varnothing \neq J \subset J_{m[i]}} \lim_{k\to\infty} P^0(\cap_{j\in J} G_{ij}^{(k)}) \\
&= \sum_{\varnothing \neq J \subseteq J_{m[i]}} (-1)^{|J|-1} P^0(\cap_{j\in J} B_{ij} \cap A_i) \\
&= P((B_{i1} \cup \cdots \cup B_{im[i]}) \cap A_i).
\end{aligned}$$

So that

$$\begin{aligned}
&\lim_{k\to\infty} [P^0(F_i^{(k)}) - P(G_{i0}^{(k)} \cup \cdots \cup G_{im[i]}^{(k)} \cup V_{i1}^{(k)} \cup \cdots \cup V_{im[i]}^{(k)})] \\
&= P^0(A_i) - P((B_{i1} \cup \cdots \cup B_{im[i]}) \cap A_i) \\
&= P(A_i \backslash (B_{i1} \cup \cdots \cup B_{im[i]})).
\end{aligned}$$

Successively, We have that

$$\lim_{k\to\infty} P(C_k \cap A_i) = P(A_i \setminus (B_{i1} \cup \cdots \cup B_{im[i]})).$$

$$\begin{aligned}\lim_{k\to\infty} P(C_k) &= \lim_{k\to\infty} P(\bigcup_{i=1}^{m}(C_k \cap A_i)) \\ &= \lim_{k\to\infty} \sum_{\varnothing \neq I \subset I_m} (-1)^{|I|-1} P^0(\bigcap_{i\in I} A_i \cap C_k) \\ &= \sum_{\varnothing \neq I \subset I_m} (-1)^{|I|-1} \lim_{k\to\infty} P^0(\bigcap_{i\in I} A_i \cap C_k) \\ &= \sum_{\varnothing \neq I \subset I_m} (-1)^{|I|-1} P(A_i \setminus (B_{i1} \cup \cdots \cup B_{im[i]})) \\ &= P(C).\end{aligned}$$

It means that P is continuous from below, then P is continuous on $\mathscr{F}$. So that it is a probability on $\mathscr{F}$, according to the classical measure extension theorem, P and then P^0 can be uniquely extended to $\mathscr{B}$, the σ-algebra generated (from $\mathscr{F}$ then) from $\mathscr{M}$. ■

§ 3. Falling measures representation theorems

Choquet gave a famous representation theorem which use the probabilistic distribution in the power of X to represent the capacity in X. He stated and proved his theorem under some topological assumption. Dempster and Shafer gave a representation theorem which use the probabilistic distribution to represent the non-additive measures such as belief functions etc. on X. They stated and proved the theorems for X being a finite space. In this section we will state and prove the representation theorem in general situation by pure measure theoretical method without topological assumption.

In the first, we need to see two important examples of regular meet-systems on $\mathscr{P}(X)$. For simplicity, we use symbols $\cup$, $\cap$ and ^{c} still to represent the operations of union, intersection, and complementary on $\mathscr{P}(X)$.

Example 1 Let $C=\mathscr{P}(X)$, $\mathscr{F}$ be an algebra on X. Set

$$\underline{A} = \{B \in C : B \subseteq A\}, \mathscr{M}_1 = \{\underline{A} : A \in \mathscr{F}\}.$$

We have following a Proposition:

Proposition 1 *$\mathscr{M}_1$ is a regular meet-system on $\mathscr{P}(X)$.*

Proof Consider a monotone increasing sequence $E_n = \bigcup_{j=1}^{m[n]} \underline{B}_{nj} \uparrow \underline{A}$

$(B_{uj}, A \in \mathscr{F})$. Since that $E_n \uparrow$, for any B_{nj} there is some $B_{(n+1)j'} \supseteq B_{nj}$. Otherwise, there are $x_{y'} \in B_{nj} \setminus B_{(n+1)j'}$ ($j'=1,2,\cdots,m[n+1]$). Then, $\{x_1, x_2, \cdots, x_{m[n+1]}\} \in \underline{B}_{nj} \setminus E_{n+1}$. This is a contradiction with $E_n \subseteq E_{n+1}$. So that each B_{nj} belongs to at least an increasing sequence which consists of some sets among $B_{nj}: n \geqslant 1; j \in \{1,2,\cdots,m[n]\}$. Set

$$\mathscr{L}=\{L: \exists \{B_{nj[n]}\}(n \geqslant k)(k \geqslant 1) \text{ such that } L=\lim_{n\to\infty} B_{nj[n]}\}.$$

Then, we have that $\bigcup_{n=1}^{\infty} E_n \subseteq \bigcup\{\underline{L}: L \in \mathscr{L}\}$. Now, there is an $L^* \in \mathscr{L}$ and $L^*=A$. Otherwise, there are $x_L \in A \setminus L (L \in \mathscr{L})$, then $\{x_L: L \in \mathscr{L}\} \in \underline{A} \setminus \bigcup \{\underline{L}: L \in \mathscr{L}\} \subseteq \underline{A} \setminus \bigcup_{n=1}^{\infty} E_n$. This is a contradiction with that $\bigcup_{n=1}^{\infty} E_n = \underline{A}$.

Track the sequence $\{B^*_{nj[n]}\}$ which converges to L^*, and set

$$H_n = \underline{B}^*_{nj[n]} \quad \text{when } n \geqslant k;\ H_n = \varnothing \text{ otherwise.}$$

It is clear that $H_n \uparrow A (n \to \infty)$. For any n take $N(n)=n$. Since $B^*_{nj[n]} \in E_n$, so that $E_k \supseteq H_n$ when $k \geqslant N(n)$. Then $\{E_n\}$ is asymptotically chased by $\{H_n\}$. Therefore, $\{E_n\}$ is regular.

Suppose that $E_n \uparrow \underline{A}_1 \cup \cdots \cup \underline{A}_m \in \mathscr{M}_{1\cup}$. Set $E_n^{(i)} = E_n \cap \underline{A}_i (i=1,2,\cdots, m)$, we have that $E_n^{(i)} \uparrow \underline{A}_i$. As mentioned above, there are monotone increasing sequences $\{H_n^i\}(i=1,2,\cdots,m) \subseteq \mathscr{M}_{1\cup}$. $H_n^{(i)} \uparrow \underline{A}_i (n \to \infty)$ and $\{E_n^{(i)}\}$ are asymptotically chased by $\{H_n^{(i)}\}$, i. e., for any $n \geqslant 1$, there are $N_i(n)$ such that $E_k^{(i)} \supseteq H_n^{(i)}$ whenever $k \geqslant N_i(n)$. Set

$$N(n)=\max\{N_1(n), N_2(n), \cdots, N_m(n)\}.$$

When $k \geqslant N(n)$, we have that

$$E_k = E_k \cap (\underline{A}_1 \cup \cdots \cup \underline{A}_m) = E_k^{(1)} \cup \cdots \cup E_k^{(m)} \supseteq H_n^{(1)} \cup \cdots \cup H_n^{(m)}.$$

It means that $\{E_n\}$ is asymptotically chased by $\{H_n^{(1)} \cup \cdots \cup H_n^{(m)}\}$. Therefore, $\{E_n\}$ is regular.

We have proved the first part, and now we are going to prove the second part of the proposition.

Consider that a monotone decreasing sequence

$$E_n = \bigcup_{j=1}^{m[n]} \underline{B}_{nj} \downarrow \underline{A}_1 \cup A_2 \cup \cdots \cup \underline{A}_m \in \mathscr{M}_{1\cup} (A_i \not\subset A_j (i \neq j)).$$

As mentioned before, since

$E_n \downarrow \underline{A}_1 \cup \cdots \cup \underline{A}_m$, for any i and any n, there is $\underline{B}_{nj} \supseteq \underline{A}_i$, then $B_{nj} \supseteq A_i$. For any i, set

$$A_n^{(i)} = \bigcup \{B_{nj} : B_{nj} \supseteq A_i\} (=\varnothing), (n \geqslant 1).$$

By the same reason mentioned before, we have that for any $B_{nj} \supseteq A_i$, there is some $B_{(n-1)j'} \in E_{n-1} : B_{(n-1)j'} \supseteq B_{nj}$. Obviously, we have that $B_{(n-1)j'} \supseteq A_i$. So that $\{A_n^{(i)}\}$ is a monotone decreasing sequence.

Now we have that $\underline{A_n^{(i)}} \downarrow \underline{A_i} (n \to \infty)$. Otherwise, there is $x \in (\bigcup_{n=1}^{\infty} A_n^{(i)}) \backslash A_i$. Then, $A_n^{(i)} \supseteq (A_i, \bigcup x)$ for any $n \geqslant 1$. But $A_n^{(i)}$ is the union of some B_{nj} which contains A_i, so that there is $B_{nj[n]} \supseteq (A_i \bigcup x)$ for any $n \geqslant 1$. Set

$G = \bigcap_{n=1}^{\infty} B_{nj[n]}$.

$G \notin \underline{A_i}$ since $x \in G$. And $G \notin \underline{A_j} (j \neq i)$ since $G \supseteq A_i$ and $A_i \not\subset A_j$. So that $G \notin A_1 \bigcup \cdots \bigcup \underline{A_m}$. But $G \in E_n$ for any $n \geqslant 1$, then $G \in \bigcap_{n=1}^{\infty} E_n$. So that $\bigcap_{n=1}^{\infty} E_n \neq \underline{A_1} \bigcup \underline{A_2} \bigcup \cdots \bigcup \underline{A_m}$. This is a contradiction with that $E_n \downarrow \underline{A_1} \bigcup \underline{A_2} \bigcup \cdots \bigcup \underline{A_m} (n \to \infty)$.

We hope that $\{E_n\}$ will be chased by $\{\underline{A_n^{(1)}} \bigcup \cdots \bigcup \underline{A_n^{(m)}}\}$. Unfortunately, there may have some B_{nj} which do not contain any A_i. Set $U_1 = \bigcup \{B_{1j} : B_{1j}$ does not contain any $A_i\}$. When U_n has been given, then set $U_{n+1} = \bigcup \{B_{(n+1)j} : B_{(n+1)j}$ does not contain any A_i, $\exists B_{ny'} \in \underline{U_n}, B_{nj'} \supseteq B_{(n+1)j}\} (n \geqslant 1)$. Then we get a monotone decreasing sequence $\{U_n\}$. (U_n may be the empty set $\varnothing$). Set $U = \lim_{n \to \infty} U_n$. For any $x \in U$, there is a monotone decreasing sequence $s = \{B_{nj[n]}\}, B_{nj[n]} \in \underline{U_n}$. such that $\lim_{n \to \infty} B_{nj[n]}$ (denoted as $\underline{s}) \ni x$. We can prove that $\underline{s}$ must be contained in some A_i. Otherwise, there are two points $a, b \in \underline{s}, \{a, b\} \notin \underline{A_1} \bigcup \underline{A_2} \bigcup \cdots \bigcup \underline{A_m}$. Note that for any n, then $\underline{s} \in E_n$. So that $\{a, b\} \in \bigcap E_n \backslash (\underline{A_1} \bigcup \underline{A_2} \bigcup \cdots \bigcup \underline{A_m})$. This is a contradiction with that $E_n \downarrow \underline{A_1} \bigcup \underline{A_2} \bigcup \cdots \bigcup \underline{A_m}$.

Denote $B_{nj0} \in s = \{B_{nj[n]}\}$ if $B_{nj[n]} = B_{nj0}$. Set

$S = \{s = \{B_{nj[n]}\} : s$ is monotone decreasing, $B_{nj[n]} \in U_n (n \geqslant 1)\}$.

For any i, set

$$V_n^{(i)} = \{B_{nj} \in U_n : \exists s \in S, \underline{s} \subseteq A_i. B_{nj} \in s\}.$$

$V_n^{(i)}$ are monotone decreasing. It is not difficult to prove that $\lim_{n \to \infty} V_n^{(i)} = V^{(i)}$ must be contained in A_i. Since $A_n^i \supseteq A_i$, so that

$$V_n^{(i)} \backslash A_n^i \subseteq V_n^{(i)} \backslash A_i \downarrow V^{(i)} \backslash A_i = \varnothing.$$

Note that $U_n = V_n^{(1)} \bigcup V_n^{(2)} \bigcup \cdots \bigcup V_n^{(m)}$, it is clear that $\{E_n\}$ is chased by $\{\underline{A}_n^{(1)} \cup \cdots \cup \underline{A}_n^{(m)}) \cup V_n^{(1)} \cup \cdots \cup V_n^{(m)}\}$. Therefore, $\{E_n\}$ is a regular decreasing sequence. ■

Example 2 Let $C=P(X)$, $\mathscr{F}$ be an algebra on X. Set

$$\overline{A}=\{B\in C: B\supseteq A\}, \quad \mathscr{M}_2=\{\overline{A}: A\in\mathscr{F}\}.$$

We have following a Proposition:

Proposition 2 *$\mathscr{M}_2$ is a regular meet-system on $\mathscr{P}(X)$.*

Proof The proof is similar to that of Proposition 1. ■

From the two examples, we can get the falling measures' representation theorems.

Definition 3 Let $\mathscr{F}$ be an algebra on X ($\mathscr{P}(X), B_i$) are caned the type-i hyper-measurable space where B_i is the algebra generated from $\mathscr{M}_i$ defined in Example i ($i=1,2$).

Definition 4 Given probability p_i on the type-i hyper-measurable space($\mathscr{P}(X), B_i$)($i=1,2$). Set

$$f_{aa}(C)=p_1(\underline{C})=p_1\{B\in\mathscr{P}(X): B\subseteq C\}, (C\in\mathscr{F}), \tag{6}$$

$$f_{ab}(C)=1-p_1(\underline{C^C})=p_1\{B\in\mathscr{P}(X): B\cap C\neq\varnothing\}, \quad (C\in\mathscr{F}) \tag{7}$$

$$f_{ab}(C)=p_2(\overline{C})=p_2\{B\in\mathscr{P}(X): B\supseteq C\}, \quad (C\in\mathscr{F}) \tag{8}$$

$$f_{ab}(C)=1-p_2(\overline{C}^C)=p_2\{B \text{ does not } \supseteq C^C\}, \quad (C\in\mathscr{F}) \tag{9}$$

they are called four kinds of *falling measures* on $\mathscr{F}$. The related probability is called the *represented probability*.

The four kinds of falling measures are consistent with the definitions of four kinds non-additive measures by Sharer (1976). They are the Belief, Plausibility, Anti-belief, Anti-plausibility measure respectively. Here, we have given a more critical definition to them.

Theorem 3 (Representation Theorem 1) *A set function f defined on an algebra $\mathscr{F}$ is the f_{aa} type falling measure of some probability P in the type-1 hyper-measurable space if, and only if, it satisfies:*

1. $f(X)=1, f(\varnothing)=0$;

2. $\{B_n\}\subseteq\mathscr{F}, B_n\uparrow A\in\mathscr{F}$ *or* $B_n\downarrow A\in\mathscr{F}(n\to\infty)$ *implies that*

$$f(B_n)\to f(A)(n\to\infty);$$

3. *For any* $n>0, B_1, B_2, \cdots, B_n; A\in\mathscr{F}$

$$\sum_{I\subseteq I_n}(-1)^{|I|}f(\bigcap_{i\in I}B_i\cap A)\geqslant 0. \tag{10}$$

Proof Sufficiency.

Suppose that f satisfies conditions 1,2 and 3. According to Proposition 1, $\mathscr{M}_1=\{A:\underline{A}\in\mathscr{F}\}$ is a regular meet-system. Define a mapping on $\mathscr{M}_1$, $P^0:M_1\to[0,1]$ such that $P^0(\underline{C})=f(C)(\underline{C}\in\mathscr{M}_1)$.

Since f satisfies (10) and for any $C_1,C_2,\cdots,C_t\in\mathscr{M}_1$, we have that

$$\underline{C^{(1)}\cap\cdots\cap C^{(t)}}=\underline{C}^{(1)}\cap\cdots\cap\underline{C}^{(t)}.$$

So that, for any $n>0$, $B_1,B_2,\cdots,B_n;A\in\mathscr{F}$,

$$\begin{aligned}\sum_{I\subseteq I_n}(-1)^{|I|}P^0(\bigcap_{i\in I}\underline{B_i}\cap\underline{A}) &= \sum_{I\subseteq I_n}(-1)^{|I|}P^0(\underline{\bigcap_{i\in I}B_i\cap A})\\ &= \sum_{I\subseteq I_n}(-1)^{|I|}f(\bigcap_{i\in I}B_i\cap A)\geqslant 0,\end{aligned}$$

P^0 satisfies (4). And since f satisfies conditions 1 and 2, P^0 is a probabi on $\mathscr{M}_1$. According to the Extension Theorem-Part 1, it uniquely determines a probability P on B_1, and f is the f_{aa}-type falling measure of P. The sufficiency has been proved.

The proof of necessity is similar, ■

Theorem 4 (Representation Theorem 2) *A set function f defined on an algebra $\mathscr{F}$ is the f_{ab} type failing measure of some probability P in the type-1 hyper-measurable space if, and only if, it satisfies:*

1. $f(X)=0$, $f(\varnothing)=1$;

2. $\{B_n\}\subseteq\mathscr{F}$, $B_n\uparrow A\in\mathscr{F}$ or $B_n\downarrow A\in\mathscr{F}$: $(n\to\infty)$ *implies that* $f(B_n)\to f(A)(n\to\infty)$;

3. *For any* $n>0$, $B_1,\cdots,B_n;A\in\mathscr{F}$

$$\sum_{I\subseteq I_n}(-1)^{|I|}f(\bigcup_{i\in I}B_i\cup A)\leqslant 0, \tag{11}$$

Proof Set $g(A)=1-f(A^C)$. For any $n>0$, $B_1,B_2,\cdots,B_n;A\in\mathscr{F}$ we have that

$$\sum_{I\subseteq I_n}(-1)^{|I|}g(\bigcap_{i\in I}B_i^C\cap A^C)\geqslant 0$$

$$\Leftrightarrow\sum_{I\subseteq I_n}(-1)^{|I|}g(\bigcup_{i\in I}B_i\cup A)^c\geqslant 0$$

$$\Leftrightarrow\sum_{I\subseteq I_n}(-1)^{|I|}[1-f(\bigcup_{i\in I}B_i\cup A)]\geqslant 0$$

$$\Leftrightarrow \sum_{I \subseteq I_n} (-1)^{|I|} f(\bigcup_{i \in I} B_i \cup A) \leqslant 0.$$

It means that f satisfies (11) if and only if g satisfies (10). But, according to the definition of falling measures, we know that f is in f_{ab} type if and only if g is in f_{aa} type, so that Representation Theorems 1 and 2 are dual. The rest of the proof is obvious. ■

Without proof, we give the rest two theorems as follows:

Theorem 5 (Representation Theorem 3) *A set function f defined on an algebra $\mathscr{F}$ is the f_{ab} type falling measure of some probability P in the type-1 hyper-measurable space if, and only if, it satisfies:*

1. $f(X)=0, f(\varnothing)=1$;

2. $\{B_n\} \subseteq \mathscr{F}, B_n \uparrow A \in \mathscr{F}$ *or* $B_n \downarrow A \in \mathscr{F}$ $(n \to \infty)$ *implies that* $f(B_n) \to f(A)$ $(n \to \infty)$;

3. *For any* $n > 0, B_1, B_2, \cdots, B_n; A \in \mathscr{F}$

$$\sum_{I \subseteq I_n} (-1)^{|I|} f(\bigcap_{i \in I} B_i \cap A) \leqslant 0. \tag{12}$$

Theorem 6 (Representation Theorem 4) *A set function f defined on an algebra $\mathscr{F}$ is the f_{ab} type falling measure of some probability P in the type-1 hyper-measurable space if, and only if, it satisfies:*

1. $f(X)=1, f(\varnothing)=0$;

2. $\{B_n\} \subseteq \mathscr{F}, B_n \uparrow A \in \mathscr{F}$ *or* $B_n \downarrow A \in \mathscr{F}$ $(n \to \infty)$ *implies that* $f(B_n) \to f(A)$ $(n \to \infty)$;

3. *For any* $n > 0, B_1, B_2, \cdots, B_n; A \in \mathscr{F}$

$$\sum_{I \subseteq I_n} (-1)^{|I|} f(\bigcup_{i \in I} B_i \cup A) \geqslant 0. \tag{13}$$

§ 4. Conclusion

As known, the representation theorems was been stated and proved for finite sets or infinite sets with some topological assumptions. Here, we have had a pure measure theoretical statement and a clear proof to the representation theorems in the general situation. It is quite important and useful in theory and applications.

References

[1] Choquet G. Theory of capacities. Ann. lust. Fourier, 1953－1954, 5: 131－295.

[2] Dempster A Po. Upper and lower probabilities induced by multivalued mapping. Ann. Math. Stat. ,1967,38:325－339.

[3] Dubois D and Prade H. Fuzzy sets and statistical data. Ensembles Flous-82 Notes,Communications,Articles on 1982.

[4] Goodman I R. Fuzzy sets as equivalance class of random sets. In:Yager R,ed. Recent Developments in Fuzzy Sets and Possibility Theory,1982.

[5] Goodman I R and Nguyen H T. Uncertainty Models for Knowledge-based Systems. North-Holland,Amsterdam,1985.

[6] Matheron G. Random Sets and Integral Geometry. John Wiley & Sons,New York,1975.

[7] Sharer G. A Mathematical theory of Evidence. Princeton Univ. Press,Princetor,1976.

[8] Wang P Z and Sanchez E. Treating a fuzzy subset as a projectable random set. In:Gupta M M and Sanchez E eds. Fuzzy Information and decision. Pergamon Press,1982,212－219.

[9] Wang P Z. From the fuzzy statistics to the falling random sets. In:Wang P P ed. Advance in Fuzzy Sets Theory and Applications. Pergamon Press,1983, 81－95.

[10] Wang P Z and Sanchez E. Hyper fields and random sets. In:Sanchez E ed. , Fuzzy Information,Knowledge Representation and Decision Analysis. Pergamon Press,1983,335－337.

[11] Wang P Z. Fuzzy Sets and the Falling Shadows of Random Sets. Beijing Normal University Press,Beijing,1985.

[12] Wang P Z,Zhang H M,Ma X W and Xu W. Fuzzy set-operations represented by falling shadow theory. In Fuzzy Engineering toward Human Friendly Systems,Proc. Intern. Fuzzy Engineering Symposium'91, Yokohama, 1991, 1:82～90.

[13] Wang P Z,Huang M and Zhang D Z. Reexamining fuzziness and randomness using falling shadow theory. Proc. 10th International Conference on Multiple Criteria Decision Making,Taipei,1992,101－110.

International Journal of Information Technology & Decision Making
2011,10(1):65－82

棱锥切割——单纯型法的一种等价表示

Cone-Cutting—A Variant Representation of Pivot in Simplex

Abstract　This study presents a variant representation of pivot in simplex, which performs cone-cutting on a cone C in dual space to match the pivot performed on a basis B, while the edge-vectors of C are indicated by the row vectors of the feature matrix $F=B^{-1}$ in the simplex table. Under this representation, we can see the dual cone C of basis B through the feature matrix F directly, and we can perform pivot motivated by the monitor viewing toward the dual space. As an example, a constraint plane in the dual space is deleteable for the optimal searching if it does not pass through the dual optimal point, while such a plane corresponds to a variable being not in the optimal basis. Motivated by the cone-cutting's vision, a variable-shifting algorithm is presented in Sec. 3, which marks those variables corresponding to delete-able planes into a list to forbid them enter pivot and put zero to their components in the final solution.

Keywords　Linear programming; simplex; cone-cutting

§ 1. Introduction

Behind the mature development of LP, the author aims to search an approach nonlinear programming-like dealing with problems in the dual space. There is a dual version of pivot presented in this paper named cone-cutting, which views the basis as a cone in dual space and matches the enter variable to a cutter cutting off the top point of the cone and becomes a face of the new cone, the leaving variable is matched to the expelled face of the older cone. The renovation of faces in cone-cutting exactly corresponds to the replacement of basic variables in pivot. Simplex has a perfect form for linear optimization, while cone-cutting could bring intuitive vision to the searching. The combination of the two versions (pivot and cone-cutting) is a natural way for the optimal searching.

In Sec. 2, the concept of cone and the scheme of cone-cutting are introduced. The basic idea is: A feasible region is the polyhedron cut by a group of constraint planes. Starting from a cone formed by natural constraints, if the cone's top is the cone's highest point with respect to the objective vector, then, cut the cone by cutters one by one, we can get new cones step by step. A cutter of a cone is a constraint plane violated by the cone's top. The process will stop at a cone, for which the top P^* satisfies all constraint planes, and P^* is the optimal point. This idea has likelihood applied in the nonlinear programs already. The author likes to take such thinking since it is natural, and the algorithms performed by means of cone-cutting could avoid the occurrence of degeneracy under a certain promise.

How do make a valuation on cone-cutting? Does it challenge existent algorithms, especially, the Simplex? It was pointed out by Zhang[4] that the pivot taken on feasible basis is exactly corresponded by cone-renovation in the dual space. His words are rewritten as three points on the relationship between cone-cutting and pivot in Sec. 3. Based on his outline, Theorem 3. 1 proves that cone-cutting is equivalent to the feasible-keeping pivot in simplex. Cone-cutting does not exist outside Simplex, but shows a new face of simplex toward the dual space. To emphasize this point, Theorem 3. 2 shows that the feature matrix $\boldsymbol{F}=\boldsymbol{B}^{-1}$ plainly indicates the dual cone C of basis $\boldsymbol{B}$: Row i of $\boldsymbol{F}$ is the edge-vector $\boldsymbol{r}_i$ of C. An example in Sec. 3 displays a dual cone via feature matrix in simplex table. The conclusion of Sec. 3 is: Cone-cutting does not challenge but perfect simplex. Which could bring an intuitive vision to performing pivot in a valuable cooperation way.

Trying along the approach, the study specifies a proposition in cone-cutting as an example in sec. 4, which gives a sufficient condition to judge if a constraint plane is deleteable for the optimal searching. Transferring the proposition to pivot's version, we catch a variable sifting algorithm to forbid nonoptimal-basic variables to enter basis.

Even though this is only an example presented in sec. 4, the author hopes that it may open a hopeful direction. A few of most basic propositions in cone-cutting around the deleteable planes are specified in sec. 5. Limited by the pages, they are all put in discussion without proof. Some regular rules on cutter-selection and basic strategies in cone-cutting are outlined too. According to Theorem 3. 2, they could be transferred into the version of pivot.

§ 2. Cone-cuttings

Let $\mathbf{R}^m$ $(m>0)$ be an Euclidian space, which is an m-dimensional linear space with inner product $\boldsymbol{y}\cdot\boldsymbol{y}'=y_1\times y_1'+\cdots+y_m\times y_m'$ for any $\boldsymbol{y}=(y_1, y_2, \cdots, y_m)$, $\boldsymbol{y}'=(y_1', y_2', \cdots, y_m')\in\mathbf{R}^m$. A point in $\mathbf{R}^m$ is always represented as a row vector in the paper, the inner product could be also written as $\boldsymbol{y}\cdot\boldsymbol{y}'=\boldsymbol{y}(\boldsymbol{y}')^{\mathrm{T}}$, where the right side of the equation is the matrix product of $\boldsymbol{y}$ and the transpose of $\boldsymbol{y}'$. We will write the inner product by the matrix form in the rest of the paper. A nonempty subset V of $\mathbf{R}^m$ is an *affine set* if it contains only one point or, $P+t(Q-P)\in V$ for any P, $Q\in V$, $t\in\mathbf{R}^1$. Promise that empty is an affine set. An affine set U is called *parallel in* an affine set V if there is $P\in\mathbf{R}^m\backslash U$ such that $P+Q\in V$ for any $Q\in U$. U is called *parallel with* V if U parallels in V and V parallels in U. A linear subspace is an affine set containing the origin point O. If a nonempty affine set in $\mathbf{R}^m$ is not a linear subspace of $\mathbf{R}^m$, then it must be parallel with a determinate linear subspace $\mathbf{R}^{m'}$ $(0\leqslant m'\leqslant$

m), and the number m' is called the *dimension* of the nonempty affine set.

A plane α is an $m-1$ dimensional affine set constrained by equation $\alpha: \boldsymbol{y\alpha}=c$, where $\boldsymbol{\alpha}=(a_1, a_2, \cdots, a_m)^{\mathrm{T}}$ is a column vector, and c is a real number. The vector $\boldsymbol{a}$ is called the *coefficient vector* of α, which is called the *normal* of α if $|\boldsymbol{a}|=(\boldsymbol{a}^{\mathrm{T}}\boldsymbol{e})^{1/2}=1$. A *directed* plane α is a plane with fixed sign on its coefficient vector $\boldsymbol{a}$. Without special claim, a plane is always directed. In this paper, we promise that any directed plane α cuts off a half of $Y=\mathbf{R}^m$ the coefficient vector $\boldsymbol{a}$ directs, which determines the inequality $\underline{\alpha}: \boldsymbol{ya}\leqslant c$, the convex set accepted by α. We call α *accepts* (*rejects*) a point $\boldsymbol{y}$ if $y\in\underline{\alpha}$ ($\boldsymbol{y}\in\underline{\alpha}$). $\underline{\alpha}$ is called the *interior side* of α; the vector $\boldsymbol{a}$ always directs toward thc *exterior side* of α. According to such promise, the directed planes α_{n+i}^{o} corresponding to natural constraints $y_i\geqslant 0$ must be written as $-y_i\leqslant 0$ ($i=1,2,\cdots,m$).

Generally, a cone in $Y=\mathbf{R}^m$ is a subset C containing one point P such that $P+t(y-P)\in C$ for any $t\geqslant 0$ and any $y\in C$. C is a convex cone if the cone is convex. A cone may not be the object discussed in linear algebra. Even if it is, it may not be an m-edged cone in Y. What we need is the following narrowed definitions specifying in the study:

Definition 2.1 Let $\alpha_i: \boldsymbol{y\alpha}_i=c_i$ ($i=1,2,\cdots,m$) be m planes with rank $r[a_1, a_2, \cdots, a_m]=m$ and intersect at a point P. Set $C=\{\boldsymbol{y}\in Y \mid \boldsymbol{ya}_i\leqslant \boldsymbol{c}_i, i=1,2,\cdots,m\}$. C is called a (m-*faced*) cone formed by $\alpha_1, \alpha_2, \cdots, a_m$ and denoted as $C=C(P; \alpha_1, \alpha_2, \cdots, \alpha_m)$. P is called the *vertex* of C. Each α_i is called a C-*face*.

It is obvious that C is a convex set.

A one-dimensional plane l is a line described by $P+t(Q-P)$ with $P, Q\in l$ for any $t\in\mathbf{R}^1$. A ray $\boldsymbol{r}=PQ$ is described by $P+t(Q-P)$ with P, $Q\in l$ for any $t\geqslant 0$. The vector $\boldsymbol{r}=Q-P$ is called the *ray-vector* of the ray. P, Q, and $\boldsymbol{r}$ are all row vectors.

Definition 2.1′ A $m+1$ bracket $C=C(P; E_1, E_2, \cdots, E_m)$ is called a (m-edged) *cone* if P and $E_1, E_2, \cdots, E_m$ are $m+1$ points in $Y=\mathbf{R}^m$ being not contained by a common plane, and C stands for the convex hull of the m rays $\boldsymbol{r}_i = PE_i (i=1,2,\cdots,m)$. For each i, ray $\boldsymbol{r}_i$ is called the i-th *edge*, and E_i the i-th *edge-point*, and $\boldsymbol{r}_i = Q_i - P$ the i-th *edge-vector* of C. An *edge-line* is a line containing an edge.

With same view point, a cone defined here is determined by the top P with m edge-vectors $\boldsymbol{r}_i = Q_i - P (i=1,2,\cdots,m)$.

The simplex $S(P;E_1,E_2,\cdots,E_m)$, convex hull of the $m+1$ points, is called a *head* of C.

An edge-point may not be fixed: which could be moved along the edge freely, so that a cone has infinite simplexes as its heads. An edge-vector may not be fixed also; it can bring a multiplier.

Proposition 2.1 *Definitions 2.1 and 2.1′ are equivalent. The i-th edge $\boldsymbol{r}_i$ is the intersection of faces $(\alpha_{i'})(i'\neq i)$, which includes all C-faces except its opposite one. The i-th face α_i of C is the common plane of lines $\{\boldsymbol{r}\, i'\}(i'\neq i)$, which includes all C-edges except its opposite one.*

Proof Let $C=C(P;\alpha_1,\alpha_2,\cdots,\alpha_m)$ be a (m-plane) cone formed by $\alpha_1,\alpha_2,\cdots,\alpha_m$. For any $i=1,2,\cdots,m$, the $m-1$ C-faces $\{\alpha_{i'}\}(i'\neq i)$ intersect out a line l_i passing through P. The generated m lines are not in a common plane. For each i, selecting a point E_i other than P from l_i such that it is accepted by the opposite face α_i, then $C=C(P;E_1,E_2,\cdots,E_m)$ is a m-edged cone defined in 2.1′.

Let $C=C(P;E_1,E_2,\cdots,E_m)$ be a m-edged cone defined in 2.1′. For any $i=1,2,\cdots,m$, the $m-1$ edges $\{PE_{i'}\}(i'\neq i)$ uniquely determine a plane α_i which passes through the $m-1$ edges. It is obvious that the m planes have a coefficient matrix with rank m and intersect at the vertex $\boldsymbol{P}$: $C=C(P;\alpha_1,\alpha_2,\cdots,\alpha_m)$ is a m-faces cone defined in 2.1.

In an m-edges cone C, any $m-1$ edges lie in one of the C-faces, which is called the *opposite face* of the rest edge, and inversely, the rest edge is called the *opposite edge* of this face. For any i, the opposite edge and face form a couple $(\boldsymbol{r}_i,\alpha_i)$, called a *couple* of C.

Proposition 2.2 *Let $(\boldsymbol{r}_i,\alpha_i)$ be a couple of C. We have that $\boldsymbol{r}_i\,\alpha_i <$*

0, *where column vector* $\boldsymbol{a}_i$ *is the coefficient vector of* α_i.

Proof Since any edge-point of $\boldsymbol{r}_i$ is in the interior side of α_i, and the $\boldsymbol{\alpha}_i$ directs the exterior side of α_i, the inequality is held. ■

Definition 2.2 $C^o = C^o(O; E_1^o, E_2^o, \cdots, E_m^o) = C^o(O; \alpha_{n+1}^o, \cdots, \alpha_{n+m}^o)$ is called the *original cone*, where $O=(0,\cdots,0)$, $E_i^o=(0,\cdots,i/i,\cdots,0)$, and α_{n+i}^o: $-y_i \leqslant 0$ $(i=1,2,\cdots,m)$.

The original cone C^o is the cone with vertex O and edges directed by axes. Its faces are specified by the natural constraints.

For linear programming, there is an objective vector $\boldsymbol{o}$ given in a problem, which is a column vector in the paper. There comes the concept of positive cone with respect to $\boldsymbol{o}$, which has been defined by Zhang.[4] The author rewrites it as follows with different words:

Definition 2.3 A cone C is called *positive* if its vertex P is the highest point of C with respect to the objective vector $\boldsymbol{o}$. We call vertex P the *top* of C when C is a positive cone.

Without special claim, a cone is always positive in this paper. The original cone C^o is positive if and only if all components of the objective vector $\boldsymbol{o}$ are non-positive.

Proposition 2.3 A *cone* C *is positive if and only if* $\boldsymbol{r}_i\boldsymbol{o} \leqslant 0$ *for* $i=1,2,\cdots,m$.

Proof C is positive if and only if every edge-vector $\boldsymbol{r}_i$ does not direct upward with respect to $\boldsymbol{o}$. It if and only if $\boldsymbol{r}_i\boldsymbol{o} \leqslant 0$ for all i. ■

An $(m-1)$-dimensional plane α and 1-dimensional line l in $Y=\mathbf{R}^m$ must be intersected at an unique point unless l parallels in the plane α. For any $1 \leqslant i \leqslant m$, the parametric form of the i-th edge-line FE_i is written as $\boldsymbol{y}=P+t_i\boldsymbol{r}_i$. Consider the intersection of the plane α: $\boldsymbol{ya}=\boldsymbol{c}$ with the edge-line PE_i. For preparing, denote that $\boldsymbol{c}^\wedge = P_{\boldsymbol{a}-\boldsymbol{c}}$. If the line is not parallel in α, then $\boldsymbol{r}_i\boldsymbol{a}=0$. Substituting $\boldsymbol{y}=P+t_i\boldsymbol{r}_i$ into the α-equation, get the parameter value of intersection:

$$t_i=(\boldsymbol{c}-P\boldsymbol{a})/\boldsymbol{r}_i\boldsymbol{a}=-\boldsymbol{c}^\wedge/\boldsymbol{r}_i\boldsymbol{a}\,(\boldsymbol{r}_i\boldsymbol{a}\neq 0). \tag{1}$$

Then we get the intersection point

$$Q_i = P + t_i \boldsymbol{r}_i. \tag{2}$$

If $t_i > 0$, then the intersection Q_i is on the ray PE_i, and we call it is a *real* intersection. If $t_i < 0$, then Q_i is on the inverse ray of ray PE_i, and we call it is a *fictitious* intersection. It is obvious that, for positive cones, a real (fictitious) intersection is not higher (lower) than the top.

Let $C = C(P; \alpha_1, \alpha_2, \cdots, \alpha_m) = C(P; E_1, E_2, \cdots, E_m)$ be a positive cone. Facing a plane $\alpha: \boldsymbol{ya} = \boldsymbol{c}$ rejecting the top P, the cone C will be cut by α. The cutter will replace a C-face to form a new cone, and here comes the basic algorithm of cone-cutting:

For each i, let Q_i be the intersection of α with the i-th edge-line of C, which could be calculated by (2). If all the intersections Q_i are fictitious, then the cutting is empty, i. e. $\underline{\alpha} \cap C = \varnothing$, where $\underline{\alpha}: \boldsymbol{ya} \leqslant \boldsymbol{c}$; Else, there is at least one real intersection point, and suppose that the highest real intersection Q_{i*} is on the i^*-th edge of C.

Then a new cone $C' = C'(P'; E'_1, E'_2, \cdots, E'_m)$ is formed as follows:

(1) The new top is $P' = Q_{i*}$;

(2) The i^*-th new edge point is the symmetric point of P with respect to P': $E'_{i*} = 2P' - P$;

(3) For $i \neq i^*$, if Q_i is a real intersection, then it is the i-th new edge-point: $E'_i = Q_i$; Else, if Q_i is a fictitious intersection, then the i-th new edge point is the symmetric point of Q_i with respect to P':

$$E'_i = 2P' - Q_i;$$

Else, if the i-th old ray is parallel in α, then the i-th new edge point is $E'_i = P' + (Q_i - P)$.

Definition 2.4 The procedure mentioned above is called a *cone-cutting* denoted as $C' = C \backslash \alpha$. The plane α is called the *cutter* of the cone-cutting; the edge $\boldsymbol{r}_{i*}$. and $\boldsymbol{r}'_{i*}$. having common edge-line are called the *main edge* of C and C' respectively. The opposite face α_{i*} of $\boldsymbol{r}_{i*}$ in C is called the *expelled face* by α. The new top P' is called the *cut-point* of cutter on C.

The algorithm is complete for any cases whenever the cutter α rejects the top P of C. Any plane accepting the top could not do cone-cutting.

According to the algorithm of cone-cutting, the cone is cut to be empty whenever all intersections are fictitious. In this case, the dual problem is infeasible.

According to Definition 2.4, the new top P' is in the cutter α, but is not kept in the face α_{i*} opposite to the main edge-line. Replacing α_{i*}, the plane α is a new face in C'. In this sense, cone-cutting is a renovation of cone faces: The cutter expels out a face, which is opposite to the main edge.

Proposition 2.4 *The new cone of any cone-cutting must be positive.*

Proof All real intersections are not higher than P' since P' is the highest real intersection, so that, all new edges passing through those real intersections do not direct upward. A fictitious intersection Q_i occurs on the inverse side of edge of C, which is not lower than P. Since P' is not higher than P, Q_i is not lower than P' too. Hence, its symmetric point with respect to P', the edge point $E'_i = 2P' - Q_i$ is not higher than P'. Hence, the new edge-vector $\boldsymbol{r}'_i$ does not direct upward. Similarly, for the parallel edge: $E'_i = P' + (Q_i - P)$ is not higher than P' since Q_i is not higher than P. Hence, the new edge-vector $\boldsymbol{r}'_i$ does not direct upward. Therefore, the new cone is positive. ■

The dual feasible region D is a convex polyhedron formed by a group of constraint planes Δ including the natural constraints. $D = \bigcap \{\alpha_t \mid \alpha_t \in \Delta\}$. Any plane $\alpha_t \in \Delta$ is called a *D-member*. It is obvious that the larger the constraint group, the smaller the feasible region: $D' \subseteq D$ if $\Delta' \supseteq \Delta'$. It is obvious that a cone C contains D if all C-faces $\alpha_t \in \Delta$. Since the original cone C^o is formed by the group of natural constraints, $C^o \supseteq D$. If the objective vector $\boldsymbol{o}$ has no positive components, then C^o is positive. Once there is a positive cone containing D, the cone-cutting could be started. According to Proposition 2.4, the resulted cone is positive and contains D still. Hence, there comes a series of cone-cutting, called a *cone-cutting series*. A positive cone containing the feasible region D is called a *start-able* cone. A cone-cutting's series is always started from a startable cone.

Proposition 2.5 *A top P of positive cone C is an optimal point if and only if $P \in D$.*

Proof Since C is positive, P is a highest point of C. Since $C \supseteq D$, P is a highest point of D. If $P \in D$, then P is an optimal point of D. It is obvious that $P \in D$ if P is an optimal point of D. ■

Definition 2.5 A cone-cutting $C' = C \backslash \alpha$ is called *invalid* (*valid*) if P' and P are (are not) in the same height: $P\boldsymbol{o} = P'\boldsymbol{o}$ ($P\boldsymbol{o} > P'\boldsymbol{o}$). In practical programming, if and only if $P\boldsymbol{o} - P'\boldsymbol{o} \leqslant \varepsilon$ ($P\boldsymbol{o} - P'\boldsymbol{o} > \varepsilon$) for a given precision $\varepsilon > 0$.

A valid cone-cutting's series starting from a startable cone C^o selects a cutter α_{k+1} according to some rule from those D-members who rejects the top P^k of current cone C^k and has a cut-point P^{k+1} on C_k lower than P^k ($P^k\boldsymbol{o} - P^{k+1}\boldsymbol{o} > \varepsilon$ in practical programming), then, takes the cone-cutting $C_k \backslash \alpha_{k+1}$ and get a nonempty cone C_{k+1} at step k ($k = 0, 1, \cdots$) until attaching the solution: The optimal solution is $P^* = P^k$ when there is no more D-member rejecting P^k, or the LP problem is infeasible when C_{k+1} is empty.

Proposition 2.6 *The degeneracy could be avoided in a valid cone-cutting's series. No matter which rules are taken, the series will end at the solution within $T = R/\varepsilon$ times of cone-cutting's performance, where R is the height-range of the problem and ε is the given precision.*

Proof The degeneracy occurring in a cone-cutting's searching could be caused by the reason: The set of optimal points is not a singleton, but a nonzero dimensional continuum including infinite solutions. Whenever the top of a cone in the cone-cutting's series attaches the continum, only invalid cone-cutting could be taken again, and the valid cone-cutting's series will be ended in this case. Since we are only required to specify one optimal point as a solution here, even though there may have other solutions, we can finish our search to avoid the occurrence of degeneracy.

The degeneracy occurred in the process of pivot in simplex algorithm could be caused by another reason: There may have more than m D-members passing through the optimal point P^*. In this case, the pivot could not change the value of objective value and will be in cycling, while in cone-cutting, no matter how many D-members pass through P^*, they could not be selected as cutter since they accept the top of current cone, and there is no danger to be in cycling.

In practical programming, a valid cone-cutting must satisfy $P^k\boldsymbol{o} - P^{k+1}\boldsymbol{o} > \varepsilon$, while $\boldsymbol{P}^0\boldsymbol{o} - \boldsymbol{P}^T\boldsymbol{o} \leqslant R$, The proposition is true. ■

The proposition shows that a cone-cutting's searching, no matter what rules are taken, could have a limit on the times of cone-cutting's performance, which is independent of the number of constraints m and the number of variables n. However, we are not interested on the proposition too much since the real valuable matter for readers is not on the point but on the relationship between cone-cutting and pivot in simplex, which will be stated in the next section.

§ 3. Relationship between cone-cutting and pivot in simplex

Consider a problem (P) given in standard simplex table:

$$\begin{array}{ccccccc|c} -c_1 & \cdots & -c_n & 0 & \cdots & 0 & & 0 \\ \hline a_{11} & \cdots & a_{1n} & 1 & \cdots & 0 & & b_1 \\ \vdots & & \vdots & \vdots & & \vdots & & \vdots \\ a_{m1} & \cdots & a_{mn} & 0 & \cdots & 1 & & b_m \end{array} . \tag{P}$$

The matrix form of the table is

$$\begin{array}{cc|c} -\boldsymbol{c}_A & -\boldsymbol{c}_F & \boldsymbol{0} \\ \hline \boldsymbol{A} & \boldsymbol{I}_m & \boldsymbol{b} \end{array}, \tag{P'}$$

where $\boldsymbol{c}_A$ and $\boldsymbol{c}_F = 0$ are row vectors with components of c corresponding to slack and free variables respectively; $(\boldsymbol{A}', \boldsymbol{b}) = (\boldsymbol{A}, \boldsymbol{I}_m, \boldsymbol{b})$ is the coefficient matrix of (P).

Let B be an m-dimensional nonsingular submatrix of $\boldsymbol{A}'=(\boldsymbol{A},\boldsymbol{I}_m)$. *Consider the linear transformation* $\boldsymbol{y}'=(\boldsymbol{y}+V)\boldsymbol{B}$ taken on $\boldsymbol{Y}$; *the matrix* $\boldsymbol{A}'$ is transformed to a new matrix $\boldsymbol{B}^{-1}\boldsymbol{A}'=\boldsymbol{B}^{-1}(\boldsymbol{A},\boldsymbol{I}_m)$, and the transferred(P)-table can be written as

$$\begin{array}{cc|c} \boldsymbol{c}_B\boldsymbol{B}^{-1}\boldsymbol{A}-\boldsymbol{c}_A & \boldsymbol{c}_B\boldsymbol{B}^{-1}\boldsymbol{I}_m-\boldsymbol{c}_F & \boldsymbol{c}_B\boldsymbol{B}^{-1}\boldsymbol{b} \\ \hline \boldsymbol{B}^{-1}\boldsymbol{A} & \boldsymbol{F}=\boldsymbol{B}^{-1} & \boldsymbol{B}^{-1}\boldsymbol{b} \end{array} \tag{T}$$

where $\boldsymbol{c}_B$ is the m-dimensional vector with components of $\boldsymbol{c}$ corresponding to current basic variables. The matrix $\boldsymbol{B}$ is transferred to $\boldsymbol{B}^{-1}\boldsymbol{B}=\boldsymbol{I}_m$ after the linear transformation. In this situation, $\boldsymbol{B}$ is called the current basic matrix with respect to (T). A variable x_j is called a basic variable if $\boldsymbol{A}'_j$ is a column of $\boldsymbol{B}$. Simply denote a basic variable x_i as $x_i\in\boldsymbol{B}$, and $\boldsymbol{B}$ is called the current basis with respect to (T) too. We can simply denote $\boldsymbol{B}=\{\boldsymbol{B}_i \mid i=1,2,\cdots,m\}$ when we treat matrix $\boldsymbol{B}$ independent from $\boldsymbol{A}'$, where $\boldsymbol{B}_i$ is the $\boldsymbol{i}$-th column of $\boldsymbol{B}$, but may not be the i-th column of $\boldsymbol{A}'$.

The submatrix F occupying from $(n+1)$-th to $(n+m)$-th columns will bring new feature to the simplex, which is always the inverse matrix of basis $\boldsymbol{B}$: $\boldsymbol{F}=\boldsymbol{B}^{-1}\boldsymbol{I}=\boldsymbol{B}^{-1}$. $\boldsymbol{F}$ is called the *feature matrix* of table (T) in this paper.

There corresponds a table (D) including basic data around the dual problem:

$$\begin{array}{ccccccc|c} -c_1 & \cdots & -c_n & 0 & \cdots & 0 & & 0 \\ \hline -a_{11} & \cdots & -a_{1n} & -1 & \cdots & 0 & & -b_1 \\ \vdots & & \vdots & \vdots & & \vdots & & \vdots \\ -a_{m1} & \cdots & -a_{mn} & 0 & \cdots & -1 & & -b_m \end{array} \tag{D}$$

The upper row of table (D) keeps the same row of table (P), while all rest (D) elements are inverse to corresponding elements in (P). From table (D), we can take the view point on the dual space Y: Each column of D represents a directed plane $\alpha_j:\boldsymbol{y}(-\boldsymbol{a}_j)=-c_j$ when $j\leqslant n$; $\alpha_j: -y_{i-n}=0$ when $j>n$. The directed plane α_j is called the *dual plane of variable* x_j. Setting $c_j=0$ for $j>n$, we can write all constraint planes and the dual of basis $\boldsymbol{B}$ as the following two equation-groups, respectively:

$$\alpha_j:\boldsymbol{y}(-\boldsymbol{A}'_j)=-c_j \quad (j=1,2,\cdots,m+n); \tag{3}$$

$$\alpha_i:\boldsymbol{y}(-\boldsymbol{B}_j)=-c_i \quad (i=1,2,\cdots,m). \tag{4}$$

Note that the objective vector in the dual space is $\boldsymbol{o}=-\boldsymbol{b}$.

Zhang[4] has pointed out that the basis $\boldsymbol{B}$ is corresponded by a cone in the dual space. He has outlined the relationship between pivot and cone-renovation. The author briefly rewrites it by own understanding into following three points:

§ 3.1 *The basis B is corresponded by a cone C in the dual space Y. The top P of C fits the dual basic solution*

For any basis $\boldsymbol{B}$, its columns are corresponded by the dual constraint planes in Y according to (4), and they form a cone C. The vertex $\boldsymbol{P}$ of $\boldsymbol{C}$ is the solution of the equation group (4): $\alpha_i: \boldsymbol{y}(-\boldsymbol{B}_i)=-\boldsymbol{c}_i (i=1, 2, \cdots, m)$, i.e. $\boldsymbol{yB}=c_B$. Then we have that. $P=\boldsymbol{c}_B\boldsymbol{B}^{-1}$, which is the dual basic solution. Since $\boldsymbol{c}_F=\boldsymbol{0}, P=\boldsymbol{c}_B\boldsymbol{B}^{-1}-\boldsymbol{c}_F$, which is shown on the row of reduced costs above $\boldsymbol{F}$ in the transferred table(T). We call C the *dual cone* of the basis $\boldsymbol{B}$.

§ 3.2 *The basis B is prime feasible if and only if the corresponded cone C in Y is positive*

Since the current basic matrix shown in (T) is the unit matrix $\boldsymbol{B}^{-1}\boldsymbol{B}=\boldsymbol{I}$, $(\boldsymbol{B}^{-1}\boldsymbol{B})_i=\boldsymbol{e}_i=(0, \cdots, i/i, \cdots 0)^{\mathrm{T}}$ for $i=1, 2, \cdots, m$. Set a column vector $\boldsymbol{\vartheta}=\boldsymbol{B}^{-1}\boldsymbol{b}=(\varphi_1, \varphi_2, \cdots, \varphi_m)^{\mathrm{T}}$, $\boldsymbol{\vartheta}=\varphi_1\boldsymbol{e}_1+\varphi_2\boldsymbol{e}_2+\cdots+\varphi_m\boldsymbol{e}_m=\varphi_1(\boldsymbol{B}^{-1}\boldsymbol{B})_1+\varphi_2(\boldsymbol{B}^{-1}\boldsymbol{B})_2+\cdots+\varphi_m(\boldsymbol{B}^{-1}\boldsymbol{B})_m$. Then we have that

$$-\boldsymbol{b}=\boldsymbol{BB}^{-1}(-\boldsymbol{b})=-\boldsymbol{B\vartheta}=-\boldsymbol{B}(\varphi_1(\boldsymbol{B}^{-1}\boldsymbol{B})_1+\cdots+\varphi_m(\boldsymbol{B}^{-1}\boldsymbol{B})_m)=-\sum_i\varphi_i(-\boldsymbol{B}_i).$$

It means that the dual objective vector $-\boldsymbol{b}$ *is a linear combination of dual coefficient vectors* $\{-\boldsymbol{B}_i\}(i=1, 2, \cdots, m)$ with combination coefficients $\varphi_i(i=1, 2, \cdots, m)$.

Proposition 3.1 *A cone C is positive if and only if the dual objective vector* $\boldsymbol{o}=-\boldsymbol{b}$ *is a convex combination of dual coefficient vectors* $\{-\boldsymbol{B}_i\}(i=1, 2, \cdots, m)$. *And it if and only if* $\boldsymbol{b}$ *is a convex combination of basic columns.*

Proof We have known that: $-\boldsymbol{b}$ is the combination: $-\boldsymbol{b}=\varphi_1(-\boldsymbol{B}_1)+$

$\varphi_2(-\boldsymbol{B}_2)+\cdots+\varphi_m(-\boldsymbol{B}_m)$. Suppose that: the combination is convex: $\varphi_i \geqslant 0 (i=1,2,\cdots,m)$. For given i, since the edge $\boldsymbol{r}_i$ lies in all faces α_j except α_i, the edge-point E_i is in all faces except α_i. i. e., $E_i(-\boldsymbol{B}_j)=-c_j$ for all $j \neq i$ according to (4). Hence, $\boldsymbol{r}_i,(-\boldsymbol{B}_j)=E_i(-\boldsymbol{B}_j)-P(-\boldsymbol{B}_j)=E_i(-\boldsymbol{B}_j)-P(-\boldsymbol{B}_j)=-c_j+c_j=0$ for $j \neq i$. Therefore, we have that

$$\boldsymbol{r}_i(-\boldsymbol{b})=\boldsymbol{r}_i(\varphi_l(-\boldsymbol{B}_1)+\cdots+\varphi_m(-\boldsymbol{B}_n))=\varphi_i \boldsymbol{r}_i(-\boldsymbol{B}_i)(i=1,2,\cdots,m). \quad (5)$$

Since the edge $\boldsymbol{r}_i$ is opposite to the plane α_i. and $-\boldsymbol{B}_i$ is the coefficient vector of α_i, hence $\boldsymbol{r}_i(-\boldsymbol{B}_i)<0$ according to Proposition 2. 2. Then, $\boldsymbol{r}_i(-\boldsymbol{b})<0$ according to (5). Therefore, C is positive according to Proposition 2. 3.

Inversely, suppose that C is a positive cone, we need to prove that $-\boldsymbol{b}$ is a convex combination: $\varphi_1(-\boldsymbol{B}_1)+\varphi_2(-\boldsymbol{B}_2)+\cdots+\varphi_m(-\boldsymbol{B}_m)=-\boldsymbol{b}$, $\varphi_i \geqslant 0 (i=1,2,\cdots,m)$. If there is an index i such that $\varphi_i<0$, then, since $\boldsymbol{r}_i(-\boldsymbol{B}_i)<0$, we have that $\boldsymbol{r}_i(-\boldsymbol{b})=\varphi_i \boldsymbol{r}_i(-\boldsymbol{B}_i)>0$ according to (5). Then C is not positive according to Proposition 2. 3. This is a contradiction. ■

§ 3. 3　*The reduced cost $c_j^{\wedge}$ is an acceptance index of the top P with respect to α_j:*

The reduced cost $c_j^{\wedge}=\boldsymbol{c}_B\boldsymbol{B}^{-1}\boldsymbol{B}_j-(\boldsymbol{c}_B)_j=(\boldsymbol{c}_B\boldsymbol{B}^{-1})\boldsymbol{B}_j-c_j=P\boldsymbol{A}'_j-c_j$, the C-face $\alpha_j: \boldsymbol{y}(-\boldsymbol{A}'_j)=-c_j$ accepts P if and only if $c_j^{\wedge} \geqslant 0$.

The three points stated above has described the relationship between a basis $\boldsymbol{B}$ and its dual cone C clearly. Based on the analysis, we naturally ask such a question: What action will be taken on a cone C when a pivot is performed around $\boldsymbol{B}$? The following proposition gives a good answer. We call a basis $\boldsymbol{B}$ as *prime feasible* if the basic solution is prime feasible. A pivot is called *feasible-keeping* if' it transfers a prime feasible basis to a prime feasible basis.

Proposition 3. 2　*Let $\boldsymbol{B}$ be a prime feasible basis and C be the dual cone of basis $\boldsymbol{B}$. If a feasible-keeping pivot is performed on $\boldsymbol{B}$ with entering variable x_j, then. the dual cone of the renewed basis $\boldsymbol{B}'$ is* $C'=C\backslash$

α_j, *The expelled face α_{i^*} in the cone-cutting corresponds to the leaving variable x_{i^*}.*

Proof If $\boldsymbol{B}'$ *is the renewed basis resulted by performing a feasible-keeping pivot on* $\boldsymbol{B}$ with entering variable x_j, then $c_j^{\wedge}<0$, and then α_j rejects top P of C according to point 3 mentioned above. Hence α_j is a cutter of C, and we can do cone-cutting $C'=C\backslash\alpha_j$.

Since C is dual to $\boldsymbol{B}$, the index set of C-faces is the same as the index set of B-columns. To prove C' is dual to B', we only need to prove the last sentence of the proposition: The expelled face in the cone-cutting corresponds to the leaving variable. For a feasible-keeping pivot, the regular rule of selection on leaving variable x_{i^*} is

$$i^*=\arg\min_i\{\tau_i/\tau_{ij}\mid\tau_{ij}>0\},\tag{6}$$

where τ_{ij} is the element at row $\boldsymbol{i}$ and column j of $\boldsymbol{B}^{-1}\boldsymbol{A}'$, and $\boldsymbol{\tau}_i$ is the element at row i of $\boldsymbol{B}^{-1}\boldsymbol{b}$. The rule (6) is the same as the rule for determining the highest real intersection of cutter α_j on C-edges. Indeed, according to (1), the intersection of α_j on $\boldsymbol{r}_i$ is $Q_{ij}=P+t_{ij}\boldsymbol{r}_i$, where

$$t_{ij}=-c_j^{\wedge}/\boldsymbol{r}_i\boldsymbol{A}'_j.\tag{7}$$

The highest real intersection point is determined by

$$\begin{aligned}i^*&=\arg\max_i\{t_{ij}\boldsymbol{r}_i(-\boldsymbol{b})\mid t_{ij}>0\}=\arg\max_i\{c_j^{\wedge}\boldsymbol{r}_i\boldsymbol{b}/\boldsymbol{r}_i\boldsymbol{A}'_j\mid -c_j'/\boldsymbol{r}_i\boldsymbol{A}'_j>0\}\\&=\arg\max_i\{c_j'\boldsymbol{r}_i\boldsymbol{b}/\boldsymbol{r}_i\boldsymbol{A}'_j\mid\boldsymbol{r}_i\boldsymbol{A}'_j>0\}\quad(\text{since } c_j'<0)\end{aligned}$$

Note that $\tau_i=\boldsymbol{e}_i^{\mathrm{T}}\boldsymbol{B}^{-1}b=e_i^{\mathrm{T}}\boldsymbol{F}\boldsymbol{b}=\boldsymbol{r}_i\boldsymbol{b}$, $\boldsymbol{\tau}_{ij}=\boldsymbol{e}_i^{\mathrm{T}}\boldsymbol{B}^{-1}\boldsymbol{A}'\boldsymbol{e}_j=\boldsymbol{e}_i^{\mathrm{T}}\boldsymbol{F}\boldsymbol{A}'\boldsymbol{e}_j=\boldsymbol{r}_i\boldsymbol{A}'_j$, we have that

$$i^*=\arg\min_i\{\tau_i/\tau_{ij}\mid\tau_{ij}>0\}(\text{since } c_j^{\wedge}<0)$$

We can find out that this is the same as (6), so that the index i^* of the main edge of cone-cutting $C'=C\backslash\alpha_j$ is the same as the index of leaving variable x_{i^*}, It means that the expelled face α_{i^*} is exactly corresponding to the leaving variable. The proposition is proved.

The faces renovation in cone-cutting is consistent with the variable replacement in feasible-keeping pivot. From the proposition, we can get the following theorem:

Theorem 3.1 *Let* $\boldsymbol{B}$ *be a prime feasible basis and* C *be the dual* *cone of basis* $\boldsymbol{B}$, *and* α_j *be the plane corresponding to variable* x_j. *If there is a feasible-keeping pivot performing on* $\boldsymbol{B}$ *with entering variable* x_j, *then there corresponds a cone-cutting* $C'=C\backslash\alpha_j$, *such that* C' *is the dual cone of renewed basis* $\boldsymbol{B}'$. *Inversely, if a cone-cutting* $C'=C\backslash\alpha_j$ *is taken, then* C' *is the dual cone of new basis* $\boldsymbol{B}'$, *which results by a feasible-keeping pivot on* $\boldsymbol{B}$ *with entering variable* x_j.

According to Proposition 3.2: the proof is obvious.

The theorem shows that cone-cutting is equivalent to feasible-keeping pivot in Simplex. Cone-cutting indeed is a variant of pivot in Simplex.

Theorem 3.2 *If* $\boldsymbol{B}$ *is the basis with respect to a transferred table* (T), *then its inverse matrix* $\boldsymbol{F}=\boldsymbol{B}^{-1}$ *is the edge-vectors matrix of its dual cone C in Y*: $\boldsymbol{r}_i=\boldsymbol{e}_i^{\mathrm{T}}\boldsymbol{F}$. *i. e. the i-th row of F is the i-th edge-vector of C for* $i=1,2,\cdots,m$.

Proof Since the current basic matrix is transferred into thc unit matrix $I=\boldsymbol{B}^{-1}\boldsymbol{B}$ under the mentioned linear transformation, the cone corresponding to the basis under the linear transformation $\boldsymbol{y}'=(\boldsymbol{y}+\boldsymbol{V})\boldsymbol{B}$ is the original cone $C^o=(O,\alpha_{n+1}^o,\cdots,a_{n+m}^o)=(O;E_1^o,\cdots,E_m^o)$. It is obvious that for each i, the row vector $s_i=E_i^o-O=(0,\cdots,i/i,\cdots,0)=e_i^{\mathrm{T}}$ is the i-th edge-vector of C^o. Turning back to the original coordination $\boldsymbol{y}=\boldsymbol{y}'\boldsymbol{B}^{-1}$, s_i is turned back to the vector $\boldsymbol{r}_i=\boldsymbol{s}_i\boldsymbol{B}^{-1}-\boldsymbol{e}_i^{\mathrm{T}}\boldsymbol{F}$, which is the i-th row vector of the matrix $\boldsymbol{F}$. ■

There is an example to response Theorem 3.2.

Example

$$\text{Max } z=2x_1+3x_2+3x_3+4x_4,$$

$$\text{Subject to} \quad -2x_1+3x_2+2x_3+3x_4\leqslant 2, \qquad \text{(P)}$$

$$5x_1-2x_2-x_3-x_4\leqslant 2,$$

$$x_1,x_2,x_3,x_4\geqslant 0,$$

Do pivot on the standard table by entering x_4 with regular rule(6) on the selection of leaving variable:

	−2	−3	−3	−4	0	0	0
x_5	−2	3	2	(3)	1	0	2
x_6	5	−2	−1	−1	0	1	2

(P)

We get the new table

	$-14/3$	1	$-1/3$	0	$4/3$	0	$8/3$
x_4	$-2/3$	1	$2/3$	1	$1/3$	0	$2/3$
x_6	$13/3$	-1	$-1/3$	0	$1/3$	1	$8/3$

(D)

According to Theorem 3.1, the new table shows a dual cone C' having top $\boldsymbol{P}'=(4/3,0)$ and edge-vectors $\boldsymbol{r}'_1=(1/3,0)$, $\boldsymbol{r}'_2=(1/3,1)$. Is it consistent with the result by cone-cutting? Let us check the consistency between cone-cutting and pivot.

The dual problem is represented as follows:

$$\text{Max } w=-2y_1-2y_2, \tag{D}$$

$$\begin{aligned} \text{Subject to } \alpha_1 &: 2y_1-5y_2\leqslant -2, \\ \alpha_2 &: -3y_1-2y_2\leqslant -3, \\ \alpha_3 &: -2y_1+y_2\leqslant -3, \\ \alpha_4 &: -3y_1+y_2\leqslant -4, \\ \alpha_5 &: -y_1\leqslant 0, \\ \alpha_6 &: -y_2\leqslant 0. \end{aligned}$$

The natural constraints α_5 and α_6 form the original cone C° with top point $P^\circ=O=(0,0)$ and the edge-vectors $\boldsymbol{r}_1=(1,0)$ and $\boldsymbol{r}_2=(0,1)$, which is a positive cone with respect to the dual objective vector $\boldsymbol{o}=(-2,-2)$.

Corresponding to the entering variable $\boldsymbol{x}_4$, the cutter is α_4. Do cone-cutting $C'=C^\circ\backslash\alpha_4$. According to (1) and (2), calculate that

$$t_1=(c_4-Pa_4)/\boldsymbol{r}_1a_4=(-4)/(-3)=4/3,\ t_2=(c_4-Pa_4)/\boldsymbol{r}_2a_4=-4.$$

We can get, the real intersection $Q_1=P+t_1\boldsymbol{r}_1=(4/3,0)$ and the fictitious intersection $Q_2=P+t_2\boldsymbol{r}_2=(0,-4)$. Q_1 is the maximal real intersection. Then the new cone is $C'=C'(P';E'_1,E'_2)$, where

$$P'=Q_j^*=Q_1=(4/3,0);E'_1=E'_{j^*}=2P'-P^o=(8/3,0);$$

$$E'_2=2P^1-Q_2=(8/3,4).$$

Note that the edge-vector of $\boldsymbol{r}'_1$ *is* $E'_1-P'=(4/3,0)=4/3\times\boldsymbol{r}'_1$; the multiplier is 4. The edge-vector of $\boldsymbol{r}'_2$ is $E'_2-P'=(4/3,4)=4\times r'_2$; the multiplier is 4 too, (each edge-vector could have its own multiplier, no need to be same indeed), the edger-vectors of C have been indicated out.

by the feature matrix F of simplex table correctly.

We can define the *inverse cone* C^{-1} of C if the m coefficient vectors of C^{-1} are the m edge-vectors of C respectively. Based on Theorem 3. 2, it can be proved that $(C^{-1})^{-1}=C$.

§ 4. A variable-shifting algorithm

A constraint plane could be deleted from the problem (D) if it does not contain the optimal point. A deleteable plane is the dual of a variable in (P), which must not be in the optimal basis and should have component zero in the prime optimal solution. There comes the idea of a variable-shifting algorithm, which comes from the vision on dual space but will be displayed by pivot on tables.

Definition 4. 1　We call a dual plane α_j is *delete-able* if the dual optimal point $P^* \notin \alpha_j$. A variable x_j is *negligible* if its dual plane is deleteable.

A variable x_j will be marked into the list forbidden to enter basis in pivot once it has been found to be negligible.

Proposition 4. 1　*Let C be a cone formed by constraint planes with top P. A constraint plane α accepting P is deleteable if it intersects C fictitiously on all edges.*

Proof　Since α intersects C fictitiously on all edges, it does not contact any real edges of C including the top P, so that $\alpha \cap C=\varnothing$. Since the optimal point P^* is contained by C, it does not belong to α. So that α is deleteable. □

Now, we are going to transfer Proposition 4. 1 into the version of pivot:

Theorem 4. 1　*A variable x_j with positive reduced cost is negligible if $\boldsymbol{B}^{-1}\boldsymbol{A}'$ has no negative components.*

Proof　Set column vector $\boldsymbol{\varphi}=\boldsymbol{B}^{-1}\boldsymbol{A}'_j=(\varphi_1, \varphi_2, \cdots, \varphi_m)^{\mathrm{T}}$. Since $\boldsymbol{B}^{-1}\boldsymbol{B}=\boldsymbol{I}_m$, we have that

$$\boldsymbol{B}^{-1}\boldsymbol{B}_i=\boldsymbol{e}_i \quad \text{for } i=1,2,\cdots,m.$$

According to (3), the dual plane α_j of x_j is represented as α_j:

$\mathbf{y}(-\mathbf{A'}_j)=-c_j$. Since $\mathbf{e}_i=\mathbf{B}^{-1}\mathbf{B}_i$ for $i=1,2,\cdots,m$, we have that

$$\varphi=\varphi_1\mathbf{e}_1+\varphi_2\mathbf{e}_2+\cdots+\varphi_m\mathbf{e}_m=\varphi_1\mathbf{B}^{-1}\mathbf{B}_1+\varphi_2\mathbf{B}^{-2}\mathbf{B}_2+\cdots+\varphi_m\mathbf{B}^{-1}\mathbf{B}_m;$$

$$\mathbf{A'}_j=\mathbf{B}\mathbf{B}^{-1}\mathbf{A'}_j=\mathbf{B}\varphi=\mathbf{B}(\varphi_1\mathbf{B}^{-1}\mathbf{B}_1+\varphi_2\mathbf{B}^{-2}\mathbf{B}_2+\cdots+\varphi_m\mathbf{B}^{-1}\mathbf{B}_m)$$

$$=\varphi_1\mathbf{B}_1+\varphi_2\mathbf{B}_2+\cdots+\varphi_m\mathbf{B}_m;$$

so that $\mathbf{A'}_j$ is a linear combination of basic columns $\{\mathbf{B}_i\}(i=1,2,\cdots,m)$.

Consider the edge-vectors $\{\mathbf{r}_i\}_{(i=1,2,\cdots,m)}$ of the cone C matching to $\mathbf{B}$. Since each edge belongs to all C-faces except the opposite one, $\mathbf{r}_i(-\mathbf{B}_{i'})=0$ whenever $i'\neq i$, so that for any $i\in\mathbf{B}$, we have that

$$\mathbf{r}_i(-\mathbf{A'}_j)=\sum_{i'}\varphi_{i'}\mathbf{r}_i(-\mathbf{B}_{i'})=\varphi_i\mathbf{r}_i(-\mathbf{B}_i).$$

Since the edge $\mathbf{r}_i$ is opposite to α_i, $\mathbf{r}_i(-\mathbf{B}_i)\leqslant 0$ according to Proposition 2. 2. If all φ_i are nonnegative, then $\mathbf{r}_i(-\mathbf{A'}_j)\leqslant 0$ for any i. It means that all edges of C are not upward with respect to the coefficient vector of α_j. Since the reduced cost of x_j is positive, the top P of C is accepted by α_j. Hence, P is in the interior side of α_j, and then the plane α_j is not possible to intersect any edge on its real ray, so that α_j intersects C fictitiously on all edges. The variable x_j is negligible according to Proposition 4. 1. □

Now, we will add a subalgorithm into any existent pivot algorithm:

Added variable-shifting algorithm

For $j=1,2,\cdots,n+m$, check each column, if the reduced cost $c_j^{\wedge}$ is positive and all components $a_{1j},a_{2j},\cdots,a_{mj}$ are nonnegative, then put the corresponding variable x_j into a black list. A marked variable will not be allowed to enter in pivot ever.

Example(continued)

In the last section, we have discussed a LP problem with the table

−2	−3	−3	−4	0	0	0	
−2	3	2	3	1	0	2	(P)
5	−2	−1	−1	0	1	2	

Take x_4 as entering variable to do pivot, get the table (T_1):

	−14/3	1	−1/3	0	4/3	0	8/3
x_4	−2/3	1	2/3	1	1/3	0	2/3
x_6	13/3	−1	−1/3	0	1/3	1	8/3

(T_1)

Now, we will continue the example with the added variable-shifting algorithm 1. We can find that variable x_5 is negligible according to Theorem 4.1. Take x_5 into black list. Then select the next entering variables which are not in the black list. Suppose that, in the existent pivot algorithm, the next nonmarked entering variable is x_1, do feasible-keeping pivot, and get the table (T_2):

	0	−1/13	−9/13	0	22/13	14/13	72/13
x_4	0	11/13	(8/13)	1	5/13	2/13	14/13
x_1	1	−3/13	−1/13	0	1/13	3/13	8/13

(T_2)

We can find out that the variable x_6 is negligible according to Theorem 4.1. Take x_6 in black list. Suppose that in the existent pivot algorithm, the next nonmarked entering variable is x_3, do feasible-keeping pivot, and get the table (T_3):

	0	7/8	0	9/8	17/8	5/4	27/4
x_3	0	11/8	1	13/8	5/8	1/4	7/4
x_1	1	−1/8	0	1/8	1/8	1/4	3/4

(T_3)

We can find out that the variable x_4 is negligible. Take x_4 in the black list. Now, the table gets optimal solutions. The basis $\boldsymbol{B}$ consists of x_1 and x_3; the negligible variables arc x_5, x_6, and x_4; set value zero to them. The variable x_2 is not the final basic variable, also be zero. The prime optimal solution is

$$x_1=3/4,\ x_2=0,\ x_3=7/4,\ x_4=0,\ x_5=0,\ x_6=0.$$

The dual optimal solution is

$$y_1=17/8,\ y_2=5/4.$$

The common optimal value is $z=27/4$.

§ 5. Discussion

The main aim of the paper stops here and it has indicated two things already: 1. Watching a simplex table (T), we can see the dual cone C of basis $\boldsymbol{B}$ through the feature matrix F directly; 2. We can design pivot algorithms motivated by the monitor viewing toward the dual space. The author hopes a window will be opened for the way demonstrated in Sec. 4. Even though there are a lot of topics waiting ahead, limited by the degree of maturity and deepness, the author puts a part of related works as discussion in this section without proofs.

In the version of cone-cutting, two kinds of propositions should be considered on the optimal searching:

The first kind of propositions shot on the deleteable planes like Proposition 4.1. Here, specify other two most basic propositions as follows:

Proposition 5.1 *If a cutter α intersects C on only one real edge r_{i^*}, then with respect to the cone-cutting $C'=C\backslash\alpha$, the expelled face α_{i^*} is deleteable.*

Proposition 4.1 shots on a deleteable plane if it intersects a cone C with all fictitious intersections (and if it accepts the top of C); Proposition 5.1 shots on a deleteable plane if it is expelled by a plane cutting the cone's edges with $m-1$ fictitious intersections. How about in the situation that the number of fictitious intersections is less than $m-1$? There needs another proposition:

Proposition 5.2 *Let h_k be the height of the lowest intersection of cutter α_k on cone C_{k-1} in a cone-cutting's series, $h_k=-\infty$ whenever there is a fictitious intersection. The cutter $\alpha_{k'}$ is deleteable if the height of P^k is less than $h_{k'}$ for any $k'>k$.*

This proposition can be applied by such a way: Record h_k for each $k>0$. Since the height, of P^k is decreasing with respect to k, we can delete an older cutter α'_k whenever its lowest intersection was higher than the current top.

Symmetrically, we have the following proposition:

Proposition 5.3 *Suppose that there is a dual feasible point Q in D. For any cone-cutting $C'=C\backslash\alpha$, if the second highest real intersection $Q^\wedge$ is not higher than Q, then the expelled face α_{i^*} is deleteable.*

This proposition can be applied by such a way: Starting from the dual feasible point $Q=Q^{\circ}$. For each step $k>0$, denote the lowest break point of the cutter on the guiding line-segment $P^{k-1}Q^{k-1}$ as Q^{k}, which is a dual feasible point also. Select the constraint plane passing through Q^{k} to do cone-cutting $C_k=C_{k-1}\backslash\alpha_k$. Record the height h^k of the second highest real intersection and the expelled face $\alpha_i(k)$ in step k. Since the height of Q^k is increasing with respect to k, we can delete the expelled face $\alpha_{i(k')}$ whenever the height of Q^k is not lower than $h^{k'}$ for any $k'<k$.

The second kind of propositions locks on the objective faces. An objective face is a face of the objective cone meeting optimal point at its top. If α_j is an objective face, then the corresponded variable x_j is a basic variable in the optimal solution, which will be kept as a basic variable ever as possible.

Definition 5.1 A cone C is called protruding if the top P of C rejects a all D-members except C-members. A cone C is called pseudo-protruding if any accepter of P is deleteable or a C-member. A face of C is called a D-cutter if it contacts the feasible region D, i.e. $\alpha_i\cap D\neq\varnothing$.

Proposition 5.4 *Let C be a pseudo-protruding cone. If there is no cut-points cut on its edge $\mathbf{r}_i$, then the opposite face α_i in C is an objective face.*

The proposition is not true when C is not a pseudo-protruding cone. The concept of pseudo-protruding cone is very important since an important proposition could be got based on Proposition 5.4:

Proposition 5.5 *Let C be a pseudo-protruding cone. If a face α_i of C is not a D-cutter, then there is a cutter cutting on the opposite edge of C and the face α_i has only one real intersection on C.*

According to Proposition 5.1, the face α_i is deleteable. Since the cutter could be found by checking all D-members having cut-point on the opposite edge of α_i in C, the corresponded entering variable could be found to do pivot shifting the leaving variable. It means that, starting from a psuedo-protruding cone C_o, any negligible variables could be marked unless it corresponds a D-cutter.

The key of a strategy for the optimal searching is the selection of cutter in each step in the cone-cutting′s series, There are a group of regular rules on cutter-selection. For example:

(1) Selecting cutter to cut at the lowest one of cut-points of D-members on the edges (or a specified edge) of current cone;

(2) Selecting cutter to cut at the highest one of cut-points of D-members on the edges (or a specified edge) of current cone;

(3) Selecting cutter to pass through lowest one of real intersections of D-members on the edges (or a specified edge) of current cone;

(4) Selecting cutter to pass through the highest one of fictitious intersections of D-members on the edges (or a specified edge) of current cone;

(5) Selecting cutter to pass through a specified point. The specified point may be a dual feasible point Q^k inside the current cone, or a lowest break point of a guiding line-segment $P^{k-1}Q^{k-1}$, where Q^{k-1} is defined recursively. (See the strategy mentioned after Proposition 5. 3.)

More principles could be added in one of the selection rules above. They are:

(1) Deleting rules for deleting deleteable planes;

(2) Conserving rules for keeping objective faces;

(3) Defending rules to defend a cutter occurs repeatedly.

All terminologies in cone-cutting rely on the intersections of cutters on edges of cones, while the edges of a cone are shown in the feature matrix of a simplex table according to Theorem 3. 2, so that the propositions and rules mentioned in this section could be transferred into the terminologies of pivot generally. To distinguish the fictitious from real intersections, there is a need to introduce the phase-matrix as follows:

Definition 5. 2 Denote matrix $\boldsymbol{H}=\boldsymbol{F}\boldsymbol{A}'$, which is called the phase matrix of table (T).

According to (7), the intersection parameter of α_j on $\boldsymbol{r}_i$ is $t_{ij}=-c_j^{\wedge}/\boldsymbol{r}_i\boldsymbol{A}'_j$. While $\boldsymbol{r}_i=\mathbf{e}_i^{\mathrm{T}}\boldsymbol{F}$, $\boldsymbol{r}_i\boldsymbol{A}'_j=\mathbf{e}_i^{\mathrm{T}}\boldsymbol{F}\boldsymbol{A}'_j$. We have that

$$t_{ij}=-c_j^{\wedge}/\mathbf{e}_i^{\mathrm{T}}\boldsymbol{H}\mathbf{e}_j=-c_j^{\wedge}/h_{ij}. \tag{8}$$

$$Q_{ij}=P-(c_j'/h_{ij})\mathbf{r}_i \quad (h_{ij}\neq 0) \tag{9}$$

Proposition 5.6 *If* $c_j'>0$, *then* Q_{ij} *is a fictitious intersection of* α_j *on* $\mathbf{r}_i$ *if and only if* $h_{ij}>0$, *If* $c_j^{\wedge}<0$, *then* Q_{ij} *is a fictitious intersection of* α_j *on* $\mathbf{r}_i$ *if and only if* $h_{ij}<0$.

According to Proposition 5.6, we can point out all real intersections by means of the phase-matrix H, Then point out the highest, second highest, and lowest intersections (real or fictitious), and so on.

Acknowledgments

This study is an improvement of the working paper[3], which was presented at the International Conference on Linear Programming Algorithms and Extensions held on May 24-26, Haikou, Hainan Island, China.

The author thanks all the colleagues involved in the discussion on this paper. Especially, Y. Y. Chen, Y. Shi, J. Peng, and T. Terlaky provided many general ideas to improve the presentation of the paper. Z. Z. Zhang and P. Q. Pan participated in a series of technical discussions for the details of the paper. The author also appreciates the working support from Hainan Ren He Ltd and its Chairman Mr. R. X. Xu. The codes of a simple version of cone-cutting, named Cone Cut had been written by Y. Y. Chen, P. Zhang, F. Ding, and W. B. Chen. It has been edited by Z. Z. Zhang. The study was partially supported by the grants (Grant Nos. 70621001, 70531040) from the National Natural Science Foundation of China.

References

[1] Dantzig G B. Linear programming. Operation, Research, 2002, 50(1): 42—47.

[2] Shi Y. Multiple Criteria and Multiple Constraint Levels Linear Programming. World Scientific Publishing, New Jersey, 2001.

[3] Wang P Z. Cone Cut, a new algorithm for linear programming. Working paper, 2009.

[4] Zhang Z Z. New Algorithms for Linear Equations and Linear Programming. Hong Kong Chinese Science Technology Press, Hong Kong, 1992.

[5] Jiang D Q, He J K and Chen F H. Practical Linear Programming and Its Supporting Systems. Qinghua University Press, Beijing, 2006.

论文和著作目录

Bibliography of Papers and Works

论文目录

[序号]作者,论文题目,杂志名称,年份,卷(期):起页—止页.

[1] 汪培庄.压缩映象原理在马尔可夫过程中的一个简单应用.北京师范大学学报(自然科学版),1964,(2):155—158.

[2] 数学系概率论研究室,量子力学小组(汪培庄).离子注入射程分布的Brice方程的数学推导.北京师范大学学报(自然科学版),1978,(2):25—34.

[3] 数学系唐山地下水毕业实践小组(汪培庄).用于震情预报的地下水位数据处理方法.北京师范大学学报(自然科学版),1978,(2):69—80.

[4] 汪培庄,钱敏平,刘来福.介绍一门新的数学——模糊数学.光明日报,1978-10-13.

[5] 侯振挺,汪培庄.可逆的时齐Markov链——时间离散情形.北京师范大学学报(自然科学版),1979,(1):23—44.

[6] 侯振挺,汪培庄,陈木法.可逆生灭过程.见,陈木法,汪培庄,侯振挺等编:逆马尔可夫过程.湖南科学技术出版社,1979,58—71.

[7] 汪培庄.反应扩散过程的概率分析.全国非平衡统计物理理会议论文集,1979,77—97.

[8] 汪培庄.反应流与生物进化的模板自催化模型.生物化学与生物物理进展,1979,(4):14—18.

[9] 汪培庄.可逆马尔可夫链.见,陈木法,汪培庄,侯振挺等编:逆马尔可夫过程.湖南科学技术出版社,1979,13—28.

[10] 汪培庄,刘若庄,湛垦华.多支图与反应过程.全国非平衡统计物理会议论文集,1979,188—190;多支图及其在耗散理论中的应用(摘要).自然杂志,1979,2(12):728.

[11] 王华东,汪培庄.环境质量评价污染参数权系数确定中模糊集理论的应用.环境学术讨论会论文集,科学出版社,1979,17—20.

[12] 侯振挺,汪培庄.概率流的分解定理.数学年刊,1980,1(1):139—147.

[13] 汪培庄.马尔可夫过程与耗散结构理论.大连铁道学院学报,1980,(Z1:1980年全国非平衡统计物理会议论文集):49—66.

[14] 汪培庄.模糊含度与模糊分布.北京师范大学学报(自然科学版),1980,(1):21—30.

[15] 汪培庄.模糊数学简介(Ⅰ—Ⅱ).数学的实践与认识,1980,(2):45—59;(3):52—63.

[16] 汪培庄,陈兴钧.Negotia-Ralescu 褶集表现定理的改进与扩充.北京师范大学学报(自然科学版),1980,(3—4):41—46.

[17] 汪培庄,刘来福.从计算机应用谈模糊数学.百科知识,1980,(9):50—52.

[18] 汪培庄,许华棋.模糊子集的基本概念.数学通报,1980,(3):21—25.

[19] 湛垦华,谢大来,汪培庄.关于 Hanusse 定理的完整化(摘要).自然杂志,1980,3(7):554;由反应扩散过程中 Hanusse 定理的完整化而得出一个新定理.西北大学学报(自然科学版),1980,(1):63—65;由 Hanusse 定理的完整化而导出一个新定理.大连铁道学院学报,1980,(Z1:1980年全国非平衡会议论文集):139—142;由 Hanusse 定理导出的一个新定理.物理学报,1981,30(7):989—991.

[20] Jiang Chunxuan, Wang Peizhuang. Graphical produce for the symmetrical analysis of stable groups. Hadronic Journal, 1979—1980, 3(4):1 320—1 332.

[21] 马谋超,汪培庄.关于青年学生对汉字特征的识别——同构异字识别规则初探.心理学报,1981,(3):311—316.

[22] 沈小峰，汪培庄．模糊数学中的哲学问题初探．哲学研究，1981，(5)：19－24.

[23] 汪培庄．耗散结构理论与马尔可夫过程．科学探索，1981，1(1)：43－50.

[24] 汪培庄．随机区间及其落影．井冈山师院院刊，1981，(1)：2－10.

[25] 王华东，汪培庄．区域环境水污染控制最优化的数学模型．教育部直属高校环境科学第1次会议论文集，1981，126－129.

[26] 王华东，汪培庄．污染物在各环境要素中转移的马尔可夫过程．教育部直属高校环境科学第1次会议论文集，1981，130－135.

[27] 张仁生，黄金丽，刘俊杰，汪培庄．Fuzzy 控制器和 Fuzzy 系统．模糊数学，1981，1(1)：101－108.

[28] 李必祥，汪培庄．二阶 Fuzzy 逻辑推理．数学杂志，1982，2(1)：37－43.

[29] 李必祥，汪培庄．贴近度的新定义．湖北师范学院学报(自然科学版)，1982，2(1)：37－43.

[30] 龙升照，汪培庄．Fuzzy 控制规则的自调整问题．模糊数学，1982，2(3)：105－112.

[31] 汪培庄．模糊集与模糊集范畴．数学进展，1982，11(1)：1－18.

[32] 汪培庄．随机集与模糊含度．北京师范大学学报(自然科学版)，1982，(3)：8－20.

[33] 汪培庄，张文修．随机集及其模糊落影分布简化定义与性质．西安交通大学学报，1982，16(6)：111－116.

[34] Cai P Y, Inomata A, Wang Peizhuang. Jackiw transformation in path integrals. Physics Letters A, 1982, 91(7)：331－334.

[35] Wang Peizhuang, Segeno M. The factor field and background structure for fuzzy subsets. 模糊数学，1982，2(2)：45－54；1982，2(3)：16.

[36] Wang Peizhuang. Fuzzy contactablity and fuzzy variables. Fuzzy Sets and Systems, 1982, 8(1)：81－92.

[37] Wang Peizhuang, Lo Shibo. The responsibility of a fuzzy controller. In：Control Science and Technology for the Progress of Society. Pergam on Press, 1982, 8：V15－V22.

[38] Wang Peizhuang, Sanchez E. Treating a fuzzy subset as a project-

able random subset. In:Gupta M M,Sanchez E eds. Fuzzy Information and Decision. North-Holland, Amsterdam, New York, Pergamon Press,1982,213－219.

[39] 陈永义,刘云峰,汪培庄. 综合评价的数学模型. 模糊数学,1983,3(1):61－70.

[40] 刘锡荟,王孟玫,汪培庄. 模糊烈度. 地震工程与工程振动,1983,3(3):62－75.

[41] 汪培庄. 模糊数学及其应用. 河南大学学报(自然科学版),1983,(2):1－20.

[42] 汪培庄. 模糊数学要建立自身的理论体系. 国际学术动态,1983,(3):30－35.

[43] 汪培庄,张南纶. 落影空间——模糊集合的概率描述. 数学研究与评论,1983,3(1):163－178.

[44] 汪培庄. 超 σ 域与集值映射的可测性. 科学通报,1983,28(7):385－387(Wang Peizhuang. σ-hyperfield and the measurability of multivalued mappings. Chinese Science Bulletin,1983,28(12):1 583－1 585).

[45] Wang Peizhuang, Liu Xihui. Earthquake disaster mitigation employing fuzzy dynamic analysis method. 地震研究,1983,7(4):495－504.

[46] Chen Yongyi, Wang Peizhuang. Optimum fuzzy implication and direct methods of approximate reasoning. Bulletin sur les Sous-Ensembles Flous et leurs Applications,1983,(16):107－113.

[47] Wang Peizhuang. From the statistics to the falling random subsets. In:Wang P P ed. Advance in Fuzzy Sets Theory and Applications. Pergamon Press,1983,81－96.

[48] Wang Peizhuang, Sanchez E. Hyperfields and random sets. In: Sanchez E ed. Fuzzy Information, Knowledge Representation and Decision Analysis. Laxenburg:Pergamon Press,1983,335－339.

[49] 刘锡荟,王孟玫,汪培庄. 震害预测的模糊数学模型. 建筑结构学报,1984,(1):26－43.

[50] 汪培庄. 格拓扑的邻元结构与收敛关系. 北京师范大学学报(自然科学版),1984,(2):19－34.

[51] 汪培庄.模糊数学与模糊系统.中国系统工程学会编:系统工程在2000年,10—16.

[52] 汪培庄.模糊数学是信息革命的一项重要工具.中国电子报,1984—12—15.

[53] 汪培庄,刘锡荟.集值统计.工程数学学报,1984,1(1):43—54.

[54] 汪培庄,罗承忠.有限 Fuzzy 关系方程极小解的个数.模糊数学,1984,4(3):63—70.

[55] 张大志,传凯,汪培庄.模糊环境下的多目标决策.第二届多目标决策年会论文集,1984.

[56] Di Nola A,Pedrycz W,Sessa S,Wang Peizhuang. Fuzzy relation equation under a class of triangular norms: a survey and new results. Stochastica,1984,8(2):99—145.

[57] Wang Peizhuang,Liu Xihui,Chen Yongyi. Fuzzy force and fuzzy dynamic analysis. In: Proceedings of 1983 IEEE International Conference on Systems,Man and Cybernetics,New Delhi,1984,304—307.

[58] Wang Peizhuang,Sessa S,Nola A di,Pedryec W. How many lower solutions does a fuzzy relation equation have? Bulletin sur les Sous-Ensembles Flous et leurs Applications,1984,(18):67—74.

[59] 陈永义,汪培庄.最优 Fuzzy 蕴涵与近似推理的直接法.模糊数学,1985,5(1):29—40.

[60] 郭嗣琮,汪培庄.相对 Fuzzy 基与 Fuzzy 关系方程解的几个定理.阜新矿院学报,1985,4(3):23—30.

[61] 韩学功,陈放,戴建民,汪培庄.Fuzzy 控制器的自调整模型.武汉建材学院学报,1985,(2):201—209.

[62] 刘锡荟,陈一平,张卫东,汪培庄.建筑物震害预测的落影贝叶斯原理的应用.地震工程与工程振动,1985,5(1):1—12.

[63] 马谋超,汪培庄.心理学的方法学探讨——心理的模糊性及模糊统计试验评注.心理学报,1985,(2):177—186.

[64] 彭先图,汪培庄,白绍勤,肖兴华.科技管理中的综合评价方法.北京师范大学学报(自然科学版),1985,(3):91—96.

[65] 涂象初,汪培庄.自寻优 Fuzzy PID 调和器与人工智能模型.模糊数

学,1985,5(3):81－85.

[66] 汪培庄.模糊数学是信息革命的一项重要工具.国际学术动态,1985,(1):12－15.

[67] 汪培庄.格化拓扑的邻元机构与收敛关系.太原重机学院学报,1985,6(S1:数学专辑):1－10.

[68] 汪培庄.我对“物元分析”的初步认识.智囊与物元分析,1985,(2):35.

[69] 汪培庄,许华祺.格可加函数的扩张定理.北京师范大学学报(自然科学版),1985,(3):13－18.

[70] 汪培庄,阎建平,彭先图,张星虎.格化拓扑与经典拓扑及 Fuzzy 拓扑的关系.太原重机学院学报,1985,6(S1:数学专辑):16－24.

[71] 张星虎,汪培庄,彭先图,阎建平.八种基本超拓扑的统一探讨.太原重型机学院学报,1985,6(S1:数学专辑):25－38.

[72] 汪培庄,罗承忠.有限模糊关系方程极小解的个数.科学通报,1985,30(11):814－816(Wang Peizhuang, Luo Chengzhong. The numbers of lower solutions of the finite fuzzy relations equations. Chinese Science Bulletin,1985,30(6):728－730).

[73] Wang Peizhuang. The applications of fuzzy mathematics in China. 见,冯德益,刘锡荟,编:地震研究中的模糊数学.地震出版社,1985,32－46.

[74] Yang Jianli, Zhang Lianwen, Fu Xiang, Wang Peizhuang. Sufficient and necessary conditions for measurability of fallible random sets (Research Announcements).数学进展,1985,14(4):372－373.

[75] Liu Xihui, Chen Yiping, Wang Peizhuang. Decision-making for urban earthquake disaster mitigation in a fuzzy environment. In: Feng Deyi, Liu Xihui eds. Earthquake Researches, Seismological Press, 1985,120－128.

[76] Liu Xihui, Wang Peizhuang. Latticization group(I). Bulletin sur les Sous-Ensembles Flous et leurs Applications, 1985, (23): 14－21.

[77] Liu Xihui, Wang Peizhuang, Chen Yiping. Approximate reasoning in earthquake Engineering. In: Gupta M M ed. Fuzzy Reasoning in Industrial Press. Elsevier Science Publishing Company, 1985, 519－528.

[78] Tu Xiangchu, Wang Peizhuang, Sessa S, Hola A Di. A new approach to fuzzy control. Bulletin sur les Sous-Ensembles Flous et leurs Applications,1985,(21):127—133.

[79] Wang Peizhuang,Liu Xihui. Set valued statistics and random sets. Bulletin sur les Sous-Ensembles Flous et leurs Applications,1985,(21):36—42.

[80] 霍明远,汪培庄.相似度求解的一般方法与应用.求是学刊,1986,(1):16—19.

[81] 李洪兴,汪培庄.有关超群的一些性质.天津纺织工学院学报,1986,(1):138—142.

[82] 刘锡荟,汪培庄.烈度评定专家系统——EIE.地震工程与工程振动,1986,6(3):27—34.

[83] 汪培庄.模糊数学应用概况.数学的实践与认识,1986,(3):28—30.

[84] 汪培庄,李洪兴.模糊信息与模糊决策.天津纺织工学院学报,1986,(4):107—111.

[85] 汪培庄,彭先图.模糊数学.见,自然科学年鉴编辑部编:自然科学年鉴(1986),上海翻译出版公司,1988,3.11—3.14.

[86] 汪培庄,张大志.思维的数学形式初探.高校应用数学学报,1986,1(1):85—95.

[87] 张巨才,李安华,彭先图,张星虎,汪培庄.模糊集在干部评估中的意义和方法.喀什师院学报(自然科学版),1986,(1):1—7.

[88] 张巨才,汪培庄.人物性格的二重组合原理与模糊集合论.当代作家评论,1986,(2):66—68.

[89] 张连文,汪培庄.基于信度理论的综合评判模型.系统工程学报,1986,(1):63—73.

[90] 张星虎,汪培庄.超拓扑 T_{22} 的基本理论.数学季刊,1986,1(1):47—56.

[91] 张连文,汪培庄.Choquet 定理在一般可测空间的推广.科学通报,1986,31(18):1 361—1 365(Zhang Lianwen, Wang Peizhuang. A generalization of Choquet's theorem to measurable spaces. Chinese Science Bulletin,1987,32(23):1 596—1 601).

[92] Wang Peizhuang,Liu Xihui,Sanchez E. Set-valued statistics and its

applications to earthquake engineering. Fuzzy Sets and System, 1986,18(3):347－356.

[93] 霍明远,汪培庄,吴廷芳.事物对立的统一规律——相似度理论与应用.求是学刊,1987,(4):14－21.

[94] 李洪兴,汪培庄.关于综合评判的几点注记.天津纺织工学院学报,1987,(1):26－30.

[95] 刘锡荟,汪培庄.幂态思维及其在地震工程知识描述中的实现.地震工程与工程振动,1987,7(4):69－74.

[96] 汪培庄.模糊数学的应用,广州大学学报(社会科学版),1987,(1):83－91.

[97] 汪培庄,刘锡荟.人脑,计算机,模糊数学.大自然探索,1987,6(1):36－42.

[98] 张星虎,汪培庄.八种超拓扑的收敛性及其应用.数学学报,1987,30(3):390－395.

[99] 张振良,李洪兴,汪培庄.正规超群与商群与关系.数学季刊,1987,2(3):43－45.

[100] 张志明,汪培庄.一种新的模糊控制器及其在工业机器人中的应用.模糊系统与数学,1987,1(1):90－103.

[101] Peng Xiantu, Liu S M, Yamakawa T, Wang Peizhuang. Self-regulating PID controllers and its applications to a temperature controlling processes. In: Gupta M M, Yamakawa T eds. Fuzzy Computing, North-Holland, 1987.

[102] 李洪兴,汪培庄.基于摄动的 Fuzzy 聚类方法.数学季刊,1988,3(3):9－19.

[103] 李洪兴,汪培庄.幂群.应用数学,1988,1(1－2):1－4.

[104] 汪培庄.李志高,译.国外杂志报道我国首次开设模糊学课程.抚州师专学报,1988,(2):26.

[105] 汪培庄.日本推出多项模糊数学应用成果.国际学术动态,1988,(4):27－29.

[106] 汪培庄.网状推理过程的动态描述及其稳定性.镇江船舶学院学报,1988,2(2－3):156－163.

[107] 汪培庄.模糊数学.见,吴文俊主编:中国大百科全书:数学.中国大百科全书出版社,1988,480—482.

[108] 王光远,欧进萍,汪培庄.动态模糊集.模糊系统与数学,1988,2(1):1—8.

[109] 张连文,汪培庄.超空间收敛的下层描述.工程数学学报,1988,5(2):36—39.

[110] 汪培庄,彭先图,模糊数学.见,自然科学年鉴编辑部编:自然科学年鉴(1986).上海翻译出版公司,1988,3.11—3.14.

[111] 汪培庄.关于满影指标集的一个组合公式.阴山学刊,1988,(1):1—4(Wang Peizhuang, Lee E S, Tan Shaohua. A combinatoric formula, Journal of Mathematical Analysis and Applications. 1991,160(2):500—503).

[112] 汪培庄.日本推出多项模糊数学应用成果.国际学术动态,1988,(4):27—29.

[113] Guo Sizhong, Wang Peizhuang, Nola A Di, Sessa S. Further contributions to the study of finite fuzzy relation equations. Fuzzy sets and systems,1988,26(1):93—104.

[114] Wang Peizhuang. Random sets and fuzzy sets. In:Singh M G ed, Systems and Control Encyclopedia. Pergomon Press,1988,3 945—3 947.

[115] Li Baowen, Wang Peizhuang, Liu Xihui, Shi Yong. Fuzzy bags and relations with set-valued statistics. Computers and Mathematics with Applications,1988,15(10):811—818.

[116] Wang Peizhuang, Zhang Hongmin, Peng Xiantu, Xu Wei. Truth-value-flow inference. Bulletin sur les Sous-Ensembles Flous et leurs Applications,1988:130—139.

[117] Peng Xiantu, Wang Peizhuang. On generating linguistic rules for fuzzy models. Uncertainty and intelligent systems, Lecture Notes in Computer Sciences, Springer, Berlin,1988,313:185—192.

[118] 李仲谋,汪培庄.GFS系统的势预测原理及其在地震危险性估算中的应用.华南地震,1989,9(3):8—16.

[119] 汪培庄,张洪敏.真值流推理及其动态分析.北京师范大学学报(自

然科学版),1989,(1):1—12.

[120] 汪培庄.模糊数学应用原理.见,吴文俊主编:现代数学进展.安徽科技出版社,1989,166—180.

[121] 张连文,汪培庄,李庆德.证据的λ—合成.模糊系统与数学,1989,3(2):69—76.

[122] Wang Peizhuang, Zhang Dazhi, Yau Kwok-Chi, Zhang Hongmin. Degree analysis and its application in decision making. In: Pau L F et al eds. Expert Systems in Economics, Banking and Management. North-Holland: Elsevier Science Publishing Company, 1989, 457—465.

[123] 黄重国,张志明,汪培庄.模糊关系的一般表达式及模糊推理中的几个重要因素分析.见,模糊数学与模糊系统协会第5届年会论文选集.西南交通大学出版社,1990,160—163.

[124] 李晓忠,汪培庄.神经网络与模糊逻辑.见,模糊数学与模糊系统协会第5届年会论文选集.西南交通大学出版社,1990,379—382.

[125] Kandel A, Peng Xiantu, Cao Zhiqiang, Wang Peizhuang. Presentation on concepts by factor spaces. Cybernetics and Systems, 1990, 21(1):43—57.

[126] Luo Chengzhong, Wang Peizhuang. Representation of compositional relations in fuzzy Reasoning. Fuzzy Set and Systems, 1990, 36(1):77—81.

[127] Wang Peizhuang. Factor spaces and knowledge representation. In: Verdegay J L, Delgado M eds. Approximate Reasoning Tools for Artificial Intelligence. Verlag TÜV Rheinland, 1990, 97—114.

[128] Wang Peizhuang. A Factor spaces approach to knowledge representation. Fuzzy Sets and Systems, 1990, 36(1):113—124.

[129] Wang Peizhuang, Zhang Dazhi, Sanchez E, Lee E S. Latticized linear programming and fuzzy relation inequalities. Journal of Mathematical Analysis and Applications, 1991, 159(1):72—87.

[130] Wang Peizhuang, Zhang Dazhi, Zhang Hongmin. Degree analysis and its application in decision-making. International Conference on

Subsea Control and Data Acquisition and Experience,1990.

[131] Wang Peizhuang,Zhang Hongmin. Pad-analysis of fuzzy control stability. Fuzzy Set and Systems,1990,38(1):27—42.

[132] 欧进萍,王光远,汪培庄. 模糊过程与模糊微分方程的解法. 模糊系统与数学,1991,5(2):1—10.

[133] Huang Zhongguo, Zhang Zhiming, Zhang Zhifang, Wang Peizhuang. Comparison of fuzzy ralations and analyses of some significant factors,influencing fuzzy reasoning. Intelligent Tuning and Adaptive Control,1991,15—17.

[134] Peng Xiantu, Kandel A, Wang Peizhuang. Concepts, rules, and fuzzy reasoning: a factor space approach. IEEE Transaction on Systems,Man,and Cybernetics,1991,21(1):194—205.

[135] Wang Peizhuang. Fuzziness vs. randomness, falling shadow theory. Bulletin sur les Sous-Ensembles Flous et leurs Applications, 1991,(48).

[136] Wang Peizhuang,Zhang Hongmin,Ma Xiwei,Xu Wei. Fuzzy set-operations represented by falling shadow theory. Fuzzy Engineering toward Human Friendly Systems,1991,1.

[137] Wong Francis,Wang Peizhuang. A stock selection strategy using fuzzy neural networks. Neurocomputing,1990/1991,2(5—6):233—242.

[138] 黄崇福,汪培庄. 利用专家经验对活动断裂进行量化的模糊数学模型. 高校应用数学学报,1992,7(4):525—530.

[139] 李洪兴,罗承忠,汪培庄,袁学海. Fuzzy 集的基数. 数学季刊,1992,7(3):101—107.

[140] 李洪兴,汪培庄. 格化 HX 群. 阴山学刊(自然科学版),1992,11(2):1—8.

[141] 鲁晨光,汪培庄. 从“金鱼是鱼”谈语义信息及其价值. 自然杂志,1992,15(4):265—269.

[142] 涂象初,汪培庄,彭先图. 模糊 PID 控制规则的优化. 北京工业大学学报,1992,18(2):38—44.

[143] 汪培庄.因素空间与概念描述.软件学报,1992,3(1):30－40.

[144] 汪培庄,李洪兴,阎建平,路高,黄崇福.落影表现理论中的 Fuzzy 集运算.模糊系统与数学,1992,6(2):86－92.

[145] 汪培庄,李晓忠.一个新的研究方向——模糊神经网络.科学(上海),1992,44(5):39－40.

[146] 汪培庄,张洪敏,白明,张民. Fuzzy 推理机与真值流推理.模糊系统与数学,1992,6(2):1－9.

[147] Wang Peizhuang. Photoreflectance spectroscopy of semiinsulating gas. Journal of Applied Physics,1992,2(8):3 826－3 828.

[148] Wang Peizhuang,Zhang Dazhi. Netlike interence process and stability analysis. International Journal of Intelligent Systems,1992,(4):361－372.

[149] Wang Peizhuang,Zhang Hongmin,Ma Xiwen,Xu Wei. Fuzzy set-operations represented by falling shadow theory. Fuzzy engineering toward human friendly systems(Yokohama,1991),Ohm,Tokyo,1992,82－90.

[150] Wu Zhiqiao,Wang Peizhuang,Teh Hoonheng,Song Shoushan. A rule self-regulating fuzzy controller. Fuzzy Sets and Systems,1992,47(1):13－21.

[151] Yuan Xuehai,Wang Peizhuang,Lee E S. Factor space and its algebraic representation theory. Journal of Mathematical Analysis and Applications,1992,171(1):256－276.

[152] Zhang Dazhi,Yu P L,Wang Peizhuang. State-dependent weights in multicriteria value functions. Journal of Optimization Theory and Applications,1992,74(1):1－21.

[153] Lim J,Lui Hochung Lui,Wang Peizhuang. A framework for integrating fault diagnosis and incremental knowledge acquisition in connectionist expert systems. The Association for the Advancement of Artificial Intelligence(AAAI),1992: 159－164.

[154] Shen Zuliang,Ding Liya,Lui Hochung,Wang Peizhuang,Mukaidono M. Revision principle for approximate reasoning-based on se-

mantic revising method. International Symposia on Multiple-Valued Logic(ISMVL),1992:467—473.

[155] 黄崇福,顾世山,汪培庄.两点式分布概型的信息扩散估计.北京师范大学学报(自然科学版),1993,29(3):331—336.

[156] 李洪兴,罗承忠,汪培庄.如何定义模糊集的映射.北京师范大学学报(自然科学版),1993,29(1):1—9.

[157] 李洪兴,罗承忠,袁学海,汪培庄.模糊基数的运算.北京师范大学学报(自然科学版),1993,29(1):20—25.

[158] 李洪兴,罗承忠,张振良,汪培庄.F基数与GCH.昆明工学院学报,1993,18(1):79—86.

[159] 李洪兴,李学坤.AHX群.纺织基础科学学报,1993,6(3):187—193.

[160] 李洪兴,罗承忠,张振良,汪培庄.F基数的和与积.昆明工学院学报,1993,18(2):82—88.

[161] 袁学海,汪培庄.因素空间中的一些数学结构.模糊系统与数学,1993,7(1):44—54.

[162] He Shizhong,Tan Shaohua,Hang Chang-Chieh,Wang Peizhuang. Control of dynamical processes using an online rule-adaptive fuzzy control system. Fuzzy Sets and Systems,1993,54(1):11—22.

[163] He Shizhong,Tan Shaohua,Xu Fenglan,Wang Peizhuang. Fuzzy self-tuning of PID controllers. Fuzzy Sets and Systems,1993,56(1):37—46.

[164] Li Hongxing,Luo Chengzhong,Wang Peizhuang. The cardinality of fuzzy sets and the continuum hypothesis. Fuzzy Sets and Systems,1993,55(1):61—77.

[165] Tan Shaohua,Wang Peizhuang,Lee E S. Fuzzy set operations based on the theory of falling shadows. Journal of Mathematical Analysis and Applications,1993,174(1):242—255.

[166] Tan Shaohua,Wang Peizhuang,Zhang Xinghu. Fuzzy inference relation based on the theory of falling shadows. Fuzzy Sets and Systems,1993,53(2):179—188.

[167] Wang Peizhuang. Factor space and fuzzy tables. Proceedings of

Fifth IFSA Congress,1993,683－686.

[168] Wang Peizhuang,Lui Ho Chung,Zhang Xinghu,Zhang Hongmin, Xu Wei. Win-win strategy for probability and fuzzy mathematics. The Journal of Fuzzy Mathematics,1993,1(1):223－231.

[169] Zhang Hongmin, Ma Xiwen, Xu Wei, Wang Peizhuang. Design fuzzy controllers for complex systems with an application to 3-stage inverted pendulums. Information Sciences,1993,72(3):271－284.

[170] 李洪兴,罗承忠,汪培庄. F 基数与连续统假设. 北京师范大学学报(自然科学版),1994,30(2):150－153.

[171] 李洪兴,罗承忠,袁学海,汪培庄. Fuzzy 映射与 F 基数. 高校应用数学学报,1994,9A(2):177－186.

[172] 李洪兴,汪培庄. 概念在因素空间中的落影表现. 烟台大学学报(自然科学与工程版),1994,(2):15－22.

[173] 李洪兴,汪培庄,Yen V. 基于因素空间的决策方法. 阴山学刊(自然科学版),1994,12(3):1－13.

[174] 袁学海,汪培庄. 随机集的范畴. 辽宁师范大学学报(自然科学版),1994,17(2):89－95.

[175] Elkan C, Berenji H R, Chandrasekaran B, de Silva C J S, Attikiouzel Y,Dubois D,Prade H,Smets P,Freksa C,Garcia O N, Klir G J, Yuan Bo, Mandani E H, Pelletier F J, Ruspini E H, Turksen B,Vadiee N,Jamshidi M,Wang Peizhuang,Tan Siekeng, Tan Shaohua,Yager R R,Zadeh L A. The paradoxical success of fuzzy logic. IEEE Expert,1994,9(4):3－49.

[176] Foong S B,Wang Peizhuang. A factor space approach to concept representation. Fuzzy Logic in Artificial Intelligence(Chambery, 1993). Lecture Notes in Computer Sciences,847,Springer,Berlin, 1994,97－113.

[177] Li Hongxing,Wang Peizhuang,Lee E S,Yen V C. The operatings of fuzzy cardinalities. Journal of Mathematical Analysis and Applications,1994,182(3):768－778.

[178] Tan Shaohua,Teh H H,Wang Peizhuang. Sequential representa-

tion of fuzzy similarity relations. Fuzzy Sets and Systems,1994,67(2):181—189.

[179] Yuan Xue Hai,Lee E S,Wang Peizhuang. Factor rattans,category FR(Y),and factor space. Journal of Mathematical Analysis and Applications,1994,186(1):254—264.

[180] Wang Peizhuang, Tan Siekeng, Tan Shaohua Tan. Responses to Elkan. IEEE Expert,1994,94:39—40.

[181] 李洪兴,罗承忠,汪培庄. 模糊基数与连续统假设. 数学研究与评论,1995,15(1):129—134.

[182] 汪培庄,李洪兴. Fuzzy 计算机的设计思想(Ⅰ—Ⅳ). 北京师范大学学报(自然科学版),1995,31(2):189—196;31(3):303—307;31(3):308—312;31(4):434—439.

[183] 袁学海,汪培庄. 因素空间和范畴. 模糊系统与数学,1995,9(2):25—33.

[184] Wang Peizhuang,Zhang Xinghu,Lui Ho Chung,Zhang Hongmin, Xu Wei. Mathematical theory of truth-valued flow inference. Fuzzy Sets and Systems,1995,72(2):221—238.

[185] 汪培庄. Fuzzy Computing 的核心思想及其在非线性规划求解方面的一个应用. Journal of Chinese Fuzzy Systems Association,1995, 1:29—38.

[186] Wang Peizhuang. Factor spaces and fuzzy tables. Fuzzy logic and its applications to engineering, information sciences, and intelligent systems(Seoul). Theory and Decision Library. Series D:System Theory, Knowledge Engineering and Problem Solving, 16, Kluwer Academic Publishing,Dordrecht,1995,377—386.

[187] Wang Peizhuang, Zhang Xinghu, Wu Yingchun. Researches on conceptual representation under possibility. Foundations and Applications of Possibility Theory(Ghent,1995). Advances in Fuzzy Systems——Applications and Theory, World Scientific Publishing,River Edge,N J,1995,8:119—128.

[188] Ding Liya,Teh Hoon Heng,Wang Peizhuang,Lui Ho Chung. A

Prolog-like inference system based on neural logic — An attempt towards fuzzy neural logic programming. Fuzzy Sets and Systems, 1996,82(2):235—251.

[189] Li Q, Wang Peizhuang, Lee E S. r-fuzzy sets. Computers and Mathematics with Applications,1996,31(2):49—61.

[190] Peng Xiantu, Wang Peizhuang, Kandel A. Knowledge acquisition by random sets. International Journal of Intelligent Systems, 1996,11(3):113—147.

[191] Zhang Xinghu, Hang Chang-Chieh, Tan Shaohua, Wang Peizhuang. The min-max function differentiation and training of fuzzy neural networks. IEEE Transactions on Neural Networks, 1996, 7(5): 1 139—1 150.

[192] Lim J H, Teh H H, Lui Hochung, Wang Peizhuang. Stochastic topology with elastic matching for off—line handwritten character recognition. Pattern Recognition Letters, 1996:149—154.

[193] Wang Peizhuang, Tan Shaohua. Soft computing and fuzzy logic. Soft Computing, 1997, 1(1):35—41.

[194] Wang Peizhuang, Tan Saohua, Song Fongming, Liang Ping. Constructive theory for fuzzy systems. Fuzzy Sets and Systems, 1997, 88(2):195—203.

[195] Li Hongxing, Wang Peizhuang, Yen V C. Factor spaces theory and its applications to fuzzy information processing(I). The basics of factor spaces. Fuzzy sets and Systems, 1998, 95(2):147—160.

[196] Tan Shaohua, Yu Yi, Wang Peizhuang. Building fuzzy graphs from samples of nonlinear functions. Fuzzy Sets and Systems, 1998, 93(1):337—352.

[197] Zhang Xinghu, Tan Shaohua, Hang Chang-Chieh, Wang Peizhuang. An efficient computational algorithm for min-max operations. Fuzzy Sets and Systems, 1999, 104(2):297—304.

[198] Wang Peizhuang, Östermark R, Alex R, Tan Shaohua. Using fuzzy bases to resolve nonlinear programming problems. Fuzzy Sets and

Systems,2001,117(1):81－93.

[199] Wang Peizhuang,Östermark R,Alex R,Tan Shaohua. Polyhedral representation of fuzzy linear bases. Soft Computing,2001,5:208－214.

[200] Wang Peizhuang,Östermark R,Alex R,Tan Shaohua. A fuzzy linear basis algorithm for nonlinear separable programming problems. Fuzzy Sets and Systems,2001,119(1):21－30.

[201] Wang Peizhuang,Chen Y C,Low B T. Measure extension from meet-systems and falling measures representation. In: Bertoluzza C, Gil M A, Ralescu DA eds. Statistical Modeling,Analysis and Management of Fuzzy Data,Physica-Verlag HD,New York,2002,145－159.

[202] Wang Peizhuang,Jiang A. Rules detecting and rules－data mutual enhancement based on factors space theory. International Journal of Information Technology and Decision Making,2002,1(1):73－90

[203] Wang Peizhuang. Cone-cutting:A variant representation of pivot in simplex. International Journal of Information Technology and Decision Making,2011,10(1):65－82.

著作

[序号] 著者. 书名. 出版地:出版社,出版年份.

[1] 陈木法,汪培庄,侯振挺,郭青峰,钱敏,钱敏平,龚光鲁. 可逆马尔可夫过程. 长沙:湖南科学技术出版社,1979.

[2] 汪培庄参编. 统计物理学进展. 北京:科学出版社,1981.

[3] 汪培庄. 模糊集合论及其应用. 上海:上海科学技术出版社,1983.

[4] 汪培庄. 模糊集与随机集落影. 北京:北京师范大学出版社,1985.

[5] 李洪兴,许华琪,汪培庄. 模糊数学趣谈. 成都:四川教育出版社,1987.

[6] 韩立岩,汪培庄. 应用模糊数学. 北京:北京经济学院出版社,1989.

[7] 汪培庄. 模糊工程应用的原理和方法. 中国台湾:中国生产力中心,1992.

[8] 汪培庄,李洪兴. 知识表示的数学理论. 天津:天津科技出版社,1994.

[9] 李洪兴,汪培庄. 模糊数学. 北京:国防工业出版社,1994.

[10] 李晓忠,汪培庄,罗承忠. 模糊神经网络. 贵阳:贵州科技出版社,1994.

[11] 李相镐,李洪兴,陈世权,汪培庄. 模糊聚类分析及其应用. 贵阳:贵州科技出版社,1994.

[12] 汪培庄,李洪兴. 模糊系统理论与模糊计算机. 北京:科学出版社,1995.

[13] Liu Yingming, Ren Ping, Wang Peizhuang eds. Fuzzy information processing. Fuzzy Sets and Systems, 1990, 36(1), Elsevier B V, Amsterdam, 1990.

[14] Wang Peizhuang ed. Proceeding of First Asian Fuzzy Systems Symposium. World Scientific Publishing, Singapore, 1993.

[15] Honorary Editor: Zadeh L A; Chairman of Editor Board: Turkson L B; Members of Editor board: Baldwin J F, Bezdek J C, Dubois D, Kandel A, Mukaidono M, Prade H, Sugemno M, Terano T, Trillas E, Wang Peizhuang, Yager R, Zimmermann H J. Studies in Fuzzy Decision and Control (Book Series). Press of Tokyo Institute of Technology, 1993—.

[16] Wang Peizhuang ed. Between Mind and Computer: Fuzzy Science and Engineering. World Scientific Publishing, Singapore, 1994.

[17] Honorary Editor: Zadeh L A; Series Editors: Hirota K, Klir G J, Sanchez E, Wang Peizhuang, Yager R R. Advances in Fuzzy Systems: Theory and Applications (Book Series), World Scientific Publishing, Singapore, 1995—.

[18] Wang Peizhuang, Li Hongxing. Fuzzy information processing and fuzzy computers. Science Press, 1997.

后 记

Postscript by the Chief Editor

北京师范大学数学科学学院系统地开展几个现代数学方向的科学研究，是从王世强老师在20世纪50年代初进行数理逻辑的研究工作，发表了一批论文开始的.50年代中期，严士健老师在华罗庚教授的指导下，进行了环上的线性群、辛群的自同构的研究，首次得到了它们的完整形式，还用自己提出的方法得到了n阶模群的定义关系.刘绍学老师于1956年在莫斯科大学获得了副博士学位，他对结合环、李环、若当环和交错环做了统一的处理，获得完整的结果.回国以后，在国内带动了环论的研究.1958年2月，孙永生老师在莫斯科大学完成了他的副博士学位论文《关于乘子变换下的函数类利用三角多项式的最佳逼近》，结果深刻，当时受到数学界前辈陈建功的称赞.回国后，又解决了余下的困难问题.这4位老师在数学科学学院被戏称为“四大金刚”.正是由于他们开创性的工作，使得数学科学学院的科学研究逐渐形成了一支具有相当学术素养的队伍；有一批确定的研究方向，形成了自己的风格和传统；获得了丰富而系统的、达到世界学科前沿的科研成果，其中有一些已经达到世界先进水平；在国内具有一定的学术地位，在国际上有一定的知名度；对国家的数学发展做出了一定的贡献.之所以能取得这样的成绩，是经过几代人的探索和努力，遭受了诸多的困苦和磨难.1984年5月29日，王梓坤老师被国务院任命为北京师范大学校长并到学院工作，大大加强了学院概率论学科的力量.这5位老师均是学院的学术带头人，为学院的学科建设和人才培养，花费了毕生的精力，做出了重大的贡献.5位老师均在1981年被批准为首批博士生导师(我校理科首批博士生导师还有5位：黄祖洽、刘若庄、陈光旭、汪堃仁和周廷儒老师)，此次批准的博士生导师的数量，提高了学院在学校中的地位,且此举对学院在全国数学界的地位奠定了重要基础,开创了近30多年来的良好局面.由于5位老师在学院学科建设中的重要地位和学术贡献,将他们的论著整理出来,作为《北京师范大学数学家文库》系列出版,是一件意义重大的事情.在北京师范大学出版社的大力支持下,该文集系列已经在2005年由北京师范大学出版社出版.

在5部数学文集出版之后,2005年12月25日,学校隆重举行了北京师范大学数学系成立90周年庆祝大会暨王世强、孙永生、严士健、王梓坤和刘绍学教授文集首发式.5部文集的出版在国内数学界产生了很好的影响.5部文集的作者按年龄排序为:王世强、孙永生、严士健、王梓坤和刘绍学,除了王世强教授在1927年出生外,其余4位均在1929年出生,广泛一点,在20世纪20年代出生.考虑学院在30年代出生的博士生导师们,按批准为博士生导师先后的顺序为:陆善镇、汪培庄、王伯英、李占柄、刘来福、陈公宁、罗里波.由于他们出生在1936～1939年,按年龄从大到小排序为:李占柄、罗里波、汪培庄、王伯英、刘来福、陈公宁和陆善镇.他们均为学院的发展和建设作出了重要贡献,出版他们的文集是学院的基本建设.因此,学院将在近几年内陆续出版他们的文集,并由院党委书记李仲来教授任主编.《文集》的结构为:照片、序、论文选、发表的论文和著作目录、后记.

《汪培庄文集》是这套文库的第12部.该文集的论文和著作目录由李仲来整理.所选论文由汪培庄提供24篇,李仲来和王家银分别补充5篇和1篇.于福生填写了1篇原始论文不清楚的若干记号,并对序言进行了修改.该文集的出版得到了北京师范大学出版社的大力支持,在此一并表示衷心的感谢.

华罗庚教授说:“一个人最后余下的就是一本选集.”(龚升论文选集,中国科学技术大学出版社,2008)这些选集的质量反映了我们学院某一学科,或几个学科,或学科群的整体学术水平.而将北京师范大学数学科学学院著名数学家、数学教育家和科学史专家论文进行整理和选编出版,是学院学科建设的一项重要的和基础性的工作,是学院的基本建设之一.它对提高学院的知名度和凝聚力,激励后人,有着重要的示范作用.当然,这项工作还在继续做下去,搜集和积累数学科学学院各种资料的工作还在继续进行.

主编　李仲来

2012－04－06